城建
CHENGJIAN GUIHUA SHEJI
规划设计

姜晨光　主编

U0336621

化学工业出版社
·北京·

本书以最新的国家规范和标准为依据,以近几年国内外城建规划的最新理论和成就为着眼点,结合我国国情,从实用的角度出发,通俗、系统地阐述了城建规划设计的基本方法、基本要求、基本程序与核心要点,包括建筑规划设计要求、建筑用地规划要求、公共设施配套要求、交通规划设计要求、绿化环境规划设计要求、历史文化保护规划要求、规划设计成果要求等,对城建规划设计及相关科学研究工作具有一定的指导意义和参考价值。

本书可供工作在城建规划第一线的工程技术人员、管理人员作为工作或学习的参考,也可作为各级政府与城建规划有关的行政主管部门工作人员的工作助手和工具书,还可作为高等学校土木工程类专业、建筑学专业、城市规划专业学生的辅修教材或阅读材料。

图书在版编目(CIP)数据

城建规划设计/姜晨光主编 . —北京:化学工业
出版社,2015.1
ISBN 978-7-122-16574-9

Ⅰ.①城… Ⅱ.①姜… Ⅲ.①城市规划-设计
Ⅳ.①TU984.1

中国版本图书馆 CIP 数据核字(2013)第 030087 号

责任编辑:董 琳　　　　　　　　　文字编辑:林 丹
责任校对:宋 夏　　　　　　　　　装帧设计:史利平

出版发行:化学工业出版社(北京市东城区青年湖南街 13 号　邮政编码 100011)
印　　装:北京云浩印刷有限责任公司
787mm×1092mm　1/16　印张 14¾　字数 423 千字　　2015 年 3 月北京第 1 版第 1 次印刷

购书咨询:010-64518888(传真:010-64519686)　售后服务:010-64518899
网　　址:http://www.cip.com.cn
凡购买本书,如有缺损质量问题,本社销售中心负责调换。

定　　价:68.00 元

前言
Preface

　　城建规划（或称城市规划，urban planning）是一门自古就有的学问，每个民族都有其独特的城建规划知识体系。中国古代的城市规划学说散见于《考工记》《商君书》《管子》《墨子》等典籍之中。《考工记》确定了"都""王城"和"诸侯城"的三级城邑制度以及用地的功能分区和道路系统等；《商君书》论述了某一地域内山陵丘谷、都邑道路和农田土地分配的适当比例以及建城、备战、人口、粮食、土地等相应条件。西方在古希腊城邦时期已出现了希波丹姆规划模式，古罗马建筑师维特鲁威的《建筑十书》阐述了城市选址、环境卫生、城际建设、公共建筑布局等方面的基本原则并提出了当时的"理想"城市模式。19 世纪上半叶，一些空想社会主义者继空想社会主义创始人莫尔等人之后提出种种设想，把改良住房、改进城市规划作为医治城市社会病症的措施之一，他们的理论和实践对后来的城市规划理论颇有影响。19 世纪影响最广的城市规划实践是法国官吏奥斯曼 1853 年开始主持制定的巴黎规划。

　　20 世纪以来，人类经历了两次世界大战，国际政治、经济、社会结构发生巨大变革，科学技术长足发展、人文科学日益进步、价值观念变化很大，这一切都对城市规划产生了深刻影响。1933 年的《雅典宪章》概述了现代城市面临的问题，提出了应采取的措施和城市规划的任务，是现代城市规划理论发展历程中的里程碑。第二次世界大战以后，城市规划家没有舍弃《雅典宪章》的基本原则且在一些重大问题上给予了更新和补充，这就出现了 1977 年的《马丘比丘宪章》，上述两个宪章是两个不同历史时期的城市规划理论的总结，其对全世界城市规划都有相当的影响。随着社会经济的发展、城市的出现、人类居住环境的复杂化产生了城市规划思想并得到不断发展，社会变革时期旧的城市结构往往不能适应新的社会生活要求，此时城市规划理论和实践往往会出现飞跃式的发展。

　　城市规划研究城市的未来发展、城市的合理布局以及综合安排城市各项工程建设的综合部署，是一定时期内城市发展的蓝图，是城市管理的重要组成部分，是城市建设和管理的依据，也是城市规划、城市建设、城市运行三个阶段管理的龙头。时代不同、地区不同，对城市的发展水平和建设要求也不同，因此，城市规划的研究重点不尽一致并随时代的发展而转变。多学科参与城市研究的历史自古就有，近来更趋活跃，从地理学、社会学、经济学、环境工程学、生态学、行为心理学、历史学、考古学等方面研究城市问题所取得的成果极大地丰富了城市规划理论。城市规划工作从最初社会经济发展的战略研究起，最终要落实到物质建设上，形成供人们生活和工作的体形环境。城市规划需要借助多学科的知识并贯彻"因地制宜、科学合理"原则。

　　由于人们认知水平、哲学境界的限制，在城建规划设计中留下了很多的遗憾，为了普及城建规划设计知识，笔者不揣浅陋撰写了这本通俗型的小册子。本书是笔者在江南大学从事教学、科研和工程实践活动的经验积累之一，本书的撰写借鉴了当今国内外的最新研究成果和大量的实际工程资料，吸收了许多前人及当代人的宝贵经验和认识，也尽最大可能地包含了当今最新的城建规划成就，希望本书的出版能为城建规划科学健康的可持续发展有所贡献。

全书由江南大学姜晨光主笔完成，中冶集团武汉勘察研究院有限公司汪福来、朱小友，无锡市交通产业集团有限公司王国新，山东盛隆集团有限公司严立明、宋志波、任忠慧，无锡市规划局翁林敏、姜科，无锡市建设局成美捷、夏正兴、何跃平，中国有色金属工业西安勘察设计研究院常君锋、郭渭明，北京中外建工程管理有限公司裴宝帅，青岛市规划局叶根深，北控水务集团有限公司沾化华强水务环保有限公司王新平，莱阳市规划建设管理局王世周、时永宝、战宁平、马炜煜、吕振勇，中共莱阳市委郭立众、于京良，江南大学王风芹、王海云、刘耀琦、钱平源、肖汉庆、金立常、杨洪元、何森鑫等同志（排名不分先后）参与了部分章节的撰写工作。初稿完成后，苏文馨、徐至善、李锦铭、王浩闻、黄建文五位教授级高工提出了不少改进意见，为本书的最终定稿做出了重大的贡献，谨此致谢！

限于水平、学识和时间关系，书中内容难免粗陋，欠妥之处敬请读者多多提出批评与宝贵意见。

姜晨光
2014 年 10 月于江南大学

目 录
Contents

第1章

建筑规划设计要求

1.1　建筑面积确定原则及相关问题

1.1.1　现代城市规划体系的基本特征

现代城市规划作为一项政府管理职能是以城市建成环境为对象、以土地使用为核心的公共干预体系。城市规划的目的是克服城市建成环境开发中市场机制存在的缺陷；确保城市建成环境满足经济和社会发展的空间需求；保障社会各方的合法权益。城市规划体系有3大部分组成，即规划法规体系、规划行政体系、规划运作体系（包括规划编制、规划管理），规划法规是现代城市规划体系的核心（其作用是为规划行政和规划运作提供法定依据和法定程序）。城市规划法规体系有着与行政法类似的渊源，行政法的体系序列为宪法→法律→行政法规和规章→地方性法规和规章，城市规划法规体系序列为主干法及从属法规→专项法→相关法，相关法的主干法是确定城市规划工作的基本架构（比如国家层面的《中华人民共和国城市规划法》和地方层面的《城市规划条例》。另外，主干法的实施还需要制定相应的从属法规（比如《上海市城市规划管理技术规定》），专项法则是针对城市规划中特定议题进行的立法（比如《上海市历史建筑和街区保护条例》），相关法则是与城市建成环境的建设和管理有关的、包含多个方面的（涉及多个行政部门）系列性法规（城市规划只是其中的一部分）。目前世界范围内的城市规划行政体系有2大类，即集权制度和分权制度，集权制度中上级政府对于下级政府的规划编制和规划管理拥有较大干预权（比如英国和法国），分权制度中地方政府对规划编制和规划管理拥有充分的自治权（比如美国）。

城市规划的运作体系是规划编制和规划管理（开发控制）。规划编制包括战略性规划和实施性规划（法定规划）2大部分。战略性规划的典型代表是城市总体规划，城市总体规划制定了城市发展的中长期战略目标以及土地利用、交通管理、环境保护和基础设施等方面的发展原则和空间策略，其为实施性规划提供指导框架，但不足以成为规划管理的直接依据。实施性规划的典型代表是控制性详细规划，是地块开发控制（规划管理）的法定依据，对开发行为具有法定约束力，故又称为法定规划，其必须遵循法定的编制内容和编制程序。规划管理包括通则式规划管理、个案式规划管理、综合型规划管理（双层管理）3种主要类型。通则式规划管理的主要特征是开发控制规划的各项规定均比较具体，是规划管理的唯一依据，规划人员在审理开发申请个案时几乎不享有自由裁量权。其具有确定性和客观性的优点，但在灵活性和适应性方面较为欠缺，比如美国的区划制度。个案式规划管理的主要特征是开发控制规划的各项规定比较原则。规划人员在审理开发申请个案时享有较大的自由裁量权，其灵活性和适应性均较好，但在确定性和客观性方面较为欠缺，比如英国的审批制度。综合型规划管理则有2个层面的管理效能，第一层面是针对整个城市发展地区制定一般的开发控制要求，实行通则式管理以提高工作效率；第二层面是划定城市中的各类重点地区（比如城市中心地区、景观重要地区、历史保护地区和生态敏感地区），附加特别的开发控制要求并采取个案评审方式进行个案式管理以强化精细程度。

现代城市规划体系的发展趋势是体现3个意识，实现城市、人类、自然环境的和谐有机融合。3个意识是指民主意识、公正意识、环境意识。城市建成环境的开发过程涉及社会各方的权益，规划编制和管理中的公众参与是确保城市规划民主性的基石，城市规划法为此应提供法定依据和法定程序，这就是所谓的"民主意识"。规划上诉是确保行政行为公正性和维护行政相对方正当权益的必要机制，规划上诉的仲裁机构应保持独立性，这就是所谓的"公正意识"。人类越来越注重自然生态环境和历史人文环境的保护，这就是所谓的"环境意识"。

现代城市规划工作的基本属性有5个，即技术性、艺术性、政策性、民主性、综合性。所谓"技术性"是指城市功能的合理性，包括土地资源、空间布局、道路和交通、公共设施、市政基础设施等；所谓"艺术性"是指城市形态的和谐性，包括城市天际轮廓、城市公共空间等，比如街道、公园、广场、滨水地带、城市街区特色、标志性建筑等；所谓"政策性"是指城市规划作为公共政策过程所体现的经济效益和社会公正；所谓"民主性"是指社会资源再分配的合理性（即应代表最广大人民的根本利益）；所谓"综合性"是指应兼顾经济、社会、环境的协调发展。

1.1.2 现代城市规划体系中的城市设计控制

城市设计是政府对于城市建成环境的公共干预行为，其关注点在于城市形态和景观的公共价值领域，其不仅包括公共空间本身而且还涵盖了对其品质具有影响的各种建（构）筑物。城市设计对城市公共干预有两种基本方式，即对城市公共空间（比如街道、广场和公园等）进行具体设计，称为形态型、作为结果的城市设计；制定和执行城市形态和景观公共价值领域的控制规则，称为管制型、作为过程的城市设计。

城市设计控制的体制类型包括开发控制和设计控制，二者都是规划控制的组成部分。开发控制关注的是城市建成环境的"功能合理性"，通常会涉及土地用途、开发强度、交通组织、设施配置和环境标准等方面的控制要求。设计控制关注的是城市建成环境的"形态和谐性"（除了建筑高度和体量外，其它控制元素常常会根据特定情况而有所选择）。一个国家或地区的城市设计控制的体制类型可从两个方面进行考察（见表1-1），即设计控制和开发控制是一体的还是并行的；设计控制是自由裁量的还是规则约定的。英国地块规划的特点见图1-1。其私人住宅在基地北部（临近一处庄园）、廉租住宅在基地南部（临近既有社会住宅）并各自沿着相应一侧的城市道路设置车行通道；其建筑形式也有其特定的特色，即虽然周围住宅的建筑形式较为一致，但并不具有历史和建筑价值，因而允许开发项目的建筑形式具有独特性，但应考虑与北侧庄园的景观协调关系；其绿化景观也有一定的技术要求，即保留基地内的树木，要求景观设计和植物配置结合北侧庄园选择有关主题。

表1-1 城市设计控制的体制类型

体制类型	与开发控制一体的	与开发控制并行的
自由裁量	英国、美国少数城市（比如波士顿）	
规则约定	大陆欧洲国家、美国部分城市（比如旧金山）	美国部分城市（比如波特兰）

现代城市设计控制是有一定的策略范畴的。由于自然环境条件可能和建成环境特征不同，因此各城市总体城市设计策略也会各有侧重，以整体城市设计为依据可进一步编制专项的和局部的城市设计。所谓"专项城市设计"是指针对城市形态和景观的重要元素而制定的更为专门的城市设计策略（比如城市高度分区、街道景观和广告标志的设计控制等）。所谓"局部城市设计"则是针对城市中具有重要或独特品质的地区制定的更为详尽的城市设计策略（比如具有重要景观价值的滨水地区和城市中心地区等）。在并行体制下，尽管城市设计策略会形成相对独立的体系，但同一层面的城市设计和城市规划之间仍能保持协同关系且都是下一层面城市规划和城市设计的指导依据。

美国旧金山的城市设计策略就很有特点，其以旧金山的自然环境条件和建成环境特征为依据，总体城市设计选择了城市形态格局、自然和历史保存、大型发展项目的影响和邻里环境作为

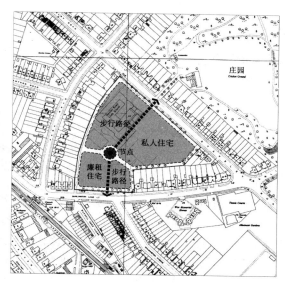

图 1-1 英国某基地的布局

城市设计的策略领域,其在反映人与环境间关系的基础上分别制定了城市设计目标以及达到目标所需应采取的实施策略。

旧金山总体城市设计中有关城市形态格局的目标是强化具有特征的形态格局建构城市及其各个邻里的形象以及目标感和方向性,总体城市设计中有关城市形态格局的策略有 11 个。即识别和突出城市中的主要视景,特别关注了开放空间和水域问题;识别、突出和强化既有的道路格局及其与地形的关系;识别对于城市以及地区特征能够产生整体效果的建筑群体;突出和提升能够界定地区和地形的大尺度景观和开放空间;通过独特的景观和其它特征元素强化每个地区的特性;通过街道特征的设计使主要活动中心更加显著;识别地域的自然边界以促进地域间的联结;增强主要目的地和其它定向点的视见度;增强旅行者路径的明晰性;通过全市范围的街道景观规划表示不同功能的街道;通过全市范围的街道照明规划表示不同功能的街道。除了上述总体城市设计策略外,还分别制定了地带滨水、中心城区、市政中心和唐人街的地区城市设计策略,其中,公共开放空间的城市设计导则十分详尽,几乎可以成为专项的城市设计策略,见表 1-2。

表 1-2 美国旧金山公共开放空间的城市设计导则

公共开放空间	城市花园	城市公园	广场
面积	1200~10000 平方英尺	不小于 10000 平方英尺	不小于 7000 平方英尺
位置	在地面层,与人行道、街坊内的步行通道或建(构)筑物的门厅相连		建(构)筑物的南侧,不应紧邻另一广场
可达性	至少从一侧可达	至少从一条街道上可达,从入口可以看到公园内部	通过一条城市道路可达,以平缓台阶来解决广场和街道之间的高差
桌椅等	每 25 平方英尺的花园面积设置一个座位,一半座位可移动,每 400 平方英尺的花园面积设置一个桌子	在修剪的草坪上提供正式或非正式的座位,最好是可移动的座椅	座位的总长度应等于广场的总边长,其中一半座位为长凳
景观设计	地面以高质量的铺装材料为主,配置各类植物,营造花园环境,最好引入水景	提供丰富的景观,以草坪和植物为主,以水景作为节点	景观应是建筑元素的陪衬,以树木来强化空间界定和塑造较为亲切尺度的空间边缘
商业设施		在公园内或附近处,提供饮食设施,餐饮座位不超过公园总座位的 20%	在广场周围提供零售和餐饮设施,餐饮座位不超过公园总座位的 20%
小气候(阳光和风)	保证午餐时间内花园的大部分使用区域有日照和遮风条件	从上午中点到下午中点,保证大部分使用区域有日照和遮风条件	保证午餐时间内广场的大部分使用区域有日照和遮风条件

续表

公共开放空间	城市花园	城市公园	广场
公共开放程度	从周一到周五为上午8点到下午6点	全天	全天
其它	如果设置安全门,应作为整体设计的组成部分	如果设置安全门,应作为整体设计的组成部分	

注：1英尺＝0.3048m。

　　香港特区的城市设计策略也颇具特色,香港特区规划当局进行了细致的城市设计导则研究工作,分别在2000年5月和2001年9月发表了香港特区城市设计导则的公众咨询文件,其城市设计导则的第二轮公众咨询文件围绕五项主要议题进行,分别是香港特区各个区域（比如港岛和九龙、新镇、乡村地区和维多利亚港周边地区）的高度轮廓、滨水地带发展、城市景观（涉及开放空间、历史建筑保存、坡地建筑）、步行环境（步行交通和街道景观）、缓解道路交通所产生的噪声和空气污染等。1991年香港特区都会规划导则提出的保护山体轮廓概念见图1-2,后来都会规划导则的修正方案见图1-3。香港特区城市设计导则的区域高度轮廓（以新镇为例）见表1-3。

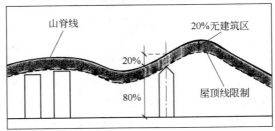

图1-2　保护山体轮廓概念

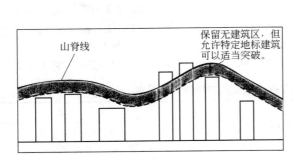

图1-3　保护山体轮廓的修正方案

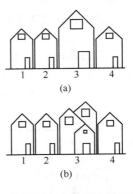

图1-4　美国旧金山的居住区设计导则

表1-3　香港特区城市设计导则的区域高度轮廓（以新镇为例）

导　则	图　示
新发展应与新镇的独特景观和地形相呼应,保留通向背景山体和水域的视廊和风道	

续表

导 则	图 示
采取逐级降低建筑高度的方式，尊重并与低层建筑形成整合关系。利用社区中心和学校等低层建筑，作为城市中心的视觉和空间缓冲界面	
新发展应与周围环境保持和谐，特别是在新镇的边缘部位	
在市政和商业中心或节点等适当部位设置地标建筑	
从高密度的中心地区到低密度的边缘地区，采取合乎条理的建筑高度轮廓的级差	

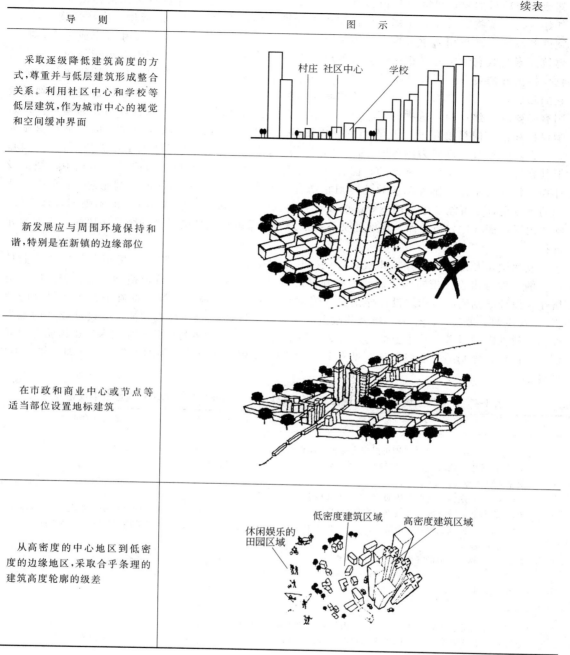

　　现代城市设计控制的策略构成主要包括城市设计策略和城市设计导则等 2 大部分。城市设计策略的途径是目标→原则→导则，尽管各个国家和地区的城市设计控制策略范畴不太一致，但一项完整的城市设计策略往往包括目标、达到目标所需遵循的原则和导则等 3 大构成元素。城市设计导则具有规定性和绩效性，当然，城市设计导则究竟是以规定性为主还是以绩效性为主目前颇有争议，规定性的设计导则强调达到设计目标所应采取的具体设计手段，绩效性的设计导则注重达到目标的绩效标准且配有引导性的示例（其采取文图并茂的形式有助于解释每项导则的控制意图但并不规定具体的解决方法）。现代城市设计控制中所谓"建（构）筑物的尺度"是一个建（构）筑物自身元素的尺寸和其它建（构）筑物元素的尺寸之间的相对关系所给人们的感觉，新

建或改建项目的建筑尺度应与相邻建（构）筑物保持和谐。为了评价这种和谐程度应当分析相邻建（构）筑物的尺寸和比例。现代城市设计控制中所谓"尺寸"是指建（构）筑物的长度、宽度和高度，即与相邻建（构）筑物相比，一个建（构）筑物是否显得尺寸过小或过大，有些建筑元素与其它建筑元素相比是否显得尺寸不当，建筑尺寸是否可以调整以与相邻建（构）筑物保持更好的关系。现代城市设计控制中应尊重邻里的尺度，若一个建（构）筑物实际上大于它的相邻建（构）筑物，则通常可调整其立面和退界而使其看上去小一些，若这些手段都无效则有必要减小建（构）筑物的实际尺寸。尽管有些建（构）筑物的比例也许与相邻建（构）筑物保持和谐，但尺度仍然会是不当的。以图1-4为例，图（a）中的3号建（构）筑物明显太高、太宽。经过处理变为图（b）后3号建（构）筑物的尺寸尽管仍然大于相邻建（构）筑物，但其在尺度上感觉是保持和谐的，因为其立面宽度已被分解、高度也被降低。实践中，城市设计控制往往会采用规定性和绩效性导则相结合的方式分别适用于不同的控制元素。目前普遍认同的观点是，尽可能多地采用绩效性的设计导则以确保达到设计控制目标，但不限制具体手段，除非地区特征（比如历史保护地区的文脉特征）表明采取规定性的设计导则是必要的、合理的和可行的。

发达国家和地区的采用城市设计控制对私人利益和私人行为进行公共干预必须在政治上是可行的，即城市设计策略的控制元素必须是广大公众所认可的公共价值范畴。前述美国旧金山居住区设计导则明确表示"设计导则是为建立和谐的邻里环境提供起码的准则而不是最高的期望"，这说明，城市设计作为一项公共政策而具有技术性和政治性双重特征，故设计导则的规定性和绩效性需同时考虑技术上的合理性和政治上的可行性。香港特区关于如何保护山体轮廓视域范围城市设计导则的公众咨询议题见表1-4。美国西雅图社区设计导则的编制指南（即五要五不）见表1-5。

表1-4 香港特区城市设计导则公众咨询议题（关于如何保护山体轮廓视域范围议题）

议题	陈述或建议	征询公众意见
方法	(1)1991年的都会规划导则可以作为保护山体轮廓的考虑起点 (2)在适当部位,根据个案所具有的特定突出效果,可以允许放宽高度限制的灵活性 (3)基于公众的可达性和认知度,选择观景视点 (4)在著名旅游点的观景视点应当得到保护 (5)如有可能并且得到公众的广泛支持,保护具有突出特征的所有山体轮廓 (6)避免私人土地的开发容积率受到损失 (7)考虑土地使用、区位和对于保护山体轮廓的影响,允许在战略性部位设置高层建筑节点	如果规章性措施是必要的,应当如何确定维多利亚港两岸发展的整体高度轮廓
规章	1991年的都会规划导则提出了保护山体轮廓的视域范围,但只是指导性而不是强制性的。目前,维多利亚港两岸的有些建筑高度已经突破了都会规划的导则 控制视廊范围内的建筑高度有如下几种备选方法: (1)引入新的法规,确定建筑高度的上限 (2)在既有的法定规划中,确定视域范围内的建筑高度或层数限制,同时可以加上适度放宽的条款 (3)由于大的基地较有可能产生高层建筑(如果建筑密度较低的话),可以在既有的法定规划中,适当控制这些大基地的建筑密度下限,低于建筑密度下限的开发项目必须得到规划委员会的许可 (4)超过一定高度的新开发项目必须呈报规划委员会,评价对于山体轮廓保护的视觉影响,而不必在法定规划中规定高度或层数控制	您是否仍然想要依据导则来保护山体轮廓的视域范围? 是否有必要引入规章性措施来控制建筑高度? 您认为哪类规章性措施更为合适? 您还有其它建议吗?

续表

议题	陈述或建议	征询公众意见
机构	另一种方式是将滨水地区划为特别设计审议区,城市设计导则可以作为设计审议的参照依据。规划委员会可以将滨水地区的设计审议作为法定规划和开发控制过程的组成部分,特别考虑滨水开发项目对于山体轮廓的视域范围的影响,以及设置作为滨水地标的超高层建筑的理由 　　另外,滨水发展项目可以由专门的设计审议小组受理,有各类专业人士参与,也许可以下属规划委员会。并且,还有必要对于设置监督滨水发展项目的合适机制进行调查	您是否赞同将维多利亚港周边的滨水地区划为特别设计控制区? 　　您是否认为滨水地区的发展项目应由规划委员会进行设计审议,作为既有的法定规划过程? 　　您是否认为滨水地区的发展项目应由专门的设计审议小组来受理?设计审议小组的职能是指导性还是决策性的?设计审议小组是否应当下属规划委员会 　　您还有其它建议吗?

表 1-5　西雅图社区设计导则的编制指南五要五不

五要	五不
要使用确切的语言	不要规定解决方法,而是提供解释和实例
要采用大量的图示(正反两方面的例子)	不要涉及偏好和时尚
要突出社区的重要议题,而不是面面俱到	不要增加建筑造价
要借鉴其它设计导则	不要试图更改区划
要考虑社区的独有特征	不要与土地使用法规相冲突

　　现代城市设计控制的实施机制通常包括法律的机制、行政的机制、经济的机制、政治的机制。所谓"法律的机制"是指城市设计控制必须有章可循,其应具有并行性(即城市设计策略应直接作为设计控制的法定依据)和一体性(即城市设计策略应成为区划法规的控制条文)特征。由于设计控制往往涉及难以度量的品质特征,城市设计导则也相应地采取了绩效标准的方式,故在设计审议中一定程度的行政解释是不可避免的,为此,在规划管理方和开发申请方之间需要建立有效的沟通和磋商机制以使双方对于达到城市设计目标可能采取的具体手段达成共识,这就是所谓"行政的机制"。所谓"经济的机制"包括奖励机制和"关联条件"等2个方面,奖励机制鼓励开发者提供公共设施和公共空间(城市设计的有些控制要求更适宜于采取奖励性而不是强制性的实施机制),关联条件则是根据开发项目的建设或者投资规模要求开发者提供或者资助相应的公共设施或公共空间。城市设计控制作为一项公共政策必须建立在社会共识的政治基础上,且在城市设计的各个阶段必须包含广泛的公众参与,这就是所谓"政治的机制"。

　　综上所述,城市设计控制应当有章可循,城市设计策略应有研究基础,城市设计导则应当注重实效,城市设计审议应当客观公正。

1.1.3　城市空间结构研究理论、方法的演进

　　中国城市空间结构研究理论、方法具有悠久的历史。现代城市空间结构概念的发展开始于20世纪中叶,1964年Foley和Weber提出了多维概念框架(共分4个层面,第一层面为文化价值、功能活动、物质环境;第二层面为空间、非空间属性;第三层面为形式、过程;第四层面为时间),1971年Bourne提出了系统理论(包括城市形态,要素空间分布)、城市要素相互作用、城市空间结构等3个方面,以揭示空间分布和空间作用的内在机制。1973年Harvey提出了空间形态和社会过程之间的相互作用问题,建立了空间形态、社会过程、城市研究跨学科框架的理论体系,其中空间形态采用地理学方法进行,其社会过程采用社会学方法进行,其城市研究的跨学科框架是指在社会学方法和地理学方法之间建立的交互界面。

　　现代城市空间结构分析方法涉及城市物质空间、感知空间、社会经济空间等3大区域。城市物质空间指客观现实,城市物质空间具有不同的演化阶段且有不同的边缘地带和固结界限,城市物质空间演化方式有向外扩展、增生和内部重组及替代的双重过程。城市感知空间指主观体验,

包括城市环境的意向构成、城市环境的合意程度（即居住选择意愿）等。社会经济空间涉及城市空间结构判识、测度、检验、建构等方面内容，城市空间结构判识、测度依赖于方法和技术的发展（包括多变量统计方法、主因素分析方法、数学模型和计算机技术、大规模实证研究等），城市社会空间结构模式则用于检验（演绎法的研究）或建构（归纳法的研究）关于空间形态和社会过程之间相互关系的各种理论假设。北美城市空间结构有3种典型模式，即同心圆模式、扇形模式、多核心模式，见图1-5～图1-7，其特征要素及其相对重要度和空间分异模式有经济地位——扇形分布模式；家庭类型——同心圆分布模式；种族背景——多核心分布模式。

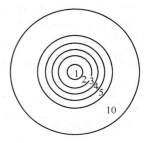
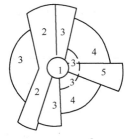
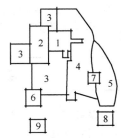

图 1-5　同心圆模式　　　　图 1-6　扇形模式　　　　图 1-7　多核心模式

现代城市空间结构的解析理论是方法论和认识论，其主要学派有3个，即新古典主义学派、行为学派、结构学派。新古典主义学派的主要观点有4个，即新古典主义经济学、城市土地使用的空间模式、区位理论、公共设施的空间配置优化。新古典主义经济学的基础是范式理论（normative theory），即在自由市场经济理想竞争状态下资源配置的最优化，其假设条件包括经济理性、完全竞争、最优决策，其研究内容包括空间经济行为、空间变量（克服空间距离的交通成本）、最低成本区位、区位均衡等；城市土地使用的空间模式（比如1964年Alonso建立的地租竞价曲线，区位-地租-土地利用的关系，土地成本和区位成本之间的均衡等）；区位理论，包括企业选址行为（最大利润）、家庭选址行为（最大满足）、交通成本、其它成本要素、收益要素、利润空间界面等；公共设施的空间配置优化，即从最大利润到最大福利。行为学派则以现实状态而不是理想状态下的空间经济行为为依据，包括企业选址行为的区位因素分析、区域发展政策等。结构学派的法宝是政治经济学，结构学派对新古典主义学派及其改良的行为学派的挑战不仅表现在方法论上而且表现在认识论上（不仅有理论上更有理念上的，比如从个体选址行为到社会结构体系），其关注点是城市空间形态与资本主义社会结构体系（即资本主义的生产方式和生产过程中的阶级关系），其认为物质环境（城市形态）是资本主义社会关系再生产（社会过程）的必要条件，亦即城市物质环境与资本再生产（在城市建成环境的投资-建造-使用中实现资本积累和化解经济危机，比如美国的郊区化过程）和城市物质环境与劳力再生产（维持资本主义社会结构体系的延续，比如城市居住空间的社会分异），其研究核心是产业区位研究，即在经济结构重组过程中，资本的每一次流动（部类的和空间的）带来的新一轮劳动力地域分工，其缺陷是忽视了资本主义生产方式以外范畴中的社会过程对城市空间结构的影响（即局限于抽象理论而忽视特定时空条件下的实证研究）。

城市空间结构的研究框架是一个值得关注的关键性问题。社会过程是影响城市空间结构的内在机制，社会关系是导致社会过程的根本动因，城市空间结构研究应建立在社会关系构成范畴和社会过程空间属性理论基础之上并运用社会学和地理学相结合的方法进行。1981年Urry给出了社会关系的构成范畴，即经济、国家、社会。相对于经济范畴中的阶级关系而言，社会范畴中存在多元化的社会关系，社会群体之间的利益关系是建立在不同基础（比如性别、年龄、宗教、种族、地域等）之上的并不存在必然联系。社会过程具有空间属性（包括全局性过程和局部性过程），应采用空间相对论、现实主义哲学、社会科学理论进行抽象研究和具体研究，所谓"空间相对论空间"不是指具有实质的物体而是指在自然实体和社会实体之间存在的联系（即空间关系），所谓"现实主义哲学"是指社会实体（即社会群体及其关系）中具有导致社会过程的内在因果机制。由于社会实体总是存在于时空之中，其因果机制在具体过程中是否以及如何得以实现取决于社会实体之间的时空关系。因此，社会实体之间的空间关系是影响社会过程的一个重要外部条件。社会科学的抽象研究主要讨论社会实体必然具有的内在因果机制，社会科学的具体实证研究主要讨论社会实体的因果机制在特定时空条件下的作用。所谓"地域性概念"是指发生在不同范畴中和作用在不同层面上的各种社会过程，亦即宏观社会过程及其对特定地域的影响和因此产生的不同结果。地域的特定社会关系也会引发社会过程。正是不同范畴中和不同层面上的各种社会过程的相互关系才构成了城市空间结构演化的内在机制。

西方大城市空间结构的演化主要取决于市场、政府、社区等 3 大因素。20 世纪 80 年代以来，西方大城市空间结构演化的三个主要特征是中心的全面复兴、内城的局部更新、郊区的继续发展。城市中心的全面复兴反映了经济和国家范畴的社会过程，为"后工业化"进程，表现为经济结构重组，即城市的服务（比如商务、零售、娱乐、休闲、旅游等）功能日益凸显；社会结构重组，即新生代中产阶级、雅皮士、丁克家庭等的出现；城市中心具有历史文化风貌建成环境的形成，包括商业步行街区和滨水地带；中产阶层化；政府干预。内城的局部更新反映了社会和国家范畴的社会过程，包括被资本所抛弃、依赖公共投资和围绕公共资源配置的社会冲突、形成地域联盟。郊区的继续发展反映了经济范畴的社会过程，即由市场驱动的资本积累过程。

综上所述，城市研究的一个重要领域是空间形态和社会过程之间的相互关系。西方城市空间结构研究的发展过程表现在两个方面，即在方法研究上从城市空间的物质属性到城市空间的社会属性；在理论研究上从个体选址行为到社会结构体系。在城市空间结构的分析方法取得不断进展的同时，城市空间结构的解析理论始终是这个研究领域的核心所在。新古典主义学派是关于个体选址行为的理论，结构主义学派是关于社会结构体系的理论，对个体选址行为的分析必须建立在对于社会结构体系的全面认识基础之上。

1.1.4　建筑规划设计中建筑面积的确定原则

建筑规划设计中所谓"单体建筑的总建筑面积"是指该建筑物每层外墙外围的水平投影面积之和；"单体建筑的地上建筑面积"是指该建筑物地上部分每层外墙外围的水平投影面积之和；"单体建筑的地下建筑面积"是指该建筑物地下部分每层外墙外围的水平投影面积之和；"群体建筑的总建筑面积"是指各单体建筑的总建筑面积之和；"群体建筑的地上建筑面积"是指各单体建筑的地上建筑面积之和；"群体建筑的地下建筑面积"是指各单体建筑的地下建筑面积之和。

建筑面积的计算办法应符合规定。单层建筑物不论其高度如何均按一层计算，其建筑面积按建筑物外墙勒脚以上的外围水平投影面积计算。单层建筑物内若带有部分楼层者亦应计算建筑面积。高低联跨的单层建筑物需分别计算建筑面积。当高跨为边跨时，其建筑面积按勒脚以上两端山墙外表面间的水平长度乘以勒脚以上外墙表面至高跨中柱外边线的水平宽度计算；当高跨为中跨时，其建筑面积按勒脚以上两端山墙外表面间的水平长度乘以中柱外边线的水平宽度计算。多层建筑物的建筑面积按各层建筑面积的总和计算。其底层按建筑物外墙勒脚以上外围水平投影面积计算，二层及二层以上按外墙外围水平投影面积计算。坡地建筑物利用吊脚做架空层的若层高超过 2.2m（含 2.2m，如无特殊注明以下均同）则应按围护结构外围水平投影面积计算建筑面积。

穿过建筑物的通道、建筑物内的门厅、大厅不论其高度如何均按一层计算建筑面积，门厅、大厅内回廊部分按其水平投影面积计算建筑面积。电梯井、提物井、垃圾道、管道井等均应按建筑物自然层计算建筑面积。舞台灯光控制室应按围护结构外围水平投影面积乘以实际层数计算建筑面积。建筑物内设备层层高超过 2.2m 的应计算建筑面积。有柱雨篷应按柱外围水平投影面积计算建筑面积（独立柱的雨篷则按顶盖的水平投影面积的一半计算建筑面积）。有柱的车棚、货棚、站台等应按柱外围水平投影面积计算建筑面积，单排柱、独立柱的车棚、货棚、站台等则应按顶盖水平投影面积的一半计算建筑面积。突出屋面的有围护结构的楼梯间、水箱间、电梯机房等应按围护结构外围水平投影面积计算建筑面积。突出墙外的门斗应按围护结构外围水平投影面积计算建筑面积。封闭式阳台、挑廊应按其水平投影面积计算建筑面积，凹阳台、挑阳台（包括栏板厚在内）应按其水平投影面积的一半计算建筑面积。阳台、挑廊、架空通廊的外围水平投影超过其底板外沿的应以底板水平投影计算建筑面积。建筑物墙外有顶盖和柱的走廊、挑廊应按柱的外边线水平投影面积计算建筑面积，无柱的走廊、挑廊则按其水平投影面积的一半计算建筑面积。跨越其它建筑物、构筑物的高架单层建筑物应按其水平投影面积计算建筑面积（多层者按多层计算）。突出墙面的构件、配件和艺术装饰，比如柱、垛、勒脚、台阶、无柱雨篷等，均不计入建筑面积。检修、消防等专用的室外爬梯不计入建筑面积。层高 2.2m 以内（不含 2.2m）的设备层不计入建筑面积。构筑物，比如独立烟囱、烟道、油罐、水塔、储油（水）池、储仓、圆库、干支线等，不计入建筑面积。建筑物内外的操作平台、上料平台及利用建筑物的空间安置箱罐的平台不计入建筑面积。没有围护结构的屋顶水箱、舞台及后台悬挂幕布、布景的天桥、挑台不计入建筑面积。单层建筑物内分隔的操作间、控制室、仪表间等单层房间不另计算建筑面积。

地下室、地下车间、仓库、商店、地下指挥部等及相应出入口的建筑面积应按其上口外墙（不包括采光井、防潮层及其保护墙）外围的水平投影面积计算。层高小于 2.2m（不含 2.2m）的深基础地下架空层、坡地建筑物吊脚架空层不计入建筑面积。建筑物外墙为预制墙板时，其建筑面积按墙板主墙面的外墙外围水平投影面积计算，若墙板有凸出的艺术性装饰时其凸出的艺术性装饰部分不计算建筑面积。半地下室的建筑面积按其上口外墙（不包括采光井、防潮层及保护墙）外围水平投影面积计算。其中，通道端头出口部分包括楼梯踏步与通道相接处应按外墙外围水平投影面积计算建筑面积，沉降缝以外的通道不计算建筑面积。若通道端头为竖向爬梯出口的均不计算建筑面积。用深基础作地下架空层超过 2.2m 的，若设计包括门窗、地面抹灰及装饰的应按架空层外墙外围水平投影面积计算建筑面积，若设计仅留洞口不做地面抹灰及装饰的则不计算建筑面积。图书馆书库有书架层的按书架层计算建筑面积，无书架层的按自然层计算建筑面积。全部凹阳台以凹进部分净空水平投影面积的一半计算建筑面积，半凸半凹的阳台分别以水平投影面积的一半计算建筑面积。但住宅工程首层平台（非悬挑的）不计算建筑面积。突出墙面的眺望间按围护结构外围水平投影面积计算建筑面积。两个建筑物之间的架空通廊若有围护结构则按水平投影面积计算建筑面积；若无围护结构则按水平投影面积的一半计算建筑面积，以架空通廊的屋面层和底层作为通道的均不计算建筑面积。建筑物楼内无楼梯而只有室外楼梯的（包括疏散梯）均按每层水平投影面积计算建筑面积；楼内有楼梯时室外的楼梯（包括疏散梯）均按每层水平投影面积的一半计算建筑面积，若首层室外楼梯底有围护结构并加以利用的则其利用部分应计算建筑面积，其利用部分的顶盖楼梯不再重复计算建筑面积。室外钢楼梯宽度在 0.6m 以内的（包括休息平台在内）均不计算建筑面积。突出外墙的附墙烟囱、垃圾道、竖风道等均应分层计算建筑面积，但不依附于外墙、有沉降缝的靠墙烟囱按独立烟囱不计算建筑面积。各种变形缝、沉降缝、宽度在 0.3m 以内的抗震缝均应分层计算建筑面积，高低跨不同的建筑物之间变形缝、沉降缝、抗震缝的面积应并入低跨建筑面积内，宽度在 0.3m 以外的抗震缝不计算建筑面积。同一建筑物有高低层时其高层利用低层屋顶层做通道的通道部分不计算建筑面积。在计算建筑物建筑面积时若遇上述以外情况时可参照上述规则精神办理。房间地坪低于室外地坪的高度小于等于该房间层高 1/2（且低于室外地坪的高度小于、等于 1.5m 者）均应计入地上建筑面积，反之则应计入地下建筑面积。

1.2 建筑高度的确定原则及相关问题

1.2.1 城市的特点及本质

我国古语云"城，廓也，都邑之地，筑此以资保障也"，"日中为市，致天下之民，聚天下之货，交易而退，各得其所"。英语中的 urban（城市的、市政的）源自拉丁文 urbs（意为城市的生活），英语中的 city（城市、市镇）含义是市民可以享受公民权利并过着一种公共生活的地方，与之相关的还包括 citizenship（公民）、civil（公民的）、civic（市政的）、civilized（文明的）、civilization（文明、文化）等，也就是说城市可以使社会组织行为处于一种高级状态，城市就是安排和适应这种生活的一种工具。从经济学的观点讲城市是各种经济市场（住房、劳动力、土地、运输等）相互交织在一起的网状系统（J. Button 观点），城市是具有相当面积、经济活动和住户集中度的并可使私人企业和公共部门产生规模经济的连片地理区域（Hirsh 观点）。从社会学角度讲，城市是具有某些特征的、在地理上有界的社会组织形式，其人口相对较多、居住密集并有异质性，其中至少有一些人从事非农业生产（并有一些是专业人员），其具有市场功能且至少有部分制定规章的权力，其显示了一种相互作用的方式（在其中，个人并非是作为一个完整的人而为人所知，这就意味着至少一些相互作用是在并不真正相识的人中间发生的），其要求有一种基于超越家庭或家族之上的社会联系且更多是基于合理的法律的（Bardo & Hartman 观点）。从地理学的角度讲，城市是指地处交通方便环境的、覆盖有一定面积的人群和房屋的密集结合体（F. Ratzel 观点）。城市在法律层面上的界定，不同的国家有不同的标准各国大多以人口规模为指数界定城市（瑞典、丹麦为 200 人；澳大利亚、加拿大为 1000 人；法国、古巴为 2000 人；美国为 2500 人；比利时为 5000 人；日本为 30000 人。中国则以非农业人口为指标，2000 人以上设镇、60000 人以上设市）。《中华人民共和国城市规划法》第三条有对城市的准确界定标准，即"本法所称城市，是指国家按行政建制设立的直辖市、市、镇"。我国 1984 年规定的设镇条件（任一条件）是县政府所在地；非农人口 2000 人以上的乡政府所在地。我国 1986 年规定的设市条件（同时满足）是非农人口 60000 人以上的镇；年国民生产总值 2 亿以上的镇。我国《城市规划基本术语标准》中的城市定义是"以非农业产业和非农业人口集聚为主要特征的居民点，包括按国家行政建制设立的市和镇"。我国一些学者也对城市的概念有一些概括性的论述，比如从系统科学角度将城市定义概括为"城市是以人为主体，以空间与环境利用为基础，以聚集经济效益为特点，以人类社会进步为目的的一个集约人口、集约经济、集约科学文化的空间地域系统"；"城市聚集了一定数量的人口；城市以非农业活动为主，是区别于农村的社会组织形式；城市是一定地域中政治、经济、文化等方面具有不同范围中心的职能；城市要求相对聚集；城市必须提供物质设施和力求保持良好的生态环境；城市是根据共同的社会目标和各方面的需要而进行协调运转的社会实体；城市有继承传统文化，并加以绵延发展的使命"。总之，城市是一定地域范围内的社会大系统，该系统主要有 4 个子系统构成。经济子系统，涉及资源分配、财富的生产与分配；政治子系统，以权力的形成、分配和作用为基础；交通通信子系统，城市系统内外部相互作用的媒介与途径；空间子系统，使各系统相互作用的物质基础，也是这种作用的结果。前 2 个子系统决定了城市社会系统的性质，后 2 个子系统是社会系统存在、运行和发展的基础。

城市形成和发展的必要条件主要有 3 个，即具有自然优势（比如耕地肥沃、交通便利、能得到淡水供应等）、经济发展水平高、政治组织能力强。早期城市出现在农业革命后（有了剩余产品），其典型模式是政治中心或军事中心城市、文化中心城市。西方现代城市起源于工业革命和大规模的工厂化生产，随着工厂规模的不断扩大（规模经济效应）、农业生产率的不断提高、资本主义制度的建立而出现，其典型模式是工业城市和大城市。当代城市起源于后工业革命，随着经济全球化、经济信息化的发展，许多城市从以制造业为主转为以服务业为主，推进了生产性服务业的发展，使得空间经济结构由水平型向垂直型转变并进而导致世界性城市或全球性城市的出现以及大都市形成连绵区。

1.2.2 城市总体规划的特点与基本要求

我国城市规划以《中华人民共和国城市规划法》为根本指导思想，《中华人民共和国城市规划法（1989）》将城市规划分为总体规划和详细规划两个阶段。我国《城市规划基本书术语》认为城市总体规划是对一定时期内城市性质、发展目标、发展规模、土地利用、空间布局以及各项建设的综合部署和实施措施，其内容包括市域城镇体系、城市总体规划、分区规划等。我国《城市规划基本书术语》认为城市详细规划是以城市总体规划或分区规划为依据对一定时期内城市局部地区的土地利用、空间环境和各项用地所作的具体安排，其内容包括控制性详细规划、修建性详细规划等。

我国住房和城乡建设部《城市规划编制办法》规定的城市总体规划任务有 5 条，即综合研究和确定城市性质、规模和空间发展状态；统筹安排城市各项建设用地；合理配置城市各项基础设施；处理好远期发展和近期建设的关系；指导城市合理发展。我国城市总体规划期限一般为 20 年，同时还应对城市远景发展作出轮廓性的规划安排。近期建设规划是总体规划的一个组成部分，期限一般为五年（《城市规划编制办法实施细则》中规定为 3～5 年）。

城市总体规划的内容主要有以下方面。市域城镇体系规划，包括分析区域发展条件和制约因素，提出区域城镇发展战略，确定资源开发、产业配置和保护生态环境、历史文化遗产的综合目标；预测区域城镇化水平，调整现有城镇体系的规模结构、职能结构和空间布局，确定重点发展的城镇；原则确定区域交通、通信、供水、排水、防洪等设施的布局；提出实施规划的措施和有关技术经济政策方面的建议。确定城市性质和发展方向、划定城市规划区范围。提出规划期内城市人口及用地发展规模，确定城市建设与发展用地的空间布局以及市中心区、城市规划区（指城市市区、近郊区、城市行政区域内的功能分区）以及因城市建设和发展需要实行规划控制的区域中心位置。确定城市对外交通系统的布局以及车站、铁路枢纽、港口、机场等主要交通设施的规模、位置，确定城市主、次干道系统的走向、断面、主要交叉口形式，确定主要广场、停车场的位置、容量。综合协调并确定城市供水、排水、防洪、供电、通信、燃气、供热、消防、环卫等设施的发展目标和总体布局。确定城市河湖水系的治理目标和总体布局，分配沿海、沿江岸线。确定城市园林绿地系统的发展目标及总体布局。确定城市环境保护目标、提出防治污染措施。根据城市防灾要求，提出人防建设、抗震防灾规划目标和总体布局。确定需要保护的风景名胜、文物古迹、传统街区，划定保护和控制范围、提出保护措施（历史文化名城要编制专门的保护规划）。确定旧区改建、用地调整的原则、方法和步骤，提出改善旧城区生产、生活环境的要求和措施。综合协调市区与近郊区村庄、集镇的各项建设，统筹安排近郊区村庄、集镇的居住用地、公共服务设施、乡镇企业、基础设施和菜地、园地、牧草地、副食品基地，划定需保留和控制的绿色空间。进行综合技术经济论证，提出规划实施步骤、措施和方法的建议。编制近期建设规划，确定近期建设目标、内容和实施步骤。

2002 年，国务院发布了《关于加强城乡规划监督管理的通知》，强调提出了近期建设规划工作和城市规划强制性内容。国家住房和城乡建设部颁布了《近期建设规划工作暂行办法》和《城市规划强制性内容暂行规定》，对城市总体规划中的相关内容作出了具体规定。根据《近期建设规划工作暂行办法》要求，近期建设规划是落实城市总体规划的重要步骤，是城市近期建设项目安排的依据。近期建设规划的基本任务是明确近期内实施城市总体规划的发展重点和建设时序；确定城市近期发展方向、规模和空间布局以及自然遗产与历史文化遗产保护措施；提出城市重要基础设施、公共设施、城市生态环境建设安排的意见。我国近期建设规划的期限为五年，原则上与城市国民经济和社会发展计划的年限一致。编制近期建设规划必须遵循下述 4 条原则，即处理好近期建设与长远发展、经济发展与资源环境条件的关系（应注重生态环境与历史文化遗产的保护，实施可持续发展战略）；应与城市国民经济和社会发展计划相协调并符合资源、环境、财力的实际条件且能适应市场经济发展的要求；应坚持为最广大人民群众服务、维护公共利益、完善城市综合服务功能、改善人居环境；应严格依据城市总体规划且不得违背总体规划中的强制性内容。近期建设规划必须具备的强制性内容应包括 3 个主要方面，即确定城市近期建设重点和发展规模；依据城市近期建设重点和发展规模确定城市近期发展区域（对规划年限内的城市建设用地总量、空间分布和实施时序等做出具体安排并给出控制和引导城市发展的规定）；根据城市近期建设重点提出对历史文化名城、历史文化保护区、风景名胜区等的相应保护措施。近期建设规划必须具备的指导性内容包括4个主要方面，即根据城市建设近期重点提出机场、铁路、港口、高速公路等对外交通设施，城市主干道、轨道交通、大型停车场等城市交通设施，自来水厂、污水处理厂、变电站、垃圾处理厂以及相应的管网等市政公用设施的选址、规模和实施时序的意见；根据城市近期建设重点提出文化、教育、体育等重要公共服务设施的选址和实施时序；提出城市河湖水系、城市绿化、城市广场等的治理和建设意见；提出近期城市环境综合治理措施。

我国《城市规划强制性内容暂行规定》确定的强制性内容主要是指省域城镇体系规划、城市总体规划、城市详细规划中涉及区域协调发展、资源利用、环境保护、风景名胜资源管理、自然与文化遗产保护、公众利益和公共安全等方面的内容。城市规划强制性内容是省域城镇体系规划、城市总体规划和详细规划的必备内容。省域城镇体系规划的强制性内容包括3个主要方面。省域内必须控制开发的区域，包括自然保护区、退耕还林（草）地区、大型湖泊、水源保护区、分滞洪地区以及其它生态敏感区；省域内的区域性重大基础设施的布局，包括高速公路、干线公路、铁路、港口、机场、区域性电厂和高压输电网、天然气门站、天然气主干管、区域性防洪滞洪骨干工程、水利枢纽工程、区域引水工程等；涉及相邻城市的重大基础设施布局，包括城市取水口、城市污水排放口、城市垃圾处理场等。城市总体规划的强制性内容包括6个主要方面，即市域内必须控制开发的地域，包括风景名胜区，湿地、水源保护区等生态敏感区，基本农田保护区，地下矿产资源分布地区；城市建设用地，包括规划期限内城市建设用地的发展规模、发展方向，根据建设用地评价确定的土地使用限制性规定，城市各类园林和绿地的具体布局；城市基础设施和公共服务设施，包括城市主干道的走向、城市轨道交通的线路走向、大型停车场布局，城市取水口及其保护区范围、给水和排水主管网的布局，电厂位置、大型变电站位置、燃气储气罐站位置，文化、教育、卫生、体育、垃圾和污水处理等公共服务设施的布局；历史文化名城保护，包括历史文化名城保护规划确定的具体控制指标和规定，历史文化保护区、历史建筑群、重要地下文物埋藏区的具体位置和界线；城市防灾工程，包括城市防洪标准、防洪堤走向，城市抗震与消防疏散通道，城市人防设施布局，地质灾害防护规定；近期建设规划，包括城市近期建设重点和发展规模，近期建设用地的具体位置和范围，近期内保护历史文化遗产和风景资源的具体措施。

城市规划编制的基本原则表现在5个方面。第一，应满足发展生产、繁荣经济、保护生态环境、改善市容景观，促进科技文教事业发展，加强精神文明建设等要求，应统筹兼顾、综合部署力求取得经济效益、社会效益、环境效益的统一。第二，应贯彻城乡结合、促进流通、有利生产、方便生活的原则，改善投资环境、提高居住质量、优化城市布局结构、适应改革开放需要，促进规模经济持续、稳定、协调发展。应满足城市防火、防爆、防洪、防泥石流以及治安、交通管理和人民防空等方面的要求，特别是对可能发生强烈地震和洪水灾害的地区必须在规划中采取相应的抗震和防洪措施以保障城市安全和社会安定。第三，应注意保护优秀历史文化遗产，保护具有重要历史意义、革命纪念意义、科学和艺术价值的文化古迹、风景名胜和传统街区，保持民族传统和地方风貌，充分体现城市各自的特色。第四，应贯彻"合理用地、节约用地"原则，根据国家和地方有关技术标准、规范以及实际使用要求合理利用城市土地、提高土地开发经营的综合效益。第五，在合理用地前提下十分重视节约用地，城市的建设和发展应尽量利用荒地、劣地且应少占耕地、菜地、园地和林地。

我国规定城市总体规划应由城市人民政府组织编制。城市总体规划编制的工作程序有6个，依次为：基础资料收集；城市规划纲要编制，包括论证城市规划的技术经济依据和发展条件，拟定城市经济社会发展目标，论证城市在区域中的战略地位并原则确定市域城镇布局，论证并原则确定城市性质、规模、总体布局和发展方向；总体规划方案编制；总体规划方案论证与评审；总体规划方案审批；总体规划公布。我国对城市总体规划的审批有专门的规定，即城市规划纲应由城市人民政府审核同意，城市总体规划采用分级审批制。直辖市的总体规划由直辖市人民政府报国务院审批；省和自治区人民政府所在地、百万人口以上的大城市和国务院指定城市的总体规划由所在地省、自治区人民政府审查同意后报国务院审批，其它设市城市的总体规划报省、自治区人民政府审批；县人民政府所在地镇的总体规划报省、自治区、直辖市人民政府审批，其中市管辖的县人民政府所在地镇的总体规划报所在地市人民政府审批，其它建制镇的总体规划报县（市）人民政府审批。城市人民政府或县人民政府向上级人民政府报请审批城市总体规划前须经同级人民代表大会或其常务委员会审查同意。涉及强制性内容调整的，城市人民政府必须组织论证并就调整的必要性向原规划审批机关提出专题报告，经审查批准后方可进行调整。调整后的总体规划必须依据《中华人民共和国城市规划法》规定的程序重新审批。

我国对城市总体规划的实施也有专门的规定，即规划实行推进机制（总体规划具有战略性、宏观指定性，只有转化为战术性、可操作性的内容后才能全面实施。总体规划向分区规划、详细规划推进时其下层次规划必须严格执行上层次规划的原则和规定）。城市政策是总体规划实施的调控机制，城市总体规划首先是城市政策的综合陈述，其一方面必须是城市公共政策的汇总；另一方面又必须转化为各方面政策而共同实施。资金是规划实施的基础，应重视城市生产性投资与非生产性投资的平衡以及城市建设投资之间的平衡。法规是规划实施的保障，城市规划的实施是由城市社会共同担当的，社会利益的协调必须依靠法规保障，城市规划法规应遵循法理程序（即城市规划法规是按国家立法程序所制定的关于城市规划编制、审批和实施管理的法律、行政法规、部门规章、地方法规和地方规章的总称）。规划管理是规划实施的中心环节，其核心是从规划的角度对城市建设实施管理，我国城市规划建设管理实行规划许可制度（即"一书两证"制度，亦即建设项目选址意见书、建设用地规划许可证、建设工程规划许可证）。城市规划建设管理是根据城市规划法规和批准的城市规划对城市规划区内的各项建设活动所实行的审批、监督检查以及违法建设行为查处等各项管理工作的统称。

1.2.3 城市建筑高度的确定原则

"建筑高度"通常指建（构）筑物室外地面到其檐口（平屋顶）或屋面面层（坡屋顶）的高度。

（1）建筑高度的计算方法   在文物保护单位周围建设控制地带内和重要风景区附近的建（构）筑物、世界遗产保护范围、机场控制区，其建筑高度是指建（构）筑物及其附属构筑物的最高点（包括电梯间、楼梯间、水箱、烟囱、屋脊、天线、避雷针等），见图1-8（a）中的 H。在前述地区以外的一般地区，其建筑高度对平顶房屋按女儿墙高度计算、坡顶房屋按屋檐和屋脊的平均高度计算（屋顶上的附属物，比如电梯间、楼梯间、水箱、烟囱等，当其总面积不超过屋顶面积的20%且高度不超过4m时不计入建筑高度之内，空调冷却塔等设备高度也不计入建筑高度），见图1-8（a）中的 H_1。采用传统坡屋面形式的建筑一般以屋面下檐口计算建筑高度（屋顶坡度大于30°时按坡屋顶高度一半处计算建筑高度），见图1-8（b）中的 H。屋顶部分采取错落方式的复杂形体建筑以大于标准层建筑面积20%的最高点处计算建筑高度，见图1-8（c）中的 H。

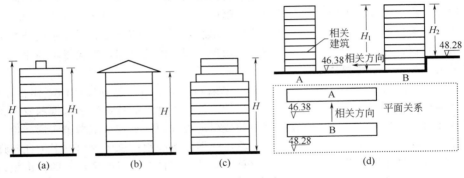

图 1-8   建筑高度

建筑室外地坪是指该建筑外墙散水处，若该建筑不同位置的散水高程不一致时应以计算建筑高度相关方向的散水平均位置为室外地坪，比如图 1-8(d) 中 B 的建筑高度应取 H_1。在规划市区范围内若建（构）筑物散水高出相邻道路高程 0.5m 以上（含 0.5m）时其建筑高度应从道路路面算起。

（2）建筑高度的规划设计要求　建筑高度应符合城市总体规划和控制性详细规划对建设用地的建筑高度控制规定。在城市规划中的非建设地区、隔离地带、公共绿地、风景区等地区内需建少量建筑时应以建平房为主。文物保护单位的保护范围和建设控制地带内的建筑高度应按文物保护的有关规定办理。建筑高度凡与防火、防空、抗震、航空净空、微波通信等方面的要求发生矛盾时均应按有关规定与相关部门协商解决。合理层高应按规定要求确定，在建筑高度控制要求中不同类型建筑还应根据其使用性质、结构类型、设备选用等情况参照相关规范确定其合理的层高及层数，比如多层、高层住宅其单层层高均应不低于 2.70m，利用坡屋顶内空间作卧室时其一半的面积应不低于 2.10m，其余部分最低处高度不得低于 1.50m，办公室的室内净高不得低于 2.60m（设中央空调的可不低于 2.40m），走道净高不得低于 2.10m，储藏间净高不得低于 2.00m。同时，不得采取压低层高的方法提高建筑层数。

1.3　建筑退让建设用地边线距离及相关问题

1.3.1　城市规划调查与研究的基本要求

城市规划调查是认识城市的手段，其核心工作是对城市现状基础资料进行收集与整理，是城市总体规划的一项基础性工作，是研究城市的前提。目前，我国城市规划调查的内容主要有 5 个主要方面，即城市活动情况（包括社会、经济、政治活动等层面）；城市土地使用状况（包括已用的和可用的）；各类社会的、市政的基础设施情况；市民生活方式和使用者的意见与要求；城市财政原则及政府体制结构。城市规划调查的方法主要有 5 种，即现场踏勘（是城市规划调查的最基本手段）、发表格调查［其中，抽样调查是最重要方法，其在总体规划阶段的两种主要形式是部门（单位）调查和居民调查］、访谈和座谈（主要适用于两种情况，即历史状况描述无文字记载的内容、解决某些特定问题和制定未来发展设想及愿望）、文献查阅、类比。城市规划调查的研究方法主要有 2 个，即分析法和综合法。分析就是要把所有问题一个问题、一层一层地分解下去直至可以具体操作（通过分析可更深入地了解事物的各个方面及其本质）；综合就是把分析后的成果进行汇总并重新还原成一个整体（综合是城市规划的重要特征，是规划师的最基本能力）。城市规划调查研究的成果主要是一套城市现状图和一套现状基础资料报告，城市规划调查研究成果是规划过程的出发点。

（1）区域环境调查研究的基本要求　我国《城市规划基本术语标准》对城市化给出了较为恰当的定义，即城市化是指人类生产和生活方式由乡村型向城市型转化的历史过程，表现为乡村人口向城市人口转化以及城市不断发展和完善的过程，又可称为城镇化、都市化。实际上，城市化包含两层含义，一是城市数量增加或城市规模扩大的过程，表现为城市人口在社会总人口中的比重逐渐上升；二是将城市的某些特征向周围郊区传播扩展而使当地原有文化模式逐渐改变的过程。我国《城市规划基本术语标准》还对城市化水平给出了较为恰当的定义，即城市化水平是衡量城市化发展程度的数量指标（一般用一定地域内城市人口占总人口的比例来表示），我国城市化水平的统计标准是城市化水平＝（城镇非农业人口/总人口）＝城镇居住人口/总人口。城市化水平的预测与 3 方面因素有关，即城市化水平与经济发展水平显著相关；与农业生产率的提高显著相关（在我国主要表现为粮食增加的速度）；与预测城市化水平的方法显著相关。目前，人们进行城市化水平预测时多采用递推法，即参照以往城镇人口发展情况推算；参照国内外同类型城市人口增长速度推算；按国民生产总值发展速度推算；按商品粮增长的可供量估算；按农村人口转化的数量和可能推算；按城市建设投资推算等。

我国《城市规划基本术语标准》对城镇体系给出了较为恰当的定义，即城镇体系是指一定区域内在经济、社会和空间发展上具有有机联系的城市群体。从城市规划的角度讲，城镇体系的内容包括3个主要方面，即城市职能（即不同职能城市的数量和组合特征）、城市规模（即不同规模的城市数量和组合）、各类各级城市的地理分布和相互关系等。《中华人民共和国城市规划法》依规模将城市划分为大城市、中等城市、小城市。大城市是指城市市区和近郊区非农业人口50万以上；中等城市则为20万～50万人口；小城市为20万人口以下。通常情况下，大城市作用大、影响地区范围大、数量少且仅分布在少数地点；小城市作用小、影响地区范围小、数量多、分布比较普遍。《中华人民共和国城市规划法》规定了我国城市发展的基本方针，即严格控制大城市规模、合理发展中等城市和小城市。所谓"城镇网络"是指以城市为中心结节，以交通线为骨架，以城镇体系为内容，以城乡之间交往为基础而形成的网状式空间实体。城镇体系分析应具有层次性，我国为经济区域市（县）域→城市规划区，不同类型的城市应选择不同范围的宏观、中观、微观分析框架。城市规划中应对区域环境联系程度进行量化分析，常用分析方法有2个，即引力模型和信息流模型，引力模型关系式为 $F = CM_1M_2/R$（式中，F 为城市间的吸引力；M_1、M_2 分别为2个城市实力因子；R 为城市间距离；C 为修正系数）。

（2）历史环境调查研究的基本要求　城市规划中的历史环境调查主要应研究城市形成、发展过程及其动力。Team认为，任何新的东西都是在旧机体中生长出来的，每一代人仅能选择对整个城市结构最有影响的方面进行规划和建设，而不是重新组织整个城市。城市的社会经济发展是影响城市发展的最重要因素，故必须把握影响城市发展的真正原因。

众所周知，城市是文化中心，是历史文化遗产积累较多的地方。每一个城市由于其历史、文化、经济、宗教等方面的原因，在其发展过程中都能形成自己的特色。城市历史特色与风貌主要表现在以下6个方面，即自然环境特色，包括地形、地貌、植被、地质构造等；文物古迹特色，主要是历史遗址；城市格局特色，主要是路网结构等构建的城市轮廓，比如北京构图方正、轴线分明；城市轮廓景观，即主要建（构）物和绿化空间的特色；城市建筑风格；城市物质和精神方面的特色，比如土特产、文化遗产、工艺美术、民俗、风情等。

城市特色是城市未来发展的依据之一，城市规划应重视城市特色的保护与改造。城市要随社会的发展而发展，应适应人民生活水平提高和生活方式变革的要求，故改造和创新是城市规划的必然趋势。"国际保护建（构）筑物遗迹会议"指出，"在具有丰富历史文化建筑群的城市中创造新的时代建筑不能单纯模仿过去的样式，而应该用现代最先进的科学技术、最优质的建筑材料建造，其在表现形式上应综合考虑过去、现在和未来"。"世界名胜和古迹理事会（ICOMOS）"1987年10月发布的《保护城镇历史地区宪章》中提出，"为彻底实施法规（威尼斯法规），保护历史城镇必须属于经济和社会发展政策与城镇各级计划的不可分割的一部分"。

（3）自然环境调查研究的基本要求　自然环境是城市存在和发展的物质基础。城市规划中，自然环境调查研究中的主要内容包括自然地理因素、自然气象因素、自然生态因素等3大部分。

自然地理因素主要包括地理位置、地理环境、地形地貌、地质、建设用地适用性等，地形分类及城市各项建设用地的适用坡度应遵守相关规定。地质调查主要包括以下内容，地质构造调查；地质现象调查［比如黄土（特点是湿陷大且为孔性土壤），滑坡，喀斯特现象（特点是存在石灰岩溶洞），冲沟，沼泽地、泥石流、沙丘等］；地震调查（按成因可分为构造地震、火山地震、陷落地震。地震震级是衡量地震强度大小的等级，地震烈度是指地震后受震地区地面影响和破坏的强烈程度）；地基承载力调查［也称地耐力，即地基单位面积上容许承受的荷重（在此荷重下地基不会发生大的变形和破坏）］；矿藏调查；水文和水文地质情况调查（涉及的因素包括地面水和地下水，城市水源的选择等。地面水包括由城市用地范围外流来的河流径流量以及城市范围内降雨形成的地面水。洪水是指百年内洪水发生的状况及河段的变化情况，应绘出洪水淹没线图。地下水分上层滞水、潜水、承压水。地下水的大量开采会导致地下水位下降甚至枯竭。长期大量抽取地下水会引起地面下沉并给城市防洪、排水和市政工程带来困难和问题）；建设用地适用性评定（即以用地为基础，综合各项用地自然条件以及整备用地工程措施的可能性与经济性，对用地质量进行的评价。我国用地适用性评定将用地分为三类用地，一类用地为适合建设用地；二类用地为需采取一定工程措施才能使用的用地；三类用地为不适宜修建的用地）等。

　　自然气象因素包括风象、温度、降水、湿度、太阳辐射（日照）等。风象应主要考虑 5 个因子，即风向（特征指标是风向频率，即一定时期内各个风向所发生的次数）、风速、风玫瑰图（见图 1-9，包括风向玫瑰和风速玫瑰）、污染系数（即自然状态下的可能污染程度。污染系数与风向频率成正比，与平均风速成反比）、静风特征（比如山谷风、海陆风、城市风等）。温度主要应考虑 3 个因子，即气温［包括以年、月为基本单位的平均温度，最高和最低温度，昼夜平均温度差，霜期（始、终），冻期（始、终）及最大冻土深度等］、热岛效应、逆温层。降水则应包括雨水、雪量（其中降水量及降水强度影响最为突出，应选择合适的暴雨量公式进行计算）。

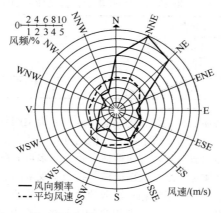

图 1-9　某城市地区累年风向频率、平均风速图

　　自然生态因素主要涉及生态圈，生态圈是地球上一切有生命的有机体和维持他们生存的各种系统的统一。自然生态应主要考虑 5 个因子，即生物资源；野生动植物种类与分布；植被；城市废弃物处置；可持续发展。

　　（4）社会环境调查研究的基本要求　《雅典宪章》认为，"对从事城市规划的工作者来讲，人的需要和以人为出发点的价值衡量是一切建设工作成功的关键"。《马丘比丘宪章》认为，"人与人的相互作用和交往是城市存在的基本依据"，因此，一般来讲，城市规划过程必须对人类的各种需求作出解释和反应。城市规划中，社会环境调查的核心内容是人口和社会结构。

　　人口调查应关注人口的自然变动、人口迁移变动、人口的社会变动等重要因子。人口的自然变动包括人口的年龄结构（可绘制人口百岁图及年龄组划分图）、人口性别构成，即确定男女性别比（我国男女性别比是以女性人口数为 100，获得的男性人口数与女性人口数的比例）、人口年龄中位数（从零岁起依次将各年龄人口数进行累积，当累积数达到总人口数一半时的年龄即为人口年龄中位数）、人口自然增长率［人口自然增长率＝一年内的（出生人口数－死亡人口数）/年初总人口数，我国各省市的年人口自然增长率应控制在 9‰］。人口迁移变动包括人口地域分布、机械增长率［其来源是农村人口向城市的迁移以及城市间人口的迁移。机械增长率＝一年内（迁入人口数－迁出人口数）/年初总人口数］。人口的社会变动涉及部门构成、人口的劳动构成、人口的文化构成、人口的民族构成等 4 大要素。部门构成是指人口就业的产业结构（见表 1-6 和表 1-7。在我国国家统计局的指标体系中，第一产业包括农、林、牧、渔，第二产业包括工业、建筑业；第三产业则包括地质普查和勘探业，交通运输邮电通信，商业饮食业，物资供销和仓储业，房地产管理、公用事业、居民服务和咨询服务业，卫生体育和社会福利事业，教育、文化艺术及广播电视事业，科学研究和综合技术服务事业，金融、保险业，国家机关、党政机关以及社会团体。人口的劳动构成则包括基本人口，指在工业、交通运输以及其它不属地方性的行政、财经、文教等单位的职工总数），服务人口，为当地服务的企业、行政机关、文化和商业服务机构中的职工总数；被抚养人口，指未成年人、老年人、没有劳动力或未参加劳动的人口总数，3 大部分。

表 1-6　1990 年时世界主要国家人口就业的产业结构

产业类型	中国	美国	日本	英国	法国
第一产业	60%	2.9%	7.9%	2.2%	6.8%
第二产业	21.4%	26.9%	34.1%	29.4%	30.4%
第三产业	18.6%	70.2%	58.0%	68.3%	62.9%

表 1-7　上海 1982～1990 年的人口就业变动状况

产业类型	1982 年产业结构	1990 年产业结构	产业结构变动率
第一产业	25.68%	12.43%	−13.25%
第二产业	51.05%	58.02%	+6.97%
第三产业	23.27%	29.55%	+6.28%

　　社会结构调查应关注人群特质、社会结构的组织形式、人类空间行为等 3 大要素。人群是构成社会的最基本单元，人群指包括两个或两个以上的人，他们有相同的身份或某种团结感，有共同的目标和期待。人群可分为首属群体和次属群体，首属群体是较小的多目的群体，其以感情为基础，有强烈的群体认同感。最典型的首属群体是家庭。次属群体是指为实现实际的目标而形成的专门团体，其具有一种专门化的由来，是由非个人的和感情相对淡薄的关系所形成的，其成员只表现其个性的某一方面。最典型的次属群体是各种组织，比如企事业以赢利为目的、公共机构则为非营利性的机构（比如教育、医疗、政府机构以及水、电、消防、保安等）。社会结构的组织形式体现在社会和地域等 2 个不同的层面。社会层面上表现为社会阶层，指以财富、权力和声望的获取机会为标准的社会地位排列模式，现代则通常以职业和收入来划分。当然，在多民族不平等的城市中，种族也是一个重要因素。地域层面上表现为社区，即在一定地域内围绕某种相互作用模式而由多个群体组合而成的实体。其结构体系是个体→（群体）家庭→邻里→社区。人类的空间行为则与人类对空间的认知有关，涉及空间组织要素、路径、节点、边缘、区、地标等因素，所谓"行为空间"是指空间、时间、事件和行动共同组成的对其中活动者构成的有意义的环境。

　　（5）经济环境调查研究的基本要求　城市规划中，经济环境调查研究主要涉及聚集经济、城市土地研究、城市用地分类与规划建设用地标准等几方面内容。城市活动的聚集性是城市经济的根本特征之一，随着生产规模的增加其生产单位产品的成本呈下降趋势是规模经济的典型特征，当城市地区总产出增加时，不同类型的生产厂家的生产成本呈下降趋势是城市化经济的典型特征。聚集经济有 2 个层面（即聚集经济与聚集不经济），城市的主导产业（支柱产业）是聚集经济的灵魂，所谓"城市主导产业"是指那些能左右城市经济发展规模、推动全市整体经济发展的部门（主要是那些对城市以外地区提供商品产品的部门），确定城市主导产业的依据有 3 条且 3 条缺一不可，即产值在全市国民经济总产值中所占的比重，产品中外销部分的比重，与其它经济部门联系的深度与广度。

　　城市土地研究涉及城市土地特征和城市土地使用形态等 2 大因素。土地是财富的第一源泉，任何社会的生产和生活都要依托于土地，因此，马克思说"没有土地，劳动过程就不能进行或者不能完全进行，因为它给劳动者提供立足点并给他的过程提供活动场所"。土地资源具有有限性，是不可再生资源，城市活动的集聚性导致了土地的高竞争并进而导致了高地价。土地资源具有差异性，在城市中，位置具有极端重要性。城市对交通运输具有极强的依赖性。同时，土地资源具有固定性，即都具有固定的地理位置。在城市中，土地的使用都是经过高成本开发的且具有固定性。城市土地本身既是一种自然物也是一种社会物，我国宪法规定"城市土地属全民所有（即国家所有）并实行所有权与使用权分离的原则，国有土地可依法有偿出让和转让"，城市土地的有偿使用是合理使用土地的经济杠杆，城市土地有偿使用的衡量标尺是地租。地租可分为绝对地租和级差地租，绝对地租是指不区分土地优劣条件而对一切使用土地都必须支付的地租；级差地租则是指凭借土地自然条件和人类对土地开发经营上的差异而形成的地租（级差地租又可分为 2 类。级差地租Ⅰ是由于城市地质条件和地理环境差别而产生的；级差地租Ⅱ是由于在同一块土地上追加投资而产生的）。

我国对城市用地分类与规划建设用地标准有专门的规定，我国按主要性质对城市用地进行了划分和归类并采用了大、中、小类三个层次的分类体系，共分 10 大类、46 中类、73 小类。10 个大类依次为居住用地（R）、公共设施用地（C）、工业用地（M）、仓储用地（W）、对外交通用地（T）、道路广场用地（S）、市政公用设施用地（U）、绿地（G）、特殊用地（D）、水域和其他用地（E）。我国规定的规划建设用地标准主要采用了 3 类指标，即规划人均建设用地指标、规划人均单项建设用地标准、规划建设用地结构。规划人均建设用地指标共分 4 个等级，即Ⅰ等 60.1～75.0m²/人；Ⅱ等 75.1～90.0m²/人；Ⅲ等 90.1～105.0m²/人；Ⅳ等 105.1～120.0m²/人。规划人均单项建设用地标准为居住用地 18.0～28.0m²/人、工业用地 10.0～25.0m²/人、道路广场用地 7.0～15.0m²/人、绿地≥9.0m²/人（其中公共绿地≥7.0m²/人）。规划建设用地结构则规定了各项用地占城市建设总用地的比例，即居住用地 20%～32%、工业用地 15%～25%、道路广场用地 8%～15%、绿地 8%～15%，上述四大类用地总和占建设用地比例宜为 60～75%。

1.3.2 建筑退让建设用地边线距离的确定原则

城市规划中，所谓"退线距离"是指建（构）筑物后退各种规划控制线（包括规划道路、绿化隔离带、铁路隔离带、河湖隔离带、高压走廊隔离带等）的距离。所谓"退界距离"是指建（构）筑物后退相邻单位建设用地边界线的距离。所谓"城市道路"是指在总体规划和分区土地使用规划中已确定的及详细规划中规定的主干道、次干道、支路。所谓"建筑工程与城市道路之间的距离"是指建（构）筑物临城市道路一侧最突出部分与道路红线之间的水平方向的竖向间距。所谓"城市道路宽度"是指该道路两侧规划红线之间的水平方向的竖向间距。所谓"现有城市道路路面边线"当路面为单幅路时指路牙线；当路面为三幅路（机动车道与非机动车道之间以隔离带分隔）时指非机动车道路牙线。

（1）我国退让规划道路红线距离的基规定 不允许突入道路红线的建筑突出物包括建（构）筑物的台阶、平台、窗井、坡道、花池、散水、地下室进排风口、地下建筑及建筑基础以及除基地内连接城市管线以外的其它地下管线。

允许突入道路红线的建筑突出物包括 4 大类，即在人行道地面上空 2m 以上允许突出窗扇、窗罩（突出宽度应不大于 0.40m）；2.50m 以上允许突出活动遮阳（突出宽度应不大于人行道宽减 1m 并应不大于 3m）；3.50m 以上允许突出阳台、凸形封窗、雨棚、挑檐（突出宽度应不大于 1m）；5m 以上允许突出雨棚、挑檐（突出宽度应不大于人行道宽减 1m 并应不大于 3m）。在无人行道的道路路面上空 2.50m 以上允许突出窗扇、窗罩（突出宽度应不大于 0.40m）；5m 以上允许突出雨棚、挑檐（突出宽度应不大于 1m）。建筑突出物与建筑本身应有牢固的结合，建（构）筑物和建筑突出物均不得向道路上空排泄雨水。骑楼、过街楼和沿道路红线的悬挑建筑，其净高、宽度等应符合城市规划行政部门的统一规定（属于公益上有需要的建筑和临时性建筑，经主管部门批准后可突入道路红线建造）。

退让城市道路的距离应符合相关规定，城市道路两侧（即非交叉路口的路段）建设工程与城市道路距离的宽度见表 1-8。表 1-8 中括号内数字适用于城市核心区以内的地区（比如北京的二环路以内）；所谓"退规划道路红线的距离"是指建设工程首层外墙最凸出处与规划道路红线的距离（二层以上部分的距离可适当减少但最小距离不得小于相应数值的下一档数值）；所谓"交通开口"是指建设工程邻规划道路一侧设置机动车进入建设用地的出入口；当建设工程临城市道路的面宽大于道路红线宽度时，应按照表1-8中数据乘以1.1的系数；规划建筑与规划道路红线距离不一致时，其各点距离的平均值应不小于表1-8数值且最小距离不得小于相应数值的下一档数值；有关其它建筑在底层设置不大于1000m²建设规模的商业用房时，应按表1-8中数据乘以1.1的系数；城市道路两侧现有建（构）筑物翻建或建设临时性建设工程若按规定保留的距离宽度确有困难时，可适当照顾（但建设工程与现有城市道路路面边线的距离不得小于6～10m）；学校主要教学用房的外墙面与次干道（含次干道）道路同侧路边的距离应不小于80m（小于80m时必须采取有效的隔声措施）；中小型电影院、剧场建筑从红线退后距离应符合城市规划按0.2m²/座留出集散空地的要求（大型、特大型电影院除应满足此要求外其深度还不应小于10m。当剧场前面集散空地不能满足这一规定或剧场前面疏散口的总宽不能满足计算要求时，则应在剧场后面或侧面另辟疏散口并应设置与其疏散容量相适应的疏散通道通向空地。剧场建筑后面及侧面临接道路可视为疏散通道且宽度应不小于3.5m）；建设工程与特殊城市道路（比如重要历史街区、商业街、风貌街、城市快速路等）间的距离应专门研究确定。

表1-8　建设工程与一般城市道路红线之间的最小距离规定　　　　单位：m

道路宽度			0<D≤20		20<D≤30		30<D≤60		60>D	
交通开口			无口	有口	无口	有口	无口	有口	无口	有口
建筑高度	居住建筑	0<H≤18	>1(>0)	>1(>0)	>1(>0)	>1(>0)	>1(>0)	>1(>0)	>1(>0)	>1(>0)
		18<H≤30	>1(>0)	>1(>0)	>1(>0)	>3(>0)	>3(>0)	>3(>0)	>3(>0)	>3(>0)
		30<H≤45	>1(>0)	>3(>0)	>1(>0)	>3(>0)	>3(>0)	>5(>3)	>5(>3)	>5(>3)
		45<H≤60	>3(>0)	>3(>0)	>5(>3)	>5(>3)	>5(>3)	>5(>3)	>5(>3)	>7(>5)
		H>60	>3(>0)	>5(>3)	>5(>3)	>5(>3)	>5(>3)	>7(>5)	>7(>5)	>7(>5)
	行政、科研办公	0<H≤18	>1(>0)	>1(>0)	>1(>0)	>1(>0)	>1(>0)	>1(>0)	>1(>0)	>3(>0)
		18<H≤30	>1(>0)	>1(>0)	>1(>0)	>3(>0)	>3(>0)	>3(>0)	>3(>0)	>5(>3)
		30<H≤45	>1(>0)	>3(>0)	>1(>0)	>5(>3)	>5(>3)	>5(>3)	>5(>3)	>7(>5)
		45<H≤60	>3(>0)	>3(>0)	>5(>3)	>5(>3)	>5(>3)	>7(>5)	>7(>5)	>7(>5)
		H>60	>5(>3)	>5(>3)	>7(>5)	>7(>5)	>7(>5)	>7(>5)	>7(>5)	>10(>7)
	商务办公	0<H≤18	>1(>0)	>1(>0)	>1(>0)	>1(>0)	>3(>0)	>3(>0)	>3(>0)	>3(>0)
		18<H≤30	>1(>0)	>3(>0)	>3(>0)	>3(>0)	>5(>3)	>5(>3)	>5(>3)	>5(>3)
		30<H≤45	>3(>0)	>5(>3)	>5(>3)	>5(>3)	>5(>3)	>7(>5)	>7(>5)	>7(>5)
		45<H≤60	>3(>0)	>5(>3)	>7(>5)	>7(>5)	>7(>5)	>7(>5)	>10(>7)	>10(>7)
		H>60	>5(>3)	>7(>5)	>7(>5)	>7(>5)	>7(>5)	>10(>7)	>10(>7)	>10(>7)
	金融商贸服务设施（商业、宾馆等）	0<H≤18	>1(>0)	>3(>0)	>3(>0)	>5(>3)	>5(>3)	>5(>3)	>5(>3)	>5(>3)
		18<H≤30	>3(>0)	>3(>0)	>3(>0)	>5(>3)	>5(>3)	>7(>5)	>7(>5)	>7(>5)
		30<H≤45	>3(>0)	>5(>3)	>5(>3)	>7(>5)	>7(>5)	>7(>5)	>7(>5)	>10(>7)
		45<H≤60	>5(>3)	>7(>5)	>7(>5)	>7(>5)	>7(>5)	>10(>7)	>10(>7)	>10(>7)
		H>60	>7(>5)	>7(>5)	>10(>7)	>10(>7)	>10(>7)	>10(>7)	>10(>7)	>10(>7)
	大型集散建筑（剧场、展览、交通场站、体育场馆等）	0<H≤18	>3(>0)	>3(>0)	>3(>0)	>5(>3)	>5(>3)	>5(>3)	>5(>3)	>7(>5)
		18<H≤30	>5(>3)	>5(>3)	>5(>3)	>7(>5)	>7(>5)	>7(>5)	>7(>5)	>10(>7)
		30<H≤45	>5(>3)	>7(>5)	>7(>5)	>7(>5)	>7(>5)	>7(>5)	>7(>5)	>10(>7)
		45<H≤60	>7(>5)	>7(>5)	>7(>5)	>10(>7)	>10(>7)	>10(>7)	>10(>7)	>10(>10)
		H>60	>7(>5)	>10(>7)	>10(>7)	>10(>7)	>10(>7)	>10(>10)	>10(>10)	>10(>10)

续表

道路宽度		0<D≤20		20<D≤30		30<D≤60		60>D	
交通开口		无口	有口	无口	有口	无口	有口	无口	有口
建筑高度 大型医疗卫生	0<H≤18	>1(>0)	>1(>0)	>1(>0)	>3(>0)	>3(>0)	>5(>3)	>5(>3)	>5(>3)
	18<H≤30	>3(>0)	>3(>0)	>3(>0)	>5(>3)	>5(>3)	>7(>5)	>7(>5)	>7(>5)
	30<H≤45	>5(>3)	>5(>3)	>5(>3)	>7(>5)	>7(>5)	>7(>5)	>7(>5)	>10(>7)
	45<H≤60	>5(>3)	>7(>5)	>7(>5)	>7(>5)	>10(>7)	>10(>7)	>10(>7)	>10(>7)
	H>60	>7(>5)	>7(>5)	>7(>5)	>10(>7)	>10(>7)	>10(>7)	>10(>7)	>10(>7)

北京市对退让城市主、次干道的距离规定可作为其它城市的借鉴，特此辑录如下。北京市规定，规划市区范围内的三环路、四环路和外环路（即公路一环路）以及北京地区的公路二环路，通过城镇地区（包括北京城市总体规划方案中规划为城镇建设地区，下同）的路段按规划干道红线的要求控制建设；通过平原农业区的路段以规划干道红线为准且其两侧向外应分别各划 100m 为绿化隔离带。以规划市区二环路为起点向外放射的九条规划主干道其通过城镇地区的路段按规划干道红线要求控制建设；通过平原农业区的路段（直到北京辖区边界，下同）则应以规划干道红线为准且其两侧应向外分别各划 100m 为绿化隔离带。总体规划规定的次干道通过城镇地区的路段应按规划干道红线要求控制建设；通过平原农业区的路段则以规划干道红线为准且其两侧应向外分别各划 70m 为绿化隔离带。规划规定需修建立交的干道路口，若位于城镇地区则应按规划立交红线要求控制建设；若位于农业区则应按规划立交红线向外划 100m 为绿化隔离带。

（2）建筑退让绿化控制线的基本要求　建筑在解决市政、交通、消防等问题的前提下可不退让铁路、河湖、高压走廊、城市绿化隔离带的绿化控制线。

（3）退让相邻单位建设用地边界线距离的基本要求　为合理使用城市各类用地、公平保障相邻用地单位权益、有效维护城市空间环境，我国根据有关规划原则和法规专门制定有关于建（构）筑物退后用地边界的掌握标准。规定除沿城市道路两侧按规划要求毗邻联建的商服公建、在居住区中按总体规划统一建设的各类建筑和在城市建设用地上按详细规划同期建设的各类建筑外，凡在单位建设用地上单独进行新建、改建和扩建的二层或二层以上各项建设工程均应按表 1-8 所列计算公式计算建（构）筑物退让相邻单位建设用地边界线的距离。当建（构）筑物临规划城市道路红线时除应符合建筑退让规划道路红线距离外，还不得影响道路红线另一侧相邻单位建设用地的权益。当建（构）筑物毗邻区间路以下道路时，应以道路中线计算后退边界线距离（若该道路为本单位代征时则以代征范围计算后退边界线距离）。当其相邻用地内有现状（或已审定规划方案的）建筑时还应符合有关建筑间距的要求。在相邻用地双方自愿协商且不违反相关法律法规的基础上可按双方协议（包括文字意见和附图）意见执行而不再按表 1-9 计算建（构）筑物退让相邻单位建设用地边界线的距离。表 1-9 中，H 为拟建工程所在用地地块的规划建筑控制高度；表中的板式建筑、塔式建筑的界定标准应遵守相关规范，朝向则是指该建筑主要用房的开窗方向；拟建建筑为居住建筑时其后退各方向边界距离均应按表 1-9 的规定执行（拟建建筑为公共建筑时其后退北边界距离应按表 1-9 的规定执行，后退其它方向边界距离应由规划行政部门参照建筑间距的相关规定提出）；退让距离栏中前面数字为下限（即按计算公式计算时其结果小于该数字则按该数字执行）、后面数字为上限（即按计算公式计算时其计算结果大于该数字则按该数字执行）。

表 1-9　建（构）筑物退让相邻单位建设用地边界线距离　　　　单位：m

建筑类型		板式建筑(南北朝向)	板式建筑(东西朝向)	塔式建筑
北边界	计算公式	0.8H（当 0.8H≤14m 时）；1.6H～14（当 0.8H>14m 时）	0.5H（当 0.5H≤14m 时）；1H～14（当 0.5H>14m 时）	0.6H（当 0.6H≤14m 时）；1.2H～14（当 0.6H>14m 时）
	退让距离	5～106m	5～30m	5～106m

续表

建筑类型		板式建筑（南北朝向）	板式建筑（东西朝向）	塔式建筑
南边界	计算公式	0.8H	0.5H	0.6H
	退让距离	5～14m	5～9m	5～14m
东西边界	计算公式	0.5H	0.75H（当0.75H≤12m时）；1.5H～12（当0.75H＞12m时）	0.5H
	退让距离	5～9m	6～38m	6～38m

1.4 建筑间距及相关问题

1.4.1 城市发展的技术经济依据

城市发展应有城市发展战略。"战略"一词源于军事术语，指基于对战争全局的分析、判断而作出的整体性策划与指导，后被引申至经济领域。我国《城市规划基本术语标准》给出了城市发展战略的较为贴切的含义，即"城市发展战略"是指对城市经济、社会、环境的发展所作的全局性、长远性和纲领性的谋划。城市发展战略的核心是科学设定一定时期内的城市发展目标和实现这一目标的途径，城市发展战略的内容通常有3个，即战略目标、战略重点、战略措施。战略目标包括经济目标（涵盖经济总量指标、经济效益指标、经济结构指标等）、社会目标（涵盖人口总量指标、人口构成指标、居民物质生活水平指标、居民精神文化生活水平指标等）和城市建设目标（涵盖建设规模指标、空间结构指标、基础设施供应水平指标、环境质量指标等）。战略重点则是指对城市发展具有全局性或关键性意义的问题。战略重点对战略目标的实现具有"牵一发而动全身"和"纲举目张"的作用，战略重点的特异性表现点是竞争中的优势领域；经济发展中的基础性建设领域；发展中的薄弱环节。战略重点通常是有阶段性的，应注意战略重点转移的顶层设计工作。战略措施是指实现战略目标的步骤和途径，通常包括基本产业政策；产业结构调整；空间布局改变；空间开发顺序；重大工程项目安排等内容。

城市发展应重视城市主导产业发展，目前，人们习惯将城市产业划分为主导产业、辅助产业、基础产业。主导产业既是城市经济的支柱部门也是城市地区的专业化部门，主导产业既是城市经济的核心也是左右城市经济发展规模、带动城市经济结构成长、推动城市经济增长的主要产业部门。辅助产业又称与主导产业相关联的产业，是围绕主导产业而发展的协作配套产业和服务性产业，其为主导产业提供产前服务并提供原料、材料等生产，是可对主导产业的产品或"三废"进行再加工的产业（或是由主导产业派生出来的关联部门）。基础产业是城市经济系统运行和发展的基础，其包括为城市消费服务的自给性生产和交通、动力、供水以及科研、行政、文化、教育、卫生、贸易、金融、财务等产业。主导产业有4个典型特征，即主导产业所生产的产品主要是供应城市以外地区的；其在城市经济中占有较大比重并能在一定程度上支配城市经济的发展；其通常为新兴产业部门且能广泛吸收新技术并促进新技术发展还可在一定时期内维持较高的增长率；其与其它产业部门有较高的关联度。

城市发展应贯彻可持续发展战略。1987年联合国世界环境与发展委员会发表的报告《我们共同的未来》中提出了"可持续发展"概念，即既满足当代人的需要又不对后代人满足其需要的能力构成危害的发展。可持续发展的目标是既要使人类的各种需要得到满足、个人得到充分发展，又要保护资源和生态环境，不对后代人的生存和发展构成威胁。可持续发展的核心思想是健康的经济发展应建立在生态可持续能力、社会公正和人民积极参与自身发展决策基础上。1992年联合国"环境与发展"大会（又称为地球峰会，Earth Summit）通过了《里约环境与发展宣言》和《21世纪议程》，世界各国政府共同承诺并一致接受可持续发展战略为21世纪发展的基本战略。1994年我国政府发布了《关于贯彻实施中国21世纪议程——中国21世纪人口、环境与发展白皮书》，此后各级地方政府也相应制定了地方的行动计划。所谓"可持续发展战略"是指改善和保护人类美好生活及其生态系统的计划和行动的过程，是多个领域的发展战略的总称，它应使各方面的发展目标（尤其是社会、经济及生态、环境的目标）协调一致。《中国 21 世纪议程——上海行动计划》所确立的可持续发展战略目标和战略重点。

战略目标是高效繁荣的经济、有序公正的社会、优美和谐的生态，其战略重点是以高科技为主导发展知识经济；推行环境无害化技术、发展循环经济；调整城市布局、改善城市交通；合理利用自然资源、加强资源保护；调整能源结构、加强生态环境建设；强化能力建设、建立可持续发展支撑体系。

（1）城市性质确定的基本原则　我国《城市规划基本术语标准》给出了城市性质的基本定义，即城市性质是指城市在一定地区、国家以至更大范围内的政治、经济与社会发展中所处的地位和所担负的主要职能。城市性质代表了城市的个性、特点和发展方向。我国《城市规划基本术语标准》给出的城市职能定义是"城市职能是指城市在一定地域内的经济、社会发展中所发挥的作用和承担的分工"，城市内部各种功能要素的相互作用是城市职能的基础，城市与外部世界（区域或其它城市）的联系和作用是城市职能的集中体现。城市职能按着眼点的不同可分为一般职能与特殊职能、基本职能与非基本职能、主要职能和辅助职能。一般职能是指每一个城市所必须具备的功能（比如为本城市居民服务的商业、饮食业、服务业和建筑业等），特殊职能是指代表城市特征的、不为每个城市所共有的职能（比如风景旅游、采掘工业、冶金工业等）。特殊职能一般较能体现城市性质。基本职能是指城市为城市以外地区服务的职能，是城市发展的主动和主导的促进因素，非基本职能是指城市为自身居民服务的职能。主要职能是城市职能中比较突出的、对城市发展起决定性作用的职能，辅助职能是为主要职能服务的职能。我国的城市职能分类有 2 大体系，即行政重要性体系和经济重要性体系，按行政重要性体系可将城市归类为各级行政中心，其一般具有行政、经济、文化、交通中心功能。可按行政机构等级划分为首都城市、省会城市、地区中心城市、县城、片区中心城镇；按经济重要性体系可将城市归类为某种经济职能城市，比如工业城市、交通城市、其它特殊职能城市等。工业城市以工业生产职能为主，其工业用地及对外交通用地占城市最大比例，其可按工业构成进一步划分为单一性工业城市（比如石油化工城市、矿业城市等）、多种工业部门的综合性工业城市。对外交通运输职能决定了交通城市的城市性质，交通城市的对外交通用地及由此发展的工业用地比重突出，交通城市按运输条件的不同可进一步划分为铁路枢纽城市、海港城市、内河港口城市、水陆交通枢纽城市。其它特殊职能城市是指具有特殊意义或作用的城市，比如历史文化名城、革命纪念性城市、风景旅游和休疗养城市、边防城市、经济特区城市等。

通常一般可从三个方面来认识和确定城市的性质，即城市的宏观综合影响范围、城市的主导产业结构、城市的其它主要职能。城市的宏观影响范围往往是一个相对稳定的、综合的区域，是城市区域功能作用的一种标志。城市的主导产业结构则强调通过对主要部门经济结构的系统研究拟定具体的发展部门和行业方向。城市的其它主要职能是指以政治、经济、文化中心作用为内涵的宏观范围分析和以产业部门为主导的经济职能分析之外的职能，一般包括历史文化属性、风景旅游属性、军事防御属性等职能。基于上述论述可知，上海的城市性质是我国最大的经济中心和航运中心，国家历史文化名城，并将逐步建成国家经济、金融、贸易中心城市之一和国家航运城市之一。江西省吉安市的城市性质是江西省中部地区的中心城市，是以电子、农林产品加工为特色的综合性工业城市和京九铁路沿线的贸易旅游口岸，省级历史文化名城。

（2）城市规模确定的基本原则　我国《城市规划基本术语标准》给出了城市规模的恰当定义，即城市规模是指以城市人口和城市用地总量所表示的城市的大小。城市规模可通过 3 个指标来界定，即城市人口规模、城市用地规模、城市环境容量。城市人口规模规定时应合理确定城市人口规模计算中基数，其应包括城市规划区范围内的所有居住人口，即包括城市非农业人口、居住在城区的非农业人口、一年以上的暂住人口。城市人口规模的预测方法可采用任何合理的方法，比如劳动平衡法、职工带眷系数法、综合平衡法（递推法）、一元回归法、多元回归法、城市化水平法等，并应对预测结果进行检核与合理综合。城市用地规模应根据人口规模预测结果和国家人均建设用地指标确定，即用地规模＝人口×用地指标。所谓"城市环境容量"是环境对城市规模及人的活动提出的限度，即城市所在地域的环境，在一定时间、空间范围内，在一定经济水平和安全卫生条件下，在满足城市生产、生活等各种活动正常进行前提下，通过城市的自然条件、经济条件、社会文化历史等的共同作用而对城市建设发展规模及人们在城市中各项活动的状况提出的容许限度。城市环境容量包括城市人口容量、用地容量、自然环境容量，城市人口容量 $\sum P = bs$（式中，b 为城市平均人口密度，万人/km²；s 为城市用地规模），城市用地容量则应考虑 2 方面因素，即城市发展规划所需的用地面积，城市范围内保证城市人口生活的副食品生产中的蔬菜、畜牧用地面积。城市自然环境容量涉及水资源、大气容量、工业容量、交通容量等多方面问题，水资源是关键问题。

（3）其它技术经济指标确定的基本原则　其它技术经济指标包括技术型指标（比如日照、防火、防震等）和经济型指标（比如居住标准、公建标准、基础设施标准等），其相应的指标体系应遵守相关规定。

1.4.2　建筑间距确定的基本规定

城市规划中，所谓"建筑间距"是指两栋建（构）筑物或构筑物外墙外皮最凸出处（不含居住建筑阳台）之间的水平距离，规划设计时应综合考虑防火、防震、日照、通风、采光、视线干扰、防噪、绿化、卫生、管线埋设、建筑布局形式以及节约用地等要求确定合理的建筑间距。所谓"遮挡建筑"是指对相邻的既有或规划建筑的日照条件产生影响且与日照受到影响的建筑南北向水平距离小于自身建筑高度 2 倍的建筑。所谓"被遮挡建筑"是指日照条件因其它建筑的建设而受到影响的建筑。所谓"建筑间距系数"一般指在正南北或正东西方向上出现重叠的建筑之间，遮挡建筑与被遮挡建筑在正南北或正东西方向上的水平距离与遮挡建筑高度的比值（只有在同期规划建设的平行相对的板式建筑之间才指遮挡建筑与被遮挡建筑在平行相对的垂线方向上的水平距离与遮挡建筑高度的比值）。所谓"计算日照影响建筑的范围"是指对拟测建筑法定时限内产生日照影响的所有建筑。所谓"建筑的长高比"是指建筑的长度与该建筑高度的比值。所谓"塔式建筑"是指各面长高比均小于 1 的建筑，塔式建筑各朝向的建筑外墙均为长边。所谓"板式建筑"是指非塔式建筑的其它建筑。当板式建筑主要朝向建筑长度大于次要朝向建筑长度两倍以上时其主要朝向的建筑外墙称长边，次要朝向的建筑外墙称端边。当板式建筑主要朝向建筑长度大于次要朝向建筑长度两倍以下时其各朝向的建筑外墙均为长边。所谓"板式建筑群体布置"是指建筑主要朝向平行相对布置，鉴于没有绝对平行相对的建筑，故在相关建筑之间基本平行时（两建筑夹角小于 5°时）可按群体布置的间距系数计算建筑间距。所谓"长度"（用 L 表示）是指塔式建筑正面长度（建筑平面剖切线在正南北方向的水平投影长度）和侧面长度（建筑平面剖切线在正东西方向的水平投影长度）中最长的一边，复杂形体的塔式建筑长度可采取在建筑平面中逐点剖取正面长度和侧面长度的方法取得。所谓"建（构）筑物的两侧"是指该建（构）筑物东西两侧 2 倍（含）其长度的范围。

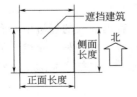

图 1-10　计算建筑间距系数的范围（虚线内为一般情况下计算建筑间距系数范围）

如图 1-10，计算建筑间距系数的范围应遵守下述规定，二层和二层以上居住建筑的居室窗位于朝向南偏东（或偏西）60°～105°范围内时，只计算其居室窗朝向正东（或西）方向上板式遮挡建筑的间距系数；二层和二层以上居住建筑的居室窗位于朝向南偏东（或偏西）小于 60°范围内时，只计算其居室窗朝向方向上平行相对的板式遮挡建筑和正南方向上遮挡建筑的间距系数；当被遮挡建筑朝向相互垂直的居室窗数量相差 10 倍以上时，只计算多数居室窗所在朝向上遮挡建筑的间距系数。平房居住建筑的居室窗位于朝向南偏东（或偏西）小于

105°范围内时，只计算该居室正南方向上遮挡建筑的间距系数。公共建筑只有在工作用房开窗位于朝向南偏东（或偏西）小于45°范围内时才计算其正南方向上遮挡建筑的间距系数。

（1）建筑间距系数的确定方法

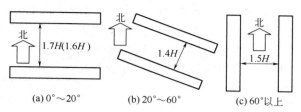

(a) 0°~20°　　　　(b) 20°~60°　　　　(c) 60°以上

图 1-11　遮挡建筑为板式建筑时的间距系数确定

① 居住建筑间距系数的确定。如图 1-11，若遮挡建筑为板式建筑则间距系数按以下规则确定，板式居住建筑的长边平行相对布置时其建筑间距可根据其朝向和与正南的夹角不同合理确定且长边之间的建筑间距系数不得小于表 1-10 中规定的建筑间距系数值，在规划设计中要特别注意两个临界角度（20°、60°）的准确性，在正南北向按照 1.6（改建区）或 1.7（新建区）间距系数计算后若建筑间距大于 120m 则可按 120m 控制建筑间距，在正东西向按照 1.5 间距系数计算后若建筑间距大于 50m 则可按 50m 控制建筑间距。如图 1-12，遮挡建筑为塔式建筑，若单栋建筑在两侧无其它遮挡建筑（含规划建筑）时则其与其正北侧居住建筑的间距系数不得小于 1.0（若在正南北向按照 1.0 间距系数计算后其建筑间距大于 120m 则可按 120m 控制建筑间距）。如图 1-13，多栋塔式建筑成东西向单排布置时其与其北侧居住建筑的建筑间距系数应按下列规定确定，即相邻塔式建筑的间距等于或大于单栋塔式建筑的长度时（该间距范围内无其它遮挡建筑）其建筑间距系数不得小于 1.2。相邻塔式建筑的间距小于单栋塔式建筑的长度时（该间距范围内无其它遮挡建筑），塔式居住建筑长高比的长度应按各塔式居住建筑的长度和间距之和计算，并应根据其不同的长高比采用不得小于表 1-11 规定的建筑间距系数；若相邻建筑与其两侧相邻建筑的间距小于该相邻建筑的长度则应计算全部相关建筑的长度和间距之和。长高比大于 1 且小于 2 的单栋建筑与其北侧居住建筑的间距也可按上述规定执行，在正南北向按照相应间距系数计算后若建筑间距大于 120m 可按 120m 控制建筑间距。

表 1-10　群体布置时板式居住建筑的间距系数

建筑朝向与正南夹角	0°~20°	20°~60°	60°以上
新建区	1.7	1.4	1.5
改建区	1.6	1.4	1.5

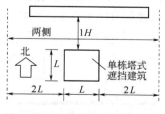

图 1-12　遮挡建筑为塔式建筑
时的间距系数确定

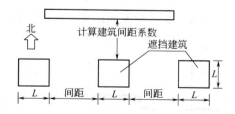

图 1-13　遮挡建筑为多栋塔式
建筑时的间距系数确定

表 1-11　多栋塔式居住建筑的间距系数

遮挡阳光建筑群的长高比	<1.0	1.0~2.0	2.0~2.5	>2.5
新建区	1.0	1.2	1.5	1.7
改建区	1.0	1.2	1.5	1.6

② 公共建筑间距的标准。板式建筑与中小学教室、托儿所和幼儿园的活动室、医疗病房等公共建筑的建筑间距系数须采用不得小于表1-12中规定的建筑间距系数。塔式建筑与中小学教室、托儿所和幼儿园的活动室、医疗病房等建筑的建筑间距系数应由城市规划行政主管部门视具体情况确定（即若能保证上述建筑在冬至日有两小时日照情况下可采用小于表1-12的间距系数值但不得小于关于塔式居住建筑间距系数的规定）。板式建筑与办公楼、集体宿舍、招待所、旅馆等建筑的建筑间距系数除特殊情况外不得小于1.3。塔式建筑遮挡前款所列建筑的阳光时可按塔式居住建筑间距的规定执行（但建筑间距系数不得小于1.3）。下列建筑被遮挡阳光时其建筑间距系数应由城市规划行政主管部门按规划要求确定（这些建筑包括二层或二层以下的办公楼、集体宿舍、招待所、旅馆等建筑；商业、服务业、影剧院、公用设施等建筑；与遮挡阳光的建筑属于同一单位的办公楼、集体宿舍、招待所、旅馆等建筑；四层或四层以上的生活居住建筑与三层或三层以下生活居住建筑的间距）。

表 1-12 中小学教室、托儿所和幼儿园的活动室、医疗病房建筑的间距系数

建筑朝向与正南夹角	0°～20°	20°～60°	>60°
建筑间距系数	1.9	1.6	1.8

（2）建筑间距的计算方法 建筑间距系数的规定是针对被遮挡建筑有窗户时的情况做出的，若一建筑无窗户而与另一居住建筑有窗户相对的可比规定的距离适当减少（但须符合消防间距要求）。如图1-14，当遮挡建筑与被遮挡建筑有室外地平差时，其遮挡建筑的建筑高度应从被遮挡建筑的室外地坪计算，若与遮挡建筑同期规划的被遮挡建筑底层为非居住用房时则可将遮挡建筑的高度减去被遮挡建筑底层非居住用房的层高后计算建筑间距（见图1-15）。板式建筑遮挡北侧居住建筑阳光时可按照正南北向间距1.6计算建筑间距。在计算复杂形体的遮挡建筑与其正北方向被遮挡建筑的间距时，可采取对遮挡建筑从北至南做东西向剖面的方式进行（剖面的长高比小于1时按塔式计算；大于1时按板式计算）。在计算复杂形体的遮挡建筑与其正东西方向被遮挡建筑的间距时，可采取对遮挡建筑从东至西做南北向剖面的方式进行（剖面的长高比小于1时按塔式计算；大于1时按板式计算）。两栋四层或四层以上的生活居住建筑（至少一栋为居住建筑）的间距在采用规定建筑间距系数后仍小于以下规定距离的，应先按间距系数核算后再对照规定取最大值（若没有建筑间距系数规定则可直接取下述相应数值），规定距离分3种情况，即两建筑长边相对的不小于18m（见图1-16中的A）；一建筑长边与另一建筑短边相对的不小于12m（见图1-16中的B）；两建筑的短边相对的不小于10m（见图1-16中的C）。以上规定是居住建筑在相对边上有居室窗，另一建筑也同时开窗的情况下的六层以下建筑之间的建筑间距。应对新建建筑周围现状或规划居住建筑的日照情况进行测算，其测算结果应满足《城市居住区规划设计规范》的有关标准。按照建筑间距系数核算建筑间距时应从遮挡建筑的屋顶的垂直投影处计算。

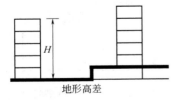

图 1-14 地形有高差的居住建筑

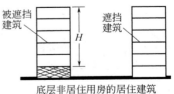

图 1-15 底层有非居住用房的居住建筑

（3）消防间距的计算方法

① 多层建筑消防间距规定。多层民用建筑之间的防火间距应不小于表1-13的规定。两座建筑相邻较高的一面的外墙为防火墙时其防火间距不限。相邻两座建（构）筑物若较低一座的耐火等级不低于二级、屋顶不设天窗、屋顶承重构件的耐火极限不低于1h且相邻的较低一面外墙为防火墙时其防火间距可适当减少（但不应小于3.5m）。相邻的两座建（构）筑物若较低一座的耐

火等级不低于二级，当相邻较高一面外墙的开口部位设有防火门窗或防火卷帘和水幕时其防火间距可适当减少（但不应小于 3.5m）。两座建筑相邻两面的外墙为非燃烧体且无外露的燃烧体屋檐，若每面外墙上的门窗洞口面积之和不超过该外墙面积的 5％且门窗口不正对开设时其防火间距可按表 1-13 减少 25％。耐火等级低于四级的原有建（构）筑物其防火间距可按四级确定。多层非民用建筑之间的防火间距应遵守《建筑设计防火规范（GBJ16）》。

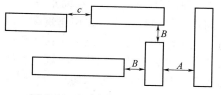

图 1-16　四层或四层以上生活居住建筑的间距规定

表 1-13　民用建筑的防火间距

单位：m

耐火等级	一、二级	三级	四级
一、二级	6	7	9
三级	7	8	10
四级	9	10	12

　　② 高层建筑消防间距的规定。建筑之间及高层建筑与其它民用建筑之间的防火间距应不小于表 1-14 的规定。防火间距应按相邻建筑外墙的最近距离计算，当外墙有突出可燃构件时应从其凸出部分的外缘算起。相邻的两座高层建筑若较低一座的屋顶不设天窗、屋顶承重构件耐火极限不低于 1h 且相邻较低一面外墙为防火墙时，其防火间距可适当减小（但不应小于 4.0m）。相邻两座高层建筑若相邻较高一面外墙耐火极限不低于 2h 且墙上开口部位设有甲级防火门、窗或防火卷帘时，其防火间距可适当减小（但不宜小于 4.0m）。两座高层建筑相邻较高一面外墙为防火墙或比相邻较低一座建筑屋面高 15m 及以下范围内的墙为不开设门、窗洞口的防火墙时其防火间距可不限。高层建筑与厂（库）房、煤气调压站液化石油气气化站、混气站和城市液化石油气供应站瓶库的防火间距应遵守《高层民用建筑设计防火规范（GB50045）》。高层建筑与小型甲、乙、丙类液体储藏室、可燃气体储罐和化学易燃物品库房的防火间距应遵守《高层民用建筑设计防火规范（GB50045）》。

表 1-14　高层建筑之间及高层建筑与其它民用建筑之间的防火间距

单位：m

建筑类别	高层建筑	裙房	其它民用建筑		
			耐火等级		
			一、二级	三级	四级
高层建筑	13	9	9	11	14
裙房	9	6	6	7	9

　　③ 特殊建筑消防间距的规定。汽车库之间以及汽车库与其它建（构）筑物（甲类物品库房除外）之间的防火间距均不应小于表 1-15 的规定。防火间距应从相邻建（构）筑物外墙的最近距离算起，若外墙有凸出的可燃物构件时则应从其凸出部分外缘算起，停车场则应从靠近建（构）筑物的最近停车位置边缘算起。停车库、修车库与建筑相邻较高一面的外墙如为防火墙时其防火间距不限。两座一、二级耐火等级的建筑（甲类厂房除外），若相邻较低一面外墙为防火墙且这座建筑的屋盖的耐火极限不低于 1h（或相邻较高一面外墙门窗洞口部位设有自动关闭的防火门、窗或卷帘和水幕等防火设施时），其防火间距可适当减少但不应小于 4.0m。若相邻两面的外墙为非燃烧体且无门窗洞口、无外露燃体屋檐时其防火间距可按表 1-15 减少 25％。甲、乙类物品运输车的停车库、修车库与民用建筑的防火间距应不小于 25m，与重要公共建筑防火间距应不小于 50m。甲类物品运输车的停车库、修车库与明火或散发火花池点的防火间距应不小于

30m；与厂房、库房的防火间距应按表 1-15 增加 2m。停车库、修车库与高层民用建筑之间的防火间距应按现行《高层民用建筑设计防火规范》中对丙、丁、戊类厂房、库房规定的防火间距执行。汽车库与煤气调压站的防火间距应按现行《城市煤气设计规范》的有关规定执行）；汽车库与易燃、可燃液化、气体储（罐）的防火间距应遵守《汽车库设计防火规范（GBJ 67）》；汽车库与可燃材料露天、半露天防火间距应遵守《汽车库设计防火规范（GBJ 67）》。

表 1-15　汽车库的防火间距　　　　　　　　　　　单位：m

建（构）筑物的名称		停车库、修车库、厂房、库房、民用建筑		
建（构）筑物的耐火等级		一、二级	三级	四级
汽车库名称及耐火等级	停车库、修车库　一、二级	10	12	14
	三级	12	14	16
	停车场	6	8	10

　　人防工程的出入口地面建筑与周围建（构）筑物之间的防火间距应按《建筑设计防火规范（GBJ16）》的有关规定执行；有采光窗井、排烟竖井的人防工程与相邻地面建筑之间的防火间距应按《建筑设计防火规范（GBJ16）》的有关规定执行。小型石油库内建（构）筑物之间的防火间距应遵守《小型石油库及汽车加油站设计规范（GB50156）》。调压站与其它建（构）筑物的水平净距应符合表 1-16 的规定（当调压装置露天设置时则指距离装置的边缘；当达不到表 1-16 净距要求时若设置有切实的有效措施也可适当缩小净距）。

表 1-16　调压站与其它建（构）筑物水平净距　　　　单位：m

建筑形式	调压装置入口燃气压力级制	距建（构）筑物或构筑物	距重要公共建（构）筑物	距铁路或电车轨道
地上单独建筑	高压（A）	10.0	30.0	15.0
	高压（B）	8.0	25.0	12.5
	中压（A）	6.0	25.0	10.0
	中压（B）	6.0	25.0	10.0
地下单独建筑	中压（A）	5.0	25.0	10.0
	中压（B）	5.0	25.0	10.0

　　独立建筑的锅炉房与其它建筑之间的间距不得小于表 1-17 的规定。厂房之间的防火间距应遵守《建筑设计防火规范（GBJ16）》。室外变、配电站其它建（构）筑物、堆场、储罐的防火间距应不小于表 1-17 的规定；室外变、配电站与建（构）筑物、堆场、储罐的防火间距应符合规定。

表 1-17　锅炉房和其它建（构）筑物的最小防火间距　　　　单位：m

其它建筑类别	高层建筑（十层以上住宅；24m 以上其它建筑）				一般民用建筑			工厂建筑或乙、丙丁戊类库房			可燃液体储罐					
	一类		二类		耐火等级			耐火等级			甲、乙类			丙类		
锅炉房耐火等级	主体建筑	裙房	主体建筑	裙房	1～2级	3级	4级	1～2级	3级	4级	5～50m³	51～200m³	201～1000m³	5～250m³	251～1000m³	1001～5000m³
1～2级	20	15	15	13	10(6)	12(7)	14(9)	10	12	14	12	15	20	12	15	20
3级	25	20	20	15	12(7)	14(8)	16(10)	12	14	16	15	20	25	15	20	25

　　（4）其它间距的基规定及要求

①　通风间距。通风间距是为获得较好的自然通风而规定的两幢建筑间为避免受由于风压而形成的负风压影响所需保持的最小距离。

②　生活私密性间距。生活私密性间距是指应在设计中注意避免出现对居室视线的干扰情况，一般最小为18m。

③　城市防灾疏散间距。城市主要防灾疏散通道两侧建筑间距应大于40m且应大于建筑高度的1.5倍。

1.5　建筑竖向设计及相关问题

1.5.1　城市总体布局的基本要求

城市的总体布局应考虑城市的发展方向。我国《城市规划基本术语标准》给出了城市发展方向的定义，即城市发展方向是指城市各项建设规模扩大所引起的城市空间地域扩展的主要方向。确定城市发展方向必须首先对城市发展用地进行综合评定，包括城市用地的自然条件评定，城市用地的建设条件评定，城市用地的经济评价等方面内容。城市用地的自然条件评定是对城市用地适用性做出的评定。城市用地的建设条件则是指组成城市各项物质要素的现有状况与它们在近期内建设或改进的可能以及它们的服务水平与质量，包括建设现状条件、工程准备条件、基础设施条件等因素。城市用地经济评价是根据城市土地的经济属性及其在城市社会经济活动中所产生的作用而综合评定出土地质量的优劣差异，根据区位条件对土地的作用方式建立城市土地评价的基本思路；以分析区位条件入手构建土地评价因素的因子体系；根据区位理论中的某些原则确定城市土地评价因素的作用方式、作用强度及变化规律。城市发展用地的选择应合理与科学，即应尽量选择有利的自然条件；尽量少占农田、菜地；应切实保护古迹与矿藏；应满足主要建设项目的基本要求；应为城市合理布局创造良好条件；应考虑城市长远发展需要。

（1）城市主要组成要素的布局及原则

①　城市工业用地布局（见图1-17）。工业是现代城市发展的动力。工业用地组织可采用2种形式，即按工业规模划分和按地域划分。按工业规模不同，工业用地可划分为工业区→工业小区→工业街坊体系，其中工业区应有明显的专业方向并应辅以一批密切相关的厂且其性质应与主导产业一致。工业用地还可按地域不同进行划分，内城应确保工业规模小、占地面积小、职工人数少、运输量少、污染小，其产品主要为城区服务，比如技术密集性的非标准产品、开创性的或销路不稳定的产品、传统工业（尤其手工业），以工业点或工业街坊方式布置为主。城区工业用地可较大、运输量较大、技术含量较高、产品多属标准化定型产品，适宜大批量生产并应以工业小区、工业区方式布置为主。郊区工业规模可较大、占地可多、交通量可大，有的还需配铁路专用线。其与城市其它功能区会有一定矛盾，比如污染问题。其产品主要销往城市以外地区。应以工业区、大型工业区的方式组织。城市规划应注重工业用地布局的合理性，应关注工业用地与其

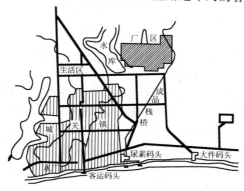

图 1-17　某城镇城市工业用地布局

它功能的相互关系（比如上下风向，上下游等），应关注工业用地是否符合该类工业部门发展的条件（比如供水、供电、交通、地形、地质、排水、防灾等），应关注职工上下班的便捷程度及交通可达性。

② 对外交通运输布局（见图 1-18）。对外交通是指以城市为基点与城市外部进行联系的各类交通运输的总称。对外交通是城市形成、发展的重要因素，也是决定城市布局的重要因素。现代城市对外交通包括铁路、港口、机场、公路、联运等。铁路运输是大量成批货物中长距离运输的重要方式（尤其是在内陆地区），故应处理好铁路站场与城市的关系，其货站最好在城区外围并需配置较大的仓储用地、交通运输量大，其客站宜设在城区中，但由于铁路线对城市有分割作用，故大城市中应安排其在中心区的边缘，中、小城市则最好能采用与城区相切而过的布置形式。水运适于担负长距离运输工作（尤其是体积大的商品），港口布置受自然条件局限很大、站场建设投资大，应处理好港口与城市的关系，即相互依赖、共同发展。但二者又存在相互干扰和制约问题，故应保留生活岸线。空运适于担负长距离的客运，货运则以体积小、重量轻的贵重物品、高价易腐品为主，其速度快、运费高，其会产生机场的规模效应，故应处理好机场与城市的关系。机场是城市外来客源的一个节点。机场对城市干扰大，故需远离城市且航线也要避免穿越城区，但机场与城市间的联系又要密切且交通便捷。汽车运输的优点是机动灵活、适应性强、联系面广可实现"门到门"直达而不必换装、换乘，故尤其适于短途运输。公路与城市关系更加紧密，任何城市都要依赖公路与广大地域联系，公路通常是城市道路网的延伸，故应与城市道路有较好的衔接（但过境公路不宜从城区穿越）。客运站宜布置在城区并与铁路站、港口等接近以形成客流的换乘中心，货运站宜布置在城区边缘并与仓库区结合，且应有较好的内、外交通通达条件以形成流通中心，一些大型工厂、仓库的布置要与公路相结合。联运则是提高交通运输效率的重要手段。

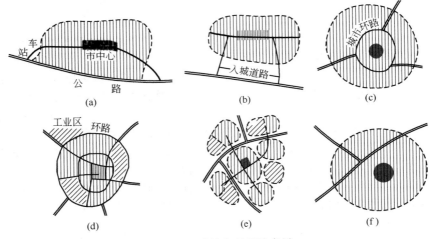

图 1-18　对外交通运输布局

③ 居住用地布局（见图 1-19）。居住用地布局应关注 3 个问题，即居住水平、居住环境、居住用地的组织与布局。居住水平应反映社会经济水平，涉及人均居住面积、每户住宅面积、住宅成套率等 3 个指标。居住环境是一个综合性概念，涉及居住水平、交通方便程度、公共设施配套状况、建筑空间状况、绿化环境、娱乐休憩设施、污染状况等诸多因素。联合国 1990 年居民生存质量指标中提出了双重指标，硬指标为可量化指标，包括居住面积、噪声等；软指标为人们对居住环境的感受和满意程度，包括安全感、方便感、舒适感、归属感、美感等。我国目前居住用地的组织与布局习惯采用（组团、街坊）→（邻里、小区）→居住区的组织方式，习惯采用的居住区小区组团户数（户）为 10000～15000、2000～4000、300～700 等，其对应的人口数（人）分别为 30000～50000、7000～15000、1000～3000。

④ 公共设施布局（见图1-20、图1-21）。公共设施具有很大的相关性和兼容性。商业、服务业、娱乐业等应采用中心地方式布局并形成中央商务区（CBD）→分区中心→居住区中心→小区中心的结构。当然还可以采用其它形式，比如商业一条街、购物中心之类。高等学校、科研机构应布局合理，大学占地多一般应布置在城区边缘，科研机构和专科学校与生产性机构结合紧密可形成一定的专业化地区，科技园区（高新技术园区、大学科技园区）应与综合性大学相毗邻以促进相互发展。体育设施应合理布局，大型体育设施宜布置在城市外围或边缘并应有良好的交通疏解条件，其它体育设施宜与居住用地、公建中心相结合以构成公共活动中心。医疗卫生设施应布局合理并应以不同的级别和服务范围均匀布置在城区，有些小城市（比如县城），若担负着为较大地区服务的职能，则应在长途汽车站、火车站等附近增设一些医疗设施。

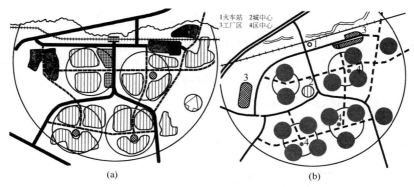

图1-19　居住用地布局

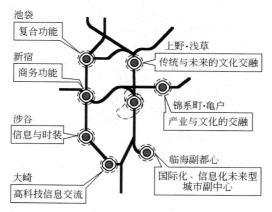

图1-20　第3次东京都长期规划（1991年）
关于城市中心与副中心的功能定位

（2）城市总体布局模式　城市总体布局模式可采用集中式或组团式。

① 集中式的城市总体布局。所谓集中式的城市布局就是城市各项主要用地集中成片布置，其优点是便于设置较为完善的生活服务设施，用地紧凑（可节约用地），有利于生活经济活动联系的效率和方便居民生活；其缺点是不好处理近期和远期的关系，因为规划布局要有弹性并应为远期发展留有余地，故应避免近期虽然紧凑但远期用地会出现功能混杂和干扰的现象。中小城市应鼓励集中发展。集中式的城市总体布局又可进一步细分为网格状、环形放射状等形式。网格状形态规整且由相互垂直道路网构成，其易于各类建（构）筑物的布置但也易导致布局上的单调性，其适合于城市向各个方向上扩展，但不易于形成显著的、集中的中心区，其适于汽车交通的发展但不适于地形复杂地区，其典型案例是 Los Angeles 城市规划（见图1-22）、Miltton-Keynes城市规划以及 Washington 的改进型规划。环形放射状也是最常见的城市形态，其由放射形和环

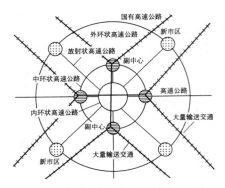

图 1-21 东京大都市再开发的基本概念

形的道路网组成，其城市交通的通达性较好且有着很强的向心及紧凑发展趋势，其通常会有高密度的、具有展示性的富有生命力的市中心，其易于组织城市的轴线系统和景观，其最大的问题在于有可能造成市中心的拥挤和过度集聚且用地规整性差、不利于建筑的布置，其不适于小城市，其典型案例是北京的城市规划和 Paris 的城市规划。

图 1-22 洛杉矶城市规划示意

　② 分散式的城市总体布局（见图 1-23、图 1-24）。城市因受河流、山川等自然地形、矿藏资源或交通干道的分割而形成若干分片或分组时可采用就近生产组织生活的布局形式。分散式的城市总体布局分散、彼此联系不太方便、市政工程设施建设和日常运营成本较高。大城市应以分散式布局为主。分散式的城市总体布局又可进一步细分为组团状、带状（线状）、星状（指状）、环状、卫星状、多中心等形式。组团状适合于一个城市被分成若干块不连续城市用地（每一块之间被农田、山地、较宽河流、大片森林等分割）的情况，这类城市可根据用地条件灵活编制规划，组团状比较好处理城市发展的近、远期关系，容易接近自然并使各项用地各得其所，组团状规划的关键是要处理好集中与分散的"度"，即既要合理分工、加强联系，又要在各个组团内形成一定规模，从而把功能和性质相近的部门相对集中、分块布置，且组团之间必须有便捷的交通联系。带状（线状）规划大多是在受地形限制影响情况下而沿着一条主要交通轴线两侧发展的，这

图 1-23　哥本哈根城市规划示意

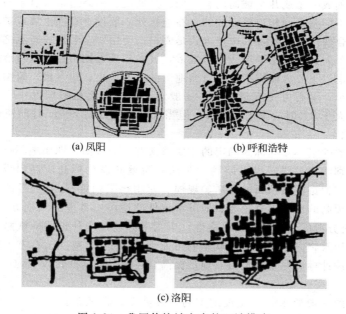

(a) 凤阳　　　　　　　　　(b) 呼和浩特

(c) 洛阳

图 1-24　我国传统城市中的双城模式

类城市呈长向发展，其平面景观和交通流向的方向性较强，城市组织有一定优势但不宜过长（否则交通物耗过大），其发展必须平行于主交通轴的交通线，其典型规划案例是深圳和兰州。星状（指状）规划一般是多个线形城市的叠加，其通常是环形放射状城市沿交通走廊发展的结果，其发展受大运量捷运系统的影响。环状是带状城市在特定情况下的发展结果，其常见形式是围绕湖泊、山体、农田呈环状分布，与带状城市比其各功能区间的联系较为方便，其中心部分的自然条件可为城市创造优美的景观和良好的生态环境，除非有特定的自然条件，否则城市用地向环状中心的扩展压力极大，其典型规划案例是 Ranstad（Holland）、Green Heart、浙江台州。卫星状一般指以大城市或特大城市为中心并在其周围发展若干个小城市的规划形式，其中心城市有极强的支配性、外围小城市则具有相对独立性，但与中心城市在生产、工作和文化、生活等方面都有非常密切的联系。卫星状规划必须处理好小城市规模、配套设施以及与中心城市之间的交通联系条件等问题，卫星状规划有利于人口和生产力的均衡分布，但其受自然条件、资源情况、建设条件、城镇形状以及中心城市发展水平与阶段的影响比较显著。多中心规划是城市在多种方向上不断蔓延发展的结果，会逐步形成不同的多样化的焦点和中心以及小的轴线。

（3）城市用地布局的主要原则　城市用地布局的主要原则有6点，即立足全局以城市的整体效益作为布局准则；集中紧凑以节约用地；点面结合实现城乡统一安排；功能明确使城市主要用地得到重点安排；规划结构清晰、内外交通便捷；远近期结合并兼顾旧区与新区发展需要；保护环境、美化城市以促进城市可持续发展。

1.5.2　建筑竖向设计的基本要求

由于建设用地的自然地形往往不能满足场地设计各种标高的要求，故需要将自然地形加以改造平整并进行铅直方向的竖向布置，从而使改造后的设计地面能满足建设项目的使用要求。设计中应根据建设项目的使用要求结合用地的地形特点和施工技术条件研究建筑物、构筑物、道路等相互之间的标高关系，应充分利用地形、少开土石方量，应经济、合理地确定建（构）筑物、道路等的竖向位置，这就是所谓的"场地设计的竖向布置工作"。

（1）设计地面的形式　将自然地形加以适当改造使其成为能够满足使用要求的地形称为"设计地面"或"设计地形"。设计地面按其整平连接形式可分为平坡式、台阶式、混合式等3种。平坡式是将用地处理成一个或几个坡向的整平面，其坡度和标高通常没有剧烈变化。台阶式是由两个标高差较大的不同整平面相连接而成的，在连接处一般设置有挡土墙或护坡等构筑物。混合式即平坡和台阶混合使用的形式，其改造方式是先根据使用要求和地表特点把建设用地分为几个大的区域，再对每个大的区域用平坡式改造地形，坡面相接处则用台阶进行连接。选择设计地面连接形式要综合考虑以下4方面因素，即自然地形的坡度大小；建（构）筑物的使用要求及运输联系；场地面积大小；土石方工程量多少。一般情况下，自然地形坡度小于3%时应选用平坡式；自然地形坡度大于8%时应采用台阶式，但当场地长度超过500m时即使自然地形坡度小于3%也可采用台阶式。

（2）设计标高的确定　设计标高确定的主要因素有4个方面，即用地不被水淹且雨水能顺利排出（在山区要特别注意防洪、排洪问题。在江河附近其设计标高应高出设计洪水位0.5m以上，而设计水位则应根据建设项目的性质、规模、使用年限确定）；充分考虑地下水位、地质条件影响（地下水位很高的地段不宜挖方、地下水位低的地段可考虑适当挖方以获得较高地耐力、减少基础埋深）；充分考虑交通联系的可能性（应当考虑场地内外道路、铁路连接的可能性，考虑场地内建筑物、构筑物之间相互运输联系的可能性）；尽可能减少土石方工程量（地形起伏变化不大的地方应使设计标高尽量接近自然地形标高；在地形起伏变化较大地区应充分利用地形条件、避免大填大挖）。

设计标高确定的一般要求是合理设定室内、外高差；合理布置建（构）筑物与道路。当建（构）筑物有进车道时其室内外高差一般为0.15m；无进车道时一般室内地坪可比室外地面高出0.45～0.60m（并允许在0.30～0.9m的范围内变动）。当建（构）筑物无进车道时其地面排水坡度最好在1%～3%之间（允许在0.5%～6%之间变动）；当建筑设进车道时其坡度宜为0.4%～3%（机动车通行的最大坡度为8%）。道路中心标高一般应比建筑室内地坪低0.25～0.30m以上；同时，道路原则上可不设平坡部分，其最小纵坡宜为0.3%以利于建（构）筑物之间的雨水排至道路后沿路缘石排水槽排入雨水口。

第2章

建筑用地规划要求

2.1 建设用地的位置与范围

2.1.1 住宅区的空间群体设计要求

如图2-1～图2-4，住宅群体空间布局的常见平面组合有行列式、周边式、点群式、混合式等，其优缺点见表2-1。如图2-5～图2-10，行列式的基本布置手法有平行排列、交错排列、变化间距、成组改变朝向、单元错接、扇形排列。如图2-11～图2-14，周边式的基本布置手法有单周边、双周边等。如图2-15～图2-17，点群式的基本布置手法有规则布置、自由布置等。混合式布置的几个典型布局见图2-18。

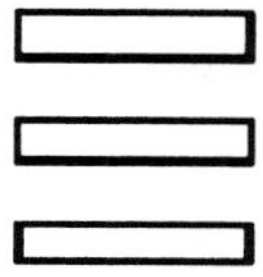

图 2-1　行列式

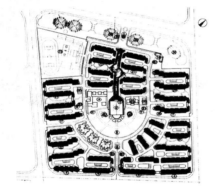

图 2-2　周边式

图 2-3　点群式

图 2-4　混合式

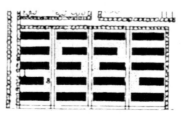

图 2-5　平行排列

表 2-1　住宅群体空间布局 4 种常见平面组合的优缺点

空间布局	优点	缺点
行列式	便于施工;构图强烈;结构经济;易获得良好日照通风	空间易单调、呆板;容易形成穿越交通
周边式	形成院落;防寒保暖;节约用地	日照通风差;难以适应地形;施工复杂、结构不经济
点群式	便于结合地形变化;空间丰富	不利于节能和结构的经济性
混合式	综合	

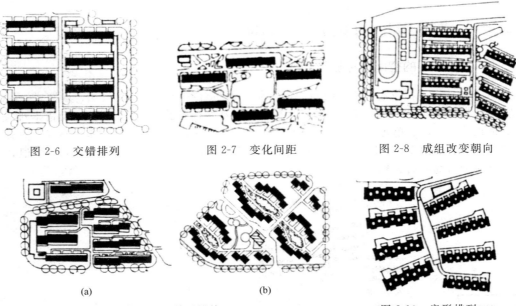

图 2-6　交错排列　　　　图 2-7　变化间距　　　　图 2-8　成组改变朝向

(a)　　　　　　　　　　(b)

图 2-9　单元错接　　　　　　　　图 2-10　扇形排列

图 2-11　周边式的基本特征　　　图 2-12　典型的复杂周边式格局

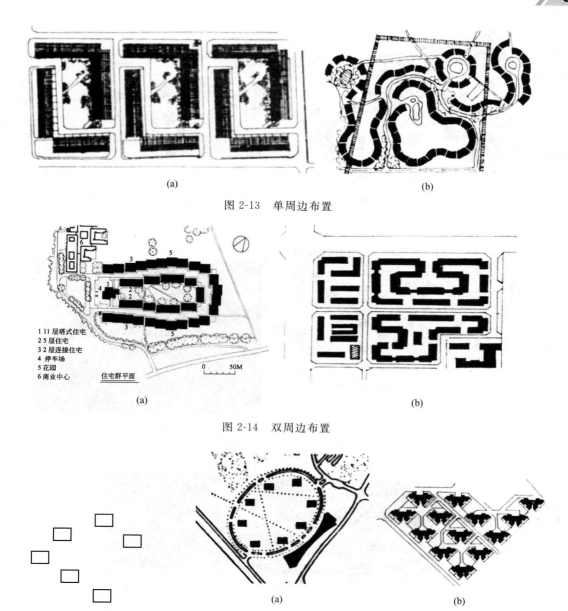

图 2-13　单周边布置

1　11 层塔式住宅
2　5 层住宅
3　2 层连接住宅
4　停车场
5　花园
6　商业中心

住宅群平面　　　0　　　50M

图 2-14　双周边布置

图 2-15　点群式的基本特征

图 2-16　点群式规则布置

　　群体空间布局的设计应充分利用点条对比、节奏变化、长短对比、高低对比、比例与尺度、色彩变化等手法。设计中应注意协调群体的平面、立体空间组合形式，使基本空间和附属空间有机结合，空间景观塑造应以满足居民生理与心理需要为根本目标。

　　设计应考虑与住宅群体空间布局有关的环境因素，这些因素主要是日照、通风和噪声等。

　　① 日照因素。城市规划中的一个重要指标是住宅日照标准，所谓"住宅日照标准"是指按某一规定时日住宅底层获得满窗的连续日照时间不低于某一规定时间的规定，具体可参考表 2-2。城市规划中应合理设计日照间距，所谓"日照间距"是指前后两排住房之间为保证后排住宅能在规定时日获得所需日照而必须保持的距离（见图 2-19）。所谓"住宅间距"是指住宅前后、两侧的距离。当 $H \leqslant 24m$ 时，前后间距≥日照间距，两侧间距≥6m，侧面开窗≥8m。当 $H \geqslant 24m$ 时，前后间距应根据日照分析确定，其两侧间距应≥13m。

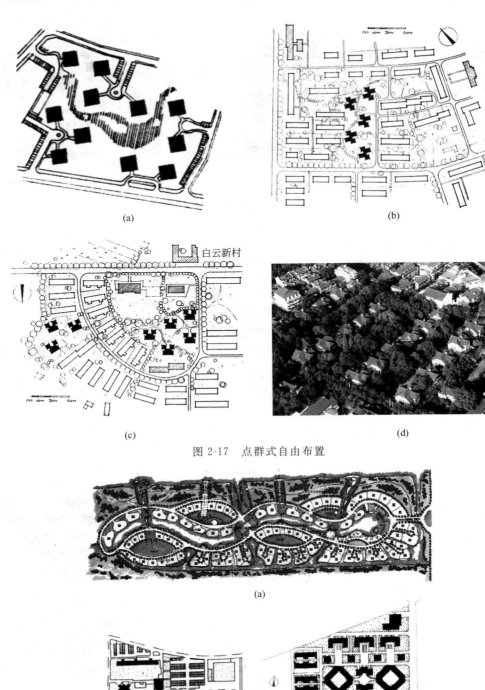

(a)

(b)

(c) 白云新村

(d)

图 2-17　点群式自由布置

(a)

(b)

(c)

图 2-18　混合式布置的几个典型布局

表 2-2 不同建筑气候区的住宅日照标准参考

建筑气候区划分	Ⅰ,Ⅱ,Ⅲ气候区			Ⅳ气候区	Ⅴ,Ⅵ气候区
	大城市	中小城市	大城市	中小城市	
日照标准	大寒日				冬至日
日照时数	≥2	≥3			≥1
有效日照时间	8~16				9~15
计算起点	底层窗台				

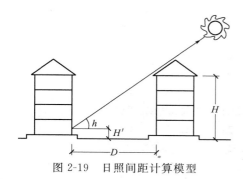

图 2-19 日照间距计算模型

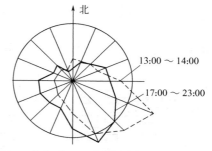

图 2-20 上海地区 7 月份下午及晚上的风向频率

② 通风因素。城市规划中的另一个重要指标是通风,解决住宅的通风问题应根据风玫瑰进行(上海地区 7 月份下午及晚上的风向频率见图 2-20),建筑单体应处理好高度、进深、长度、外形和迎风方向的关系(见图 2-21~图 2-25);建筑群体应处理好住宅间距、排列方式和迎风方位的关系;住宅区应处理好道路、绿地和水面的关系。建筑错列布置可增大建筑的迎风面(见图 2-26);长短建筑结合布置和院落开口迎向主导风向有利于通风(见图 2-27);高低建筑结合布置将较低的建筑布置在迎风面有利于通风(见图 2-28);建筑疏密布置风道断面变小而使风速加大可改善东西向建筑的通风(见图 2-29)。

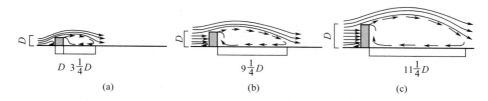

图 2-21 不同高度建筑的漩涡区范围

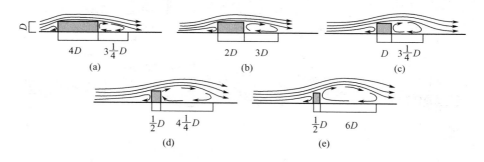

图 2-22 不同深度建筑的漩涡区范围及房屋前后的气候情况

③ 噪声因素。噪声来源主要有 3 个,即交通噪声、人群活动噪声和工业生产噪声。防治噪

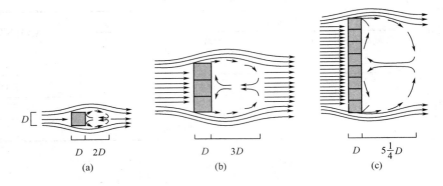

图 2-23　不同长度建筑的漩涡区范围

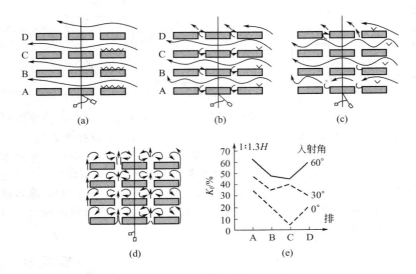

图 2-24　窗口风速与室外自由风速

K_f—风速，即窗口风速与室外自由风速之比

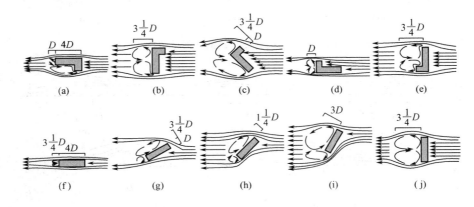

图 2-25　房屋朝向、风向与涡流

声的手段是消灭噪声源或切断噪声传播途径（见图 2-31～图 2-35）。我国居住环境允许噪声标准见表 2-3，国际标准组织（ISO）规定的居住环境室外允许噪声为 35～45dB。

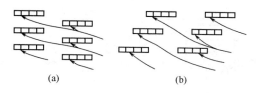

图 2-26 建筑错列布置增大迎风面

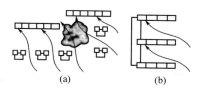

图 2-27 长短建筑结合布置院落开口迎风

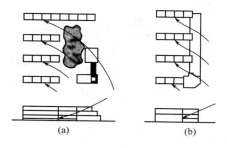

图 2-28 高低建筑结合布置较低建筑迎风

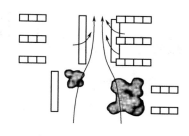

图 2-29 建筑疏密布置改善东西向建筑通风

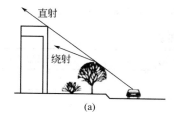

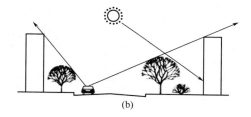

图 2-30 住宅后退红线并加以绿化以降低噪声

表 2-3 我国居住环境允许噪声标准

时间	白天(7:00am-9:00pm)	夜晚(9:00pm-7:00am)
A 声级/dB	46～50	41～45

(a) 噪声经后排建筑反射影响前排　　(b) 用绿化阻隔噪声

图 2-31 用绿化阻隔噪声方式之一

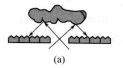

(a)　　(b)

图 2-32 绿化前移减少影响

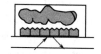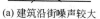

(a) 建筑沿街噪声较大　　(b) 绿化阻隔噪声

图 2-33 用绿化阻隔噪声方式之二

2.1.2 住宅区规划设计的技术经济指标

住宅区规划设计应以规划用地平衡表为参考（见表 2-4）。表 2-4 中，其它用地是指在居住区范围内不属于居住区的用地（比如市级以上的公共建筑、工厂、单位等用地）以及不适于建筑的

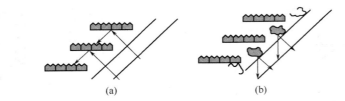

图 2-34　用绿化阻隔噪声方式之三

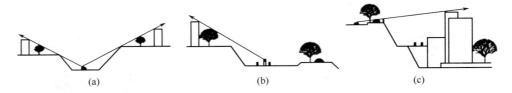

图 2-35　用绿化阻隔噪声方式之四

用地（包括住宅区工业用地）。规划用地平衡表的作用有 4 个，即用数量表明住宅区的用地状况；对各项用地分配比例是否科学合理进行初步审核；对住宅区的环境质量进行初步评价；是方案评定和管理机构审定方案的重要依据。住宅区各项用地平衡控制指标见表 2-5。

表 2-4　规划用地平衡表

项目		数值(h_a)	比重/%	人均面积/（m²/人）
居住区用地				
其中	住宅用地			
	公建用地			
	道路用地			
	公共绿地			
其它用地				

表 2-5　住宅区各项用地平衡控制指标

用地构成	居住区	小区	组团	用地构成	居住区	小区	组团
住宅用地	50～60	55～65	70～80	公共绿地	7.5～18	5～15	3～6
公建用地	15～25	12～22	6～12	居住区用地	100	100	100
道路用地	10～18	9～17	7～15				

（1）住宅区各类用地的划分（见图 2-36）　我国住宅区用地界限通常有 3 个，即以道路为界限；以用地边界为界；以天然或人工障碍物边线为界，其中住宅区内非居住用地或居住区级以上公建用地应扣除。我国住宅用地范围确定有 3 个原则，即以住宅区内部道路红线为界且宅前宅后小路属住宅用地；住宅邻近公共绿地等无明确界限时通常以 1.5～3m 计算；与公共建筑相邻时应以公建用地为界。道路广场用地范围确定有 4 个原则，即用地外围为城市支路或居住（小）区级道路的其道路面积按红线宽的一半计算；规划用地内的居住（小）区道路按红线宽度计算；组团级（与没有人行道的小区级）道路按实际宽度计算；回车场、停车场应包括在道路用地内。另外，宅间路计入住宅用地、公建用地内的车行道计入公建用地、公共绿地内的人行道计入公共绿地。如图 2-37，公共绿地包括居住区公园、小游园、街心绿地、林荫道与活动场地等。

（2）住宅区规划的主要技术经济指标　我国《城市居住区规划设计规范（GB50180）》规定

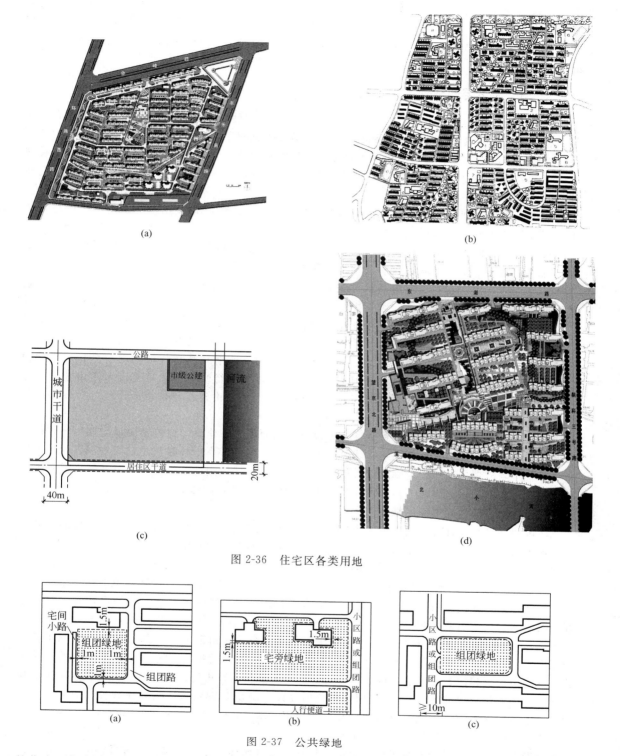

图 2-36　住宅区各类用地

图 2-37　公共绿地

的住宅区规划主要技术经济指标有 9 个，即居住户数（户、套）、居住人数（人）、总建筑面积（×10⁴ m²）、住宅平均层数［住宅平均层数（层）＝住宅总建筑面积/住宅基底总面积］、人口密度［人口密度（人/ha）＝规划人口数量/居住用地面积］、建筑面积密度［或叫建筑面积毛密度、建筑面积净密度，建筑面积密度＝建筑面积/（居住）用地面积]、建筑密度 [或叫建筑毛密度、建筑净密度，建筑密度（%）＝建筑基底面积/（居住）用地面积]、停车泊位（或叫停车率、地面停车率，单位为个）、绿地率 [绿地率（%）＝各类绿地面积的总和占与居住用地总面积的比例]。

2.1.3 建设用地规划设计要求

我国建设工程的规划设计方案应适应社会主义现代化建设事业发展的需要，应符合有关法律、法规、规章、政策和技术规范要求，应充分借鉴既有的建设工程规划设计实践经验。前述所谓"建设工程"包含除管线、道桥等市政工程以外的建设项目。通常情况下，设计单位可直接按有关规定进行规划设计，但当规划行政部门对建设工程提出特殊规划设计要求时则应按规划行政部门的要求执行。

建设工程的规划设计涉及许多专业术语，分列如下。所谓"建设用地"是指建设单位可用于工程建设的用地，建筑用地面积为由城市规划行政部门确定的建设用地边界线所围合的用地水平投影面积（但不包括代征地的面积）。所谓"代征市政用地"是指由城市规划行政部门确定范围，由建设单位代替城市政府征用集体所有土地（或办理国有土地使用权划拨手续）并负责拆迁现状地上物、安置现状居民和单位后，再交由市政、交通部门进行管理的规划市政、道路用地。所谓"代征绿化用地"是指由城市规划行政部门确定范围，由建设单位代替城市政府征用集体所有土地（或办理国有土地使用权划拨手续）并负责拆迁现状地上物、安置现状居民和单位后，再交由市、区园林绿化行政部门进行管理的规划城市公共绿地，包括公园绿地、河湖绿地、文物绿地、绿化隔离区绿地、交通防护绿地等。所谓"其它代征用地"是指由于建设工程的建设而造成的日照遮挡或由于其它原因而由城市规划行政部门确定范围，需由建设单位负责拆迁现状地上物并安置现状居民和单位的用地（该用地由建设单位或城市规划行政部门指定单位进行管理）。

我国现行建设用地边界线位置确定依据以下 4 条原则，即建设用地范围应根据规划行政部门出据钉桩条件的钉桩坐标成果确定；建设用地邻河道、铁路、高压线时其建设用地边界为河湖隔离带、铁路隔离带、高压线走廊隔离带的的规划边界线；建设用地邻规划道路时其规划道路红线即为建设用地的用地边界之一；建设用地范围应由法律文件及图纸确认（包括房产证、土地证）或由相邻单位进行共同书面图纸指认。

建设用地规划设计应满足以下基本要求。建设用地的规划设计应符合《××市区中心区控制性详细规划》或已经城市规划行政部门审定的其它控制性规划（控制性详细规划调整、乡域村镇规划等）的性质要求（其中特殊工程的规划设计要求应按城市规划行政部门提出的规划设计要求进行）。不得在规划绿地、隔离带（城市、铁路、市政、河湖）、行洪分洪区等范围内规划设计建设工程（相关特殊配套设施除外），畸零地及其它不能使用的特殊用地不宜规划设计有关建设工程（畸零地指独立有效面积小于 $500m^2$ 或用地平均有效进深或面宽小于 10m 且用地形状不规则的用地）。用地性质调整需按已公布确定的法定程序进行，应由市城市规划行政部门组织审核后报相应级别的人民政府批准。建设用地的规划设计应对现状用地及其周围一定范围内的有关现状、规划情况（建筑、道路、市政条件、古树名木、文物等）进行调查了解（古树名木应进行树干坐标钉桩、树冠尺寸测绘）。建设用地的规划设计应满足防灾要求，用地规划设计应充分考虑地震、滑坡、泥石流、洪水等自然条件及生活使用、军事预防等社会因素的影响情况，应符合城市防火、防爆、抗震、防洪、防泥石流和治安、交通管理、人民防空等要求，应对拟定用地的水文地质及环境条件等进行充分考察、论证，特殊情况（比如超高层建筑、地震带、山区坡地、河岸区等）下应进行规划建筑及区域城市的防灾规划。建设用地的规划设计应满足环保要求，用地规划设计应与城市环保规划协调，包括与水源保护区的关系；是否有特殊空气质量要求；废水、废气、废渣的排放方式和排放量及噪声与主导风向等。大中型公建（建筑规模大于 $30000m^2$）、居住区（建设用地大于 3 公顷或建筑规模大于 50000m²）、工业建筑、生活市政配套（集贸市场、变配电设施、供暖设施、环卫设施、供燃气设施、交通场站、加油站等）及特殊工程（医疗机构、科研试验等）在进行可行性研究过程中，应委托具有相关资质的研究单位进行书面环保评价，并在申报规划手续时提供给城市规划行政部门。建设用地的规划设计应满足安全保密要求，用地规划设计应符合安全保密规定。市规划部门要求征求有关安全保密部门意见的建设工程时，设计单位应根据有关安全保密部门的意见进行规划设计。建设用地的规划设计应满足风景名胜区保护要求，风景名胜区内的用地规划设计应符合国务院 13 号文及九部委联合发文的要求。风景名胜区应进行总体规划，风景区内建设项目应符合风景名胜区总体规划的要求，总体规划未经批准不得进行有关工程建设。风景区周围的建设控制地区的建设项目应与风景区协调，不得建设破坏景观、污染环境、妨碍游览、破坏生态植被等的设施，在游人集中的景区内不得建设宾馆、招待所及休养、疗养机构。国家级风景名胜区的重大建设项目的规划须征求省级园林主管部门意见后，报省级规划主管部门审查再报住房和城乡建设部批准，省级风景名胜区的重大建设项目的规划须征得省级园林主管部门同意后报省级城市规划行政部门审批，在珍贵景物周围和重点景点上除必需的保护和附属设施外不得增建其它工程设施。建设用地的规划设计应满足文物保护和历史文化保护的要求，在文物保护单位的保护范围、建设控制地带以及历史文化保护区内进行规划设计，应符合有关文物保护和历史文化保护的要求。

2.2　建设用地的使用性质及相关问题

2.2.1　城镇体系规划的特点及要求

城镇体系规划是对城镇发展战略的研究，是在一个特定范围内合理进行城镇布局、优化区域环境、配置区域基础设施并明确不同层次的城镇地位、性质和作用，通过综合协调其相互关系来实现区域经济、社会、环境、空间的可持续发展。城镇体系规划设计通常分全国、省域、市（县）域以及跨行政区域等不同范围和层次。

根据《中华人民共和国城市规划法》和《城镇体系规划编制审批办法》，城镇体系规划的主要内容包括以下方面。综合评价区域与城市的发展和建设条件；预测区域人口增长、确定城市化目标；确定本区域的城市发展战略、划分城市经济区；提出城镇体系的职能结构和职能分工；确定城镇体系的等级和规模结构规划；确定城镇体系的空间布局；统筹安排区域基础设施和社会设施；确定保护区域生态环境、自然和人文景观以及历史遗产的原则和措施；确定各时期重点发展的城镇并提出近期重点发展城镇的规划建议；提出实施规划的政策和措施。上海市城镇体系规划见图 2-38，上海市城镇体系规划以中心城区为核心进行（中心城是上海政治、经济、文化中心，以外环线以内地区作为中心城范围），规划了宝山、嘉定、松江、金山、闵行、青浦、南桥、惠南、城桥及空港和海港新城等 11 个新城（新城人口规模一般为 20 万～30 万人），新城是以区（县）政府所在地城镇、或依托重大产业及城市重要基础设施发展而成的中等规模城市。另外，长江三角洲地区也建立了跨区域的城镇体系规划（区域间的联络纽带为沪宁铁路、沪杭铁路、杭甬铁路，见图 2-39）。

2.2.2　城市总体规划的特点及要求

城市总体规划的任务是综合研究和确定城市性质、规模和发展方向，统筹安排城市各项建设用地，合理配置城市各项基础设施，处理好城市远期发展与近期建设的关系，指导城市建设和合理发展。

城市总体规划的主要内容及要求可概括为以下 14 个方面。设市城市应当编制市域城镇体系规划，县（自治县、旗）人民政府所在地的镇应当编制县域城镇体系规划。城市总体规划应提出

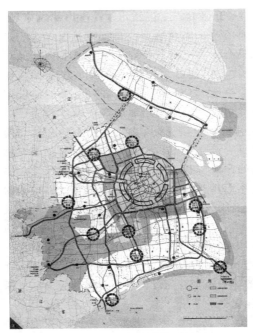

图 2-38　上海市城镇体系规划

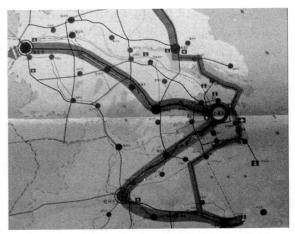

图 2-39　长江三角洲地区跨区域城镇体系规划

城市性质和发展方向并划定城市规划区范围。城市总体规划应提出规划期内城市人口及用地发展规模并确定城市建设与发展用地的空间布局、功能分区以及市中心、区中心位置。城市总体规划应确定城市对外交通系统的布局以及车站、铁路枢纽、港口、机场等主要交通设施的规模、位置，应确定城市主、次干道系统的走向、断面、主要交叉口形式，应确定主要广场、停车场的位置、容量等。城市总体规划应综合协调并确定城市供水、排水、防洪、供电、通信、燃气、供热、消防、环卫等设施的发展目标和总体布局。城市总体规划应确定城市河湖水系的治理目标和总体布局并分配沿海、沿江岸线。城市总体规划应确定城市园林绿地系统的发展目标及总体布局。城市总体规划应确定城市环境保护目标并提出防治污染措施。城市总体规划应根据城市防灾要求提出人防、消防、防洪、抗震防灾规划总体布局。城市总体规划应确定需要保护的风景名胜、文物古迹、历史文化保护区并划定保护和控制范围、提出保护措施（历史文化名城还要编制专门的保护规划）。城市总体规划应确定旧区改建、用地调整的原则、方法和步骤，应提出改善旧城区生产、生活环境的要求和措施。城市总体规划应综合协调市区与近郊区村庄、集镇的各项建设，应统筹安排近郊区村庄、集镇的居住用地、公共服务设施、乡镇企业、基础设施和菜地、园地、牧草地、副食品基地，应科学划定需要保留和控制的绿色空间。城市总体规划应进行综合技术经济论证，应提出规划实施步骤、措施和方法的建议。城市总体规划应编制近期建设规划并确定近期建设目标、内容和实施部署。

城市总体规划的期限一般为 20 年，其同时还应当对城市远景发展做出轮廓性规划安排。近期建设规划是总体规划的组成部分，其应当对城市近期的发展布局和重要建设项目做出安排（期限一般为 5 年）。

为了便于介绍城市总体规划的基本情况，辑录一下上海中心城区的总体规划供参考，见图 2-40。中心城是上海的政治、经济、文化中心（以外环线以内地区作为中心城规划范围，其总用地约 667km^2、规划人口约 800 万人、城市建设用地约 600km^2），中心城为"多心、开敞"式布局结构，今后发展重点是完善现代城市功能、建设好中央商务区和市级公共活动中心。中央商务区由浦东小陆家嘴和浦西外滩组成，规划面积约 3km^2。市级公共活动中心包括市级中心和市级副中心。市级中心以人民广场为中心，以南京路、淮海中路、西藏中路、四川北路 4 条商业街和豫园商城、上海站"不夜城"为依托，具有行政、办公、购物、观光、文化娱乐和旅游等多种公共活动功能。副中心共有 4 个，分别是徐家汇、花木、江湾～五角场和真如。根据中心城住宅需求预测，至 2020 年其人均住房居住面积为 15m² 以上，将基本实现住宅成套化居住目标、住宅总需求达 $2.32 \times 10^8 m^2$（中心城现有住宅约 $1.46 \times 10^8 m^2$，将拆除旧住宅约 $0.24 \times 10^8 m^2$，规划需新建住宅约 $1.1 \times 10^8 m^2$）。中心城现有居住用地 145.66km²，人均居住用地为 19.3m²，规划至 2020 年，居住用地将达到 230km² 左右（新增居住用地约 85km²，人均居住用地达到 28.9m²）。中心城基本形成以"环、楔、廊、园"为基本框架的绿地系统，重点建设外环线内布局均匀、服务半径合理的市、区、街道及小区级公共绿地，使每个区至少有一块 4 公顷以上的公共绿地，每个街道（镇）至少有一块 1 公顷以上的公共绿地，基本建成外环绿带、楔形绿地等结构绿地。中心城轨道交通系统规划有两个层次，即市域快速地铁线；市区地铁、轻轨线。中心城轨道交通系统由 4 条市域快速地铁、8 条市区地铁线和 5 条市区轻轨线组成，总长度约 488km。在中心城内的市域快速地铁线是中心城轨道交通线网的主要骨架，市区地铁线路是中心城轨道交通线网的主要框架，中心城内规划远期轨道线网的网密度为 0.73km/km²、内环线内的网密度为 1.67km/km²（其中浦西地区网密度为 1.88km/km²，浦东地区网密度为 1.32km/km²）。中心城近期建设的主要目标是用地与人口规模得到有效控制、功能布局更趋合理；基本建成集中反映中心城繁荣繁华的东西向城市轴线和主要公共活动中心；基本建成城市综合交通网络、立体交通框架和绿地系统；市民生活环境质量和出行方便程度显著提高。

2.2.3　城市分区规划的特点及要求

在城市总体规划完成后，大、中城市可根据需要编制分区规划。分区规划的任务是在总体规划基础上对城市土地利用、人口分布和公共设施、基础设施的配置作出进一步的安排，为详细规划和规划管理提供依据。城市分区规划编制的主要内容包括以下 5 个方面，即原则确定分区内土地使用性质、居住人口分布、建筑用地的容量控制；确定市、区级公共设施的分布及其用地规模；确定城市主、次干道的红线位置、断面、控制点坐标和标高以及主要交叉口、广场、停车场的位置和控制范围；确定绿化系统、河湖水面、供电高压线走廊、对外交通设施、风景名胜的用地界线和文物古迹、传统街区的保护范围并提出空间形态的保护要求；确定工程干管的位置、走向、管径、服务范围以及主要工程设施的位置和用地范围。

2.2.4　城市详细规划的特点及要求

城市控制性详细规划以总体规划或分区规划为依据，细分地块并规定其使用性质、各项控制指标和其它规划管理要求，从而强化规划的控制功能并指导修建性详细规划的编制。控制性详细规划的内容主要有 5 个方面，即确定规划范围内各类不同使用性质的用地面积和用地界线；确定各地块建筑容量、高度控制及建筑形态、交通、配套设施及其它控制要求；确定各级支路的红线位置、控制点坐标和标高；根据规划容量确定工程管线的走向、管径和工程设施的用地界线；制定相应的土地使用及建筑管理规定。城市控制性详细规划的指标体系包括以下方面，即用地性质、用地面积、建筑密度、建筑限高、容积率、绿地率、公建配套项目、建筑后退红线、建筑后退边界、社会停车场、配建停车场、地块出入口方位、建筑特色（包括建筑形体、艺术风格、色调、标志物等城市设计内容）等。图 2-41、图 2-42 分别为清江市两个区的控制性详细规划。

城市修建性详细规划是在当前或近期拟开发建设地段以满足修建需要为目的进行的规划设计，包括总平面布置、空间组织和环境设计、道路系统和工程管线规划设计等。城市修建性详细规划的内容包括以下 7 个方面，即建设条件分析和综合技术经济论证；建筑的空间组织、环境景观规划设计，总平面布置；道路系统规划设计；绿地系统规划设计；工程管线规划设计；竖向规划设计；估算工程量、拆迁量和总造价并分析投资效益。图 2-43 为某住宅区的修建性详细规划。

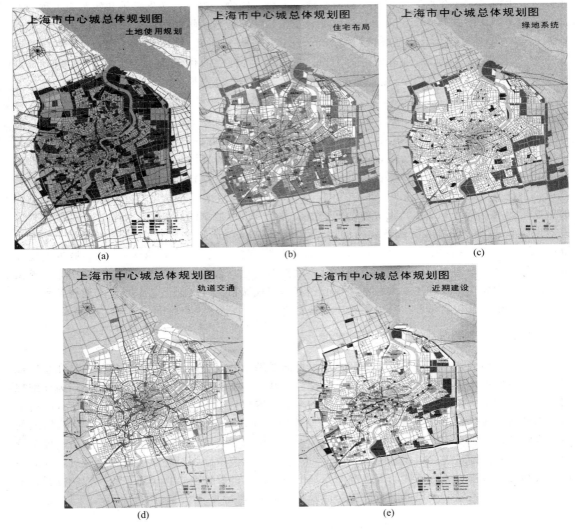

图 2-40 上海中心城区的总体规划

2.2.5 城市规划科学的演进

中国古代规划思想的最早记载是西周时期的《周礼·考工记》，在东周《管子》中也有细致的描述。《周礼·考工记》对城市规划的描述是"匠人营国，方九里，旁三门，国中九经九纬，经涂九轨，左祖右社，前朝后市"，《管子》对城市规划的描述是"因天材，就地利，故城郭不必中规矩，道路不必中准绳"。中国古代规划思想在中国现存的古城中可略显端倪（见图 2-44～图 2-47）。

欧洲古代典型城市格局见图 2-48～图 2-50。欧洲城市规划大致经历了奴隶制古希腊和古罗马城市、封建制中世纪（公元 9～13 世纪）城市、文艺复兴和巴洛克时期（公元 14～16 世纪）城市（出现巴洛克城堡、教堂、城市广场）、现代城市几个历史时期。

现代城市规划产生的历史背景有 4 个，即空想社会主义（18 世纪后期）；城市卫生与工人住房；奥斯曼巴黎改建；城市美化运动。现代城规划早期思想的代表性人物有西班牙人索里亚·伊·马塔（1882 年提出"线形城市"）、英国人霍华德（1898 年提出"田园城市"）、法国人柯布西埃（1922 年提出"明日城市"），1933 年《雅典宪章》规定了城市的基本功能（即居住、工作、

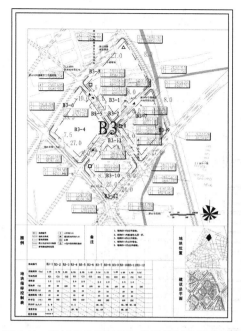

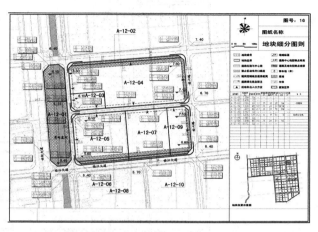

图 2-41　清江市尤溪区临江花园控制性详细规划　　图 2-42　清江市北山区 IT 工业园一期控制性详细规划

(a)

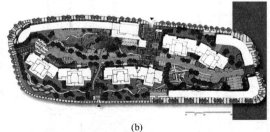

(b)

图 2-43　住宅区的修建性详细规划

游憩、交通），1977 年《马丘比丘宪章》强调了城市规划的以人为本问题、城市变化问题（即流动、生长、变化）、系统论应用问题、公众参与问题，从此现代城市规划开始构建自己的科学体系。图 2-51 为现代城市规划的早期思想。

2.2.6　住宅区的构成与规划要求

住宅区的构成见图 2-52。住宅区是城市中在空间上相对独立的各种类型和各种规模的生活居住用地的统称，包括住宅、道路、绿地以及与居民日常生活相关的商业、体育、服务、教育、管理等内容。我国住宅区按户数或人口规模分为居住区、小区、

图 2-44　中国古城的典型格局

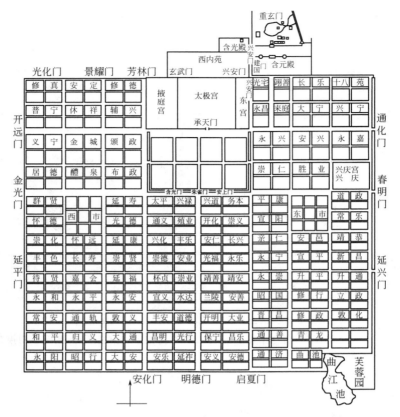

图 2-45 唐长安城

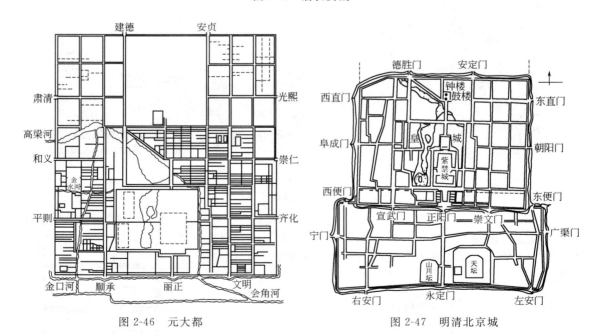

图 2-46 元大都 　　　　　　　　图 2-47 明清北京城

组团等三级（见表 2-6 和图 2-53）。所谓"居住区"泛指不同人口规模的居住生活聚居地（或特指城市干道或自然分界线所围合）并与居住人口规模（3 万～5 万）相对应的，配建有一套较完整的、能满足该区居民物质与文化生活所需的公共服务设施的居住生活聚居地。所谓"居住小区

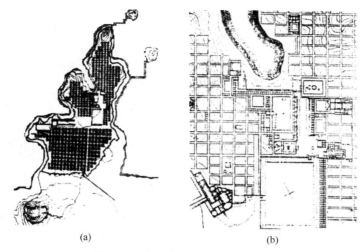

(a)　　　　　　　　　　　　　　(b)

图 2-48　公元前 8～5 世纪米立都城

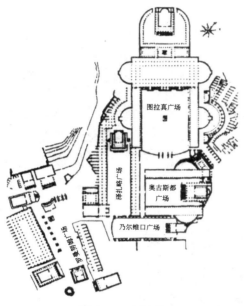

图 2-49　古罗马

图 2-50　巴黎

表 2-6　我国住宅区的类型与规模标准

类　　型	居住区	居住小区	居住组团	住宅街坊	住宅群落
人口规模/人	30000～50000	10000～15000	1000～3000	—	—
户数/户	10000～16000	3000～5000	300～1000	—	—

（一般也称小区）"是指被城市道路或自然分界线所围合并与居住人口规模（1 万～1.5 万）相对应，配建有一套能满足该区居民基本的物质与文化生活所需的公共服务设施的居住生活聚居地。所谓"居住组团（一般也称组团）"是指被小区道路分隔并与居住人口规模（1000～3000 人）相对应，配建有居民所需的基层公共服务设施的居住生活聚居地。

　　有人认为，一个优良社区的构成应具备 4 个条件，即一定的社会关系；在一定地域内相对独立；较为完善的公共服务设施；相近的文化、价值认同感。住宅区规划与社区规划应区别不同情况进行（见表 2-7）。

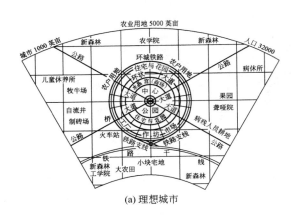

(a) 理想城市

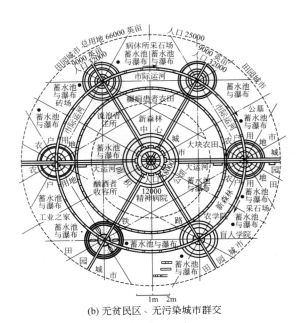

(b) 无贫民区、无污染城市群交

(c) 线形城市

(d) 柯布西埃·付爱森规划

(e) 柯布西埃·付爱森巴黎中心区改建模型

图 2-51　现代城市规划的早期思想

表 2-7　住宅区规划与社区规划的特点

地域界定	以城市道路或自然界限界定	与行政管理范围相关
工作方法	自上而下	自下而上
居民参与度	参与度很小或不参与	以居民参与为重点
工作核心	物质环境	设施成员的互动和社区意识
规划目标	物质环境的完善	社区与人的健康发展

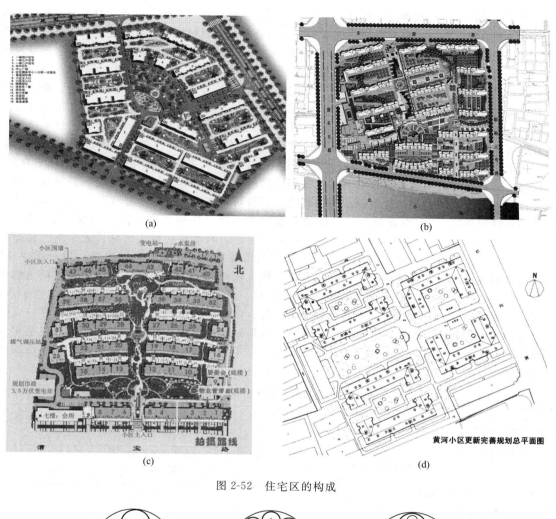

图 2-52　住宅区的构成

图 2-53　住宅区类型

2.2.7　我国建设用地的使用性质

　　我国对建设用地的使用性质具有严格的法律规定，必须严格按相应的类别使用，我国城市用地的分类和代号见表 2-8，用地性质的可兼容性见表 2-9。

　　我国根据不同的使用功能规定了建筑的性质与分类。"居住建筑"是指以提供生活居住场所为主要目的的建筑（包括住宅、公寓、别墅、部队干休所等）。"公共建筑"是指以为社会公众提供社会活动场所为主要目的的建筑（包括行政办公建筑、商务办公建筑、商业建筑、文化建筑、体育建筑、医疗建筑等）。"行政办公建筑"是指为行政、党派和团体等机构使用的建筑。"商务办公建筑"是指供非行政办公单位办公使用的建筑，也被称为写字楼（包括一般办公楼）。"商业建筑"是指为商业服务经营提供场所的建筑，包括商场建筑（包括综合百货商店、商场、批发市场等）、服务建筑（包括餐饮、娱乐、美容、洗染、修理和旅游服务、等）、旅馆建筑（包括度假村、公寓式酒店等）。"文化建筑"是指各级广播电台、电视台、公共图书馆、博物馆、科技馆、展览馆和纪念馆等建筑；电影院、剧场、音乐厅、杂技场等演出场所；独立的游乐场、舞厅、俱乐部、文化宫、青少年宫、老年活动中心等建筑。"体育建筑"是指体育场馆及运动员宿舍等配套设施。"医疗建筑"是指提供医疗、保健、卫生、防疫、康复和急救场所的建筑（包括医院门诊、病房、卫生防疫、检验中心、急救中心和血库等建筑）。"生产建筑"是指以相对封闭的流程完成某种特定生产职能的建筑（包括仓储建筑、工业建筑等）。"仓储建筑"是指用于存放、运输物品的建筑（包括库房、堆场和加工车间、管道运输用房等）。"科教建筑"是指以提供教学、科研场所为主要目的的建筑（比如教育建筑、科研建筑等）。"科研建筑"是指承担特殊科研试验条件的建筑。"教育建筑"是指高等学校、中小学、托幼机构的教学用房和学生宿舍。"交通建筑"是指以为公众提供出行换乘场所为主要目的的建筑（包括机场、火车站、长途客运站、港口、公共交通枢纽、社会停车场库等为城市客运交通运输服务的建筑）。"公用建筑"是指为城市生活提供保障的建筑（包括供水、供电、供燃气、供热设施，消防设施、社会福利设施等，也包括水厂的泵房和调压站等；变电站所；储气站、调压站、罐装站，大型锅炉房；调压、调温站；电信、转播台、差转台等通讯设施；雨水、污水泵站、排渍站、处理厂；殡仪馆、火葬场、骨灰存放处等殡葬设施）。"特殊建筑"是指具有特殊使用功能的建筑（包括军事建筑、监狱建筑、宗教建筑等）。"单身宿舍"是指供不同性质建筑中特定的相关人员使用的单身居住用房。

表 2-8　我国城市用地的分类和代号

大类	中类	小类	类别名称	范　围
R	R4	R32	公共服务设施用地	居住小区及小区级以下的公共设施和服务设施用地。如托儿所、幼儿园、小学、中学、粮店、菜店、副食店、服务站、储蓄所、邮政所、居委会、派出所等用地
		R33	道路用地	居住小区及小区级以下的小区路、组团路或小街、小巷、小胡同及停车场等用地
		R34	绿地	居住小区及小区级以下的小游园等用地
			四类居住用地	以简陋住宅为主的用地
		R41	住宅用地	住宅建筑用地
		R42	公共服务设施用地	居住小区及小区级以下的公共设施和服务设施用地。如托儿所、幼儿园、小学、中学、粮店、菜店、副食店、服务站、储蓄所、邮政所、居委会、派出所等用地
		R43	道路用地	居住小区及小区级以下的小区路、组团路或小街、小巷、小胡同及停车场等用地
		R44	绿地	居住小区及小区级以下的小游园等用地
C	C1		公共设施用地	居住区及居住区级以上的行政、经济、文化、教育、卫生、体育以及科研设计等机构和设施的用地，不包括居住用地中的公共服务设施用地
			行政办公用地	行政、党派和团体等机构用地
		C11	市属办公用地	市属机关，如人大、政协、人民政府、法院、检察院、各党派和团体，以及企事业管理机构等办公用地
		C12	非市属办公用地	在本市的非市属机关及企事业管理机构等行政办公用地
	C2		商业金融业用地	商业、金融业、服务业、旅馆业和市场等用地
		C21	商业用地	综合百货商店、商场和经营各种食品、服装、纺织品、医药、日用杂货、五金交电、文化体育、工艺美术等专业零售批发商店及其附属的小型工场、车间和仓库等用地

续表

类别名称			类别名称	范　围
大类	中类	小类		
	C2	C22	金融保险业用地	银行及分理处、信用社、信托投资公司、证券交易所和保险公司,以及外国驻本市的金融和保险机构等用地
		C23	贸易咨询用地	各种贸易公司、商社及其咨询机构等用地
		C24	服务业用地	饮食、照相、理发、浴室、洗染、日用修理和交通售票等用地
		C25	旅游业用地	旅馆、招待所、度假村及其附属设施等用地
		C26	市场用地	独立地段的农贸市场、小商品市场、工业品市场和综合市场等用地
	C3		文化娱乐用地	新闻出版、文化艺术团体、广播电视、图书展览、游乐等设施用地
		C31	新闻出版用地	各种通讯社、报社和出版社等用地
		C32	文化艺术团体用地	各种文化艺术团体等用地
		C33	广播电视用地	各级广播电台、电视台和转播台、差转台等用地
		C34	图书展览用地	公共图书馆、博物馆、科技馆、展览馆和纪念馆等用地
		C35	影剧院用地	电影院、剧场、音乐厅、杂技场等演出场所,包括各对外营业的同类用地
		C36	游乐用地	独立的游乐场、舞厅、俱乐部、文化宫、青少年宫、老年活动中心等用地
C			体育用地	体育场馆和体育训练基地等用地,不包括学校等单位内的体育用地
		C41	体育场馆用地	室内外体育运动用地,如体育场馆、游泳场馆、各类球场、溜冰场、赛马场、跳伞场、摩托车场、射击场以及水上运动的陆域部分等用地,包括附属的业余体校用地
		C42	体育训练用地	为各类体育运动专设的训练基地用地
			医疗卫生用地	医疗、保健、卫生、防疫、康复和急救设施等用地
		C51	医院用地	综合医院和各类专科医院等用地,如妇幼保健院、儿童医院、精神病院、肿瘤医院等
		C52	卫生防疫用地	卫生防疫站、专科防治所、检验中心、急救中心和血库等用地
		C53	休疗养用地	休养所和疗养院等用地,不包括以居住为主的干休所用地,该用地应归入居住用地(R)
			教育科研设计用地	高等院校、中等专业学校、科学研究和勘测设计机构等用地,不包括中学、小学和幼托用地,该用地应归入居住用地(R)
		C61	高等学校用地	大学、学院、专科学校和独立地段的研究生院等用地,包括军事院校用地
		C62	中等专业学校用地	中等专业学校、技工学校、职业学校等用地,不包括附属于普通中学内的职业高中用地
		C63	成人与业余学校用地	独立地段的电视大学、夜大学、教育学院、党校、干校、业余学校和培训中心等用地
		C64	特殊学校用地	聋、哑、盲人学校及工读学校等用地
		C65	科研设计用地	科学研究、勘测设计、观察测试、科技信息和科技咨询等机构用地,不包括附设于其它单位内的研究室和设计室等用地
	C7		文物古迹用地	具有保护价值的古遗址、古墓葬、古建筑、革命遗址等用地,不包括已作其它用途的文物古迹用地,该用地应分别归入相应的用地类别
	C8		其它公共设施用地	除以上之外的公共设施用地,如宗教活动场所、社会福利院等用地
M			工业用地	工矿企业的生产车间、库房及其附属设施等用地。包括专用的铁路、码头和道路等用地。不包括露天矿用地,该用地应归入水域和其它用地(E)
	M1		一类工业用地	对居住和公共设施等环境基本无干扰和污染的工业用地,如电子工业、缝纫工业、工艺品制造工业等用地
	M2		二类工业用地	对居住和公共设施等环境有一定干扰和污染的工业用地,如食品工业、医药制造工业、纺织工业等用地
	M3		三类工业用地	对居住和公共设施等环境有严重干扰和污染的工业用地,如采掘工业、冶金工业、大中型机械制造工业、化学工业、制纸工业、制革工业、建材工业等用地

类别名称			类别名称	范　围
大类	中类	小类		
W			仓储用地	仓储企业的库房、堆场和加工车间及其附属设施等用地
	W1		普通仓库用地	以库房建筑为主的储存一般货物的普通仓库用地
	W2		危险品仓库用地	存放易燃、易爆和剧毒等危险品的专用仓库用地
	W3		堆场用地	露天堆放货物为主的仓库用地
T			对外交通用地	铁路、公路、管道运输、港口和机场等城市对外交通运输及其附属设施等用地
	T1		铁路用地	铁路站场和线路等用地
	T2		公路用地	高速公路和一、二、三级公路线路及长途客运站等用地,不包括村镇公路用地,该用地应归入水域和其它用地(E)
		T21	高速公路用地	高速公路用地
		T22	一、二、三级公路用地	一级、二级和三级公路用地
		T23	长途客运站用地	长途客运用地
	T3		管道运输用地	运输煤炭、石油和天然气等地面管道运输用地
	T4		港口用地	海港和河港的陆域部分,包括码头作业区、辅助生产区和客运站等用地
		T41	海港用地	海港港口用地
		T42	河港用地	河港港口用地
	T5		机场用地	民用及军民合用的机场用地,包括飞行区、航站区等用地,不包括净空控制范围用地
S			道路广场用地	市级、区级和居住区级的道路、广场和停车场等用地
	S1		道路用地	主干路、次干路和支路用地,包括其交叉路口用地;不包括居住用地、工业用地等内部的道路用地
		S11	主干路用地	快速路和主干路用地
		S12	次干路用地	次干路用地
		S13	支路用地	主次干路间的联系道路用地
		S14	其它道路用地	除主次干路和支路外的道路用地,如步行街、自行车专用道等用地
	S2		广场用地	公共活动广场用地,不包括单位内的广场用地
		S21	交通广场用地	交通集散为主的广场用地
		S22	游憩集会广场用地	游憩、纪念和集会等为主的广场用地
	S3		社会停车场库用地	公共使用的停车场和停车库用地,不包括其它各类用地配建的停车场库用地
		S31	机动车停车场库用地	机动车停车场库用地
		S32	非机动车停车场库用地	非机动车停车场库用地
U			市政公用设施用地	市级、区级和居住区级的市政公用设施用地,包括其建(构)筑物及管理维修设施等用地
	U1		供应设施用地	供水、供电、供燃气和供热等设施用地
		U11	供水用地	独立地段的水厂及其附属构筑物用地,包括泵房和调压站等用地
		U12	供电用地	变电站所、高压塔基等用地,不包括电厂用地,该用地应归入工业用地(M)。高压走廊下规定的控制范围内的用地,应按其地面实际用途归类
		U13	供燃气用地	储气站、调压站、罐装站和地面输气管廊等用地,不包括煤气厂用地,该用地应归入工业用地(M)
		U14	供热用地	大型锅炉房,调压、调温站和地面输热管廊等用地

类别名称 大类	类别名称 中类	类别名称 小类	类别名称	范 围
U	U2		交通设施用地	公共交通和货运交通等设施用地
		U21	公共交通用地	公共汽车、出租汽车、有轨电车、无轨电车、轻轨和地下铁路(地面部分)的停车场、保养场、车辆段和首末站等用地,以及轮渡(陆上部分)用地
		U22	货运交通用地	货运公司车队的站场等用地
		U29	其它交通设施用地	除以上之外的交通设施用地,如交通指挥中心、交通队、教练场、加油站、汽车维修站等用地
	U3		邮电设施用地	邮政、电信和电话等设施用地
	U4		环境卫生设施用地	环境卫生设施用地
		U41	雨水、污水处理用地	雨水、污水泵站、排站、处理厂,地面专用排水管廊等用地,不包括排水河渠用地,该用地应归入水域和其它用地(E)
		U42	粪便垃圾处理用地	粪便、垃圾的收集、转运、堆放、处理等设施用地
	U5		施工与维修设施用地	房屋建筑、设备安装、市政工程、绿化和地下构筑物等施工及养护维修设施等用地
	U6		殡葬设施用地	殡仪馆、火葬场、骨灰存放处和墓地等设施用地
	U9		其它市政公用设施用地	除以上之外的市政公用设施用地,如消防、防洪等设施用地
G	G1		绿地	市级、区级和居住区级的公共绿地及生产防护绿地,不包括专用绿地、园地和林地
			公共绿地	向公众开放,有一定游憩设施的绿化用地,包括其范围内的水域
		G11	公园	综合性公园、纪念性公园、儿童公园、动物园、植物园、古典园林、风景名胜公园和居住区小公园等用地
		G12	街头绿地	沿道路、河湖、海岸和城墙等,设有一定游憩设施或起装饰性作用的绿化用地
	G2		生产防护绿地	园林生产绿地和防护绿地
		G21	园林生产绿地	提供苗木、草皮和花卉的圃地
		G22	防护绿地	用于隔离、卫生和安全的防护林带及绿地
D			特殊用地	特殊性质的用地
	D1		军事用地	直接用于军事目的的军事设施用地,如指挥机关、营区、训练场、试验场、军用机场、港口、码头、军用洞库、仓库、军用通信、侦察、导航、观测台站等用地,不包括部队家属生活区等用地
	D2		外事用地	外国驻华使馆、领事馆及其生活设施等用地
	D3		保安用地	监狱、拘留所、劳改场所和安全保卫部门等用地,不包括公安局和公安分局,该用地应归入公共设施用地(C)
E			水域和其它用地	除以上各大类用地之外的用地
	E1		水域	江、河、湖、海、水库、苇地、滩涂和渠道等水域,不包括公共绿地及单位内的水域
	E2		耕地	种植各种农作物的土地
		E21	菜地	种植蔬菜为主的耕地,包括温室、塑料大棚等用地
		E22	灌溉水田	有水源保证和灌溉设施,在一般年景能正常灌溉,用以种植水稻、莲藕、席草等水生作物的耕地
		E29	其它耕地	除以上的耕地
	E3		园林	果园、桑园、茶园、橡胶园等园地
	E4		林地	生长乔木、竹类、灌木、沿海红树林等林木的土地
	E5		牧草地	生长各种牧草的土地

续表

类别名称 大类	中类	小类	类别名称	范围
E	E6		村镇建设用地	集镇、村庄等农村居住点生产和生活的各类建设用地
		E61	村镇居住用地	以农村住宅为主的用地,包括住宅、公共服务设施和道路等用地
		E62	村镇企业用地	村镇企业及其附属设施用地
		E63	村镇公路用地	村镇与城市、村镇与村镇之间的公路用地
		E69	村镇其它用地	村镇其它用地
	E7		弃置地	由于各种原因未使用或尚不能使用的土地,如裸岩、石砾地、陡坡地、塌陷地、盐碱地、沙荒地、沼泽地、废窑坑等
	E8		露天矿用地	各种矿藏的露天开采用地

表 2-9 用地性质的可兼容性

用地性质		R1	R2	R3	R4	C1	C2	C3	C4	C5	C6	C7	M	W	T	S	U	G
建筑类别	普通住宅	☆	☆	☆	☆	◎	◎	◎	◎	◎	◎	◎	◎	◎	◎	◎	◎	◎
	公寓	☆	☆	☆	☆	◎	◇	◎	◇	◇	◎	◎	◎	◎	◎	◎	◎	◎
	别墅	☆	☆	☆	☆	◎	◎	◎	◎	◎	◎	◎	◎	◎	◎	◎	◎	◇
	商住楼	☆	☆	☆	☆	◇	◇	◇	◇	◇	◇	◎	◎	◎	◎	◎	◎	◎
	单身宿舍	☆	☆	☆	☆	◇	◇	◇	◇	◇	◇	◇	◇	◇	◇	◇	◎	◇
	中小学	☆	☆	☆	☆	◎	◎	◎	◎	◎	☆	◎	◎	◎	◇	◎	◎	◎
	托幼	☆	☆	☆	☆	◇	◎	◎	◎	◎	◎	◎	◇	◇	◇	◇	◎	◎
	小型配套服务设施	☆	☆	☆	☆	◇	◇	◇	◇	◇	◇	◇	☆	☆	☆	◇	☆	◇
	大型金融商贸服务设施	◎	◎	◎	◎	◇	◇	◇	◇	◇	◇	◇	◎	◎	◎	◎	◎	◎
	行政办公	◇	◇	◇	◇	☆	◇	◇	◇	◇	◇	◇	◎	◎	◎	◎	◎	◎
	商务办公	◇	◇	◇	◇	◇	◇	◇	◇	◇	◇	◇	◎	◎	◎	◎	◎	◎
	大型文化娱乐设施	◎	◎	◎	◎	◇	☆	◇	◇	◇	◇	◇	◎	◎	◎	◎		◎
	大型综合市场	◎	◎	◎	◎	◇	☆	◇	◇	◇	◇	◇	◎	◎	◎	◎	◎	◎
	医疗卫生	◇	☆	☆	☆	◇	◇	◇	◇	☆	◇	◇	◎	◎	◎	◎	◎	◎
	市政公用设施	◇	◇	◇	◇	◇	◇	◇	◇	◇	◇	◎	☆	☆	◇	◇	☆	◇
	社会停车场	◇	◇	◇	◇	◇	◇	◇	◇	◇	◇	◇	◇	◇	☆	☆	◇	◇
	科研教学	◎	◎	◎	◎	◇	◇	◇	◇	☆	◇	◇	◇	◇	◎	◎	◎	◎
	体育设施	◇	◇	◇	◇	◇	◇	◇	◇	◇	◇	◇	◎	◎	◎	◎	◎	◇

注:☆为允许设置(无限制条件);◇为可以设置(有限制条件);◎为不允许设置。商住楼为地上1层或1~2层为商业服务用房、其它部分为住宅的楼房建筑(不包括办公楼)。

2.3 建设用地的规划技术指标

火使人类从蛮荒文明进入古代文明;电使人类从古代文明进入近代文明;互联网使人类从近代文明进入现代文明。人们学会用火之后开始筑城(但规模不大、体量不大),有了电以后人类筑城的水平有了巨大的提高(城市规模与体量都在不断加大,城市呈现一种膨胀发展之势),有了互联网人类的筑城能力有了飞跃式的提升(巨型城市、超级城市开始涌现)。纵观世界城市的演化与发展历史,城市用地的扩张过程有一定的相似性(见图2-54),合理控制城市扩张的措施是制定科学的建设用地规划技术指标。

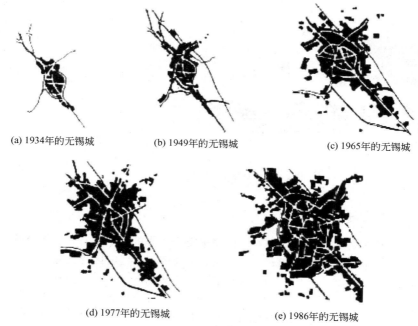

(a) 1934年的无锡城　　　　(b) 1949年的无锡城　　　　(c) 1965年的无锡城

(d) 1977年的无锡城　　　　(e) 1986年的无锡城

图2-54　20世纪无锡城市的扩张情况

　　建设用地规划技术指标主要有5个,即规划建设用地面积、代征城市公共用地面积、人口密度、容积率、建筑密度。所谓"规划建设用地面积"是指城市规划行政部门确定的建设用地界线所围合的用地水平投影面积,包括原有建设用地面积及新征(占)建设用地面积,不含代征地的面积,单位为hm²(×10⁴m²)。所谓"代征城市公共用地面积"包括代征道路用地面积、代征绿化用地面积、代征其它用地面积等3项,单位为m²。所谓"人口密度"包括人口毛密度和人口净密度等2个指标,人口毛密度是指居住区总人口除以居住区总用地面积后的数值(单位为"人/hm²"),人口净密度是指居住区总人口除以居住区居住用地面积后的数值(单位为"人/hm²")。所谓"容积率"是指一定地块内总建筑面积与建设用地面积的比值,容积率是衡量建设用地使用强度的一项重要指标,容积率的值是无量纲的比值,通常以地块面积为1,地块内地上建(构)筑物的总建筑面积对地块面积的倍数表示,

$$容积率 = \frac{总建筑面积(地上)}{建设用地面积}$$

　　所谓"建筑密度"是指一定地块内所有建(构)筑物的基底总面积占用地面积的百分比(单位%),建筑密度是反映建设用地经济性的主要指标之一,其计算公式为

$$建筑密度 = \frac{建筑基底总面积}{建设用地总面积}$$

第3章
公共设施配套要求

3.1 居住区公共服务设施设计

3.1.1 住宅区的道路与交通设计

目前住宅区的交通方式主要有3种，即机动车交通、非机动车交通、步行交通。影响住宅区交通方式选择的因素有3个，即体能、交通时间、交通费用。住宅区的交通组织与路网布局可采用人车混行和人车分行模式（见图3-1），人车混行是指机动车与行人在同一道路断面中通行，人车分行是指机动车与行人在不同的道路断面中通行。人车分行的布局原则有4点，即车行与步行在空间上分开而形成两个独立系统；车行系统分级设置；设必要的停车空间和枝状尽端回车场；步行路应结合绿地、户外活动场地、公共服务设施设置。住宅区的典型道路类型见图3-2。

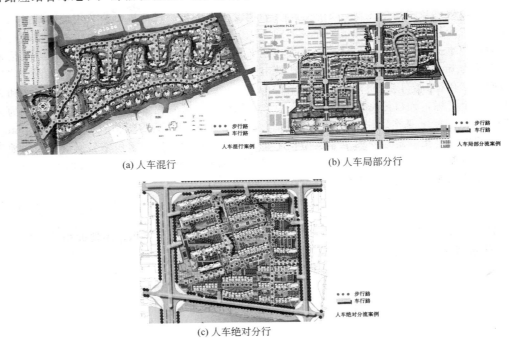

(a) 人车混行　　　　　　　　　　　　(b) 人车局部分行

(c) 人车绝对分行

图 3-1　住宅区的交通组织与路网布局

住宅区的道路类型有3种，即机动车道、非机动车道、步行道。住宅区道路的分级依据主要有3点，即功能、布局、技术。道路用地与其它用地之间的界限叫做红线。住宅区道路的分级有4个，即居住区级道路、居住小区级道路、居住组团级道路、宅间小路。居住区级道路是指居住区的主要道路，其主要用于解决居住区内、外的联系，其车行道宽度10～14m，红线宽度20～30m。居住区小级道路是指联系居住区各组成部分的道路，其车行道宽度6～9m，红线宽度10～

图 3-2　住宅区的典型道路类型

14m。住宅群内的主要道路，车行道宽度 3～5m，建筑控制线之间的宽度 8m（无供热管线区）或 10m（需敷设供热管线区）以上。宅间小路为通向各户、各单元的道路，其路面宽度不小于 2.5m。

　　住宅区的道路设计原则主要（见图 3-3）有以下 9 条，即应结合地形、气候、用地规模、规划结构、周边条件、居民出行特征等规划设计经济、便捷的道路系统和断面形式；居住区道路设计应做到"通而不畅"，以便在避免往返迂回的同时减少外部人员及车辆的穿越；道路应分级设置以满足不同需求；道路走向布局应重视日照、通风问题；应满足地下管线埋设要求；应满足消防、救护和工程抢险等特殊需要；旧区改造中应协调与应用好原有设施并为建筑、绿地布置创造良好条件；路网设计应结合各种设施的布局要求进行；道路设计应有利于编号、寻访和识别。

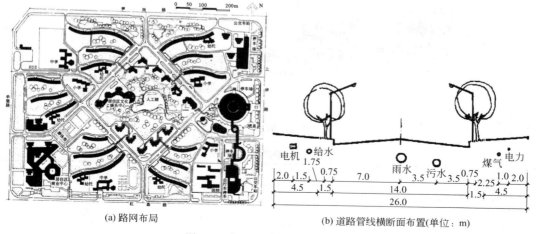

图 3-3　住宅区的道路设计原则

　　道路系统规划设计应遵守以下 7 条规定，即居住（小）区在城市交通性干道上的出口与城市交通性干道的间距应在 150m 以上且与道路交角应不小于 75°；应重视无障碍设计（见图 3-4）；区内尽端式车道长度应不超过 120m 且其尽端应设 12m×12m 的回车场（见图 3-5）；当道路坡度大于 8% 应辅以台阶解决竖向交通（见图 3-6）；应建立适当的停车场地；纵坡设计应满足规定要求（见表 3-1）；沿街建（构）筑物长度超过 150m 时应设不小于 4m×4m 的消防车通道〔若当建（构）筑物长度超过 80m 则还应在底层加设步行通道〕。

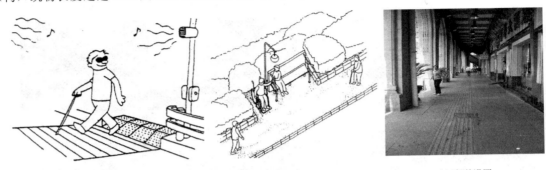

(a) 盲人过街音响装置　　　　(b) 轮椅停留空间设置　　　　(c) 盲道设置

图 3-4　无障碍设计

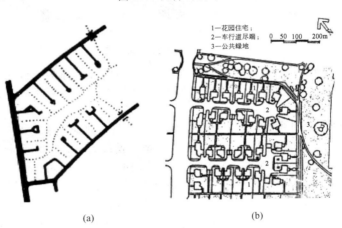

(a)　　　　　　　　　　　　(b)

图 3-5　回车场设置

图 3-6　用台阶解决竖向交通问题

表 3-1　纵坡设计规定

道路类别	最小坡度	最大坡度	多雪严寒地区最大坡度
机动车道	≥0.2	≤8.0(L≤200m)	≤5.0(L≤600m)
非机动车道	≥0.2	≤3.0(L≤50m)	≤2.0(L≤100m)
步行道	≥0.2	≤8.0	≤4.0

3.1.2　住宅区的绿地设计

城市绿地类型按功能可分为城市公共绿地、居住区绿地、交通绿地、风景区绿地、生产与防护绿地（见图3-7）。城市公共绿地应具有一定的规模和服务半径（见表3-2）。

表 3-2　上海市中心城区绿地规模和服务半径

公园分级	市级公园绿地	区级公园绿地	街道公园绿地
面积/hm²	>10	>4	≥1
服务半径/m	2000 左右	1000	500

(a) 日本城市公园绿地系统　　　　　(b)　　　　　(c)

(d)　　　　　(e)　　　　　(f)

图 3-7　城市绿地类型

1—综合公园；2—邻里公园；3—儿童公园；4—地区公园；5—风景公园；
6—运动公园；7—河床绿地；8—绿道；9—缓冲绿地；10—工厂地带

住宅区绿地见图3-8，其功能主要有5个，即创造优美、舒适、卫生的生活环境；建立促进交往的空间区域；产生一定的经济价值；改善小气候；发挥遮阳、防尘、防风、防噪、降温、防灾。

(a)　　　　　(b)　　　　　(c)

图 3-8　住宅区绿地

住宅区绿地的作用主要有2个，即在居住用地内栽植树木、花草用以改善地区小气候并创造优美环境；构建居民户外活动和交往的空间（包括游戏、运动、健身、散步、休息、娱乐和组织活动等）。住宅区绿地按其服务范围可分为居住区级公共绿地、小区级公共绿地、组团级公共绿地等3类（居住区级公共绿地宜≥1hm²；小区级公共绿地宜≥0.4hm²；组团级公共绿地宜在0.1hm²左右），按服务对象可分为宅旁绿地、专属绿地、道路绿地3类。宅旁绿地的作用是区分公共与私人空间，可产生归属感并具有识别性。专属绿地则主要是指公共服务设施附属绿地。道路绿地主要包括车行道绿地、人行道绿地和步行道绿地3类。

　　绿地规划（见图3-9）应遵守一定的原则及标准。住宅区绿地的规划原则有5条，即点、线、面结合以形成系统；服务半径合理；与地形结合天衣无缝；与功能结合相得益彰；应注重选择与配置的经济效益及环境效益。

(a) 方案　　　　　　　　　　　　　　　　(b) 效果

图 3-9　绿地规划

　　目前，我国住宅区公共绿地和绿地设置的标准大致如下，即公共绿地面积应大于400m²且单边宽度应不小于8m并应有不少于1/3面积不在常年阴影区内；居住区级公共绿地宜≥1.5m²/人；小区级公共绿地宜≥1m²/人；组团级公共绿地宜≥0.5m²/人。前述各类绿地（包括公共绿地、宅旁绿地、公建附属绿地和道路绿地）应包括满足当地植树绿化覆土要求、方便居民出入的地下或半地下建筑的屋顶绿地，城市绿地率在新区建设应不低于30%、旧区改建宜不低于25%。

　　住宅区的户外环境景观规划，如图3-10所示。住宅区的户外环境景观包括软质景观、硬质景观、和水体3大类（见图3-11），应重视设计手法的应用（见图3-12）。住宅区的户外环境景观的作用是美化环境、提供交往场所、改善小气候，其内容涉及公共绿地、宅旁绿地、专属绿地、道路绿地，其目前常见形式是地被植物、灌木、花卉、乔木，其设计要点是分布合理、密切结合场地使用功能、植物品种合理搭配、重视季相变化。

　　住宅区户外环境景观规划应重视步行环境设计。步行环境的设计要兼顾功能及景观要求，所谓"功能要求"是指不易磨损的路面和连续的系统；所谓"景观要求"是指层次丰富、舒适宜人。步行环境设计的物质要素主要包括地坪竖向、地面铺装、边缘、台地、踏步、坡道、护坡、堤岸、围栏、栏杆等。铺地材料要求坚固、耐磨、防滑，应充分利用其材质、色彩并通过组合方式来引导和界定场地，营造特定的地面景观效果，与周围建筑关系和谐。边缘设计（见图3-13）应得体，应对硬质与软质地面间、不同用途地面间、墙面与地面间以及不同高差间的衔接进行处理，合理设计护坡、围栏、墙、屏障、环境小品等景观。

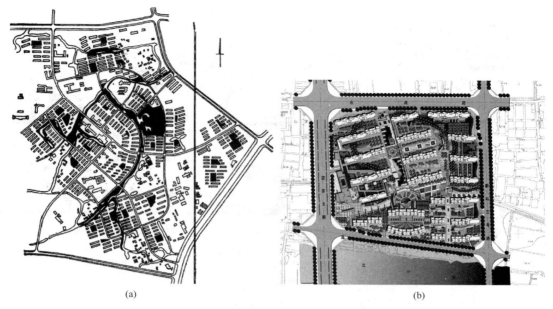

(a)　　　　　　　　　　　　　　　　(b)

图 3-10　住宅区户外环境景观规划

(a)　　　　　　　(b)　　　　　　　(c)

(d)　　　　　　　(e)　　　　　　　(f)

图 3-11　典型的住宅区户外环境景观

住宅区户外环境景观规划还应重视车行环境设计。车行环境设计的要点有 2 个,即通过路面处理限制车速并应设置标识;应妥善处理动、静交通与居住环境的关系。应合理规划与设计水体,水体的作用是借景、调节小气候并可为儿童提供戏水场所。水体的常见形式有水池、流水、瀑布和喷泉。水体的设计重点是水深和边缘处理。

3.1.3　城市通信工程规划方法与要求

城市通信工程规划的目的是为了适应信息社会和现代化城市的发展。城市通信工程规划编制应贯彻执行国家现行城市规划、通信发展的有关法规和技术经济政策,应按有关专业方面的相关规定进行,应遵循"统筹规划、合理布局、适当超前、优化配置、资源共享以及可持续发展"原则,应以城市总体规划为依据并与城市综合防灾及用地、供电、给水、排水、燃气、热力等相关

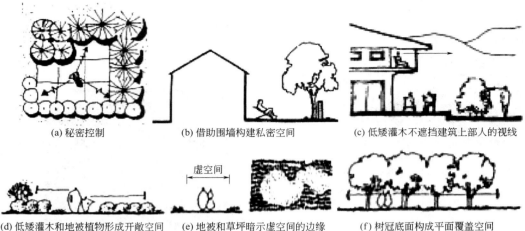

(a) 秘密控制　　　　　(b) 借助围墙构建私密空间　　　　(c) 低矮灌木不遮挡建筑上部人的视线

(d) 低矮灌木和地被植物形成开敞空间　(e) 地被和草坪暗示虚空间的边缘　(f) 树冠底面构成平面覆盖空间

(g) 利用植物达到连接作用　　　　(h) 植物将建筑物构成的硬质主空间分隔为系列亲切次空间

图 3-12　户外环境景观规划设计手法

(a)　　　　　　　　(b)　　　　　　　　(c)

(d)　　　　　　　　(e)　　　　　　　　(f)

图 3-13　边缘设计

工程规划相协调，通信设施选址与建设应满足城市生命线工程、通信设施建筑场地与结构防灾等方面的通信安全保障要求。城市通信工程规划涉及许多常用专业名词，"固定电话主线普及率"是指对局端设备而言以平均每百人使用局端设备主线数衡量的固定电话普及程度（主线普及率目前也称局号普及率）；"移动电话普及率"是指使用移动电话卡号的普及程度（当普及率超过100％时则普及率被改称为饱和率）；"电信网"就网络组成而言，通常是指整个电信网的公用电信网部分，其由长途网、中继网和接入网三部分组成；"长途电话网"是指跨越长途区号的电话网（其主要由长途交换局和长途电路组成）；"本地网"是指在同一长途编号区范围内由若干端局或由若干端局和汇接局及局间中继、长市中继、用户线和电话机终端等所组成的电话网；"接入网"是指连接电信核心网和用户终端之间的网络〔就目前电话网而言，接入网通常是指本地交换或远端交换模块到用户之间的部分。从发展的角度看，接入网最终将形成可承载包括语音、数据、图像、多媒体等各种业务的接入网络（即全业务网）〕；"光线路终端"是指为光接入网提供网络侧与本地交换机间的接口并经一个或多个光配线网与用户侧的 ONU 通信的光纤用户接入系统局端设施；"光网络单元"是指位于光配线网的用户侧为光接入网提供直接的或远端的用户侧接口的光网络节点；"卫星通信地球站"是指由天线系统、高功率发射系统、低噪声接收系统、信道终端系统、电源系统和监控系统组成并设置于地球上的卫星通信终端站（通过它与通信卫星之间进行无线电传输可建立地面、空中、海上用户间的通信联系）；"有线电视总前端"是指具有授权组织实施和播发广播电视信号的信号源工作站；"有线电视分前端"是指承担有线电视网络中继、转发信号的工作站；"邮件处理中心"是指位于邮路汇接处的邮政网节点和邮件的集散、经传枢纽（也称邮政枢纽或邮件分拣分发中心）；"邮政支局"是指担负邮政收寄和投递主要任务的邮政分支服务网点（也是邮政通信网的始端和末端）；"邮政普遍服务"是指按国家规定的资费和服务规范为中华人民共和国境内所有用户提供的基本邮政服务。城市通信工程规划编制应遵守以下规定。城市通信工程规划应由电信通信、广播电视、邮政通信等三项规划的编制内容组成；城市通信工程近期建设规划应与远期规划一致；城市通信工程的规划范围应与相关城市总体规划、详细规划范围一致；城市通信工程规划期限应与城市总体规划期限相一致。城市通信工程规划的编制内容应根据规划阶段确定。总体规划阶段的城市通信工程规划编制内容应包括通信系统现状及存在问题分析；通信需求预测；电信、广播电视、邮政等规划及优化；涉及的城市收信区、发信区规划以及微波通道规划及保护；近期建设规划。详细规划阶段的通信工程规划编制内容应包括规划范围及规划范围外相关的通信现状分析；规划范围通信需求预测；规划范围内的通信设施布置及用地细化与落实；规划范围通信管道的路由选择及管孔计算和确定；修建性详细规划的相关投资估算。

（1）城市电信用户的预测方法 总体规划阶段的城市电信用户预测应以宏观预测为主，宜采用时间序列法、相关分析法、增长率法、分类普及率法等方法预测，详细规划阶段则应以微观预测为主（可采用小区预测、按单位建筑面积测算等不同的指标法进行）。城市电信用户预测应选择两种以上方法进行并至少应采用一种方法进行校验。城市电信用户预测时应对预测基础资料进行整理分析，同时，还应在分析预测准确性、合理性基础上对预测结果进行修正。预测指标应合理设定，当采用普及率法作预测和预测校验时其采用的普及率应结合城市规模、性质、作用、地位、经济与社会发展水平、平均家庭生活水平及收入增长律、第三产业及新兴部门增长发展规律综合分析确定（具体可参考表3-3，城市规模分级的一级为经济发达地区城市；二级为经济发展一般地区城市；三级为经济欠发达地区城市）；当采用普及率法作移动通信需求预测时其采用的普及率可依据移动通信需求相关因素分析（具体可参考表3-4，城市规模分级的一级为经济发达地区城市；二级为经济发展一般地区城市；三级为经济欠发达地区城市）；当采用分类用地预测时其预测指标可参考表3-5并结合规划用地性质和城市经济水平等实际情况及同类分析比较选取。当采用单位建筑面积分类用户指标作用户预测时其预测指标可结合城市的规模、性质、作用、地位、经济及社会发展水平、居民平均生活水平及收入增长律、公共设施建设水平和第三产业发展水平等因素综合分析（具体可参考表3-6）。

表3-3 城市电话普及率远期预测参考指标　　单位：线/百人

城市规模分级	特大城市、大城市		中等城市			小城市		
	一级	二级	一级	二级	三级	一级	二级	三级
远期	75~80	70~76	68~73	65~70	58~65	63~68	60~65	53~60

表 3-4　移动电话普及率预测指标　　　　　　　　　单位：线/百人

城市规模分级	特大城市、大城市		中等城市			小城市		
	一	二	一	二	三	一	二	三
远期	90~115	80~110	80~105	75~100	70~90	75~95	70~90	65~90

表 3-5　城市电话主线分类用地预测指标　　　　　　　单位：线/hm²

城市用地性质	居住用地(R)	商业服务业设施用地(C)	政府社团用地(GIC)	工业用地(M)	仓储用地(W)	对外交通用地(T)	市政公用设施用地(U)
特大城市、大城市	80~280	100~300	30~280	30~100	10~15	20~60	20~160
中等城市	60~180	80~200	20~180	15~80	8~12	15~50	15~140
小城市	40~140	60~160	15~140	10~60	8~12	10~40	10~120

表 3-6　按单位建筑面积测算城市电话需求分类用户指标　　单位：线/m²

城市用地性质	写字楼、办公楼①	商店	商场	旅馆	宾馆①	医院	工业厂房	住宅楼房	别墅、高级住宅	中学	小学
特大城市、大城市	1/25~35	1~1.5/线/店户	1/60~100	1/30~40	1/25~30	1/100~140	1/100~180	1~1.2线/户面积	1.2~2/200~300	5~10线/校	3~6线/校
中等城市	1/30~40	1~1.2/线/店户	1/70~120	1/40~60	1/30~40	1/120~150	1/120~200	1~1.1线/户面积	较高级住宅1~1.2/160~200	4~8线/校	3~4线/校
小城市	1/35~45	1~1.1/线/店户	1/80~150	1/50~70	1/35~45	1/130~160	1/150~250	0.9~1.1线/户面积		3~5线/校	2~3线/校

① 建筑大体量、高档次办公楼、宾馆楼按单位小交换机预测。

（2）城市电信局所规划的基本要求　电信局所按功能划分应包括长途电信局和本地电信局，长途电信局应包括国际长途电信枢纽局和省、地长途电信枢纽局，本地电信局则主要包括电信汇接局和电信端局。电信局所应根据城市发展目标、社会需求、电信网及电信技术发展统筹规划并应在满足多家经营要求的同时实现资源共享。

电信局所的设置及容量分配应合理。长途电信枢纽局的设置应符合以下 3 条规定，即区域通信中心城市的国际和国内长途电信局应单独设置；其它本地网大中城市国内长途电信局可与市话局合设；市内有多个长途局时其不同长途局间应有一定距离并应分布于城市的不同方向上。电信局所规划建设除应结合通信技术发展并遵循"大容量少局所"原则外，还应遵守以下 5 方面的基本要求，即在多业务节点基础上应综合考虑现有局所的机房、传输位置以及电话网、数据网和移动网的统一问题（以便做好三网融合与信息通信综合规划）；应有利于新网结构的演变和网络技术进步及通信设备及技术的发展；应符合国家有关技术体制和我国对本地网规划若干意见的规定；应考虑接入网技术发展对交换局所布局的影响；应确保全网网络安全可靠。本地网中心城市远期电信交换局设置应遵守城市电信网发展规划并应符合表 3-7 中局所规划容量分配的规定；本地网中小城市远期电信交换局设置应遵守电信网发展规划并应符合表 3-8 中局所规划容量分配的规定。

局所的选址及用地应符合规定。城市电信局所规划选址应遵守以下 4 方面规定，即应环境安全、服务方便、技术合理和经济实用；应接近计算的线路网中心；应选择地形平坦、地质条件良好且适宜作为建设用地的地段（应避开因地质、防灾、环保及地下矿藏或古迹遗址保护等因素而不可作为建设用地的地段）；到通信干扰源（比如高压电站、高压输电线铁塔、交流电气化铁道、

表 3-7 本地网中心城市远期规划交换局设置要求

远期交换局总容量/万门	每个交换系统容量/万门	1个交换系统含交换系统数/个	允许最大单局容量/万门	最大单局容量占远期交换局总容量的比例/%
>100	10	2～3	≥20	≤15
50～100	10	2	20	≤20
≤50	5～10		15	≤35

表 3-8 本地网中小城市电信交换局设置要求

远期交换机总容量/万门	规划交换局容量/万门	全市设置交换局数/个	最大单局容量占远期交换局总容量的比例/%
>40	10	4～5	≤30
20～40	10	3～4	≤35
≤20	5～10	2	≤60

广播电视雷达、无线电发射台、磁悬浮列车输变电系统等）的安全距离应符合国家相关规范规定。城市电信局所远期规划预留用地应根据局所分类的不同及规模按表3-9中的原则结合当地实际情况比较分析后选择确定（表3-9中，6000门以下的局所通常指模块局，表中局所用地面积同时考虑了其兼营业点的用地，表中所列规模之间的局所预留用地可在综合比较后酌情预留）。现有交换网到远期交换网过渡期的非统筹规划局所宜在公共建筑中统筹安排。

表 3-9 城市电信局所预留用地规定

局所规模/门	≤2000	3000～6000	10000	30000	50000～60000	800000～100000	150000～200000
预留用地面积/m²	1000 以下	1000～2000	2500～3000	3000～4500	4500～6000	6500～8000	8000～10000

光线路终端与光网络单元设置应合理。大中城市通信工程规划代替模块局的 OLT 可参照模块局选址，其容量一般可按城市边缘区 6000～8000 门、近郊区 4000～6000 门、远郊区 2000～4000 门的要求并结合实际情况选择确定，其建设用地可参照相应的模块局规划酌情预留。ONU 设施规划可按楼宇、住宅组团 500 线以下用户规模考虑，预留建筑面积一般可在 30～200m² 之间选择。

（3）城市无线通信设施规划的基本要求　收信区与发信区应设置得当。涉及收信区和发信区划分或调整的特大城市、大城市，其无线台站的统一布局规划应纳入城市总体规划。划分或调整城市收发信区应符合以下 5 方面基本要求，即应满足城市发展方向和总体规划的要求；应满足既设无线电台站状况和发展规划要求；应满足各类无线电站的环境技术要求和建站地形、地质条件等方面的要求；应满足人防通信建设规划和战时通信要求；应满足无线通信主向避开市区的要求。城市收信区、发信区宜划分在城市郊区的两个不同方向的地方（同时还应划出居民集中区和工业区）并应在居民集中区与收信区之间、收信区与发信区之间以及收信区与工业区之间划出缓冲区。收信区边缘距居民集中区边缘不得小于 2km，发信区与收信区之间的缓冲区不得小于 4km。收信区、发信区规划用地面积应根据统一布局无线电台站方面的相关技术要求和节约用地要求按现行技术规定通过认真的相关分析比较确定。

微波站与微波空中通道设置应合理。城市微波站与微波空中通道的选址建设及保护应纳入城市总体规划并应符合《城乡规划法》和当地城市规划要求。微波空中通道的入城控制和保护应遵守以下 4 方面规定，即进入中心城区的重要微波通道（特别是一级保护的微波通道）应保护并严格控制数量；微波空中通道入城控制应以城市综合传输网、微波网规划为基础且其入城微波通道应优先考虑必要入城的重要微波通道；城市微波通道建设保护的整体规划应包括综合传输网、微波通信网规划与优化以及微波通道的入城优化及控制；公用网和专用网微波应尽量走公用通道（条件具备情况下可建共用天线塔）。

移动通信基站设置应合理。城市移动通信基站选址和建设应纳入城市总体规划并应符合《城乡规划法》和当地城市规划的要求，移动通信基站选址应符合城市历史街区保护和城市景观及市容、市貌方面的有关要求并应与周边环境相协调，移动通信基站选址建设应符合电磁辐射安全防护、卫生及环境保护方面的现行相关国家标准及规范中的要求。移动通信基站选址和建设应尽可能避开居住小区、学校等人员集中场所，特别应避开幼儿园、小学、医院等较弱人群的聚集场所。若必须在上述场所附近设置基站时应严格按照有关规定进行电磁辐射环境影响综合评价，特别是可能有的多个辐射源的叠加辐射强度的综合测评。一般情况，基站离住宅应按大于 40m 控制。

机场导航、天文探测、卫星地球站的设置应合理。城市机场导航、天文探测、卫星地球站等其它重要无线通信工程设施应在环境技术条件上给予重点保护并应按相关标准划定保护区（包括机场净空保护区）。城市机场导航、天文探测、卫星地球站等其它重要无线通信工程设施保护区的划定应纳入城市总体规划并应与城市总体规划相协调。

（4）城市广播电视规划的基本要求　城市广播电视规划应包括广播电视无线覆盖设施规划和有线广播电视规划两部分。城市广播电视无线覆盖设施规划应包括相应的发射台、监测台和地面站规划并应遵守以下 3 条规划原则，即应遵守《城乡规划法》和城市总体规划的要求；应符合全国总体的广播电视覆盖规划和全国无线电视频率规划；应与城市现代化建设水平相适应。城市有线广播电视规划应包括信号源接收、播发、网络传输、网络分配及其基础设施规划。有线广播电视信号源台站、信号中继基站和线路设施规划应遵守以下 4 条原则，即应符合《广播电视保护条例》的相关规定和"安全第一、预防为主"原则；应符合城市总体规划要求；应与其它工程管线规划相协调；应"以民为本"并充分考虑社会、经济、环保等方面的综合效益。

有线电视用户预测应合理。城市有线电视网络用户预测以人口预测为基础时可按 2.8～3.5 人一个用户计算（其标准信号端口数应以户均两端测算并以人均 1 端为上限）；城市有线电视网络用户预测以单位建筑面积指标为基础时可参考表 3-10 并结合当地实际情况及同类间的分析比较结果选用不同用地性质的预测技术指标。

表 3-10　建筑面积测算信号端口指标

用　地　性　质	居住建筑	公共建筑
标准信号端口预测指标/(端/m²)	1/100	1/200

有线电视网的布局应合理。城市有线电视网传输网层级划分应遵守以下 3 条规定，即信号源总前端至各局域网总前端和网络中继分前端的线路为 1 级；局域网总前端和网络中继分前端至各光电适配站的线路为 2 级；光电适配站至用户的线路为 3 级。城市有线电视网规划应符合分层分区传输的原则要求并应在相应通信工程规划图上落实有线电视一级传输网层级线路及其备用线路和管道。

城市有线电视网络前端规划应按规定进行。城市有线电视网络前端宜分区域网信号源总前端、局域网信号源总前端、网络中继分前端、光电适配站 4 个级别。城市有线电视总前端设置应遵守以下 2 条规定，即应满足信号获取对卫星接收天线场地和电磁环境的要求；大于 80 万服务人口的城市有线电视网络应在同城其它地区设置同等规模的备用信号总前端。城市有线电视总前端信号源基站预留用地应不小于 500m²，其它类别前端基站则不预留单独用地。城市有线电视前端站布局应遵守以下 3 条规定，即以不同级别前端站覆盖区域的直径为间距，其集中居住区网络中继分前端负荷以不超过 3 万户为宜、光电适配站以不超过 500 户为宜；应以城市道路为分界线；前端站宜设在其覆盖区域的中心位置。

（5）城市通信线路敷设及通信管道规划的基本要求 城市通信线路敷设应按规定进行。城市通信线路应以本地网通信传输线路和长途通信网传输线路为主（同时也应包括广播有线电视网线路和其它各种信息网线路）。城市通信线路与有线电视线路及其它信息线路（包括光缆线路与电缆线路）均应在地下敷设。城市通信线路路由选择应遵守以下6方面规定，即近期建设应与远期规划相一致；线路路由应尽量短捷、平直；主干线路路由走向应尽量和配线线路走向一致并应选择用户密度大的地区通过（多局制的用户主干线路应与局间中继线路的路由一并考虑）；重要主干线路和中继线路宜采用迂回路由并构成环形网络；线路路由应满足与其它地上或地下管线以及建（构）筑物间的最小间隔距离要求；除因地形或敷设条件限制而必须合沟或合杆外，通信线路应与电力线路分开敷设且各走一侧。

城市通信管道规划应符合规定。城市通信管道网规划应以本地通信线路网结构为主要依据而对管道路由和管孔容量提出要求。城市通信管道容量应为用户馈线、局间中继线、各种其它线路及备用线路对管孔需要量的总和。局前管道规划可依据规划局所的终局规模、相关局所的布局、用户分布及路网结构编制并按表3-11的要求选择确定出局管道方向与路由数（表3-11中，大容量局所可考虑采用隧道出局）。近局管道远期规划管孔数应根据规划局所的终局规模、出局分支路由数量、出局路由方向用户密度、相关局间联系及远期采用光缆比例，参照表3-12分析、计算确定。

表3-11　出局管道方向及路由数选择参考值

规划局所终局规模/门	1～2	5～6	≥8
局前管道	两方向单路由	两方向双路由	3个以上方向、多路由

表3-12　近局管道远期规划管孔数参考值

规划局所终局规模/门	1～2	5～6	≥8
距局500m分支路由管孔数	10～15	15～22	20～30
距局500～1200m的分支路由管孔数	6～10	12～15	18～24

城市通信管道路由的选择应遵守以下6条规定，即用户集中和有重要通信线路的应路径短捷；应灵活、安全且有利用户发展；应合理考虑用地、路网及工程管线综合等诸多因素影响；应尽量结合和利用原有管道；应尽量不沿交换区界限、铁路与河流设置；应避开不适宜敷设的道路或地段（这些道路或地段包括规划未定道路，有严重土壤腐蚀的地段，有滑坡、地下水位甚高等地质条件不利的地段，有重型车辆通行和交通频繁的地段，须穿越河流、桥梁、主要铁路和公路以及重要设施的地段）。通过桥梁的通信管道应与桥梁规划建设同步，管道敷设方式可选择管道、槽道、箱体、附架等方式，在桥上敷设管道时不应过多占用桥下净空且同时应符合桥梁建设的有关规范要求以及管道建设方面的其它技术要求。城市通信直埋电缆最小允许埋深应遵守表3-13的规定。城市通信管道的最小允许埋深应遵守表3-14的规定。城市通信管道敷设应有一定的倾斜度以利渗入管内的地下水流向人孔，管道坡度可为3‰～4‰（不得小于2.5‰）。城市通信管道与其它市政管线及建（构）筑物的最小净距应符合现行《城市工程管线综合规划规范（GB 50289）》的相关要求。

表3-13　城市通信直埋电缆的最小允许埋深　　　　单位：m

敷设位置与场合	城区	城郊	有岩石时	有冰冻层时
最小允许埋深	0.7	0.7	0.5	应在冰冻层下敷设
备注	一般土壤情况			

表 3-14　城市通信管道的最小允许埋深　　　　　　　　　　　单位：m

管道类型		混凝土管	塑料管	钢管
管顶至路面的最小间距	人行道和绿化地带	0.5	0.5	0.2
	车行道	0.7	0.7	0.4
	铁路	1.5	1.5	1.2

（6）城市邮政通信规划的基本要求　城市规划中的邮政通信规划邮政局应包括邮政通信枢纽局（邮件处理中心）规划，同时还应包括邮件储存转运中心等单功能邮件处理中心和邮政支局的规划。城市邮政局（所）的分类应按国家邮政总局的业务设置要求分为邮件处理中心、邮政支局与邮政所 3 类。

邮件处理中心规划应符合规定。邮件处理中心应符合现行《邮件处理中心工程设计规范（YZ/T0078）》的有关技术要求，其选址应遵守以下 3 方面规定，即应选在若干交通运输方式比较方便的地方并应靠近邮件的主要交通运输中心；应有方便大吨位汽车进出接收、发运邮件的邮运通道；应符合城市建设规划要求。城市邮件处理中心规划预留用地面积应满足现行《邮件处理中心工程设计规范（YZ/T0078）》中的相关要求。

邮政局所规划应合理。城市邮政局所宜按服务半径或服务人口参考表 3-15 设置（在学校、厂矿、住宅小区等人口密集的地方可增加邮政局所的设置数量）。城市邮政支局规划用地面积应结合当地实际情况参考表 3-16 合理分析比较后选定。

表 3-15　邮政局所服务半径和服务人口参考标准

类　　别	大城市市区	中等城市市区	小城市市区
每邮政局所服务半径/km	1～1.5	1.5～2	2 以上
或每邮政局所服务人口/人	30000～50000	15000～30000	20000 左右

表 3-16　邮政支局规划用地面积

支局类别	邮政支局	邮政营业支局
用地面积/m²	2000～4500	1700～3300

（7）城市微波通道的分级保护要求　我国城市微波通道保护区分不同情况，按以下三个等级进行。

一级微波通道及保护原则有 2 条。即根据城市现状条件、结合城市总体规划用地和空间布局的可能、经城市规划行政主管部门批准后，其保护范围内的通道宽度及建筑限高保护要求应作为城市规划行政主管部门批准城市详细规划和建筑设计用地的地块控制高度、建筑高度、体量、体型等相关技术指标必须严格控制的相关依据。应由城市规划行政主管部门和通道建设部门共同切实做好保护的微波通道。

二级微波通道及保护原则有 3 条。即其通道保护应满足城市空间规划优化的相关要求。通道保护要求经城市规划行政主管部门批准后以作为城市规划行政主管部门批准城市详细规划和城市建设涉及的建筑高度等微波通道保护要求相关技术指标给予控制的相关依据。在城市建设不能满足微波通道保护要求的情况下，城市规划行政主管部门应根据实际情况和保护办法及实施细则负责协调解决阻断通道恢复视通必要技术条件的微波通道问题。

三级微波通道保护及保护原则有 3 条。即不限制城市规划建设建筑限高；原则上由通道建设部门自我保护；由城市规划行政主管部门帮助协调阻断通道尚需恢复视通技术条件的微波通道问题。

特大城市微波通道保护可采取上述三级保护中的一级和二级微波通道保护策略。

（8）城市环境电磁辐射标准及其辐射强度限值要求　无线站和微波的环境电磁辐射标准分居民（公众）标准和职业标准2类，居民（公众）标准为每天24h连续照射的相关标准；职业标准则为每天照射时间不超过8h的相关标准。微波辐射居民标准（一级标准）为安全区标准，在这个区域中新建、改建或扩建的电台、电视台和雷达站等发射天线在其居民覆盖区内必须符合"一级标准"要求。符合职业标准的二级标准的区域为中间区，可建造工厂和机关但不得建造居民住宅、学校、医院和疗养院等。超过二级标准地区为危险区（其会对人体带来有害影响），在此区内可进行绿化或种植农作物但禁止建造居民住宅及人群经常活动的一切公共设施（比如机关、工厂、商店和影剧院等）。环境电磁辐射强度限值应符合表3-17的规定，表3-17中，f 为频率、单位为 MHz；V/m 为电场强度单位；$\mu W/cm^2$ 为功率密度单位。

表 3-17　环境电磁波辐射强度限值

频率/MHz	单位	居民（公众）		职业			
		GB 8702	GB 9175（一级）	GB 8702	GB 9175（二级）	GB 12638	
						脉冲波	连续波
0.1～3	V/m	40	10	87	25	—	—
3～30	V/m	$67/f^{1/2}$		$150f^{1/2}$		—	—
30～300	V/m	12	5	28	12	—	—
300～3000	$\mu W/cm^2$	40	10	200	40	25	50
3000～15000	$\mu W/cm^2$	f/75		f/15			
15000～30000	$\mu W/cm^2$	200		1000			

（9）微波站辐射强度计算方法　假设微波站发射功率为2W、天线直径为2.4m、工作在6GHz频段，则根据相关公式可计算出不同距离时的辐射强度见表3-18。不同距离时的辐射强度见图3-14，图中，竖向粗实线为GB 8702—88"电磁辐射防护规定"（国家环保总局）中要求的限值，带弧细折线为国标GB 9175—88"环境电磁波卫生标准"（卫生部）中要求的辐射限值。可见，距此微波站70m左右即能满足GB8702的辐射限值要求；距其140m左右时能满足GB9175的辐射限值要求；若偏离微波天线主轴方向则其辐射强度将进一步缩小。当然，在计算和测试辐射强度时并非只有一个辐射源，而是要考虑多个辐射源的情况。在同一频段内各辐射源总的辐射强度不应超过该频段规定的限值，不同频段各辐射源的总辐射强度与对应频段规定的限值之比的和应不大于1，因此，这时需要的保护距离将比单个辐射源时大。

表 3-18　辐射强度计算

频率/GHz		6
波长/m		0.05
天线直径/m		2.4
馈源功率/W		2
馈线及其它损耗/dB		0.5
天线效率		0.6
天线增益/dBi		41.34
EIRP/dBW		43.85
近场区	上限距离/m	28.8
	轴向最大 PDF 值/(W/m²)	1.57
辐射中区	下限距离/m	28.8
	上限距离/m	69.12
	上限距离时轴向最大 PDF 值/(W/m²)	0.65
远场区	下限距离/m	69.12
	下限距离时轴向最大 PDF 值/(W/m²)	0.40

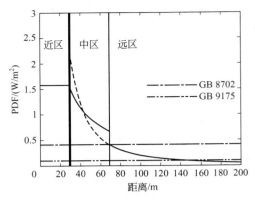

图 3-14 不同距离时的辐射强度

基站辐射强度计算应准确、合理。下面以常用的集群（iDEN）系统为例计算一下其基站的辐射（不考虑合路器、馈线损耗）情况。基站最大发射功率 70W（48.5dBm）、基站发射天线增益 10dBd、基站发射频率 850MHz，则距基站 5m 处的功率密度为 $10\lg(S_0) = 10\lg[100P_T G/(\pi d^2)] = 20 + 10\lg P_T + 10\lg G - 10\lg(\pi d^2) = 20 + 10\lg 70 + 10 - 10\lg(3.14 \times 5^2) = 29.55\text{dB} \cdot \mu\text{W/cm}^2$，故 $S_0 = 901.57\mu\text{W/cm}^2$。同样可算出，当 $S_0 = 10\mu\text{W/cm}^2$ 时居民离基站的安全距离为 $d = 42.3\text{m}$。从以上计算不难看出，当基站等效发射功率为 58.5dBm 时在距离基站 5m 处的功率密度为 $901.57\mu\text{W/cm}^2$，只有距离基站 42m 以上时其功率密度才降为 $10\mu\text{W/cm}^2$。

3.1.4 城市公共设施配套要求

城市居住区公共服务设施配套的基本原则有以下 6 条，即居住区公共服务设施（也称配套公建）应包括教育、医疗卫生、文化体育、商业服务、金融邮电、市政公用、行政管理和其它 8 类设施；居住区配套公建的配建水平必须与居住人口规模相对应并与住宅同步规划、同步建设和同步投入使用；当规划用地内的居住人口规模界于组团和小区之间（或小区和居住区之间）时除应配建下一级应配建的项目，还应根据所增人数及规划用地周围的设施条件增配高一级的有关项目及增加相应的有关指标；流动人口较多的居住区应根据不同性质的流动人口数量增设有关项目及增加相应项目面积；旧区改造和城市边缘居住区的配建项目及千人总指标可酌情增减（但应符合当地城市规划管理部门的有关规定）；凡国家确定的一、二类人防重点城市均应按国家人防部门的有关规定配建防空地下室并应遵循平战结合原则与城市地下空间规划相结合、统筹安排（将居住区使用部分的面积按其使用性质纳入配套公建）。

城市居住区公共服务设施的配套布局应合理。城市居住区公共服务设施应根据不同项目的使用性质和居住区的规划组织结构类型采用相对集中与适当分散相结合的方式合理布局，并应以利于发挥设施效益，有利于方便经营管理和使用，有利于减少干扰为目的。城市居住区公共服务设施宜与商业服务、金融邮电、文体等有关项目集中布置以形成居住区各级公共活动中心，在使用方便、综合经营、互不干扰的前提下可采用综合楼或组合体的形式。基层服务设施的设置应方便居民并满足服务半径要求，居住区内公共活动中心、集贸市场和人流较多的公共建筑必须相应配建公共停车场（库）并应符合表 3-19 中的规定。表 3-19 中，机动车停车位以小型汽车为标准当量表示；其它各型车辆停车位的换算办法应符合相关规范规定；配建停车场（库）应就近设置并宜采用地下式或多层车库。

新建、改建居住区公共服务设施配套建设指标应按人口规模的不同合理确定。新建改建居住区（4 万～6 万人）公共服务设施配套建设指标可参考表 3-20，新建改建居住小区级（1 万～2 万人）公共服务设施配套建筑指标可参考表 3-21。

表 3-19 公共建筑配建公共停车场规定

名称	公共中心	商业中心	集贸市场	饮食店	医院、门诊所
单位	车位/100m² 建筑面积	车位/100m² 营业面积	车位/100m² 营业面积	车位/100m² 营业面积	车位/100m² 建筑面积
自行车	7.5	7.5	7.5	3.6	1.5
机动车	0.3	0.3	—	1.7	0.2

非规模居住区公共服务设施配套建设指标可按以下 2 条原则确定, 即居住人口 3000～5000 人的居住组团可按居住小区指标配置托幼园所、卫生站、综合便民店、居委会、综合服务站、自行车存车处、居民汽车场（库）及必要的市政站点, 且可酌情安排第三产业设施, 其总指标为建筑面积每千人 1300～1500m²；居住人口 1.5 万～3 万人之间的居住区可按居住区低限指标（每项 100m²/千人）设置综合食品商场、综合百货商场、综合服务楼和集贸市场以形成扩大小区级购物中心, 其余项目则均可按小区指标配置, 其总指标为建筑面积每千人 2760～3300m²。

表 3-20 新建改建居住区（4 万～6 万人）公共服务设施配套建设指标

类别	序号	项目名称	千人指标 建筑面积/m²	千人指标 用地面积/m²	一般规模 建筑面积/m²	一般规模 用地面积/m²	配置规定	服务规模/（万人/处）	备注
教育	1	幼托儿园	281～310	420～450	8班 2000；12班 3000	8班(200生)2900；12班(300生)4300	收 2～6 岁儿童, 占居住区总人口 3%, 就近入园 90%, 并适当留有余地, 合 30 座/千人；建筑 9.38～10.32m²/座, 用地 14～15m²/座, 每班 25 座	0.7～1.0	最小规模 8～12 班/所
教育	2	小学	274～305	548～610	11000	"九年一贯"学校 36 班(1440生)22000	小学学龄 7～12 岁, 占居住区总人口 3.6%, 入学率 100%, 并考虑 20% 的外来人口因素, 合 43 座/千人；建筑 6.38～7.10m²/座, 用地 12.76～14.20m²/座, 每班 40 座。初中学龄 13～15 岁, 占居住区总人口 1.8%, 入学率 100%, 并考虑 20% 的外来人口因素, 合 22 座/千人；建筑 8.35～9.56m²/座, 用地 16.70～19.12m²/座, 每班 40～45 座	2.2	小学：24 班（960 学生）一般规模建筑 6200m², 用地 12400m²；服务规模 2.2 万人/处。（一个远郊区、县及市区边缘集团应有一、两所小学采用"较高标准"：建筑 8.26～9.58m²/座, 用地 17.24～19.16m²/座)。设置 100m 直跑道和解决学生上操的活动场地, 有条件的应设置 200m 环形跑道 初中：设置 200m 环形跑道和 100m 直跑道, 同时保证足够的、排球场地 "九年一贯制"学校：设置 200m 环形跑道和 100m 直跑道, 有条件的应设置 400m 环形跑道, 同时应唯设置足够的蓝、排球场地
教育	3	初中	184～210	368～420					

类别	序号	项目名称	千人指标		一般规模		配置规定	服务规模/(万人/处)	备注
			建筑面积/m²	用地面积/m²	建筑面积/m²	用地面积/m²			
教育	4	高中	134~153	268~306	24班9000;30班11000	24班(960~1080生)18000;30班(1200~1350班)22000	高中学龄16~18岁,占居住区总人口1.8%,入学率80%~85%(其中普通高中70%,职业高中入学率10%~15%)合16~17座/千人;建筑8.35~9.56m²/座,用地16.70~19.12m²/座,每班40~45座	8/1×24班;10/1×30班	中学:30班(1200~1350学生)一般规模建筑11000m²,用地22000m²;服务规模3.2万人/处(一个远郊区、县及市区边缘集团应有一、两所中学采用"较高标准";建筑15.44~16.08m²/座,用地30.88~32.16m²座) 高中:设置400m环形跑道,同时保证足够的、排球场地 本指标包括普通高中和职业高中
	小计		873~978	1640~1786					本类别"一般规模"为"最低规模"。一般小校(园)采用高限,大校(园)采用低限,标准较高大校(园)可采用高限
医疗卫生	5	社区卫生服务站	24	40	300~500	500~800	一般3~5个社区居民委员会设置一个社区卫生服务站,功能社区按5000~10000人口设置	1.25	含卫生服务中心居住区不再设立卫生服务站
	6	社区卫生服务中心	50	75	1500~2000	2000~2400	一般以街道办事处所辖区域为范围设置,人口过多的街道可按2.5万~3万人设置中心,中心可设综合病床	2.5~3	
	7	综合医院	264	460	200床13200;400床26400;500床33000	200床23000;400床46000;500床57500	每千人4床,建筑65m²/床,用地115m²/床	5;10;12.5	含建综合医院居住区不再设立卫生服务中心
	小计		338	575					
文化体育	8	综合文化活动中心(会所)	96~126	70~100	3800~4800	3000~3500	内容建议:(1)文化康乐设施2000~2500m²(多功能影视厅、文娱艺术、康乐健身活动等);(2)图书阅览科技活动设施600~800m²;(3)老年人活动设施200~300m²;(4)青少年之家1000~1200m²	3~5	可综合设置
	9	体育场		250~300		25000~30000	设置400m环形跑道运动场,建筑与室内场馆由体育主管部门酌定	10	

续表

类别	序号	项目名称	千人指标 建筑面积/m²	千人指标 用地面积/m²	一般规模 建筑面积/m²	一般规模 用地面积/m²	配置规定	服务规模/(万人/处)	备注
文化体育	10	文化广场	5	100	50	1000	包括户外健身场地、集会、露天表演、救灾场所	1	宜设于公共绿地附近
	小计		101~131	420~500					大的居住区、小区采用低限指标 小的居住区、小区采用高限指标
商业服务	11	综合超市社区菜市场	350	300	1500~2000；2000			4~6	尽量独立设置，并适度集中
	12	再生资源回收点	10	10	10~20				
	13	其它商业服务	340	190			可设置药店、便民连锁店、书店、餐饮、修配等	4~6	可按行业分设几处，设于住宅底层。餐饮、修配等门店不得安排在住宅底层，布局相对集中、独立设置
	小计		700	500					
金融邮电	14	储蓄所	14~21		150~200		2200户以上规模小区设一处，不足2200户可酌情安排	0.6~0.7	可设于住宅底层
	15	银行分理处	30~50		1500		1万户以上规模居住区设一处	3~5	
	16	邮政所	25~36	25~36	250~350	250~350	2200户以上规模小区设一处，不足2200户可酌情安排		
	17	邮局	40~50	40~50	1500~2000	1500~2000	设独立性场院	3~5	
	18	电话局	80~133	60~100	3万~5万4000~8000；5万~10万8000~15000	3万~5万3000~5000；5万~10万6000~8000	10万人以上的开发区设中心局	3~5(3万门支局)；6~10(3万~5万门分局)	
	小计		189~290	125~186					
社区服务	19	社区服务中心	20~27	16~20	800~1000	600~800	包括优抚服务、社会福利、咨询服务、婚姻服务、计生宣传咨询、家庭劳务服务、健身房及康复服务等及相应管理用房和社区服务信息网络中心	3~5	可与有关项目组合，设于住宅底层
	20	综合服务部	41	50	130		包括邮政信报箱、公用电话、取奶点及其它便民服务项目，宜结合居委会设置	0.3	一户一箱组成信报箱群

续表

类别	序号	项目名称	千人指标		一般规模		配置规定	服务规模/（万人/处）	备注
			建筑面积/m²	用地面积/m²	建筑面积/m²	用地面积/m²			
社区服务	21	存自行车处	600～720		600～1000		按每户存自行车2辆设置，每车占1.5m²建筑面积	0.09～0.15	有利用地下人防存车时采用高限指标，用地以设于地下室计
	22	居民汽车场库	2857～17143	893			0.3～1.3车位/户，地面停车率（小汽车地面单层住宅车位与居住户数的比率）按10%控制		宜做地下车库，并附建洗车房
	23	敬老院	60	100	3000～4000	5000～6000	200床位及相应娱乐康复健身设施。按建筑15～20m²/床，用地25～30m²/床标准设置	5	宜独立设置，也可与幼儿园等邻近设置
	24	残疾人康复托养所	6	10	500～600	800～1000	30左右床位，2～3班及相应的教学训练设施，康复娱乐门诊设施等，可结合敬老院设置	5～10	
	小计		3584～17997	1069～1073					
行政管理	25	街道办事处	30～40	30～50	1200～1500	1500	含工商、税务，不足万户的酌情设置	3～5	
	26	派出所及巡察	30～40	36～50	1200～1500	1500～1800	不足万户的酌情设置	3～5	
	27	社区居民委员会	20～28		150～225		2000～3000户/处	0.6～0.9	
	28	物业管理处	70	70	700	700	包括房管、维修、绿化、环卫、保安、家政服务、社区治安管理自动化监控等	0.7～1.5	可独立设置，有专用院落
	小计		150～178	136～170					
市政公用	29	密闭式清洁站	10	12	120	150		0.7～1.5	
	30	公厕	10	10	50	60		0.45	宜靠近老年人活动场所或公交首末站、加油站附近。尽可能附建于其它建筑内
	31	公交首末站	30	200	300	2000～3000		1	

续表

类别	序号	项目名称	千人指标		一般规模		配置规定	服务规模/(万人/处)	备注
			建筑面积/m²	用地面积/m²	建筑面积/m²	用地面积/m²			
市政公用	32	市政站点	10～(150)	160～(630)			其它市政设施（站点）酌情安排；无城市热网地区设集中锅炉房建筑100～130m²/千人。开闭所1万～1.5万户设一处300m²。变电室按负荷半径≤250m设置，每室120～150m²。中低压燃气调压站一般按负荷半径≤500m设置，每处建筑50m²。城市热网区设热力点一般每10×10⁴m²左右（不大于20×10⁴m²）建筑设一处。高压水泵房高层住宅酌情设置		设锅炉房时采用括弧内指标
		有线电视站所	8	10	440	560	机房与用户维护管理，进出缆线方便，有工程办公用车停车位120m²	2万户/处	可设于其它建筑内，宜设置在建筑首层
	33				1000～1500		出租车位，停放通勤车、出租汽车、小公共汽车及其它车辆。50～100车位/千户	3～5	
	小计		78～208	422～892					
	总计		6013～20820	4851～5682					建筑面积13.4m²/人，用地面积5.3m²/人

表3-21 新建改建居住小区级（1万～2万人）公共服务设施配套建筑指标

类别	序号	项目名称	千人指标		一般规模		配置规定	服务规模/(万人/处)	备注
			建筑面积/m²	用地面积/m²	建筑面积/m²	用地面积/m²			
教育	1	幼（托）儿所	281～310	420～450	8班2000；12班3000	8班(200生)2900；12班(300生)4300	收2～6岁儿童，占居住区总人口3%，就近入园90%，并适当留有余地，事30座/千人；建筑9.38～10.32m²/座，用地14～15m²/座，每班25座	0.7～1.0	最小规模8～12班/所

类别	序号	项目名称	千人指标		一般规模		配置规定	服务规模/(万人/处)	备注
			建筑面积/m²	用地面积/m²	建筑面积/m²	用地面积/m²			
教育	2	小学	274~305	548~610	"九年一贯制"学校36班(1440生)22000		小学学龄7~12岁,占居住区总人口3.6%,入学率100%,并考虑20%的外来人口因素,合43座/千人;建筑6.38~7.10m²/座,用地12.76~14.20m²/座,每班40座。 初中学龄13~15岁,占居住区总人口1.8%,入学率100%,并考虑20%的外来人口因素,合22座/千人;建筑8.35~9.56m²/座,用地16.70~19.12m²/座,每班40~45座。 "九年一贯制"学校:学龄7~15岁,占居住区总人口5.4%,入学率100%,并考虑20%的外来人口因素,合65座/千人;建筑7~8m²/座,用地14~16m²/座,每班40座(千人指标:建筑面积455~520m²,用地面积910~1040m²)	2.2	小学:24班(960学生)一般规模建筑6200m²,用地12400m²;服务规模2.2万人/处。(一个远郊区、县及市区边缘集团应有一、两所小学采用"较高标准":建筑8.62~9.58m²/座,用地17.24~19.16m²/座)。设置100m直跑道和解决学生上操的活动场地,有条件的应设置200m环形跑道 初中:设置200m环形跑道和100m直跑道,同时保证足够的篮、排球场地 "九年一贯制"学校:设置200m环形跑道和100m直跑道,有条件的应设置400m环形跑道,同时应保证设置跑的篮、排球场地
	3	初中	184~210	368~420	11000				
	小计		739~825	1336~1480					本类别"一般规模"为"最低规模"。一般小校(园)采用高限,大校(园)采用低限,标准较高大校(园)可采用高限
医疗卫生	4	社区卫生服务站	24	40	300~500	500~800	一般3~5个社区居民委员会设置一个社区卫生服务站,功能社区按5000~10000人口设置	1.25	含卫生服务中心居住区不再设立卫生服务站
	小计		24	40					
文化体育	5	文化活动站(会所)	60	60	400~600	400~600	内容建议:文化康乐、图书阅览等	0.6~0.9	
	6	文化广场	5	100	50	1000	包括户外健身场地、集会、露天表演、救灾场所	1	
	小计		65	160					大的居住区、小区采用低限指标,小的居住区、小区采用高限指标

续表

类别	序号	项目名称	千人指标		一般规模		配置规定	服务规模/(万人/处)	备注
			建筑面积/m²	用地面积/m²	建筑面积/m²	用地面积/m²			
商业服务	7	综合超市社区菜市场	250	200	1500~2000;2000				
	8	再生资源回收点	10	10	10~20				
	9	其它商业服务	240	90			可设置便民连锁店、书店、修配等	1~2	按行业分设几处,设于住宅底层
	小计		500	300					
金融邮电	10	储蓄所	14~21		150~200		2200户以上规模小区设一处,不足2200户可酌情安排	0.6~0.7	可设于住宅底层
	11	邮政所	25~36	25~36	250~350	250~350	2200户以上规模小区设一处,不足2200户可酌情安排	0.6~0.7	
	12	电话局	70~100	60~90	1万门端局1000;横块局500	1万门端局900;横块局500		≥1(端局) ≤1(横块局)	2km范围内已有电话局的酌情安排
	小计		109~157	85~126					
社区服务	13	社区服务分中心	20~30	30~40	150~225	210~315	含社区服务信息网络站,有社区服务中心的不另设社区服务分中心	2000~3000户/处	可与有关项目组合,设于住宅底层
	14	综合服务部	41	50	130		包括邮政信报箱、公用电话、取奶点及其它便民服务项目,宜结合居以设置	0.3	一户一箱组成信报箱群
	15	存自行车处	600~720		600~1000		按每户存自行车2辆设置,每车占1.5平方建筑面积	0.09~0.15	有利用地下人防存车时采用高限指标,用地以设地下室计
	16	居民汽车场库	2857~17143	893			0.3~1.3车位/户,地面停车率(小汽车地面单层停车位与居住户数的比率)按10%控制		宜做地下车库,并附建洗车房
	小计		3518~17934	973~983					
行政管理	17	社区居民委员会	20~28		150~225		2000~3000 户/处	0.6~0.9	
	18	物业管理处	70	70	700	700	包括房管、维修、绿化、环卫、保安、家政服务、社区治安管理自动化监控等	1	可独立设置,有专用院落
	小计		90~98	70					

续表

类别	序号	项目名称	千人指标		一般规模		配置规定	服务规模/(万人/处)	备注
			建筑面积/m²	用地面积/m²	建筑面积/m²	用地面积/m²			
市政公用	19	密闭式清洁站	10	12	120	150		0.7~1.5	宜靠近老年人活动场所或公交首末站、加油站附近。尽可能附建于其它建筑内
	20	公厕	10	10	50	60		0.45	
	21	公交首末站	30	200	300	2000~3000		1	
	22	市政站点	20~(150)	160~(630)			其它市政设施(站点)酌情安排:无城市热网地区设集中锅炉房建筑100~130m²/千人。开闭所1万~1.5万户设一处300m²。变电室按负荷半径≤250m设置,每室120~150m²。中低压燃气调压站一般按负荷半径≤500m设置,每处建筑50m²。城市热网区设热力点一般每10×10⁴m²左右(不大于20万m²)建筑设一处。高压水泵房高层住宅酌情设置		设锅炉房时采用括弧内指标
		有线电视机房	3	3	4	4	每500户设一处光端机用房	0.14	可设于其它建筑内,宜设置在建筑首层
	小计		73~203	385~855					
	总计		5118~19810	3349~4014					建筑面积12.5m²/人,用地面积3.7m²/人

3.2 城郊村镇公共服务设施设计及相关问题

3.2.1 城郊村镇住宅区公共服务设施的特点

城郊村镇住宅区公共服务设施的有很多分类方法,可按使用性质分、也可按使用频率分、还可按营利与非营利性质分。公共服务设施(也称配套公建)按使用性质不同可分为8类,即教育、医疗卫生、文化体育、商业服务、金融邮电、社区服务、市政公用、行政管理及其它。公共服务设施按使用频率的不同可分为经常使用、必要而非经常使用2类。公共服务设施按营利与非营利性质可分为营利、非营2类。公共服务设施具有自己特定的内容,教育服务设施主要指幼托、小学、中学等;医疗卫生服务设施主要指医院、诊所、保健等;文化体育服务设施主要指电影院、文化馆、运动场等;商业服务服务设施主要指商业、饮食、服务、修理等;金融邮电服务设施主要指银行、邮电所等;社区服务服务设施主要指居委会、社区服务中心、老年设施等;市政公用服务设施主要指变电室、高压水泵房等；行政管理及其它服务设施主要指街道办事处、派出所、市场工商管理部门、防空地下室等。

城郊村镇住宅区公共服务设施是有定额指标的（见表3-22），其配建指标的控制原则有2个，即住宅区配套公建的项目应符合规范规定的千人指标并以千人总指标和分类指标进行总量的控制；使用时可根据规划布局形式和规划用地四周的设施条件对配建项目进行合理的归并、调整但不应少于居住人口规模相对应的千人总指标。

表3-22　公共服务设施控制指标　　　　　　　单位：m²/千人

住宅区类型		居住区		居住小区		组团	
		建筑面积	用地面积	建筑面积	用地面积	建筑面积	用地面积
总指标		1605～2700	2065～4680	1176～2102	1282～3334	363～854	502～1070
其中	教育	600～1200	1000～2400	600～1200	1000～2400	160～400	300～500
	商业服务	700～910	600～940	450～570	100～600	150～370	100～400
	行政管理	85～150	70～200	40～80	30～100	20～30	30～40

城郊村镇住宅区公共服务设施的配建水平应符合要求，居住（小）区中公共服务设施的配建水平应与人口规模对应并与居住（小）区同步规划、同时投入使用。公共服务设施的布置应满足服务半径要求，各项公共服务设施所服务的空间距离或时间距离可参考表3-23。城郊村镇住宅区确定公共服务设施服务半径的因素主要有2个，即居民的使用频率、设施的规模效益。城郊村镇住宅区小学设置的基本要求见表3-24。

表3-23　各项公共服务设施所服务的空间距离或时间距离

住宅区类型	居住区级	居住小区级	居住组团级
服务空间距离	800～1000m	400～500m	150～200m

表3-24　城郊村镇住宅区小学的设置要求

项目名称	服务内容	设置规定	每处规模	
			建筑面积	用地面积
小学	6～12周岁儿童入学	学生上下学穿越城市道路时应有相应的安全措施；服务半径不宜大于500m；教学楼应满足冬至日不小于2h的日照标准	—	12班≥6000；18班≥7000；24班≥8000

城郊村镇住宅区公共服务设施规划布局应考虑以下7方面因素，即应与规划结构相适应；应保证各级公共服务设施有合理的服务半径；应形成各级生活中心；相关项目可组合布置；应结合上下班人流方向、公交站点布置；应充分发挥设施的经营效益；应充分考虑发展的需要。城郊村镇住宅区公共服务设施几种常见的规划布局见图3-15。

3.2.2　村庄与集镇环境保护规划的基本要求

村庄与集镇环境保护规划应贯彻执行国家和地方环境保护法律、法规和标准，应能改善村庄与集镇环境质量，应通过强化环境管理促进村庄与集镇环境保护与社会经济建设的协调发展。村庄与集镇作为社会组织机体的细胞和社会经济与自然环境复合系统中的基础单元，其生存形式与发展态势至关重要。目前，随着城镇化速度的加快，由于缺乏合理的规划，村庄与集镇的环境问题日益突出，保持小城镇（尤其是村庄与集镇）社会经济发展与环境的协调是当前我国各级政府的重要工作内容。科学合理的村庄与集镇环境保护规划可为村庄、集镇环境保护的实施和管理以及指导村庄与集镇生态环境建设、创造优美居住环境提供必要依据。为适应城乡一体化及社会主

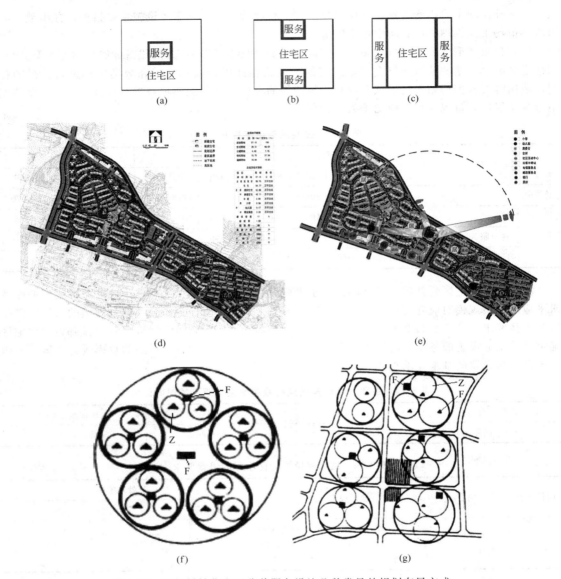

图 3-15　城郊村镇住宅区公共服务设施几种常见的规划布局方式

义新农村建设的进展，各类村庄、集镇都应逐步制定规范的环境保护规划规范以使环境保护工作在村庄与集镇发展的过程中得以延续和衔接。村庄与集镇环境保护规划中的所谓"村庄与集镇"是指农村行政村域内不同规模的村民聚居点和乡政府所在地及经县级人民政府确认由集市发展而成的作为农村一定区域经济、文化和生活服务中心的非建制镇。村庄与集镇环境保护规划的期限和范围应与村庄与集镇总体规划相一致并与村庄与集镇体系规划相协调。村庄与集镇环境保护规划属于总体规划下的专项规划，村庄与集镇环境保护规划应与对应的总体规划的规划期限、规划范围一致，另外，村庄与集镇环境保护规划还应与上一层次环境保护规划相协调。村庄与集镇环境保护规划的主要内容包括村庄与集镇内的大气、水体等环境要素的保护及对各类污染的治理，应以规划指标的形式对村庄与集镇生态环境保护、公共场所的容貌管理和环境卫生设施设置提出技术要求。长期以来，由于村庄与集镇建设空间结构和布局的无序、非理性以及发展进程中无组织、无约束行为导致了经济上的高投入、高能耗、低产出、低效益和自然资源的迅速衰竭以及生态环境质量的急剧恶化，尤其伴随着大量（乡镇）工业企业的发展，其产生的废物成为当地污染物的主要成分。其工业企业生产过程中产生的废水、废气、烟尘、噪声等污染物更已成为村庄与集镇环境破坏的主要原因，此外，由于规划不完善、资金缺乏、基础设施薄弱等原因，村庄与集镇范围内的生活垃圾往往没有进行无害化处理而是直接填埋或堆放（其对水体、土壤和地下水会产生严重污染），因此，改善和解决上述问题必然成为村庄与集镇环境保护规划的主要内容。

编制村庄与集镇环境保护规划涉及许多常用专业名词。"环境容量"是指某一环境所能容纳污染物的最大负荷（由于环境容纳污染物质的能力是有一定的限度的，在这一限度内环境质量不致降低到有害于人类生活、生产和生存的水平）。"环境承载力"是指在一定时期内、在维持相对稳定前提下，环境资源所能容纳的人口规模和经济规模大小；"污染物总量控制"是指把污染物总量控制在环境容量允许的范围之内。"生态适宜度"是指生态环境状况对人类在生活条件和对优美、舒适、方便等不断增长的需求方面的适应程度。"环境卫生设施"是指具有从整体上改善环境卫生、限制或消除生活废弃物危害功能的设备、容器、建（构）筑物及场地等的统称。"公共场所"是指人群经常聚集、供公众使用或服务于人民大众的活动场所。"中心区"是指由居住区、商业区等组成及市政公用设施、文化娱乐设施服务范围内的区域（类似城市的建成区）。"环境承载力"是指在一定时期内、在维持相对稳定的前提下环境资源所能承受人类活动作用的阈值，其大小可以通过人类活动的作用方向、强度和规模来加以反映。环境承载力也可指生态系统所提供的资源和环境对人类社会系统良性发展的一种支持能力。环境承载力与环境容量有所不同。环境承载力强调的是环境系统资源对其中生物和人文系统活动的支撑能力，突出的是其量化测度。环境容量强调的则是环境系统要素对其中生物和人文系统排污的容纳能力，突出的是其质地衡量。环境容量侧重体现和反映环境系统的纯自然属性；而环境承载力则突出显示和说明环境系统的综合功能（包括生物、人文与环境的复合）。

从总体框架上讲，村庄与集镇环境保护规划应以《中华人民共和国环境保护法》、《中华人民共和国城市规划法》、《小城镇环境保护规划编制导则（试行）》和《村庄与集镇规划标准》及相关规范、标准为指南和依据。在大气、水体、生态环境保护，噪声、固体废弃物、有害废弃物的污染防治和村庄与集镇公共场所的容貌管理及环境卫生设施设置规划等专项内容上应与有关的国家现行标准一致。编制村庄与集镇环境保护规划除应执行上述规定外，还要遵守国家现行的其它相关法律法规、标准、规定。

村庄与集镇组织应在上级建设与环境保护行政主管部门（或委托机构）的指导下，对其掌握的有关建设与环境保护方面的资料（文件、图纸、基础数据）档案进行整理、归档。基础资料的搜集是规划的一项重要前期工作，规划单位应在村庄与集镇基层组织配合下收集、汇总编制环境保护规划所必需的当地生态环境、社会、经济背景或现状资料，包括社会经济发展规划、村庄与集镇建设总体规划以及农、林、水等行业发展规划等有关资料。在收集过程中，需统一规定搜集资料的内容和深度、统一各种数据和指标口径并提出资料整理的方法和要求，在编制规划的过程中，各项资料档案和相关信息应由规划设计单位组织汇总、统一管理。

村庄与集镇组织应重视日常事务管理工作，村庄与集镇管理机构的负责人应同时是其环境保护工作的责任人。只有领导重视才能将环保工作落到实处，环境保护的专责管理与日常管理是分不开的，故环境保护各项工作应贯穿于村庄与集镇的日常事务管理，环境保护事务涉及文件起草、会议组织、文档处理、信息交流、法规宣传及资产管理等诸多工作。

环境功能区污染防治应科学与规范，村庄与集镇生活区域应按划定的环境功能区域执行相关的环境污染防治标准，水、气、声等各环境要素均应按已划定的环境功能区严格执行相关的国家现行法规、标准规定并做好污染防治工作。排污管理应科学、规范，产生废物的各类企业都应健全污染环境防治责任制度并制定切实的防治企业固体废物污染环境措施，应严格执行排污许可制度，各类企业产生的废物排放必须符合国家现行法规、标准的有关规定，企业的领导应成为污染防治的责任人并应将企业污染防治工作纳入企业的生产经营活动之中，应把污染防治的各项任务分解到生产的各个环节、各个岗位。环保配套设施应健全，对可能产生环境污染的企业建设项目在选址、建设、投产使用过程中均必须报经环境保护行政主管部门审查同意且必须进行环境影响评价，其配套环境保护设施必须与主体工程同时设计、同时施工、同时启用。对环境污染进行管理的过程必须严格执行环境影响评价制度和"三同时"制度，环保设施没有建成或者虽已建成但未经环境保护行政主管部门验收合格的该建设项目不得投产或者使用。村庄与集镇应建立环境突发事件应急机制并制定相应应急预案，应急预案应对相应的责任人、机构、物资供应以及工作程序等作出安排，村庄与集镇环境保护规划应遵循《国家突发环境事件应急预案（简本）》、《突发环境事件应急响应使用手册》、《突发环境事件工作指南》、《环境应急工作程序》和《突发环境事件信息报告办法（试行）》中有关国家环境突发事件应急预案的规定，村庄与集镇环境突发事件应急预案应上报乡镇政府及主管部门并在群众中进行相应的宣传和技能培训。

（1）水污染防治规划编制的基本要求　应强化污水排放管理工作。编制水污染防治规划应首先进行污染源调查，污染源调查主要包括工业废水、村庄与集镇生活污水、农田径流、畜禽养殖等，调查内容应包括各类污染源的分布以及污染物种类、数量、排放去向、排放方式、排放强度等，应做好水污染基础资料的归档工作。污染源调查时应按污染源分类编制调查表，污染源调查表应由相关部门填报后统一整理获得污染源调查的排放清单，当发现辖区出现新的水污染源或原有出现异常时，村庄与集镇应及时向上级主管部门报告并要求进行污染源调查或核查。编制水污染防治规划应科学分析当地的水环境承载能力，应针对不同类别的污水排放源提出相应的主要污染物排放浓度控制目标。所谓"水环境承载能力"是指村庄与集镇的水环境在一定时间内对经济发展和生活需求的支持能力，包括水环境的纳污能力和水生生态系统调节能力两个方面。对水环境承载能力的科学分析可帮助确定污水排放管理的约束条件。应严格执行排污许可制度并设定相应的污水排放标准、制定相应的管理措施以加强对各个污染源污水排放的监督管理，各类污水排放均必须符合《中华人民共和国水污染防治法》、《地表水环境质量标准（GB 3838）》、《地下水环境质量标准（GB/T 1484）》、《污水综合排放标准（GB 8978）》及相关行业水污染物排放国家现行标准的规定。在实施村庄与集镇污水排放管理时，首先应对辖区企业污染源的排放加强监督和管理，要求排污企业严格执行排放标准，实现稳定达标排放。不同行业的企业污水排放应满足相关的污染物排放标准。其次是加强湖泊、水库和饮用水源地的水资源保护，应在农田与水体间设立湿地、植物等生态防护隔离带，科学使用农药和化肥，大力发展有机食品、绿色食品以减少农业面源污染。应强化村庄与集镇生活污水的排放管理，有条件的地区应建设生活污水收集和集中处理设施且其污水排放应符合《城镇污水处理厂污染物排放标准（GB 18918）》的规定，其它地区的生活污水排放则应符合《污水综合排放标准（GB 8978）》的规定。应重视畜禽养殖污水的排放管理，应按种养平衡原则合理确定畜禽养殖规模、加强畜禽养殖粪便资源化综合利用、建设必要的畜禽养殖业污染治理设施，使其污水排放满足《畜禽养殖业污水排放标准（GB 18596）》的规定（地处沿海地区的村庄与集镇应同时制定保护海洋环境以及治理污染的措施）。对符合地方环境保护部门排污许可证规定但不能达到国家规定的水环境质量标准的污水，应实施污染物排放的总量控制制度，并应对有排污量削减任务的企业实施该污染物排放量的核定制度。主要污染物排放总量控制目标的确定一方面要服从并执行国家实施环境管理的总量控制方案（体现宏观的区域性污染物排放量控制要求）；另一方面又要服从于满足本地环境质量的要求（应把污染量分解到各个污染源以方便村庄与集镇污水的排放管理）。

科学进行辖区水体污染防治工作。辖区内的水体通常涵盖以下对象，即水域范围全部位于村庄与集镇辖区内的河流、湖泊、池塘、渠道、水库等完整的地表水体和地下水体，对境内完整水体其村庄与集镇应制定系统的污染治理专项规划。水体污染防治的最大困难在于水体的流动性而导致的水体中各类污染物不能像固体废弃物一样比较方便地进行稳定的定点监测和统一管理，如果能将水域范围和行政范围相结合（即把规划水体划分为辖区水体和流经水体）就可以将污染防治管理目标尽量细化，故在规划中应针对不同性质的水体明确相应的侧重点以有利于环境管理工作的有效开展。辖区内的完整水体（湖泊、水库等），从规划布局、排放现状、目标预测、污染监测、控制与治理等水体污染防治的整个流程都可以集中到当地的环境保护规划中实现,因此,辖区内的水体污染防治必须涵盖以上各项内容。

辖区内水体的污染防治应主要针对工业废水、村庄与集镇生活污水、农田径流、畜禽养殖废水等污染源进行。近年来,乡镇工业污染源排放量迅速增长,主要污染物占全国工业污染物排放量的比重快速上升,已成为全社会污染物增加量的主要来源之一。乡镇工业在农村造成的水环境污染和生态破坏已成为制约村庄与集镇经济可持续发展的重要因素并严重影响了乡镇城镇化的发展道路,因此,控制工业企业的工业废水是解决村庄与集镇水环境问题的关键。另外,随着村庄与集镇城镇化进程的不断加快、辖区内人口数量迅速增加、居住越来越集中、供水及排水系统逐步完善、集中排放的生活污水量越来越大并逐步成为恶化村庄与集镇水域环境的主要污染源之一。农业污染是影响村庄与集镇水环境质量的一个重要因素,由于目前传统农业的施肥方式、灌溉方式并没有发生根本改变,我国大多数村庄与集镇农业仍然大量施用化肥及采用土地漫灌等经营方式从而导致农田退水中营养物质浓度非常高,农业污染不仅仅影响村庄与集镇水域,甚至已对各大江河湖泊水质带来了很大影响,农业灌溉所带来的面源污染目前已成为村庄与集镇污染防治中十分重要的一个部分。另外,随着我国畜禽养殖业的迅猛发展,很大一部分畜禽养殖企业逐步集中布局到乡村,其在推动村庄与集镇经济发展的同时也不可避免的带来了比较集中的畜禽养殖业污染问题。

做好村庄与集镇水环境保护规划是进行其辖区水环境污染防治的前提。辖区内水体环境保护规划的基本流程必须符合《小城镇环境保护规划编制导则(试行)》的要求,水环境保护的基本目标应满足国家相关环境法律、法规和环境保护标准的要求〔具体可参考《全国环境优美乡镇考核标准(试行)》〕。水环境保护规划主要以对村庄与集镇所处流域的水环境问题现状分析和环境质量预测为依据,根据社会经济可持续发展的要求和保证水资源永续利用要求确定一定时期内的水环境保护目标,从而对环境保护工程和环境管理措施进行统筹设计与安排。水环境保护规划的技术流程包括分析水环境现状、预测水环境质量、确定规划目标、制定规划方案和提出规划实施保障措施五个部分。《中华人民共和国水污染防治法》、《地表水环境质量标准(GB 3838)》、《地下水环境质量标准(GB/T 14848)》、《污水综合排放标准(GB 8978)》及相关行业水污染物排放国家现行标准是村庄与集镇环境保护规划的基本依据。根据科学性、前瞻性与可操作性相结合的原则,有条件的村庄与集镇其水环境保护规划可参照《全国环境优美乡镇考核标准(试行)》进行。

编制水污染防治规划过程中,污染治理现状分析应包括工业企业废水排放与处理现状、生活污水排放与处理现状、排水设施建设状况和畜禽养殖污染治理情况等因素,有条件的地区其污染治理现状分析还应包括村庄与集镇污水集中处理设施的调查,主要包括污水管网普及率、污水处理设施建设与运营情况、居住区污水处理方式等。工业废水、生活污水、农田径流、畜禽养殖等各类污染源调查后应确定一些基本数据,比如排污量较大的重点污染源、各类废水占村庄与集镇总体废水排放量的比重、各类污染占村庄与集镇污染负荷的比重、各类污水的入河规律及其环境影响特征等,通过对工业污染源排放、管理以及治理现状的调查分析最终要确定重点工业污染源、主要污染行业和重点控制区并预测其发展趋势。生活污水的排放量调查一般可采用系数估算法进行,即通过人口乘以人均排污系数进行估算。其污水处理设施调查应包括化粪池分布、居民区污水处理设施、村庄与集镇集中污水处理设施等。农业面源污染调查应获得农业种植业化肥施用量、化肥流失量、农业退水特点、退水中污染物特性等基本情况。畜禽养殖业的调查应选取城镇最具典型意义的畜禽养殖企业进行调查。辖区内的污水监测点布局应合理:各个水环境功能区交界处应设置监测断面以监测各个功能区的水质情况;村庄与集镇集中饮用水源地的湖泊水库应设置监测断面以监测饮用水源水质情况;应对乡镇企业和生活地下水取水点采取水样以监测村庄与集镇地下水水质情况。其中,湖泊、水库的监测取样点布设密度可在 $1km^2$ 布设 1 个到 $6\sim7km^2$ 布设 1 个的范围内变化。由于辖区水体具有流动性不大、自净能力较弱等特点,各监测取样点的选取必须能够全面及时地反映该类水域的排污现状和污染状况以便及时采取有效的防治措施。编制水污染防治规划过程中，应合理规划村庄与集镇的工业、农田种植业、畜禽养殖业的产业布局，推行清洁生产工艺、节约用水、积极推行废水资源化。从目前村庄与集镇的水污染状况看，工业污染源仍是主要的，故预防为主的源头控制应是村庄与集镇污水防治的主体，在工业企业的规划布局中应充分考虑工业结构的合理设置（不能片面追求高产值而以环境的破坏为代价），应根据国家产业政策和当地的实际发展前景合理发展适宜的工业、畜禽业，应逐步淘汰或者限制发展耗水量大、水污染物排放量大的行业，应积极发展对水环境危害小、耗水量小的高新技术产业，应不使用有毒原料（以无毒无害原料代替有毒有害原料），应改革生产工艺、推行清洁生产，应合理利用资源、改善生产工艺和设备、组织厂内物料循环利用（产品体系改革和末端治理均是清洁生产的重要环节。企业清洁生产可减少污染负担，体现污染预防思想，是工业企业的正确发展方向）。编制水污染防治规划过程中应优化工业排污口分布、合理调整水域的纳污负荷并将污染负荷引入环境容量较大的水体，排污口的布局应该结合环境容量要求设置，应鼓励分散的、科学的排放，限制密集式排放，做到排放科学、合理，通过农田改造、合理施用化肥农药、提倡施用有机农肥、加强节水农业灌溉工程建设、控制农田排水以减少面源污染。农田排水等面源污染是造成水体富营养化的重要来源，控制了农田排水面源污染就可以有效缓解村庄与集镇水体污染现状。使用农药时应符合《农药安全使用标准（GB 4285)》。当地农业管理部门应指导农业生产者科学、合理地施用化肥和农药以控制化肥和农药的过量使用。运输、存储农药和处置过期失效农药必须加强管理以防止造成水污染。向农田灌溉渠道排放工业废水和生活污水应保证其下游最近的灌溉取水点的水质符合农田灌溉水质标准，以防止污染土壤、地下水和农产品。

村庄与集镇中心区应建设生活污水集中处理系统（但其末端处理设施不宜设在中心区），应根据当地社会经济发展水平选择合适的处理工艺（有条件的地区应逐步建立并完善污水处理收费制度），建设村庄与集镇污水处理设施是解决村庄与集镇水环境污染的最终出路。一般污水处理程度可分一级、二级和三级处理，目前污水处理的工艺和技术已非常成熟，考虑建设成本和运行费用，村庄与集镇可选择合适的处理工艺并逐步建立配套的污水处理收费机制以保证污水处理设施的正常运行。畜禽养殖企业应规范污水排放去向并采取必要的防渗措施，同时还应对排放污水进行适当处理。畜禽养殖企业要尽可能减少污水量并规范污水排放去向，有条件时就地进行处理，条件不具备或污水量很少时可集中处理以避免污染地表水和地下水。围网养殖会使河流、湖泊和池塘中的营养物质大幅度增加，由于大量的污染物沉积在水体内，长此以往，即使入水污染物负荷得到有效控制其底泥释放的污染物仍会大大降低水体的环境容量，故人工清淤和复氧措施有助于加强水环境的自净能力、提高环境容量。因此，实施了围网养殖的河流、湖泊和池塘要适时采取清淤和人工复氧措施以减少水体的内部污染。

编制水污染防治规划过程中应重视流经水体的污染防治工作。所谓"流经水体"是指水域范围跨越一个以上村庄与集镇行政区划的河流、湖泊、池塘、渠道、水库等地表水体和地下水体。流经水体和辖区内水体有很大区别（由于水体流经多个行政区域，其源头排放和污染治理往往不能统一到单一的管理机构），流经水体污染防治必须在上级政府及主管部门的协调下进行区域综合整治（村庄与集镇环境保护规划应明确进行协同、配合的范围与职责）。合理的产业布局是有效预防跨区域水环境污染的重要前提。大型重污染型乡镇企业应尽量避免设置在上游水域。各类行业的格局设置应以当地城市发展规划和经济发展目标为基础布置且必须遵循全流域环境协调保护发展原则，禁止以破坏邻域水体为代价发展本地经济情况的发生。防治水污染应按流域或按区域进行统一规划！跨区域水体所在的村庄与集镇的水环境污染防治规划必须服从区域环境保护规划，应充分考虑区域环境的整体协调性，应在上级环境保护主管部门协调下会同其上下游邻近区域统一制定。上下游跨行政区域管理水域应坚持统筹规划原则，应在上级主管部门协调下制定全局性、协调性的产业布局和水污染防治规划方案。村庄与集镇应按已划定的水环境功能区域执行相关的水环境保护标准，水环境功能区划分及其环境质量保护应坚持与工业布局、执行排放标准、实施污染物总量控制紧密结合原则，水环境功能区划分应与陆上工业布局、城市建设发展规划相结合，应将区域污染源达标排放方案、区域污染物总量控制实施方案与地表水保护区水质目标的实现相结合，使保护区的划分与区域总体规划相协调〔目前国家现行的水环境保护标准主要有《中华人民共和国水污染防治法》、《地表水环境质量标准（GB 3838）》、《地下水环境质量标准（GB/T 14848）》、《污水综合排放标准（GB 8978）》、《农田灌溉水质标准（GB 5084）》等〕。水环境功能区的划定要求是保证排放的水污染物在水环境功能区边界处已经达到足够的稀释倍数（一般 10 倍以上），在功能区边界处能够达到相应的功能标准，若上游为低功能区、下游为高功能区，则期间应留有足够的过渡带，过渡带长度应保证水质恢复到高功能区标准。在辖区内应以饮用水源保护区为重点保护目标，应准确判断混合区范围是否侵占其它功能区。

为保护自然资源、促进国民经济持续发展，对有代表性的自然生态系统、珍稀濒危动植物物种的天然集中分布区、有特殊意义的自然遗迹等保护对象所在区域应由县以上人民政府依法划出一定面积的陆地和水体（称为自然保护区）予以特殊保护和管理。由省级以上人民政府依法划定的城镇饮用水集中式取水构筑物所在地表水域及其地下水补给水域、地下含水层的某一范围称为饮用水源区。珍贵鱼类保护区主要包括珍稀水生生物栖息地、鱼虾类产卵场、仔稚幼鱼的索饵场。一般鱼类用水区包括鱼虾类越冬场、洄游通道、水产养殖区等渔业水域。各工矿企业生产用水的集中取水点所在水域的指定范围称为工业用水区。灌溉农田、森林、草地的农用集中供水站所在水域的指定范围称为农业用水区。具有保护水生生态的基本条件，供人们观赏娱乐、人体非直接接触的水域称为景观娱乐用水区。村庄与集镇各类水域环境功能区的水质应满足以下 6 条要求，即自然保护区执行地表水环境质量 I 类标准；在饮水源地取水口附近划定的水域和陆域为一级保护区并执行地表水环境质量 II 类标准（在一级保护区以外划定的水域和陆域为二级保护区应执行地表水环境质量 III 类标准）；珍贵鱼类保护区执行地表水环境质量 II 类标准（一般鱼类用水区执行地表水环境质量 III 类标准）；工业用水区的水质应以满足地表水的生态保护要求、下游水环境功能区高功能用水的水质要求为依据（一般执行地表水环境质量 IV 类标准）；农业用水区的水质应以满足地表水的生态保护要求、下游水环境功能区高功能用水的水质要求为依据（应严于农业灌溉用水区的标准并执行地表水环境质量 V 类标准）；景观娱乐用水区水质最低要求达到地表水环境质量 V 类标准。

跨行政区域水体的管理在水质要求和排污管理上必须遵循区域水体统筹考虑的原则，进入水体的质量要求应以《中华人民共和国水污染防治法》、《地表水环境质量标准（GB 3838）》、《地下水环境质量标准（GB/T 14848）》、《污水综合排放标准（GB 8978）》及相关行业水污染物排放国家标准为依据严格把关。上下游跨行政管理水域应规定跨界控制断面的水质要求和允许排污总量指标，应在流经水体的进出段面设置检测点以监测过境河流水环境状况，对具有生物富集、环境累积效应的有毒有害物质应在上游严加控制。

合理利用环境自净能力将各种污染防治方式有机组合（比如利用荒滩地、草地等处理废水，合理分配污染负荷），在加强污染控制的同时应采取各种可能的措施提高并合理利用水环境容量、提高水环境自净能力、为区域发展提供更多的环境资源。对于具有围网养殖的河流水域应进行阶段性的人工清淤，对具有航运功能的河流应严格控制船舶污染。对流经水体可能出现的特殊污染问题还可采用人工清淤，人工复氧和污水调节等方法进行处理。人工复氧是借助安装一定的增加河流溶解氧浓度的装置或修建一定的水利设施来提高河水中溶解氧的浓度，从而改善水生态；为鱼虾和水生植物生长创造更好的生态环境；加强水环境自净能力；提高水环境容量。在河流环境容量低的时期（枯水期）可用污水池或污水坝把污水暂时拦蓄起来，待河流的纳污能力较强时释放，利用污水入河的丰枯调节达到改善河流枯水期水质的目的。污水池要采取一定措施、避免产生恶臭、避免污染地下水。

（2）大气污染防治规划编制的基本要求　所谓"大气污染"通常是指由于人类活动和自然过程引起某种物质进入大气中呈现出足够的浓度和达到足够的时间并因此而危害人体的舒适、健康和福利或危害环境的现象。污染物进入大气后，大气能够通过各种方式摆脱混入的混合物而恢复其自然组成，这个过程即为大气的自净过程。大气污染防治规划编制应重视企业废气污染防治问题，村庄与集镇应按划定的大气环境功能区域执行相关的环境大气污染防治标准。村庄与集镇规划区内的自然环境特征（比如地形、地貌、气候、气象条件和土地利用状况等）对大气污染物的扩散及净化作用会产生一定程度的影响，正确划分大气环境功能区是研究和编制大气污染防治环境保护规划的基础和重要内容，也是实施大气环境总量控制的基础前提。所谓"大气环境功能区"是指因其社会功能不同而对环境保护提出不同要求的地区。根据国家《环境空气质量标准（GB 3095）》的规定分为一、二、三类功能区，各功能区应分别采取不同的大气环境标准来保证这些区域社会功能的发挥。大气环境功能区的划分有利于实行新的环境管理机制，具体的划分方法和原则应依国家现行《环境空气质量标准（GB 3095）》进行。按照企业大气污染源的分类进行污染源调查以明确规划区内现有的主要的污染源和污染物。所谓"污染源"是指排放大气污染物的设施或指排放大气污染物的建筑构造（比如车间等），大气污染源排放的污染物种类、数量以及排放方式、污染源位置等直接关系到其影响对象、范围和影响程度，企业污染源的调查要按国家的统一要求进行。制定大气污染环境保护规划的目的是为了实现预定的环境目标，因此，制定科学、合理的大气污染防治规划目标是编制大气污染防治规划的重要内容之一，应以村庄与集镇大气环境特征调查和大气环境功能区划为基础，根据规划期内所要解决的主要大气环境问题和村庄与集镇社会、经济与环境协调发展的需要制定村庄与集镇大气污染防治规划的目标，大气污染防治规划的目标应包括大气环境质量目标和大气环境污染总量控制目标。由于村庄与集镇规划区域内允许的排放总量有限，故各乡镇企业单位必然有自己的排污份额，排污许可证能够建立起一个环境容量有偿使用机制使区域经济效益最好、污染削减费用最小，为此，必须实行大气污染物排放总量控制制度以严格按照排污许可证规定的范围、数量及有关要求进行排污（在规划、分配排污份额时要兼顾公平合理原则）。编制村庄与集镇大气污染防治规划时必须严格遵守国务院《关于加强乡镇、街道企业环境管理的规定》，必须合理安排乡镇企业的工业布局。所谓"工业布局"是村庄与集镇大气污染防治规划的一个重要组成部分，是一项综合性很强的工作，必须综合考虑当地的产业结构现状、自然地理状况、环境承载力、文化传统、生活习俗以及发展趋势以制定出最佳方案。应根据国家村庄与集镇规划卫生标准中的相关规定严格在产生有害大气污染物质的乡镇工业企业和畜禽养殖业等单位与住宅用地之间设置卫生防护距离，畜禽养殖业还应符合《畜禽养殖业污染物排放标准（GB 18596）》、《畜禽养殖业污染防治技术规范（HJ/T81）》和《畜禽养殖污染防治管理办法》等标准的相关规定，应对其在生产经营过程中产生的污染大气物质和恶臭气体进行防治。必须重视并合理安排工业企业和禽畜养殖企业等的行业布局和空间分布，凡向大气排放污染物质的企业应设在当地夏季最小频率风向的上风侧和河流的下游并应符合村庄与集镇规划卫生标准的相关规定，其与建筑住宅用地应保持相应的卫生防护距离。应完善村庄与集镇区域内（重点是中心区内）的绿化系统，发展植物净化。植物具有美化环境、调节气候、截留粉尘、吸收大气中有害气体等功能，其可以在大面积范围内长时间地、连续地净化大气，在大气中污染物影响范围广、浓度比较低的情况下采用植物净化是既经济又行之有效的方法。因此，在大气污染防治规划中应考虑植物净化作用、完善绿化系统。应严格遵守国家关于"不准从事污染严重的生产项目（比如土法炼焦、有色金属冶炼、土法炼硫等项目）"的规定，应改变工业企业发展方向，立即关停对大气污染严重的工业企业，重点发展和支持带动农业生产的项目，应严格执行《中华人民共和国环境影响评价法》中关于"所有新建、改建、扩建或转产的乡镇、街道企业，都必须填写《环境影响报告表》"的规定以严格控制新的污染源，故在编制大气污染物质防治规划时应考虑调整乡镇企业的发展方向、严格控制新的污染源。企业应对现有的生产设备和工艺进行改造和升级，应推行能源利用率高、污染物排放量少的清洁生产工艺，应坚持从源头减少大气污染物的产生、促进资源回收与循环利用。

　　所谓"清洁生产"是指将综合预防的环境持续应用于生产过程和产品中，以减少对人类和环境产生的危害的生产过程。由于清洁生产倡导在污染物产生之前予以削减，故可减轻末端处理负担。另外，污染物在其成为污染物之前是有用的原材料，因而也就相当于增加了产品的产量和资源利用率。因此，为实现大气污染综合防治的目标，必须加强对企业的技术改造、生产工艺改造和升级换代，推行清洁生产。大气污染和固体废弃物污染、水污染有很大不同，大气污染物一经产生排放到大气环境中就很难或不可能再收集、处理和处置。因此，对在企业生产经营活动中产生的污染大气的物质要采取预防为主、防治结合、综合治理的方针。对工艺设施落后、污染严重的工业企业应在上级环境保护部门监督管理下按照《中华人民共和国清洁生产促进法》的有关规定限期推行清洁生产。能耗大、污染高的燃料在农村地区的广泛使用往往是造成环境空气污染的重要原因，故在燃料使用方面应采取的主要措施应该是改变现有燃料结构、鼓励使用新能源、改变煤燃烧方式、加强燃煤管制。任何单位和个人不得将硫分高于0.8%、灰分高于25%的原煤作为燃料直接燃烧。由于我国的能源消费结构过去和现在仍以燃煤为主，而含硫超标的煤在燃烧过程中会产生大量的硫化物，污染大气、产生酸雨，故必须加强燃煤管制、防止烟气中硫含量超标。工业企业的土法炼硫、炼焦、窑业、小化肥、水泥厂、玻璃厂、陶瓷厂等行业在施工生产中往往需要堆积大量的生产原料和产品废料（比如煤炭、煤矸石、煤渣、煤灰、石灰等），这些物质不仅易燃而且遇到气候变化易产生大量的灰尘而污染空气环境质量，故必须对其严格管理并要求其采取相应的防护措施，即企业在人口集中地区存放煤炭、煤矸石、煤渣、煤灰、石灰，必须采取防燃、防尘措施，以防止污染大气。向大气排放污染物质的单位必须采取防治大气污染的措施，严格限制向大气排放含有毒物质的废气和粉尘（确需排放的应经过净化处理），任何建设项目在投入或者使用之前其大气污染防治设施必须经过环境保护部门检验，达不到国家有关建设项目环境保护管理规定要求的建设项目不得投入生产或者使用。村庄与集镇的大部分面积为农作物种植区，而农作物对二氧化硫、氟化物等大气污染物质比较敏感，有最高允许浓度值，超过此浓度限值就会对农作物产生伤害。为维护农业生态系统良性循环、保护农作物的正常生长和农畜产品优质高产，企业排放的污染物不仅应符合《大气污染物综合排放标准（GB 16297）》、《环境空气质量标准（GB 3095）》、《恶臭污染物排放标准（GB 14554）》等国家防治大气污染相关标准的规定，而且其污染物的排放浓度还应符合《保护农作物最高允许浓度（GB 9137）》中关于保护农作物的大气污染物最高允许浓度的规定。因此，必须强调与要求企业排放污染物的排放浓度不得超过相关保护农作物大气污染物最高允许浓度，超过规定排放标准的应按国家规定交纳超标准排污费，对大气造成严重污染的企事业单位要限期整改或勒令停产。

大气污染防治规划编制应重视生活废气污染防治问题，生活废气污染源的调查应涵盖生活废气和交通废气。生活污染源 SO_2 和烟尘年排放量调查的主要内容包括调查近五年的生活能耗及人均生活能耗、估算 SO_2 及烟尘的年排放量等（一般不调查生活污染源的排污分担率），交通污染源调查的主要内容包括道路扬尘、氮氧化物、铅、CO等以及农用车、摩托车和汽车等交通污染源带来的污染物。

由于我国煤炭资源丰富（我国能源结构一直以煤炭为主）且燃烧设备落后、能源利用效率低，故煤炭燃烧是造成我国严重大气污染的主要原因，甚至可以说燃煤是造成我国大气污染的根本原因，而含硫超标的煤燃烧产生的硫化物等污染物对大气的污染更为严重。调整村庄与集镇生活能源消费结构势在必行，应强调不使用含硫超标的煤炭等能源。应指导农村居民对土灶进行改造以提高其燃烧作物秸秆时的利用率，大部分土灶由于结构不合理，作物秸秆燃烧时大部分的热量会随着烟气而散失。因此，改变土灶结构对村庄与集镇大气污染防治具有重要作用。严禁在农田中对作物秸秆进行燃烧，严禁在飞机场附近和高速公路沿线焚烧作物秸秆，有条件、机械化程度高的地区宜让作物秸秆粉碎还田以提高土壤肥力，农作物秸秆在农田燃烧不但会对大气造成污染而且会造成农田土壤的板结且不利于作物的生长繁殖和农村生态环境，在飞机场附近和高速公路沿线燃烧秸秆还会引发重大交通事故。制定规划应以充分利用当地环境资源条件为出发点，应鼓励和帮助规划区内居民在有条件的农村地区使用清洁能源，比如沼气、风能、太阳能等。目前，广大农村地区主要采用的清洁能源以沼气和太阳能为主。由于清洁能源在使用过程中不会产生或很少产生大量污染大气和环境的物质且使用成本低、经济负担小、使用方便，故应结合当地的资源优势适当鼓励和发展清洁能源。应按照"拆小并大、拆炉并网、集中供热"原则积极在北方村庄与集镇推行集中供热制度，集中供热能提高燃料利用率、节约能源、减少锅炉废气排放对大气的污染〔当然，锅炉废气的排放应符合《锅炉大气污染物排放标准（GW13271）》的相关规定〕。在中心区范围内应依据相关标准对汽车、农用车、摩托车、小型机动船舶等交通工具上路、运行的尾气排放实现达标管制。村庄与集镇交通废气主要来自于小型机动车、摩托车和拖拉机农用车等，而这些车辆的尾气排放污染物浓度通常较大并会严重影响周围空气环境的质量，故必须加强对此类移动污染源的排放管制工作。具体应参照《车用汽油机排放标准（GB 14761.2）》、《摩托车排气污染物排放标准（GB 14621）》和《农用运输车自由加速烟度排放限值及测量方法（GB 18322）》等国家现行标准的相关规定执行。车辆运输、装卸、储存散发有毒有害气体或者粉尘物质时，必须采取密闭措施或其它防护措施。车辆在运输粉尘性物质（比如水泥）和散发有毒有害气体的物质时若不采取密闭措施，其在运输、装卸、储存活动过程中这些物质就会泄漏而污染大气环境，且会对行人及周围居民的健康产生危害。村庄与集镇生活垃圾处理设施和设备在运行中应防止产生恶臭物质而污染大气，生活垃圾处理设施的粉尘、臭气的污染防止应参照《恶臭污染物排放标准（GB 14554）》等国家现行技术标准及《全国优美乡镇考核标准》的有关规定执行。

禁止在焚烧处理设施以外的地方焚烧生活垃圾，禁止在室外焚烧沥青、油毡、橡胶、塑料、皮革以及其它产生有毒有害烟尘和恶臭气体的物质，特殊情况下确需焚烧的须报当地环境保护部门批准。生活垃圾成分复杂，焚烧生活垃圾、沥青、油毡、橡胶等物质不仅会产生有毒、有害烟尘，而且会产生含二噁英等致癌物质的恶臭气体，从而严重污染大气环境和严重危害人体健康，其污染防止应参照《恶臭污染物排放标准（GB 14554）》等国家现行技术标准及《全国优美乡镇考核标准》的有关规定执行。村庄与集镇医院废弃物的焚烧必须与生活垃圾的焚烧分开并应确保消毒灭菌、不造成空气环境卫生的污染。医院的医疗废弃物含有大量病原菌、病毒和有毒有害物质，若和生活垃圾一起混合处理就会对环境造成极大危害，故必须单独焚烧处理并应符合《危险废物焚烧污染控制标准（GB 18484）》，医疗废物转运车要符合《医疗废物转运车技术要求（试行）（GB 19217）》中的规定，医疗废物焚烧设备要符合《医疗废物焚烧炉技术要求》等国家现行标准规定。从事饮食业的个体工商户其在经营过程中产生的废气必须达到相关油烟排放标准，村庄与集镇从事饮食业的个体户其经营活动中排放的最高油烟浓度和油烟净化设施的最低去除率等指标应符合《饮食业油烟排放标准（GWPB5）》规定。

(3) 噪声污染防治规划编制的基本要求 噪声污染防治规划编制应重视企业噪声污染的防治问题。所谓"企业噪声"是指企业和其它单位在生产及科研活动中产生的干扰周围生活环境的声音，一切产生企业噪声的单位都必须采取有效的噪声控制措施以使其周围地区生活环境符合相应的国家或地方环境噪声标准。企业噪声污染防治必须符合《中华人民共和国环境噪声污染防治法》、《城市区域环境噪声标准（GB 3096）》、《工业企业厂界噪声标准（GB 12348）》及相关国家和地方的噪声排放标准的要求。村庄与集镇应按已划定的声环境功能区域执行相关的环境噪声标准，对于未划分声环境功能区的乡村生活区域其环境噪声最高限值参照《城市区域环境噪声标准（GB 3096）》中的Ⅰ类标准值执行；在该类区域的工业噪声污染源的噪声排放限值执行《工业企业厂界噪声标准（GB 12348）》中的Ⅰ类标准。产生噪声污染的企业单位都有责任制定并实施噪声污染控制方案，可从声源上降低噪声和从噪声传播途径上降低噪声，降低噪声应坚持"针对性、经济合理性和技术合理性"原则，可采用低噪声设备、改进工艺；可采取吸声、消声、隔声、隔振和阻尼减振等治理措施减轻其对周围环境的噪声污染。一切产生环境噪声污染的企业单位及个体工商户不应引进新的噪声超标设备且应对原有设备进行合理布局并采用有效的噪声控制和治理措施减轻环境噪声污染，应达到工业企业厂界噪声排放标准并使其周围地区生活环境符合相应的区域或地方环境噪声标准。工业区与居民区之间应有一定间隔并设置绿化隔离带，具体可参考表3-25。隔离带间距与噪声源强成正比例关系。可能产生环境噪声污染的企业建设项目其环境噪声污染防治设施应当与主体工程同时设计、同时施工、同时启用，即对环境噪声污染进行管理过程中也必须严格执行"三同时"制度。防治设施没有建成或者虽已建成但未经环境保护行政主管部门验收合格的该建设项目不宜投产或者使用。产生环境噪声污染的企业单位必须依法向环境保护行政主管部门办理排污申报登记并应如实提供所需资料且接受环境保护部门的现场检查。对企业单位噪声调查的重点是位于居民住宅区内或其附近的工厂、车间及其从事经济活动所在地。对有噪声扰民事件发生的工厂必要时应进行实地测量以了解其污染程度、已采取或计划采取的噪声污染治理措施及效果。环境噪声的排放必须符合国家标准或地方标准要求，超过标准的应按国家规定缴纳超标准排污费并由所在地环境保护行政主管部门直接对其做出限期治理决定。对环境噪声污染进行管理的过程中必须严格执行排污收费制度、限期治理制度、排污许可制度、排污申报登记制度、环境影响评价制度、环境保护目标责任制等环境管理制度。

表 3-25　工业区与居民区防噪声隔离距离

噪声源的声级/dB(A)	100～110	90～100	80～90	70～80	60～70
距居民隔离距离/m	300～500	150～300	50～150	30～100	20～50

表 3-26　村庄与集镇道路规划的技术指标

规划技术指标		计算行车速度 /(km/h)	道路红线宽度 /m	车行道宽度 /m	每侧人行道宽度 /m	道路间距 /m
村镇道路级别	一	40	24～32	14～20	4～6	≥500
	二	30	16～24	10～14	3～5	250～500
	三	20	10～14	6～7	0～2	120～300
	四	—	—	3.5	0	60～150

　　噪声污染防治规划编制应关注生活噪声污染防治防治问题。所谓"生活噪声"是指人为活动产生的除工业噪声、交通噪声、施工噪声之外的，影响四邻生活环境的噪声，主要包括街道、广场和建（构）筑物内部各种生活设施、娱乐设施、社会活动等产生的干扰居民生活和日常工作的声音。村庄与集镇的道路布置应符合当地环境保护规划要求，汽车专用公路及一般公路中的二、三级公路应避免穿越村庄与集镇中心区，机动车道应避免穿越住宅区，原有的不合理道路应进行改造整修。村庄与集镇规划区范围内的重要道路应设置林木隔离带或设置隔声屏障，村庄与集镇道路可分为四级，其规划的技术指标可参考表3-26。表3-26中一、二、三级道路用地按红线宽度计算，四级道路按车行道宽度计算。村庄与集镇的噪声污染防治工作应满足立足现在、兼顾长远要求，应从规划做起，做好村庄与集镇的道路规划工作并对原有道路进行合理的整修，应融近期和远期计划于一体以保证居民的正常作息时间不受干扰。村庄与集镇道路规划的技术指标及其道路系统组成的规定可参照《村庄与集镇规划标准（GB 50188）》执行。不宜在村庄与集镇中心区使用高音广播喇叭和广播宣传车，禁止一切单位在居住区使用高音喇叭（经当地人民政府批准的集会、游行和宣传以及为抢险救灾等紧急情况除外）。具体一点讲就是村庄与集镇中心区不宜（居住区严禁）在室外使用广播喇叭等各种高音器材；商业服务单位和个体商贩不得在城区内用广播的方式招徕顾客，但属于下列情况者允许在一定时间内使用，包括各级人民政府批准的集会、游行和其它庆祝活动，课、工间操，火车站、飞机场、体育场以及道路交通的疏导，抢险救灾等紧急情况。在村庄与集镇中心区建设有可能产生环境噪声污染的饮食服务业、文化娱乐业和修配加工业必须采取有效的防治环境噪声污染的措施，以使其边界噪声达到国家规定的环境噪声排放标准。应严格控制其夜间经营时间，且均不得在可能干扰学校、医院、机关正常学习、工作秩序的地点设立。在对村庄与集镇中心区环境噪声进行控制的同时应强化对居民区、学校、医院

附近周边的管理，要求其附近周边不得新设歌厅、舞厅等营业性文化娱乐场所；对上述地区已建成的营业性饮食、服务单位和娱乐场所其边界噪声必须符合国家环境噪声排放标准。居民区内有噪声排放的单位必须采取相应的隔声措施且不得超过国家规定的噪声排放标准并应严格限制其夜间工作时间；在经营活动中使用空调器、冷却塔等可能产生环境噪声的设备、设施的单位应采取措施使其场所边界噪声不超过国家环境噪声排放标准。对违反上述规定造成严重环境噪声污染的单位，当地环保部门应依法责令其限期治理；对经限期治理逾期仍未达到环保要求的单位，除可按国家规定收取超标准排污费和处以罚款外，当地环保部门应向县级以上人民政府报告并可按照规定的权限责令其停业、搬迁或关闭，同时由当地工商行政管理部门对其依法办理变更登记或注销登记。禁止午间和夜间在住宅区内进行噪声扰民活动或作业等，在其它时段内作业的应采取噪声控制措施以减轻、避免对周围居民造成环境噪声污染，任何家庭和个人应该控制使用发声设备的音量以保证不干扰周围居民的正常生活。在已竣工交付使用的住宅楼宇内，十二时至十四时、二十二时至次日七时禁止使用电钻、电锯、电刨、冲击钻等工具从事产生环境噪声污染的室内装修、家具加工等活动。生活区内禁止任何居民家庭和个人在午间和夜间使用音响设施、振动发声设备等进行噪声扰民的家庭室内娱乐活动；其余时间内使用时应当控制音量或采取其它有效措施使其声响不妨扰四邻。从事汽车、摩托车修理和其它产生环境噪声污染的作业，其噪声排放必须符合国家标准，应严格控制在噪声敏感建（构）筑物集中区域内从事汽车、摩托车修理作业，经核准设立的不得在十二时至十四时、二十二时至次日七时进行调试发动机等造成噪声污染的作业。

3.2.3 村镇规划的基本要求

村镇规划应遵守《村镇规划标准（GB 50188）》的相关规定，村镇规划规模分级应按其不同层次及规划常住人口数量分别划分为大、中、小型三级并应符合表 3-27 的规定，公共建筑项目的配置应符合表 3-28 的规定（表中☆为应设的项目；◇为可设的项目），各类公共建筑的用地面积指标应符合表 3-29 的规定（其中，集贸设施的用地面积应按赶集人数、经营品类计算）。学校用地应设在阳光充足、环境安静地段，其到道路干线距离应大于 300m 且主要入口应不开向公路。

表 3-27 村镇规划规模按常住人口数量（人）的分级标准

村镇层次		村庄		集镇	
		基层村	中心村	一般镇	中心镇
规模分级	大型	>300	>1000	>3000	>10000
	中型	100~300	300~1000	1000~3000	3000~10000
	小型	<100	<300	<1000	<3000

表 3-28 村镇公共建筑项目配置参考标准

类别	序号	项目	中心镇	一般镇	中心村	基层村
行政管理	1	人民政府、派出所	☆	☆	—	—
	2	法庭	◇	—	—	—
	3	建设、土地管理机构	☆	☆	—	—
	4	农、林、水、电管理机构	☆	☆	—	—
	5	工商、税务所	☆	☆	—	—
	6	粮管所	☆	☆	—	—
	7	交通监理站	☆	—	—	—
	8	居委会、村委会	☆	☆	☆	—

续表

类别	序号	项目	中心镇	一般镇	中心村	基层村
教育机构	9	专科院校	◇	—	—	—
	10	高级小学、职业中学	☆	◇	—	—
	11	初级中学	☆	☆	◇	—
	12	小学	☆	☆	☆	—
	13	幼儿园、托儿所	☆	☆	☆	◇
文体科技	14	文化站(室)、青少年之家	☆	☆	◇	◇
	15	影剧院	☆	◇	—	—
	16	灯光球场	☆	☆	—	—
	17	体育场	☆	◇	—	—
	18	科技站	☆	◇	—	—
医疗保健	19	中心卫生院	☆	—	—	—
	20	公共院(所、室)	—	☆	◇	◇
	21	防疫、保健站	☆	◇	—	—
	22	计划生育指导站	☆	☆	◇	—
商业金融	23	百货站	☆	☆	◇	—
	24	食品店	☆	☆	◇	—
	25	生产资料、建材、日杂店	☆	☆	—	—
	26	粮店	☆	☆	—	—
	27	煤店	☆	☆	—	—
	28	药店	☆	☆	—	—
	29	书店	☆	☆	—	—
	30	银行、信用社、保险机构	☆	☆	◇	—
	31	饭店、饮食店、小吃店	☆	☆	◇	◇
	32	旅馆、招待所	☆	☆	—	—
	33	理发、浴室、洗染店	☆	☆	◇	—
	34	照相馆	☆	☆	—	—
	35	综合修理、加工、收购店	☆	☆	◇	—
集贸设施	36	粮油、土特产市场	☆	☆	—	—
	37	蔬菜、副食市场	☆	☆	◇	—
	38	百货市场	☆	☆	—	—
	39	燃料、建材、生产资料市场	☆	◇	—	—
	40	畜禽、水产市场	☆	◇	—	—

表 3-29　各类公共建筑人均用地面积指标　　　　单位：m²/人

村镇层次	规划规模分级	各类公共建筑人均用地面积指标				
		行政管理	教育机构	文体科技	医疗保健	商业金融
中心镇	大型	0.3~1.5	2.5~10.0	0.8~6.5	0.3~1.3	1.6~4.6
	中型	0.4~2.0	3.1~12.0	0.9~5.3	0.3~1.6	1.8~5.5
	小型	0.5~2.2	4.3~14.0	1.0~4.2	0.3~1.9	2.0~6.4

续表

村镇层次	规划规模分级	各类公共建筑人均用地面积指标				
		行政管理	教育机构	文体科技	医疗保健	商业金融
一般镇	大型	0.2～1.9	3.0～9.0	0.7～4.1	0.3～1.2	0.8～4.4
	中型	0.3～2.2	3.2～10.0	0.9～3.7	0.3～1.5	0.9～4.6
	小型	0.4～2.5	3.4～11.0	1.1～3.3	0.3～1.8	1.0～4.8
中心村	大型	0.1～0.4	1.5～5.0	0.3～1.6	0.1～0.3	0.2～0.6
	中型	0.12～0.5	2.6～6.0	0.3～2.0	0.1～0.3	0.2～0.6

3.3　人防工程设计

3.3.1　城市居住区人民防空工程规划的基本要求

城市居住区人民防空工程规划的目的是增强居住区防空、防灾能力，城市居住区人防工程建设应贯彻与城市建设相结合的原则，应以"布局合理、功能配套、体系完整"为目标，遵循以下4方面基本要求，即应符合城市人防工程总体规划要求并应综合考虑所在城市设防标准、经济发展、居住区所处的环境条件等因素；居住区人防工程功能应与平时防灾相结合；居住区内部人防工程应尽量连通以形成网络；应满足居民就近掩蔽要求。城市居住区人防工程包括人员掩蔽工程、医疗救护工程、防空专业队工程及配套工程。城市居住区规模可按规划居住人口分为大型居住区、居住区、居住小区、居住组团等4个等级并按表3-30确定，城市居住区人口规模介于表3-30确定的各级指标之间时，除应配建下一级应配建的各类人防工程以外还应根据所增加的人数增配高一级的有关项目及增加有关指标。城市居住区按类型不同可分为别墅类居住区、商品房类居住区、保障类居住区，城市居住区人防工程建设应符合国家及行业现行相关标准、规范的要求。

表 3-30　城市居住区分级标准　　　　　　　单位：人

级别	大型居住区	居住区	居住小区	居住组团
人口	＞80000	30000～50000	10000～15000	1000～3000

城市居住区人民防空工程规划涉及许多专业术语，所谓"城市居住区"泛指不同居住人口规模的居住生活聚居地和特指城市干道或自然分界线所围合并与居住人口规模相对应，配建有一整套较完善的、能满足该区居民物质与文化生活所需的公共服务设施的居住生活聚居地。所谓"居住小区"（一般也称小区）是指被城市道路或自然分界线所围合并与居住人口规模（10000～15000人）相对应，配建有一套能满足该区居民基本的物质与文化生活所需的公共服务设施的居住生活聚居地。所谓"居住组团"（一般也称组团）是指一般被小区道路分隔并与居住人口规模（1000～3000人）相对应，配建有居民所需的基层公共服务设施的居住生活聚居地。所谓"别墅类居住区"是指环境优美、配套设施完善的低密度居住区，包括独栋别墅、双拼别墅、联排别墅等。所谓"商品房类居住区"是指容积率大于等于0.4，环境较好、配套设施完善的居住区。所谓"保障类居住区"是指用于保障城市低收入住房困难家庭以及危旧房改造拆迁安置的居住区，主要包括经济适用房、廉租房等。所谓"人防工程"是指具有预定战时防空功能的地下防护建筑，包括为保障战时人员与物资掩蔽、人防指挥、医疗救护等而单独修建的地下防护建筑，以及结合地面建筑修建的战时可用于防空的地下室。所谓"指挥工程"是指战时城市防空袭行动中供指挥人员实施指挥的人防工程。所谓"医疗救护工程"是指战时对伤员独立进行早期救治工作的人防工程，按医疗分级和任务的不同，医疗救护工程可分为中心医院、急救医院、救护站等。所谓"人员掩蔽工程"是指主要用于保障人员掩蔽的人防工程。所谓"防空专业队工程"是指保障

防空专业队，即按专业组成的担负人民防空勤务的组织，其中包括抢险抢修、医疗救护、消防、防化防疫、通信、运输、治安等专业队，掩蔽和执行某些勤务的人防工程。所谓"配套工程"是指战时的保障性人防工程，即除指挥工程、医疗救护工程、防空专业队工程和人员掩蔽工程以外的其它人防工程，主要包括人防物资库、人防汽车库、食品站等。所谓"人防工程建筑面积"是指人防工程各层外边缘所包围的水平投影面积之和。所谓"人防物资库"是指为战时储存粮食、医药、油料和其它必需物资的人防工程。所谓"家庭掩蔽部"是指用于战争、灾害发生时保障家庭人员掩蔽的地下建筑，一般构筑在住宅下方，也可构筑于家庭院落内部。

（1）城市居住区人民防空工程规划设计的配建面积标准　别墅类居住区人防工程配建面积指标可按表表 3-31 确定，商品房类居住区人防工程配建面积指标可按表 3-32 确定，保障类居住区人防工程配建面积指标可按表 3-33 确定。

表 3-31　别墅类居住区人防工程配建面积参考指标

别墅类型	独栋别墅	联排别墅
家庭面积指标（建筑面积）/m²	20～40	15～30

表 3-32　商品房类居住区人防工程配建面积参考指标（建筑面积）　　单位：m²/人

居住区类型		大型居住区	居住区	居住小区	居住组团
城市及设防等级	省会城市	2.4	2.2	2.0	1.8
	国家一、二类	2.2	2.2	2.0	1.8
	国家三类	2.2	2.0	1.8	1.5
	县级市	1.8	1.8	1.5	1.5

表 3-33　保障类居住区人防工程配建面积指标（建筑面积）　　单位：m²/人

居住区类型		大型居住区	居住区	居住小区	居住组团
城市及设防等级	省会城市	2.0	2.0	1.8	1.8
	国家一、二类	2.0	1.8	1.6	1.5
	国家三类	1.8	1.8	1.5	1.5
	县级市	1.5	1.5	1.5	1.3

（2）城市居住区人民防空工程规划设计的功能与布局要求

① 大型居住区功能与布局要求。商品房类大型居住区人防工程功能配置指标应符合表 3-34 的规定，保障类大型居住区人防工程功能配置指标应符合表 3-35 的规定，大型居住区人防指挥工程宜结合街道办公场所或社区行政中心就近布置，其建筑面积应不小于 1200m²，抗力标准应符合相关技术要求。大型居住区医疗救护工程配置与布局应遵守以下 3 方面规定，即省会城市大型居住区应配建急救医院 1 处、国家一～三类设防城市大型居住区宜配建急救医院 1 处（急救医院应结合区域内地面医疗设施布置且其建筑面积应不小于 2200m²）；救护站宜结合区域内社区卫生服务中心布置且其建筑面积应不小于 1200m²；急救医院、救护站抗力标准应符合相关技术要求。大型居住区防空专业队的工程配置和布局应遵守以下 3 方面规定，即各类防空专业队工程保障服务半径应小于 3000m；防空专业队工程类型应以抢险抢修、医疗救护、治安、消防为主；防空专业队工程总规模应按规划居住人口人均指标控制（各类防空专业队工程规模应按比例控制，具体可参考表 3-36）。大型居住区配套工程配置与布局应遵守以下 2 方面规定，即配套工程应主要包括物资库、食品站、区域电站及区域供水站等工程；配套工程人均指标应包括物资库、食品站（区域电站及区域供水站面积不计入人均配套工程指标）。大型居住区配套工程配置要求可参考表 3-37。

表 3-34　商品房类大型居住区人防工程功能配置指标（建筑面积）　单位：m²/人

分类指标		指挥工程	医疗救护工程	防空专业队工程	人员掩蔽工程	配套工程	总指标
城市类别	省会城市	按要求配置1处	0.1	0.2	1.8	0.3	2.4
	国家一、二类		0.08	0.12		0.2	2.2
	国家三类	—	0.08	0.12		0.2	2.2
	县级城市（区）	—	0.04	0.06	1.6	0.1	1.8

表 3-35　保障类大型居住区人防工程功能配置指标（建筑面积）　单位：m²/人

分类指标		指挥工程	医疗救护工程	防空专业队工程	人员掩蔽工程	配套工程	总指标
城市类别	省会城市	按要求配置1处	0.08	0.12	1.6	0.2	2.0
	国家一、二类		0.08	0.12		0.2	2.0
	国家三类	—	0.04	0.06		0.1	1.8
	县级城市（区）				1.5	—	1.5

表 3-36　大型居住区防空专业队工程配置参考

防空专业队工程类型	抢险抢修	医疗救护	治安	消防	合计
比例	45%	20%	20%	15%	100%
布局要求	根据保障范围，宜分散布置	结合社区行政服务中心或人员密集区布置		结合消防疏散通道就近布置，可仅考虑专业队员掩蔽部	

表 3-37　大型居住区配套工程配置

工程类型	物资库	食品站	合计
比例	60%～70%	30%～40%	100%
布局要求	宜结合平时地下仓储、商业设施集中布置		

② 居住区功能与布局要求。商品房类居住区人防工程功能配置指标应符合表 3-38 的规定，保障类居住区人防工程功能配置指标应符合表 3-39 的规定，居住区医疗救护工程应以救护站为主并应结合社区卫生服务中心进行建设（建筑面积应不小于 1200m²，抗力标准应符合相关技术要求），居住区防空专业队工程总规模应按规划居住人口人均指标控制（各类专业队工程规模应按比例控制，具体可参考表 3-40），居住区配套工程配置与布局要求按大型居住区的相关规定执行。

表 3-38　商品房类居住区人防工程功能配置指标（建筑面积）　单位：m²/人

城市类别	医疗救护工程	防空专业队工程	人员掩蔽工程	配套工程	总指标
省会城市	0.08	0.12	1.8	0.2	2.2
国家一、二类	0.08	0.12		0.2	2.2
国家三类	0.08	0.12		0.2	2.0
县级城市（区）	0.04	0.06	1.6	0.1	1.8

表 3-39　保障类居住区人防工程功能配置指标（建筑面积）　单位：m²/人

城市类别	医疗救护工程	防空专业队工程	人员掩蔽工程	配套工程	总指标
省会城市	0.05	0.1	1.7	0.15	2.0
国家一、二类	0.04	0.06	1.6	0.1	1.8
国家三类	0.04	0.06		0.1	1.8
县级城市（区）	—	—	1.5	—	1.5

表 3-40　居住区防空专业队工程配置表（工程所占比例）

人均防空专业队工程面积指标(建筑面积)/(m²/人)	0.06	0.1	0.12
抢险抢修专业队工程	100%	80%	60%
医疗救护专业队工程	—	20%	20%
治安专业队工程	—	—	20%
消防专业队工程	—	—	20%

③ 居住小区功能与布局要求。商品房类居住小区人防工程功能配置指标应符合表 3-41 的规定，保障类居住小区人防工程功能配置指标应符合表 3-42 的规定，居住小区医疗救护工程应为救护站且宜结合社区卫生服务中心进行建设（工程建筑面积按表 3-38 计算且不得小于 1200m²，抗力标准应符合相关技术要求），居住小区防空专业队工程规模按规划居住人口人均指标控制（功能以抢险抢修专业队工程为主），居住小区配套工程以物资库、食品站为主（其中物资库宜占 70%、食品站宜占 30%）。

表 3-41　商品房类居住小区人防工程功能配置指标（建筑面积）　　单位：m²/人

城市类别	医疗救护工程	专业队工程	人员掩蔽工程	配套工程	总指标
省会城市	0.15	0.15	1.5	0.2	2.0
国家一、二类	0.15	0.15		0.2	2.0
国家三类	—	0.1	1.5	0.2	1.8
县级城市（区）			1.5	—	1.5

表 3-42　保障类居住小区人防工程功能配置指标（建筑面积）　　单位：m²/人

城市类别	医疗救护工程	防空专业队工程	人员掩蔽工程	配套工程	总指标
省会城市	—	0.1	1.5	0.2	1.8
国家一、二类	—		1.5	0.1	1.6
国家三类	—		1.5		1.5
县级城市（区）			1.5		1.5

④ 居住组团功能与布局要求。商品房类居住组团人防工程功能配置指标应符合表 3-43 的规定，保障类居住组团人防工程功能配置指标应符合表 3-44 的规定，居住组团配套工程以物资库为主（可与人员掩蔽工程合并设置）。

表 3-43　商品房类居住组团人防工程功能配置指标（建筑面积）　　单位：m²/人

城市类别	医疗救护工程	防空专业队工程	人员掩蔽工程	配套工程	总指标
省会城市	—	—	1.5	0.3	1.8
国家一、二类	—	—		0.3	1.8
国家三类	—	—	1.5		1.5
县级城市（区）			1.5		1.5

表 3-44　保障类居住组团人防工程功能配置指标（建筑面积）　　单位：m²/人

城市类别	医疗救护工程	防空专业队工程	人员掩蔽工程	配套工程	总指标
省会城市			1.5	0.3	1.8
国家一、二类			1.5		1.5
国家三类			1.5		1.5
县级城市（区）			1.3		1.3

⑤ 其它要求。城市居住区人员掩蔽工程布局应满足服务半径要求（即 200m 以内或步行少于 10min），容积率大于 1.5 的城市居住区其各类人防工程应相互连通。城市居住区除应结合地面建筑修建防空地下室外，还应利用居住区中心绿地、广场下的地下空间建设公共人防工程并宜与相邻建（构）筑物下的人防工程连通。城市居住区人防工程应注重发挥平时效益且宜与医疗卫生、文化体育、商业服务、物业管理等其它公共服务设施结合建设，人防工程与其它公共服务设施相结合配置宜符合表 3-45 的规定（表中，☆代表应结合；◎代表宜结合；◇代表不宜结合）。居住区人防工程室外出入口设置除应满足防护要求以外，还应与居住区地面交通、景观绿化相协调。

表 3-45 人防工程与其它公共服务设施相结合配置

分类指标	医疗救护工程	防空专业队工程	人员掩蔽工程	配套工程
教育设施	◇	◇	◎	◇
医疗卫生	☆	◎	◎	◇
文化体育	◇	◎	◎	◎
商业服务	◇	◇	◎	◎
金融邮电	◇	◇	◇	◎
社区服务	◇	◎	◎	◎
市政公用	◇	◇	◎	◎
行政管理	◇	◎	◎	◎

（3）城市居住区人民防空工程规划设置要求

① 家庭掩蔽部设置要求。家庭掩蔽部宜建设在别墅类住宅下方或院落内，其抗力可按防地面建筑倒塌荷载计算，其周边侧墙、顶板、底板均应采用钢筋混凝土结构（厚度应不小于 250mm）。家庭掩蔽部应至少有 1 个人员出入口（出入口应设置一道防护密闭门，大小应满足家庭人员平时和战时的进出要求），有条件时应设置室外出入口（没有条件设置室外出入口时其口部应采取防倒塌措施）。家庭掩蔽部内应设置小型除尘滤毒设备并宜储备个人防化器材。

② 人员掩蔽工程设置要求。人员掩蔽工程的抗力等级应以城市总体防护要求为依据结合居住区所在区位确定。结合战时室外主要出入口修建的地面建筑小品（伪装房）应采用轻型结构（层数不应超过两层且应采用阻燃防火材料）。居住区内附建式人防工程应将楼梯间作为室内出入口（多层建筑不宜在楼梯间采取战时封堵措施，高层建筑楼梯间严禁采取战时封堵措施）。居住区设有多层地下空间且人员掩蔽工程设于底层时应至少设置一个直接通向地面的出入口。大型人员掩蔽工程（建筑面积超过 10000m²）位于地面建筑倒塌范围外的通风竖井应设置为预备安全出入口。

③ 医疗救护工程设置要求。医疗救护工程宜结合居住区医疗卫生设施配置，医疗救护工程的战时主要出入口应单独设置在地面建筑倒塌范围以外且口部应直接通向居住区小区级以上道路。

④ 防空专业队工程设置要求。防空专业队工程宜采用单建式工程，防空专业队工程出入口应单独设置在建（构）筑物倒塌范围以外并应直接与居住区内主要干道连接。

⑤ 配套工程设置要求。配套工程设置应与居住区规模相对应，具体可参考表 3-46（表中，☆代表应配置；◎代表宜配置；◇代表不宜配置）。在居住区部分人员掩蔽单元内部也可局部结合设置配套工程但宜有明确的功能分区。

表 3-46 配套工程设置

居住区规模	大型居住区	居住区	居住小区	居住组团
物资库	☆	☆	☆	◎
食品站	☆	☆	◎	◇

（4）城市居住区人民防空工程规划成果要求 含居住用地的城市控制性详细规划应确定居住区地块的人防工程规划指标并统一纳入公共服务设施配建指标中，其配置内容应符合前述规定中的各项技术要求。城市居住区修建性详细规划中应明确人防工程的配置要求，各类人防工程配置指标应纳入规划地块控制指标中并应对规划单元各居住区地块人防工程配建指标进行汇总，城市控制性详细规划、修建性详细规划中应包括人防工程配置内容，城市居住区控制性详细规划、修建性详细规划各阶段成果应征求当地人防主管部门意见。

3.3.2 人防工程规划的具体规定

人防工程建设必须贯彻"长期准备、重点建设、平战结合"方针，必须坚持"与经济建设协调发展、与城市建设相结合"原则。人防工程建设应根据地面建筑规模和当地对不同区域实行分类防护的人民防空要求，以当地城市建设总体规划和当地人防建设与城市建设相结合规划为依据，确定人防工程建设的规模、布局、平战功能以及各类工程的防护等级。

凡是在市区、近郊区和卫星城镇新建民用建筑（指住宅、旅馆、招待所、商店、高等学校教学楼和办公、科研、医疗用房下同）和外资民用建筑均应配套建设人防工程。10 层以上建筑应修建"满堂红"防空地下室；9 层以下基础埋深大于 3m 的建筑应按其总建筑面积的 3% 修建防空地下室；9 层以下基础埋深小于 3m 的建筑应按其总建筑面积的 2% 修建防空地下室；单建地下建筑应按其总面积的 30% 修建人防工程。各建设和设计单位应根据前述规定核定新建项目应修建的人防工程指标。

应按中华人民共和国国家标准规范和有关标准、规定设计人民防空工程。小区人防工程的战时用途应以居民掩蔽为主，规模较大居住小区（总建筑面积 $100 \times 10^4 \text{m}^2$ 以上）的人防工程战时功能应配套齐全，应包括人员掩蔽工程、指挥工程、防空专业队掩蔽工程、医疗救护工程、物资储备库、汽车库、区域备用电源、水源、连接通道等。总建筑面积在 $10 \times 10^4 \text{m}^2$ 以上的小区、公建等应相应做好人防规划设计工作，其人防工程建设指标、位置及防护等级等需经当地人防办专项审查后报当地规划管理部门审查备案。经审查批准的人防工程规划设计不得擅自改变，确需改变的应报原审批机关批准。人员掩蔽工程应设在居民居住地点的适中位置且其服务半径不宜超过 200m，医疗救护工程应结合地面医院的新建和改、扩建工程进行修建，防空专业队掩蔽工程应选择交通便利位置设置。人防室外出口应设管理用房，室外出入口面积应为应建人防面积的 5% 左右（室外出口应与主体和周围景观协调一致并应尽量远离主体，无条件时应按防倒塌棚架设计）。小区中相邻的人防工程之间应相互连通。规模较大的人防工程应与地下铁道、地下商业设施、地下车库以及绿地、广场的建设整合连通。小区建筑面积在 $50 \times 10^4 \text{m}^2$ 以下时应配套建设 1 部防空警报器；$50 \times 10^4 \sim 100 \times 10^4 \text{m}^2$ 的应配套建设 2 部防空警报器；$100 \times 10^4 \sim 200 \times 10^4 \text{m}^2$ 应配套建设 3 部防空警报器；$200 \times 10^4 \sim 300 \times 10^4 \text{m}^2$ 应配套建设 6 部防空警报器。人防工程按平战结合要求可作为小区平时的配套工程使用，比如用作社区活动站、商业娱乐设施、地下停车场、库房等，设计时应满足上述使用功能要求，应充分利用人防工程为城市建设提供服务。

第4章

交通规划设计要求

4.1　城市道路规划

4.1.1　城市对外交通规划编制的基本要求

编制、实施城市对外交通规划的目的是优化城市规划布局、完善城市功能，建设安全、高效、经济、舒适的城市对外交通设施。城市对外交通规划是城市总体规划的重要组成部分，其内容包括城市规划区内的铁路、公路、海港、河港、机场等相关系统规划。城市对外交通规划应满足相关系统之间的联系和衔接，应满足城市对外交通与城市交通之间的联系和衔接，应增强城市交通枢纽的集聚和疏散功能，应提高交通运输系统的效能。城市对外交通规划应加强与城市功能、布局结构的相互衔接度实现协调发展，应满足城市规划布局、土地使用对交通运输的发展需求，应满足有关对外交通专项规划的发展需求。城市对外交通规划应遵守国家现行有关强制性标准的规定。

城市对外交通规划应贯彻以下5方面基本原则，即城市对外交通规划应加强区域统筹以促进社会、经济、城市规划、建设和管理的全面、协调、可持续发展；城市对外交通规划应根据地区国民经济与社会发展规划统筹考虑、相互依托、协调发展；城市对外交通设施规模和标准的确定应以科学的交通预测为依据并满足城市各发展阶段的建设要求且应为城市的长远发展留有适当余地；城市对外交通设施的布局和建设应贯彻"资源节约"原则并应努力做到节约用地、集约用地和资源共享；城市对外交通设施的布局和建设应贯彻"环境友好"原则以满足环境保护、城市生态和景观建设要求。

编制城市对外交通规划涉及许多专业术语。所谓"交通枢纽"是指交通方式相互衔接与换乘的重要节点。所谓"铁路线路（railwayline）"有两重含义，广义上是指由轨道、路基、桥涵、隧道及其它建（构）筑物构成的供铁路列车按规定速度行驶的通道，狭义上则是指铁路中心线的空间位置（由平面和纵断面上的直线及曲线组成）。所谓"铁路枢纽"是指在铁路网结点或网端由客运站、编组站和其它车站以及各种为运输服务的相关设施和线路等组成的整体。所谓"铁路车站"是指设有配线办理列车通过、到发、列车技术作业及客货运业务的场所，分为客运站、货运站、中间站、区段站、编组站等。所谓"铁路货场"是指利用铁路设施办理货物承运、装卸、交付的场所的统称，分为综合性货场、整车货场、零担货场、集装箱货场、危险品货场等。所谓"铁路段、所"是指为铁路运输服务的机务段、车辆段、动车段、动车运用所、客车整备所等场所。所谓"铁路专用线"是指专门服务于一定企业、港口等单位的铁路岔线。所谓"城市外环路"是指引导交通向外转移、方便过境交通而沿主城区边缘附近设置的环行路。所谓"绕城高速公路"是指环绕主城区外围设置的高速公路。所谓"公路服务区、停车区"是指具有停车场、加油站、厕所、休息站、小卖部或餐厅、汽车维修、绿地和管理设施等场所的公路服务设施。在服务区之间可设停车区，内设小型停车场（5～10个停车泊位）、厕所、绿地等场所的公路服务设施。所谓"港口"是指位于江、河、湖、海沿岸，具有一定设备和条件，供船舶来往停靠办理货物运输或其它专门业务的场所。所谓"码头"是指专供停靠船舶、上下旅客和装卸货物的水工建

（构）筑物。所谓"航道"是指船舶沿着规定的足够水深和宽度行驶的通道。所谓"锚地"是指在港口水域中专门用于船舶待泊或进行水上装卸作业使用的水域。所谓"港口集疏运系统"是指港口后方由各种交通方式，比如铁路、公路、水运、空运等组成的为港口服务的综合交通运输系统。所谓"机场"（也称空港）是指陆地上供飞机起飞、着陆和地面活动使用的划定区域，包括附属的建（构）筑物、装置和设施，城市对外交通规划涉及的是民用机场。所谓"飞行区"是指机场内供飞机起飞、着陆、滑行和停放的地区，包括跑道、升降带、跑道端安全地区、停止道、净空道、滑行道等。所谓"机坪"是指机场飞行区内供飞机上下旅客、装卸货物或邮件、加油、停放或维修使用的特定的场地，可分为客机坪、货机坪、停机坪、维修和机库机坪等。所谓"旅客航站区"（通常简称航站区）是指机场内以旅客航站楼为中心的，包括站坪、旅客航站楼建筑和车道边、停车设施及地面交通组织所涉及的区域。所谓"航站楼"（也称候机楼）是指位于机场旅客航站区内最重要的功能性建（构）筑物，其具有旅客出发、办票和交运行李、安全检查、候机休息、到达提取行李、旅客中转等功能（可附设商业和餐饮设施）。所谓"航空货运区"是指机场内以航空货运站为中心的，包括货机坪（仅在有货机运输的机场设置）、货运库及办公等建筑、空运邮件集散场地以及地面交通组织设施所涉及的区域。所谓"机场净空"是指对机场及其附近一定范围内规定为净空障碍物限制面的平面、斜面，用以限制机场周围及其附近的山、高地、铁塔、架空线、建（构）筑物等的高度。所谓"机场噪声级"是指对飞机噪声暴露评价指标为"一昼夜的计权等效连续感觉噪声级"，与国际民航组织的方法一致。所谓"航空站"是指位于大城市市区内规划设置的、为接送集散往来于城市与机场的地面部分客流的客运站，其客流通过地铁、铁路及机场专用道输送，服务内容包括售票、办理登机手续、托运行李、联检等。所谓"机场目视助航设施"是指飞机在进近、着陆和在机场地面运行时为驾驶员提供的目视引导设备和参考物，这些设施包括信号设施、地面标志和标志物、助航灯光系统、标记牌等。

（1）城市对外交通规划编制的宏观要求　城市对外交通中铁路、公路、海港、河港、机场等系统规划应以城市总体规划和上位系统规划为依据，合理确定其在城市中的功能定位和规划布局，以满足交通运输和城市发展需要。城市总体规划阶段的城市对外交通规划应根据经济发展作出交通预测和分配并进行规划，主要内容包括以下4方面内容，即铁路客货运量、规模、铁路线路、站场布局规划等；长途客货运量、公路网规划、客货运设施规划等；水运客货运量、规模、航道布局及通航等级规划、岸线利用规划、海港、河港布局规划等；空运客货运量、规模、机场布局规划等。

城市规划区内的铁路、公路、水运、空运等运输方式应相互配合和衔接并应与其它交通方式形成结构合理、高效便捷的城市综合交通网络，应妥善处理好城市对外交通规划与其它相关规划之间的衔接问题。城市规划区范围内的铁路设施布局和规模应与城市规划布局和土地使用及其它交通设施布局相协调。公路应与城市规划区内的城市主要道路衔接，高速公路进入城市规划区应满足城市规划布局的相关要求。海港、河港港区的改造或置换应与城市规划布局和周围环境相协调，对环境影响比较大的危险品码头、矿、煤、建材等散货码头规划应远离市中心，布置在城市的下风向或江河的下游且应符合环境评价要求和相关规范规定。机场与主城区应有一定的安全距离，机场与城市间的交通衔接应顺畅、便捷（规划机场专用道路应与城市干道系统衔接），根据客运交通需要可在机场与城市间规划轨道交通。

当城市规划区内的铁路、公路、海港、河港、机场、市内交通等交通方式相互衔接并具有一定客、货运量时应设置交通枢纽，交通枢纽的用地规模应按城市交通发展的远期目标进行控制（可分期建设），交通枢纽中各相关交通方式应紧密衔接、方便换乘且宜采用快速疏散方式，交通枢纽可分大型、中型和小型等3种类型。铁路客运站、长途汽车站、水运客运站、机场是城市的重要交通节点，要根据客运量规划站前广场、公交线路站场和出租汽车站以及相应的公共停车场、库，有轨道交通规划的城市还应考虑轨道交通与铁路客站、机场等对外交通节点联通，铁路、公路、海港、河港、机场等货运中转应有良好的集疏运条件。城市规划区内的铁路、快速路、高速公路、城市干道等相交（包括高速公路与城市道路的相交）应采用立体交叉形式，一级公路与城市主干路相交宜采用立体交叉形式，其与次干路、支路相交宜采用分离式交叉形式，当采用平面交叉形式应设置交通管制设施。城市总体规划确定的远期对外交通设施用地在城市建设过程中应该严格控制与保护且不得擅自更改其使用性质。

重视城市对外交通市政的配套规划工作。重要设施宜引入两路独立的或专用的可靠外电源并满足负荷要求；供水水源宜纳入城市供水系统，当引用城市供水有困难时可采用独立的供水系统；通信包括有线通信及无线移动通信（重要地区应布置通信专线）；雨水宜纳入城市雨水排水系统，特殊地区可设独立的雨水排水系统设施以及其它防洪、排涝设施；污水应达到接管标准后纳入城市污水管网系统，当纳入城市污水管网有困难时应采用独立的污水处理设施使其达到国家规定的排放标准并满足纳污水体要求；燃气设施应纳入城市燃气（煤气、天然气或液化石油气）系统。

（2）城市规划区内铁路规划编制的基本要求 城市规划区内的铁路规划应以国家铁路网规划、城市总体规划为指导在城市对外交通系统中统筹编制。城市规划区内铁路规划的内容包括铁路在城市对外交通系统中的地位、规划原则、客货运量预测、线路及站场等铁路设施布局与规模、近、远期规划等。城市规划区内铁路设施应包括铁路客运站、货运站场、编组站、集装箱中心站或办理站、客车整备所、车辆段、机务段、工务段、电务段、动车段或动车运用所等站段设施，干线铁路、枢纽内铁路疏解线、联络线及专用线等线路设施以及为军事、城市邮政等服务的军供站、邮件转运站、等。特大城市、大城市、铁路枢纽所在城市可在城市总体布局指导下进行铁路专项规划，具体的铁路线路、站场等建设项目应当在总体规划指导下进行选线、选址规划并划出控制线。

城市规划区内铁路规划应考虑的主要因素有以下5个方面，即铁路经过城市时一般应设置一个或一个以上的客运站、货运站（或客货混合站），其车站规模、等级应根据城市发展规模、客货运量大小确定；有两条以上规划铁路干线线路引入的城市一般应设置铁路枢纽；城市规划区范围内满足铁路专用线规模要求的工矿企业可设置铁路专用线，具有一定规模的城市工矿企业或港口应设置铁路专用线及工业站或港湾站；城市规划区内铁路客运站、货运站的设置应与其它交通运输方式相衔接；有高速铁路（快速铁路）车站引入城市时应规划高速铁路（快速铁路）车站用地以及相关的设施用地。

位于铁路网铁路干线交汇点或端点的城市，应根据引入铁路的数量及其在铁路网中的地位与作用、城市规模和布局等因素设置不同类型和规模的铁路枢纽。编制规划时应明确铁路线路的走向及控制走廊，铁路线路的线位应与城市土地使用规划相结合并应满足枢纽内客运站、编组站及其它站的连接和径路合理的需要。

根据城市性质、人口规模、布局、干线引入方向以及在全国或地区的地位和作用等因素明确主要客运站的布局及规模。客运站的规划布局应合理，中小城市宜尽量靠近市区，大城市宜布置在主城区。设两个及以上客运站时应结合铁路和城市规划确定其分工和规模。铁路客运站应与城市交通相互衔接并应为旅客出行和集散提供良好的通达性和便捷的换乘条件。客运站站前广场的规模和布局应满足旅客集散和城市交通衔接的需要并满足旅客进出站和换乘安全、方便、迅速要求。站前广场的交通规划应方便乘客、有利集散，应合理组织人行流线和车行流线。

铁路货运站和货场布局应合理。大城市和铁路枢纽所在城市应结合城市发展，根据城市到发货运量及类别确定货运站场布局（中小城市一般宜在中间站设置货场）。应根据服务功能需要结合城市土地使用规划合理布局综合性货场和各类专业性货场，有大量集装箱货源的城市宜考虑设置集装箱中心站或集装箱办理站。货运站场选址应结合铁路线路布局进行并宜临近货源集中地且应避开城市居民区。

铁路编组站、工业站、港湾站布局应合理。编组站宜布局在城市郊区多条铁路干线引入的汇合处且宜考虑主要干线车流的运行顺直问题以缩短干线列车走行距离。有大量装卸作业的工矿企业、工业区、港口宜考虑设置工业站、港湾站。

铁路机车车辆段、所布局应合理。机车车辆、客车整备等设施应结合机车车辆运用组织和城市土地使用规划设置。机务段、货车车辆段宜布局在编组站或区段站附近，客车车辆段、动车段或动车运用所、客车整备所宜布置在有一定始发终到作业的客运站附近。

规划应关注铁路设施的改造问题。市区内现状铁路线路、站场及相关设施需要调整其功能和规模的应结合城市和铁路布局统筹规划。市区内货运站场宜结合铁路和城市发展逐步外迁，涉及铁路线路、站场等设施的搬迁应结合城市和铁路的布局统筹规划。

铁路用地规划应合理。铁路线路的控制范围要求是干线宜按外侧轨道中心线以外 20m 控制，支线宜按外侧轨道中心线以外 15m 控制。铁路线路、站场及相关设施规划用地应满足城市和铁路布局统筹规划要求。除铁路建设实际征用土地外，还应考虑安全防护隔离用地需要。铁路设施规划用地应遵守表 4-1 的规定［高速铁路（快速铁路）车站用地应根据总体规划需要确定］。

表 4-1　铁路设施规划用地基本要求

项目	类型	一般用地规模/hm²	用地长度(直线)要求/m	备注
中间站	—	17～20	1500～1700	客货运输，附设货场办理
客运站	中、小型	30～44	1300～1800	有客整所时另加 23～30hm²
	大型	46～67	1500～2100	有客整所时另加 30～60hm²
货场	中、小型	6～25	300～500	—
	大型	25～50	500～1000	含一般集装箱办理站用地
编组站	中、小型	160～300	5000～6000	含机务段、车辆段、不含疏解区线路
	大型	300～450	6000～7000	
集装箱中心站	—	70～140	1500～2000	—

（3）城市规划区内公路规划编制的基本要求　沟通城市或主城区与外界联系的快速干线、一般干线及其相应附属设施均为公路的规划范围。城市规划区内公路系统布局规划应合理，城市对外交通中的公路系统规划应适应和促进城市发展并满足城市对外客货运安全和畅通要求。公路系统的形式和布局应根据城市布局、土地使用规划、客货交通流量和流向等情况合理确定，城市对外通道每个方向宜有不少于两条对外放射的公路并与城市主要道路衔接，从而形成多层次、多通道、多功能、网络化的结构，公路应主要采用快速干线和一般干线形式，大城市以上城市一般干线的规模宜为快速干线的 2～3 倍。

大型对外交通设施连接道路布局应合理。应规划设置专用道路与机场连接（道路等级应为快速路、高速公路或一级公路），应规划相对独立的疏港道路与港口连接（道路等级应为快速路、主干路、高速公路或一级公路），应规划设置快速、便捷的集散道路与铁路客站连接（道路等级应为快速路、主干路、次干路、高速公路或一级公路）。

城市规划区内公路规划编制过程中应关注过境交通的疏导问题。平原城市可设置城市外环路以疏导过境交通、沟通与外界联系（当采用其它形式的过境道路时应避免与城市道路相互干扰）。大城市、山地城市宜设置绕城高速公路（中小城市宜设置对外交通道路），应避免过境交通道路影响城市市内交通。

城市规划区内公路规划编制过程中应关注公路隔离带的控制问题。城市规划区内高速公路、一级公路在其道路红线两侧一般应控制不小于 20～50m 宽的绿化隔离带，二级、三级公路在其道路红线两侧一般应控制 10～30m 宽的绿化隔离带。城市外环路在其道路红线外侧宜控制不小于 50～100m 宽的绿化隔离带，内侧宜控制 20～50m 宽的绿化隔离带。

公路沿线设施安全保护区范围应合理设置，城市规划区内的大中型公路桥梁两侧各 50m、公路隧道上方和洞口外 100m 为规划的安全保护区范围。

公路的相关交通设施应配套成龙。公路规划中配置的对外客运站、货运站、社会停车场和交通广场布局应根据城市规模、运量等来确定用地规模（宜一次规划，分期实施）。客运站宜结合城市对外交通的主要方向、城市对外交通枢纽设置。特大城市、大城市宜结合主城区附近均衡布置，中小城市宜布置在市区中心外围附近。货运站宜结合工业区、仓储区、物流区等规划布局。社会停车场应按其衔接的交通方式结合城市总体布局要求设置。交通广场应按对外交通产生的最大集聚人流确定和设置。高速公路服务区的间距宜控制在 30～50km 并宜在服务区之间设置停车区。

（4）城市规划区内海港规划编制的基本要求　编制城市规划区内海港规划过程中，港口的性质和规模应根据所处地域的区位、腹地经济、城市社会、经济发展规划和产业发展水平、特征和前景、客货流量以及交通集疏运条件综合确定。港口按性质不同可分为商港、工业港、旅游港、客运港、渔港、专业港等，港口按规模不同可分为枢纽港、重点港、地方港等。

海港选址规划应合理。海港选址时应对港址进行区域经济地理的多方案比选和论证，应符合城市总体规划布局，还要综合考虑自然地理条件、技术条件和经济条件等因素。自然地理条件决定了港址的技术基础，主要包括水域条件、水域掩护条件、地质条件和陆域资源等要素；技术条件主要指港口总体布局在技术上进行设计和施工的可能性，包括防波堤、码头、进港航道、锚地、回转池、港池等；经济条件主要指海港的性质、规模、腹地、集输运条件、港口运营、资金筹措、经济效益等方面的经济合理性。

港口规划布局应合理。应按城市功能布局需要，充分利用海港自然条件科学选择港口位置，做到统筹兼顾、统一规划，妥善处理好港口与城市间的关系。港口的集疏运交通系统规划应优先协调港口与城市的交通衔接问题，通过协调港口与铁路、公路、内河港区等各类交通运输设施的衔接提高港口的综合运输能力。主要疏港道路不应穿越城市中心区，宜从城市的一侧与城市道路网络连接以减少疏港运输对城市交通的干扰。港口规划布局应符合城市环境规划要求并避免对城市公共安全和公共卫生产生不利影响。对于污染环境、易燃易爆危险品等的码头应单独选址，应避开市区中心、人口密集地区、城市水源保护区、风景游览区、海滨浴场等区域且应与之保持一定间距，并应布置在城市的下风向。海港建设宜利用荒地、劣地，应尽量不占或少占用农田，避免大量拆迁，充分注意节约用地。

岸线使用规划应编制合理。应努力做到"深水深用、浅水浅用"以高效合理使用岸线，使其各得其所，既满足港口使用要求又符合城市总体布局要求。应统筹兼顾、合理规划，科学协调好航运、工业、仓储、市政、生活和生态绿化等岸线间的关系并避免其相互干扰。贯彻近远期规划结合原则为港口的进一步发展留出余地，海港城市还必须保留一定比例的生活岸线以供市民休闲游憩。

港区陆域布置应合理。应综合规划、协调不同功能区域的功能和相互关系，并满足港口装卸、港口库场、港内道路、生活辅助设施等用地要求。港区陆域布置应根据装卸工艺流程和自然条件科学布置各种运输系统，以合理地组织港区货流和人流并减少相互干扰。

码头陆域用地应满足要求。码头的长度应根据设计船型尺度要求确定并应满足船舶安全靠离作业和系缆要求。码头的陆域纵深应满足货物装卸运输要求，件杂货码头的陆域纵深一般宜按 350～450m 控制且件杂货码头前沿一般不宜设铁路装卸线；集装箱码头陆域纵深宜按 500～800m 控制；多用途码头陆域纵深宜按 500～800m 控制；散装货码头陆域纵深一般宜按 350～450m 控制；石油化工产品和危险品码头应根据具体情况合理确定，石油、化工品等后方储罐区的面积可根据石油、化工品的储量、储存期和储存工艺经计算确定，危险品码头应按货运量和危险品货物在港口的储存周期计算危险品储存设施的规模；矿石、煤炭及建筑材料码头也应根据具体情况合理确定，一般的矿石、煤炭码头（船型在 5 万吨级以下）采用顺岸式或突堤式时陆域纵深宜按 400～800m 控制，远洋超大型船舶停靠的大型矿石、煤炭中转码头后方的堆场面积应根据货物中转量和货物堆存期计算确定，后方规划陆域面积一般宜按 $30 \times 10^4 \sim 40 \times 10^4 \, m^2$／货物中转量千万吨；客运旅游码头应根据港口客运站建筑设计有关规定确定，客运站建筑规模应按旅客聚集量的数量分级并应规划好各类用房的面积，国际客运站的平面布置应符合联检要求。

港区外围配套设施应配套成龙。货物集散、中转仓库、专用铁路、进港道路及内河航运和内河港区等设施应符合城市和港口布局规划。海港与内河航道的衔接应随顺，内河航道宜引入海港并应协调好与海港道路、铁路的交叉方式以减少相互间的影响。

（5）城市规划区内河港规划编制的基本要求　河港规划岸线按功能可分为港口岸线、停泊锚地岸线、水利与通航设施岸线、市政企事业岸线、旅游岸线和景观岸线等。岸线规划应符合城市总体布局与建设需要，应根据城市的水、陆域与环境条件、统筹规划、综合开发、应科学处理各区段的功能关系。岸线利用应贯彻"深水深用、浅水浅用"原则并合理使用，岸线规划应远近结合，水域、陆域布局要留有发展余地，应根据港口功能合理规划以节约使用岸线。

河港规划布局应合理。河港规划应根据城市发展规划、吞吐量规模规划布局并留有余地。河港规划前沿应根据装卸作业船舶的大小与数量确定港池作业区、掉头水域与待锚地区、航道或引航道区等的水域范围。河港规划后方陆域应根据货物种类和吞吐量确定装卸作业区、货物堆场、生活和管理用房等陆域规划用地面积，有条件的地区可规划城市货物集散中心。根据河港规划规模与需要的不同，疏港交通应与城市主干道或快速道路、高速公路有便捷联系，根据论证确有需要时可设专用铁路。河港的规划选址应根据城市总体布局与港口规划需要进行，应选在航道河床稳定、水流平稳，船舶进出方便、集疏运条件良好，后方陆域相对开阔处。河港规划的选址应与上水取水口保持一定的安全距离并符合环保要求。河港规划的布置应满足水利、通航、桥梁与市政设施等安全距离的需要。专业码头应符合城市布局和内河航道规划布局需要。客运港应根据城市发展需要确定用地规模以及客运港的交通组织形式。水上旅游规划应根据城市性质、功能定位确定，结合航道水资源条件、有条件的区域可进行水上旅游规划。客运站、货运站的设置应与其它有关的交通运输方式紧密衔接。

停泊锚地布置应合理。停泊锚地应根据城市总体布局要求设置在市区边缘或城镇的外侧，应避免与市政设施冲突，应有便利的道路相衔接以方便船民进出城镇。停泊锚地应布置在水流条件较好的地段且应不影响航道船舶的安全航行。停泊锚地后方宜配备一定的商业、文化、娱乐、维修、生产与生活补给等设施。

内河航道等级应合理确定，航道规划应与水利规划、城市用地规划协调，内河航道的等级标准与航道尺度要素应符合内河通航的有关要求。

河港水域与码头陆域用地规划布局应合理。河港水域布局过程中应按规划确定港池作业区，应按设计船型规划船舶进出港池的掉头水域区，应按照河港工程总体设计有关要求布置待锚地区。码头陆域用地布局过程中应按规划确定港区规划用地，应根据码头规模与集疏运条件、按河港工程设计的有关要求配备进港与港区铁路、道路、客运站、给排水设施、供配电、照明、通信等设施以及管理、辅助生产与生活等设施。港区陆域部分用地应按河港工程设计中的有关规定计算确定并应遵守表4-2的规定。

表 4-2　河港码头陆域规划用地标准

类　　别	吞吐量/(万吨/年)	泊靠能力/万吨	码头长度/m	陆域面积/hm²
集装箱码头①	30～50	1.5	180～220	3～3.5
	50～80	2.5	220～260	3～3.5
件杂货码头	30～80	1.5～2.5	150～200	2～3
多用途码头	30～80	0.1～1.5	150～200	2～3
	80～200	0.1～2.0	200～600	3～12

续表

类　别	吞吐量/(万吨/年)	泊靠能力/万吨	码头长度/m	陆域面积/hm²
散装码头	30～80	0.1～2.5	150～200	1.5～3
	80～200	1.0～2.5	150～200	3～10
矿石、煤炭码头	80～200	0.1～3.5	150～300	2.2～3.2
	＞200	0.1～3.5	200～600	2.5～10
危险品码头	30～80	0.5～1.0	＜100	＜2
	＞100	1.0～2.5	＞100	＞2

① 指集装箱吞吐量万标箱/年。

（6）城市规划区内机场规划编制的基本要求　应科学编制航空运输规划。城市或地区的航空运输需求量应依据城市性质、功能、经济水平和交通结构等进行预测，应结合城市总体规划规模、城市发展前景提出比选方案作为确定机场建设规模的依据。开辟航线、适用机型等航空运输业务应满足城市对外交通的需求。

机场布局规划应合理。新建、改建和扩建民用机场时应根据地区和城市经济社会发展需要确定。机场布局规划应结合全国民用机场布局规划和城市总体规划进行，应满足机场安全运行和发展需求，应优化控制机场净空、电磁环境及其周边土地使用率。机场布局规划应与城市布局规划协调共容、共同发展，机场外公用配套设施应与城市基础设施系统相协调。

机场场址规划应科学。机场位置的确定应以民用机场建设规定和其它相关规定为基础，结合所在区域的规划要求进行场址比选和论证。机场位置应便于城市和可能辐射的邻近地区使用，一般中、小机场距离城市中心宜 10～20km 或 15～30min 车程，大型机场距离城市中心宜 20～40km 或 30～60min 车程。场址净空应符合民用机场飞行区有关技术要求，机场的空域应能满足机场的飞行量和飞行安全要求。机场场址选择应使跑道轴线方向避免穿越城市市区并宜放在城市侧面相切的位置，跑道中心线延长线与城市市区边缘的垂直距离应在 5～7km 以上，若跑道中心线延长线通过城市则其靠近城市的一端与市区边缘的距离应大于 15km。机场场址选择应与邻近机场合理协调使用，应满足与现有邻近军、民用机场空域使用的相容性要求。机场场址应满足环境保护要求，对修建机场产生的新的污染源必须进行环境评估，场址应能保证飞机起降方向避开对飞机噪声敏感的地区。机场场址应具有满足机场建设需要的地形、工程地质、水文地质以及气象条件。场址选择应符合经济和节约土地的要求，不宜占用良田并应尽量减少动迁和移民，应尽量降低土石方工程量和利用地方建筑材料以节约机场建设费用。

机场数量、类别、规模和等级设定应科学。在已有的一个机场的规模预计将达到满负荷而该机场因无条件扩建且航空运输业务量又继续增长的情况下可规划建设第二机场。应根据城市规模、性质、航空业务量需求、航线等因素确定机场类别，即采用大型枢纽机场、中型枢纽机场、一般干线机场和支线机场中的哪一种。机场规模、等级应按飞行区指标和规划目标年的旅客吞吐量划分确定。机场的用地规模应根据其性质、等级、跑道数量、布置形式、运行方式、航站楼和附属设施，以及机场与城市的地面交通方式等综合确定。机场用地规模宜按 0.5～1hm²/（万人次·年）客运量估算，规划中可将民用机场分大、中、小三种规模以估算用地，具体可参考表 4-3。

表 4-3　机场规划用地

机场规模	长度/m	宽度/m	面积/hm²
大	7000	1000～1500	700～1050
中	5500	1000	550
小	4000	1000	400

编制城市规划区内机场规划时，应重视机场的交通规划。机场与城市的交通联系方式应按交通流量、距离和服务标准结合机场性质、发展规模以及地区交通规划确定。设置国际机场的大城市其场外道路应规划为机场专用的高等级道路并与城市干道系统紧密衔接，其它大型机场所在城市宜规划建设专用道路（专用道路可采用高速公路或快速道路的规划标准），利用公路作为机场与城市联系道路的规划选线应便捷。机场内外的地面交通道路应合理衔接、统一规划。根据机场与城市交通发展情况，可在机场与城市间采用大容量轨道交通方式并布置相应的交通换乘枢纽。合理组织机场与城市间的道路客货运交通，年旅客吞吐量1000万人次以上的机场应规划客货分开运行的地面交通；年旅客吞吐量小于1000万人次的机场宜规划一个以上的交通进出口。沿海或沿江的具有水运条件的机场宜规划水运交通航线和客、货运码头及其通往机场旅客航站区和货运区的道路，根据实际机场客货运输要求及区域铁路网络条件机场可布置铁路专用线。

机场总平面规划应合理。机场用地应根据飞行区、旅客航站区、货运区、工作区等各设施的功能及其相互关系进行布局并应与场外地区规划相衔接。机场总平面规划应遵循"统一规划、分期建设"原则，应节约和集约使用土地并留有发展余地。城市总体布局规划应统筹布局机场内外供电、供水、供气、通信、道路、排水等公用设施以及实现机场辅助设施与城市各系统之间合理衔接。机场航站楼广场应与城市交通系统合理衔接，其停车场库设施应满足机场客、货运发展要求。

机场辅助设施规划应合理。应规划完善的空中交通管制系统和助航灯光系统，导航台、雷达站应选择在交通方便且靠近水源、电源的地点并应避开城镇发展区域。机场目视助航设施应与地形地貌和周围环境相协调并符合专业技术规定，机场附近应控制非航空地面灯的设置。机场供油设施应可靠，铁路或码头卸油站应设在靠近机场有铁路专用线接轨条件或码头建造条件的地方。同时，规划中应合理确定卸油站至机场使用油库的输油管线走向与路由。装卸油站及中转油库场址应具有良好的地形、地质、排水、防涝、防洪等条件且交通方便，并具备能满足生产、消防、生活所需的水、电源条件。机场急救、消防等设施应设置恰当，应合理确定机场消防保障等级，其配备设施应与城市建立专用的通信通道。靠近江、河、海边的机场还应布置水上救援设施。

机场配套设施规划应系统、严密。机场配套交通设施的等级、规模应根据规划预测的机场近、远期旅客吞吐量、工作人员数量和货运量等计算确定。机场客、货交通枢纽和停车场应配置得当，机场周边地区交通组织应按航站楼和货运站的交通设施规模、主要停车场分布等进行规划。大城市应根据机场规模以及机场与城市分布等情况设置航空站。航空站可设置在市区的边缘或大城市中心区边缘处于通向机场方向的位置上并与城市的干道系统或机场专用道路直接相连。机场附近供电线路布置应符合机场净空、导航台站电磁环境要求以及有关规范、标准要求并应与机场建（构）筑物及其景观相协调。

机场环境保护与周边地区规划应满足要求。机场净空限制条件应满足，机场规划应规定障碍物限制面，应按照批准的机场规划净空限制图严格控制机场内外一定范围内新建建（构）筑物的高度。机场噪声防护条件应满足，对机场噪声影响必须提出应对的规划方案并对机场周边土地利用提出规划对策。对机场噪声级大于75dB的地带应限制发展居住、文教建筑，大于75dB地带的现有建（构）筑物应采取规划防护措施。机场电磁环境保护条件应满足，规划应按有关规范、行业标准严格控制各个无线电导航台站周围的建设。机场周边地区土地利用规划应合理，机场周围土地使用应根据噪声环境标准及预测的飞机噪声强度等值线图进行功能分区、合理规划和综合开发建设。机场周围土地使用和建设规划必须符合按照国家规定划定的机场净空保护区域对影响飞行安全的建（构）筑物、树木、灯光、架空高压线等障碍物体的要求以及航空无线电导航台站对电磁环境的要求。机场周围土地使用规划应明确产业导向，建设项目选择应避免发生鸟害影响。

4.1.2 城市轨道交通线网规划编制的基本要求

城市轨道交通是大城市重要的客运交通方式，是城市中建设周期最长、投资最大的交通基础设施。城市轨道交通系统直接影响着城市空间发展的布局形态，改变城市社会经济和人们生活方式。城市轨道交通线网规划编制质量的优劣影响到城市与交通的发展、工程投资大小和施工建设难易程度、系统运营的效率与服务水平、土地资源节约与生态环境保护等问题，城市轨道交通线网规划是国家城市轨道交通工程项目建设立项审批的主要依据之一。城市轨道交通线网规划编制涉及专业面广、综合性强、技术含量高。我国在城市轨道交通线网规划编制工作中存在许多亟待完善的问题。①规划范围不一致。选择主城区作为规划范围的城市，根据城市发展需要多次修编轨道交通线网规划，由于在既有规划中对区域、市域轨道交通通道考虑较少，在规划管理工作中不能及早控制用地，致使在轨道交通线网规划修编工作中出现区域、市域通道资源短缺，与主城区通道在空间布局上协调比较困难等问题。②规划内容差异较大且深浅不一。城市的轨道交通线网规划内容过浅，深度不够会导致建设用地无法有效控制，给城市轨道交通建设规划编制工作带来困难且可能造成巨额拆迁投资。规划内容过深、过细又会导致未来技术与既有技术的衔接困难。③客流预测结果可信度低。客流预测结果是确定城市轨道交通工程项目建设标准的依据，其结果直接影响着轨道交通建设工程投资的大小。客流预测结果的可信度低将会导致建设资金的巨大浪费。④线网规划功能层次不清晰。一些城市在轨道交通线网规划修编时仅将既有规划的地铁或轻轨系统由主城区向都市区或市域延伸，系统服务水平没有提高，居民出行时间过长，不利于多元化轨道交通体系建立，给运营带来极为不利影响，还会增加系统建设投资。反映到线网规划上是线网功能层次不清楚、服务水平不明确。⑤规划可操作性差。随着城镇化发展和科学技术进步，一些城市的轨道交通线网频繁修编，使规划控制工作难以操作。⑥资源节约体现不够。线网规划中缺乏创新意识，未能及时引进现代科学技术最新成果和新的理念，安全、节能、环保、高效、可持续发展等现代管理和运营理念在规划中体现不够。比如规划中未能及时引入资源共享、轨道交通维修社会化的指导思想，仍然是一条线建一个车辆段和一个车场，轨道交通仍然采用人员自行培训、自行维修和自行配套的传统做法，使得系统规模偏大，加大轨道交通系统投资，导致资源浪费现象。上述问题直接影响到规划编制的科学性和规范化问题，也直接影响到国家和城市政府决策的科学性。为此，科学、合理地编制城市轨道交通线网规划意义十分重大。

编制城市轨道交通线网规划过程中应明确编制的主要内容，明确编制的基本原则和技术要求。城市轨道交通线网规划是政府调控城市交通资源、保障公众利益的公共政策之一。城市轨道交通线网规划必须以城市规划所确定的土地利用为依据，并在城市综合交通规划指导下进行编制。编制城市轨道交通线网规划应坚持"节约和集约利用资源、保护生态环境"原则，应正确处理与土地利用开发的关系，应支持以城市公共交通为导向的城市土地开发策略，应落实国家优先发展城市公共交通的政策，应促进城市和交通的可持续发展。编制城市轨道交通线网规划应重视采用成熟的、科学的新理念、新技术、新方法。编制城市轨道交通线网规划应遵守国家现行有关标准、规范的规定。

编制城市轨道交通线网规划过程中会涉及许多专业术语。所谓"轨道交通线网"是指多条轨道交通线路通过换乘车站衔接组合而形成的网络系统。所谓"线网规模"是指反映城市公共交通服务水平的重要技术指标，一般是指城市轨道交通线网正线长度。所谓"换乘车站"是指两条或两条以上的轨道交通线路相交形成的可相互换乘的车站。所谓"枢纽型车站"是指以两条或两条以上的轨道交通线路相交形成的换乘车站为中心与城市其它交通方式有效衔接构成的公共客运交通枢纽。所谓"线网密度"是指在特定范围内规划的轨道交通线路总长度与特定范围内城市建设用地面积之比。中心城区线网密度为在中心城区范围内规划的轨道交通线路总长度与中心城区城市建设用地面积之比。所谓"日客运量"是指特定的交通工具每日运送的乘客人次总和。城市轨道交通线网日客运量指轨道交通各条线路每日运送的乘客人次总和，单线日客运量指一条轨道交通线路每日运送的乘客人次总和。所谓"日客运周转量"是指特定的交通工具每日运送的乘客人次与其相应的运送距离乘积的总和。城市轨道交通线网日客运周转量指轨道交通各条线路每日运送的乘客人次与其相应的运送距离乘积的总和，单线日客运周转量指一条轨道交通线路每日运送的乘客人次与其相应的运送距离乘积的总和。所谓"高峰小时单向最大断面客流量"是指一条轨道交通线路在全日高峰时段最大客流量断面上一小时内单方向运送的乘客人次。所谓"平均运距"是指轨道交通线路运送乘客的平均距离，是线路客运周转量与客运量之比。所谓"线路负荷强度"是指每千米轨道交通正线每日所承担的运送乘客人次。所谓"换乘系数"是指轨道交通线路与线路之间的换乘乘客数量在轨道交通运送总乘客数量中所占比重。所谓"出行距离频率分布"是指居民出行活动中在不同出行距离区段的分布情况。所谓"车辆基地"是指保证城市轨道交通正常运营的后勤基地，通常包括车辆停放、检修、维修、物资总库、培训设施和必要的生活设施等。所谓"联络线"是指连接两条独立运营线路的辅助线路，是保障运营组织所必需的车流、物流畅顺的运转通道。

城市轨道交通线网规划的主要任务是落实城市综合交通规划提出的城市轨道交通发展目标和原则要求，确定城市轨道交通线网的规划布局，提出城市轨道交通建设用地的规划控制要求。城市轨道交通线网规划的范围应与城市规划提出的规划范围一致，城市规划区为规划编制的重点。城市轨道交通线网规划的年限应与城市总体规划一致，同时应对城市远景发展的轨道交通线网布局提出设想。城市轨道交通线网规划必须包括 8 方面主要内容，分析城市和交通现状、预测城市客运交通需求；论证城市轨道交通建设的必要性；分析城市轨道交通发展目标和要求；研究确定城市轨道交通线网的规模；研究城市轨道交通线网结构、确定城市轨道交通线网规划方案；对城市轨道交通线网规划方案进行综合评价；分析提出城市轨道交通车辆基地的规模并确定车辆基地规划布局；提出城市轨道交通建设用地的规划控制要求。编制城市轨道交通线网规划所需基础资料必须准确、可靠并具有权威性和时效性，收集的资料应包括社会经济、城市规划、城市交通、对外交通、环境等各个方面。城市轨道交通线网规划应与上位的轨道交通规划相协调并与涉及的相关部门的专项发展规划相适应。城市轨道交通线网规划成果应包括规划文本、规划说明和规划图件（各项成果表达应清晰、规范）。

编制城市轨道交通线网规划过程中应合理进行交通需求预测。交通需求预测是通过开发交通需求预测模型模拟城市交通系统运行状况的，其可为论证轨道交通建设必要性、研究轨道交通线网规模、确定轨道交通线网规划方案等提供定量的依据。交通需求预测模型的输入数据应进行合理性和可靠程度方面的分析评价（评价较差的应重新搜集数据或调研）。交通需求预测模型应基于科学的理论并宜利用本城市的基础数据进行模型标定和校验，若借用其它城市的模型参数则应论证两个城市的相似性或借用的合理性。应对交通需求预测结果与需求预测模型性质、模型参数取值之间的关系进行分析与说明，并应选择对预测结果影响显著的参数进行敏感性分析。交通需求预测结果应包含反映城市交通系统运行状况的主要信息，应包括轨道交通系统的各种服务水平指标以及相应的地面公共交通网络和道路交通网络的服务水平描述等。具体有 3 方面要求，即反映城市交通系统运行状况的主要信息应包括各等级道路的车公里数、车小时数、平均运行速度、平均饱和度等；轨道交通系统的服务水平指标应包括日客运量、日客运周转量、高峰小时单向最大断面客运量、平均运距、负荷强度等；交通需求预测的结果还应包括对客流空间分布形态、客运交通方式结构、主要交通方式的出行距离频率分布等的分析内容。交通需求预测应从研究城市交通特征出发，应考虑城市社会经济发展和城市发展规模等多方面因素，应通过综合分析确定城市轨道交通线网的规模。

城市轨道交通线网规划编制过程中应重视线网规划工作。线网规划应包括线网结构和线网方案两个研究阶段，线网结构研究的主要任务是确定轨道交通线网的基本构架，线网方案研究的主要任务则是确定轨道交通线网的规划布局并原则确定各条线路的敷设方式。线网规划应根据城市交通需求特征划分出城市轨道交通线网的功能层次并提出不同层次线网的服务水平指标。线网规划应进行多方案比较和研究，应通过对轨道交通线网规划方案的评价研究确定较优方案。线网规划应考虑系统安全保障要求，线网方案应有利于自然灾害防范。线网结构应根据城市轨道交通线网的功能层次在城市客运交通走廊分析基础上研究确定，线网结构应与城市结构、城市空间布局相协调。线网方案应包括以下 6 方面主要内容，即应依据线网结构研究确定各条线路的大致走向和线路起讫点位置并给出线网密度等线网服务性指标；应研究确定主要换乘车站的规划布局并明确各主要换乘车站的功能定位；应分析提出各条线路的敷设方式；应研究轨道交通运营组织形式；应研究联络线的分布位置；应提出分期建设的建议。轨道交通线网应联系城市主要客流集散设施，应处理好轨道交通线路之间的换乘关系，应充分考虑轨道交通与其它交通方式的衔接，应提出枢纽型车站的设施控制条件，应重视轨道交通的运营效益。线路敷设方式是城市建设中协调轨道交通和其它基础设施竖向关系的基本依据，确定线路敷设方式应充分考虑城市规划和环境保护的要求以及沿线地形、道路交通和两侧土地利用的条件。线网规划过程中应分析确定轨道交通运营组织形式以检验线网方案的合理性。线网规划应根据轨道交通运营组织要求对线网中的联络线进行统一规划以保障联络线的工程预留条件。

城市轨道交通线网规划编制过程中的方案评价至关重要。方案评价应遵循定性与定量相结合原则，应综合考虑多方面影响因素建立科学的评价指标体系，应采用合理的评价方法对轨道交通线网方案进行整体效益评价以供分析和决策。评价指标应有明确的定义，指标量化所需资料应收集方便、易于计算。评价指标的量化标度必须以科学理论为依据，应能客观合理地反映出轨道交通线网规划方案的信息。评价指标体系应力求全面反映轨道交通线网规划方案的综合情况，指标体系可覆盖经济指标、技术指标、环境指标和社会指标等多个方面。评价方法必须具有科学的理论依据，可采用综合评分法、理想方案法等评价方法，宜采用多种方法对轨道交通线网规划方案进行评价。

城市轨道交通线网规划编制过程中应重视车辆基地规划。车辆基地规划是车辆基地和联络线用地控制规划的主要依据。车辆基地规划应坚持资源共享原则以实现城市轨道交通资源综合利用，实现车辆及设备检修保养的集约化、规模化、社会化和规范化。车辆基地规划的主要内容应包括车辆基地的类型、分工、布局、选址及规模等。车辆基地规划过程中应依据线网规划综合分析各条线路的客流特性及运营模式选用相匹配的车型、确定车辆检修模式和设备维修方式、划分车辆基地类型。车辆基地规划应根据各条规划线路的客流特征从运营角度出发研究车辆基地的功能与定位、明确任务分工。车辆基地规划应对车辆基地统一布局，应结合线路特征、用地条件和沿线土地利用规划进行选址比较研究，规划应充分考虑综合维修中心、物资总库及其它设备、设施的功能要求和工作性质并对其进行统筹安排。车辆基地的规模应根据远期服务范围内的运营线路长度和行车密度要求按照车辆技术参数、配属的列车编组和数量、车辆检修周期、检修作业时间等计算确定，并应结合其功能定位和承担的任务范围确定其综合规模。

城市轨道交通线网规划编制过程中应重视用地控制规划。用地控制规划的主要任务是对城市轨道交通建设用地提出规划控制原则与控制具体要求，通过预留与控制建设用地为轨道交通建设提供用地条件。用地控制规划内容一般包括线路、车站、车辆基地、联络线及轨道交通相关设施等用地控制规划。线路用地控制规划是通过研究和确定各条线路的走向方案对规划线路建设用地进行预留与控制，通过研究不同路径的线路走向方案的优劣分析，在引导土地利用发展、客流吸引、建设条件及工程投资等方面的利弊，确定最优线路走向方案，提出线路用地控制范围的指标要求。用地控制指标应符合现行《城市轨道交通技术规范》的规定。车站用地控制规划应综合考虑车站性质、功能定位、周边土地利用规划以及道路交通系统规划等情况，枢纽型车站用地控制规划需综合考虑轨道交通线路之间及轨道交通与其它交通方式之间的换乘需要，车站用地控制规划应初步提出车站用地控制规模与范围（其它车站可提出用地控制的原则性要求）。车辆基地用地控制规划应依据车辆基地规划确定建设用地的规模落实建设用地的位置和范围，用地控制指标应符合现行《城市快速轨道交通工程项目建设标准》要求。联络线用地控制规划应根据轨道交通线网联络线的分布提出联络线用地的控制原则和要求。控制中心、主变电站等是城市轨道交通系统的重要设施，在规划中应原则提出其建设用地规模和位置并对其建设用地进行预留与控制。为促进城市轨道交通沿线土地利用开发宜提出车站周边土地利用规划调整范围的建议。

4.1.3　交通规划设计的具体规定

城市道路规划过程中，道路等级（包括远郊区卫星城、中心镇的道路等级）为城市主干道宽度 60m 以上；城市次干道宽度 35～50m；城市支路宽度 30m；一般道路宽度 25m 以下。城市典型道路断面见图 4-1。

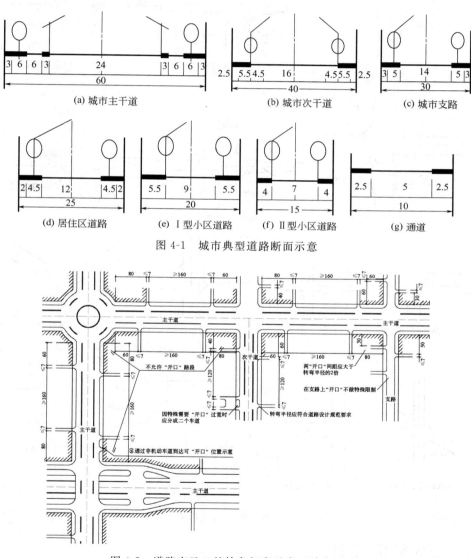

图 4-1　城市典型道路断面示意

图 4-2　道路交叉口的抹角拓宽示意（单位：m）

城市道路规划过程中应关注道路交叉口的抹角拓宽问题（见图 4-2）。为增加道路交叉口的交通通行能力必须对道路交叉路口的道路红线进行抹角拓宽后重新设定红线位置，应根据不同等级道路交叉口的情况制定抹角拓宽方案，与城市快速路交叉口的抹角拓宽方案应以个案进行处理。以下 3 种情况下道路红线只做抹角修改而不再拓宽（抹角边长为支路 15m，主次干道 20m），这 3

种情况包括各类丁字路口；三条（含）以上道路相交；两条道路斜向交叉且交叉角≥105°或≤75°。红线宽度≤25m道路与其它道路的交叉口，其路口红线不再进行抹角拓宽，若两个路口相距过近且按典型方案修改后其道路红线会出现相互搭接时应按个案进行处理。城市主城区主要内环范围内的路口抹角尺寸可相应降低一个等级标准。典型交叉口的抹角拓宽方法见图4-3。

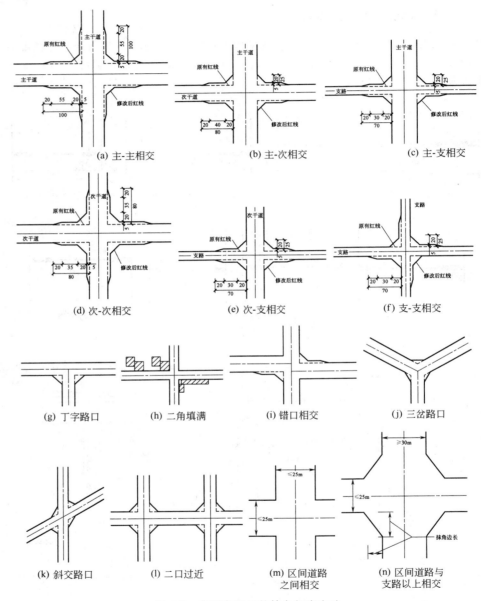

图 4-3　典型交叉口的抹角拓宽方法

4.2　停车位设计

4.2.1　城市停车规划的基本要求

　　科学、合理地编制城市停车规划可有效配置城市土地和空间资源、改善城市交通环境。城市停车规划是城市规划的重要组成部分，编制城市停车专项规划应以城市总体规划为指导并应与控制性详细规划协调一致，编制城市停车专项规划应符合城市交通发展战略目标并使城市停车设施布局与城市用地布局相适应。城市停车规划应确保配置合理、交通安全、使用方便，应满足城市交通、城市环境保护和城市防灾安全要求，同时还应与周围建筑、环境、景观协调。编制城市停车规划应遵守国家及地方有关规范、标准规定。

城市停车规划编制涉及许多专业术语。所谓"停车场"是指供机动车与非机动车停放的场所，通常由出入口、停车位、通道和附属设施等组成。所谓"机动车停车场"是指专供由动力装置驱动或牵引在道路上行驶的供乘用或（和）运送物品或进行专项作业的轮式车辆（不包括任何在轨道上运行的车辆）停放的停车场。所谓"非机动车停车场"是指专供不具备动力装置驱动或虽有动力装置驱动但设计最高时速、空车质量、外形尺寸符合有关国家标准的残疾人机动轮椅车、电动自行车等车辆停放的停车场。所谓"建筑物配建停车场"是指公共建筑和居住区依据有关规定所附设的为本建筑物内各单位就业或居住人员以及前来联系工作、洽谈业务、走亲访友等人员提供机动车、非机动车停放的专用场所。所谓"城市公共停车场"是指依据城市总体规划、控制性详细规划、综合交通规划及停车专项规划等确定的，除建筑物配建停车场外的公共停车场。所谓"路内停车"是指在道路用地红线以内划设的供机动车或非机动车停放的场所。所谓"路外停车场"是指在道路用地红线以外专门开辟、建设的停车场所。所谓"停车位"是指停车场中为停放车辆而划分的停车空间或机械停车设备中停放车辆的部位，由车辆本身的尺寸加四周必需的空间组成。所谓"公共停车位"是指面向社会开放的为各种出行者提供车辆停放服务的停车位。所谓"专用停车位"是指专为特定人群或特定车辆提供停放服务的停车位。所谓"专业停车场"是指专业运输部门内部的停车场所，主要为内部所属车辆提供停车服务。所谓"换乘停车场"是指在城市中心区以外轨道交通车站、公共交通首末站设置的停车换乘场地，其为私人汽车、自行车等提供停放空间，是引导乘客换乘公共交通进入城市中心区的停车场所。所谓"平均停车时间"是指单位时间间隔所有车辆平均停放在停车场的时间。所谓"停车能力"是指给定停车区域或停车场有效面积上单位时间间隔（小时或日）可用于停放车辆的最大车位数。所谓"车位周转率"是指单位时间段内（一日或几个小时）每个停车位平均停放车辆的次数。所谓"停车场利用率"是指某一时段内停车场实际累计停放量（车位小时）与停车设施供应量（车位小时）之比，它反映停车场地在某一时段的拥挤程度。所谓"停车集中指数"是指给定停车区域内某一时刻实际停放车辆数量与停车能力之比，它反映某一时刻给定停车区域或停车场的拥挤程度。所谓"停车需求"是指给定停车区域内特定时间间隔的停放吸引量。所谓"停车位需求"是指给定停车区域在一定的停车需求和车位周转率条件下其停车位需求的总量。所谓"单车停放面积"是指平均一辆标准车型所占用地面积，包括停车车位面积和均摊的通道面积及绿化、管理、服务等辅助设施面积。道路实际交通流量与通行能力的比值用符号 V/C 表示。

（1）城市停车规划编制的基本要求　停车场按城市规划管理要求可分为建（构）筑物配建停车场、城市公共停车场 2 种类型。城市停车场设置应遵守表 4-4 的规定，城市公共停车场按是否为停车换乘服务可分为换乘公共停车场和其它独立建设的公共停车场。目前，城市停车规划应包括建（构）筑物配建停车场、城市公共停车场及停车场交通组织的规划。建（构）筑物配建停车场规划应确定各类型建（构）筑物的停车配建指标，城市公共停车场规划应确定公共停车场的规模与布局，停车场交通组织规划应确定出入口数量、位置及交通组织方式。城市停车规划不包含专业停车场的相关内容。城市停车规划的期限应与上位系统规划的期限保持一致。规划分为远期、近期，远期规划期限一般为 20 年，近期建设规划的期限原则上应当与城市国民经济和社会发展规划的年限一致。城市停车规划应在停车调查、数据分析的基础上进行，应根据城市不同区域的停车现状、机动车拥有水平和停车需求预测结果，以交通发展战略为指导采取交通需求管理措施，应分区域采用不同的停车位供给标准。对交通枢纽、商业区等人流密集区域应进行非机动车公共停车场专项规划。停车场应为残障人士合理配置专用车位和无障碍设施。各种类型停车场应根据自身特点考虑货车停车位、出租车停车位及特殊车辆停车位的设置。

表 4-4　城市停车场分类方式

停车场分类方式	停车场类型		停车位类型
按城市规划管理分类	建(构)筑物配建停车场		专用停车位
			公共停车位
	城市公共停车场	路外	公共停车位
		路内	公共停车位

（2）城市停车规划编制中的规模与布局要求　停车场规模与布局应建立在停车需求预测基础之上。停车需求预测应在交通发展战略和城市综合交通规划指导下，以城市用地、人口规模、就业特征及停车调查分析为依据，应综合考虑城市经济发展水平进行分析预测。停车调查分析应包括分析平均停车时间、停车能力、车位周转率、停车场利用率、停车集中指数、现状停车需求、现状停车位需求等反映城市停车总体水平与停车特征的指标。停车需求预测应以停车生成率模型为基础，以城市或区域的机动车拥有水平、城市用地规划、交通特征、道路网络交通状况等因素为参数预测城市或区域停车需求总量、交通小区停车需求量及需求分布和构成等内容。

停车场规模与布局应合理。建（构）筑物配建停车场规模应根据用地指标和各城市制定的建（构）筑物停车配建指标确定，机场、车站、码头、公共交通换乘枢纽、轨道交通站点等大型公共建（构）筑物的附属停车设施应进行专项规划研究。城市公共停车场规模应以城市停车需求预测结果为基础确定，应结合现状调查分析和交通发展战略进行合理布局。城市公共停车场宜规划在客流集中的商业办公区、旅游风景区、客运枢纽和娱乐场所，同时，宜在公共交通枢纽、轨道交通换乘站以及城市道路交通走廊处规划换乘停车场。城市公共停车场规划应充分利用城市土地资源并重视地下空间的开发与利用以集约用地，宜结合城市公园绿地、广场、体育场馆及地下人防设施修建。机动车停车场的服务半径在市中心地区不宜大于 200m、一般地区不应大于 300m；非机动车（自行车）停车场的服务半径宜为 50～100m 并不应大于 200m。

城市停车位总量应合适。城市机动车车位供给总量按车与车位的比例宜采用 1∶1.1～1.3，建（构）筑物配建停车场是城市停车设施的主体应占城市机动车车位供给总量的 80% 以上，城市公共停车场规模应控制在城市车位供给总量的 20% 以内。路内停车位是城市公共停车场的一部分，应依据城市停车规划确定停车规模和设置原则。在不影响城市道路交通的前提下可设置路内停车位，其规模应控制在城市车位供给总量的 5% 以内。非机动车车位供给应视各城市具体情况和实际需要确定且其停车场地的形状也应因地制宜。

停车场用地面积估算应合理。停车场应根据使用和管理要求估算停车位数量、车辆类型、停车方式并确定单车停放面积或单车建筑面积。城市停车规划估算停车场用地时，其地面停车场小型车单车停放面积宜采用 25～30m²、大型车单车停放面积宜采用 50～60m²；其地下停车库与地上停车楼单车建筑面积宜采用 30～40m²；机械式停车库单车建筑面积宜采用 15～25m²。非机动车（自行车）每个停车位占地面积不宜小于 1.5～1.8m²。

（3）城市停车规划编制中的建（构）筑物配建停车场要求　建（构）筑物停车配建指标应合理。建（构）筑物应科学分类，首先应按用地性质、建筑性质、使用对象、建筑类型等特征划分建（构）筑物大类，然后分析各类建（构）筑物停车需求特征，再按停车需求特征差异进一步细分子类。各城市建（构）筑物大类划分须符合表 4-5 的规定，建（构）筑物子类的划分也应遵守表 4-5 的规定，建（构）筑物停车配建指标应在专题研究基础上根据各城市的具体情况确定（机动车及非机动车停车配建指标下限值应不低于表 4-5 的规定）。不同建（构）筑物应根据实际情况设置一定比例的残障人士专用车位、装卸货车车位、出租车车位、旅游巴士车位以及救护车车位等。表 4-5 中，各车型机动车停车位换算系数见表 4-6，建（构）筑物及城市公共停车场机动车停车位以小型车为标准车型，且换算当量应符合表 4-6 的规定；非机动车停车位换算系数见表 4-7，建（构）筑物及城市公共停车场非机动车停车位以自行车为标准车型，且换算当量应符合表 4-7 的规定；居住中的廉租房机动车车位不得高于 1 辆/10 户、非机动车车位不低于 1 辆/户。

表 4-5　建（构）筑物分类与停车配建指标下限值

建(构)筑物大类	建(构)筑物子类	单位	机动车	非机动车
居住	别墅	车位/户	1.0	0.5
	高级公寓	车位/户	0.8	0.5
	普通住宅	车位/户	0.3	1
	商住两用	车位/户	0.6	1
	经济适用房	车位/户	0.2	1
	危改房	车位/户	0.3	1
办公	行政办公	车位/100m² 建筑面积	0.4	1
	商业办公	车位/100m² 建筑面积	0.4	1
	其它办公	车位/100m² 建筑面积	0.4	1
商业	酒店	车位/客房	0.2	0.25
	宾馆	车位/客房	0.2	0.50
	餐饮	车位/100m² 建筑面积	0.75	1
	娱乐	车位/100m² 建筑面积	0.75	1
	银行、保险	车位/100m² 建筑面积	0.25	1
	商业	车位/100m² 建筑面积	0.4	1
	商场	车位/100m² 建筑面积	0.4	1.2
	配套商业	车位/100m² 建筑面积	0.25	2
	大型超市、仓储式超市	车位/100m² 建筑面积	0.4	1
	综合市场、农贸市场、批发市场	车位/100m² 建筑面积	0.3	1
学校	幼儿园	车位/100 师生	0.45	5
	小学	车位/100 师生	0.5	15
	中学	车位/100 师生	0.5	40
	中专职校	车位/100 师生	0.7	35
	高等学校	车位/100 师生	0.7	30
文化体育设施	体育设施	车位/100 座位	1.2	12
	展览馆	车位/100m² 建筑面积	0.4	1
	科技馆、博物馆、图书馆	车位/100m² 建筑面积	0.3	1.5
	会议中心	车位/100 座位	2.5	15
	影剧院	车位/100 座位	2.0	15
工业	厂房	车位/100m² 建筑面积	0.1	1
	仓库	车位/100m² 建筑面积	0.1	1
交通枢纽	火车站	车位/100 高峰乘客	0.2	2
	港口	车位/100 高峰乘客	0.2	2
	汽车站	车位/100 高峰乘客	0.15	3
	客运广场	车位/100 高峰乘客	0.4	3
	公交枢纽	车位/100 高峰乘客	0.1	4
	机场	车位/100 高峰乘客	0.4	2

续表

建(构)筑物大类	建(构)筑物子类	单位	机动车	非机动车
游览场所	风景公园	车位/公顷占地面积	0.015	5
	主题公园	车位/100m² 占地面积	0.02	10
	其它公园	车位/100m² 占地面积	0.01	10
医院	综合医院	车位/100m² 建筑面积	0.4	1.2
	其它医院(包括独立门诊、专科医院等)	车位/100m² 建筑面积	0.3	1.2

表 4-6　机动车停车位换算当量系数

车型	微型车	小型车	中型车	大型车	铰接车
换算系数	0.7	1.0	2.0	2.5	3.5

表 4-7　非机动车停车位换算当量系数

车型	自行车	人力三轮车	助力车、摩托车
换算系数	1.0	2.5	1.5

　　停车配建指标分区应合理。停车配建指标分区应根据城市不同区域的停车现状、土地利用、道路交通状况和机动车拥有水平,在土地规划、机动车增长率、道路交通发展水平和停车需求预测区域差别研究的基础上,以交通发展战略为指导将城市的地理空间划分成若干区域。各城市应根据分区结果确定各区域建(构)筑物停车配建指标,以指导城市不同区域的建(构)筑物配建停车场的规划与建设,引导车辆拥有与使用在城市空间上具有合理分布。

　　(4) 城市停车规划编制中的城市公共停车场要求　路外城市公共停车场设置应合理。为减少车辆噪声、废气对周边环境的影响,城市公共停车场出入口及停车坪距医院等重要建(构)筑物的距离应符合表 4-8 的规定(达不到表 4-8 要求时应设置隔音设施)。换乘停车场位置应结合公共交通规划确定,换乘停车场位置应主要设置在轨道交通首末站、轨道交通主要换乘站及部分公交枢纽站处,应满足各种交通出行方式之间转换的停车需求。换乘停车场规模应根据交通发展战略要求并结合公共交通枢纽、站点客流量等因素采用定性与定量相结合的方法研究确定。换乘停车场规划应同时考虑机动车与非机动车停车场的规划。

表 4-8　城市公共停车场环境保护距离

建筑性质	停车场	停车位/个			
		>100	50～100	20～50	<20
医院、疗养院	防噪距离/m	250	100	50	50
幼儿园、托儿所		100	50	50	25
学校、图书馆、住宅		50	25	25	15

　　路内停车位的设置应合理。设置路内停车位时其道路条件应符合表 4-9 的规定。在路内设置停车位时其道路交通服务水平需满足交通顺畅的要求且单方向道路高峰小时 V/C 应符合表 4-10 的规定。路内停车位的设置不得侵占消防通道且在距离公共汽车站和急救站 30m 范围内不得设置停车位。交叉路口、铁路道口、弯路、窄路、桥梁、陡坡、隧道、环岛、高架桥、立交桥、引桥、匝道以及距离上述地点 50m 以内的路段不得设置路内停车位。路内停车位的设置不应妨碍行车视距并应保证车辆通行安全(对居民生活影响较大的道路上不宜设置路内停车位)。

表 4-9　设置路内停车位的道路车行道宽度标准

交通组织形式	车行道宽度	路内停车设置
分隔的非机动车道	非机动车道≥5m	容许单侧停车
	非机动车道<5m	禁止停车
双向通行道路	≥12m	容许双侧停车
	8～12m	容许单侧停车
	<8m	禁止停车
单向通行道路	≥9m	容许双侧停车
	6～9m	容许单侧停车
	<6m	禁止停车
街、巷混行道路	≥9m	容许双侧停车
	6～9m	容许单侧停车
	<6m	禁止停车

表 4-10　设置路内停车位的路段交通服务水平

服务水平	交通状况	单方向道路高峰小时 V/C	路内停车位设置
A	自由流	≤0.6	容许设置
B	稳定流(轻度延误)	0.6<V/C≤0.7	容许设置
C	稳定流(可接受延误)	0.7<V/C≤0.8	禁止设置
D	接近稳定流(可忍受延误)	0.8<V/C≤0.9	禁止设置
E	不稳定交通流(拥挤)	0.9<V/C≤1.0	禁止设置
F	强制交通流(堵塞)	—	禁止设置

（5）城市停车规划编制中的停车场交通组织与规划要求　路内停车位交通组织与规划主要包括确定车辆停放方式、停车位数量、位置及附属设施的安排。路外停车场交通组织与规划主要包括确定车辆停放方式、停车通道、停车位数量和位置、停车场出入口及附属设施的安排。

停车场出入口规划应合理。大中型停车场车辆出入口不应少于 2 个，特大型停车场车辆出入口不应少于 3 个并应设置专用人行出入口（且两个机动车出入口之间的净距不小于 15m）。停车场宜采用单向出入口形式（在受视野、距离等客观条件限制时也可采用双向出入口形式）。停车场出入口的宽度在双向行驶时应不小于 7m、单向行驶时应不小于 5m。城市公共停车场的出入口不宜直接与城市主干路相连接，在城市道路为三幅路（或以上）的道路上其出入口应先与两侧辅路相连接，然后再根据道路的出入口位置汇入道路主路。城市公共停车场出入口要具有良好视野，机动车出入口的位置距人行过街天桥、地道和桥梁、隧道引道应大于 50m；距离道路交叉口停止线应大于 80m；距离公交车站近端点应大于 30m；距离城市道路的规划红线应不小于 7.5m，且在距出入口边线内 2m 处视点的 120°范围内至边线外 7.5m 以上不应有遮挡视线障碍物。

停车场交通组织应合理。停车场的交通组织应保证进出车辆和人员的交通安全并应避免人流和车流产生交织以保证车流和人流顺畅。停车场出入口设置在城市主干道上时，其机动车交通组织应采用右进右出方式（严禁左转直接穿越主干道）。停车场出入口设置在城市次干道、支路上时其机动车交通组织宜采用右进右出的方式，在不影响对向道路交通情况下可采用左转方式驶入（出）。

4.2.2　城市停车位设计的具体规定

城市停车位的基本要求有以下 3 点，即城市公共停车场应分为公共机动车停车场和自行车停车场；其服务半径在市中心地区应不大于200m；停车场建设时应同时配套建设供本单位机动车和本单位职工使用的停车场。

（1）机动车停车位设置的基本要求　凡在城市行政区域内建设以下3类大、中型公共建筑均必须按规定配套建设停车场（含停车库，统称停车场），这3类大、中型公共建筑分别为建筑面积1000m²以上（含1000m²）的饭庄；建筑面积2000m²以上（含2000m²）的电影院；建筑面积5000m²以上（含5000m²）的旅馆、外国人公寓、办公楼、商店、医院、展览馆、剧院、体育场（馆）等公共建筑，现有停车场不符合前述要求的应按规定逐步补建、扩建。城市大、中型公共建筑停车场建设标准可参考表4-11。表4-11中，露天停车场的占地面积对小型汽车按每车位25m²计算、自行车按每车位1.2m²计算，停车库的建筑面积对小型汽车按每车位40m²计算、自行车按每车位1.8m²计算；旅馆中的一类指我国现行《旅游旅馆设计暂行标准》中规定的一级旅游旅馆（二类指该标准规定的二、三级旅游旅馆，三类指该标准规定的四级旅游旅馆）；餐饮中的一类指特级饭庄，二类指一级饭庄；商场中的一类指建筑面积10000m²以上的商场，二类指建筑面积不足10000m²的商场；体育场馆中的一类指15000座位以上的体育场或3000座位以上的体育馆，二类指不足15000座位的体育场或不足3000座位的体育馆；多功能的综合性大、中型公共建筑其停车场车位可按各单位标准总和的80%计算。机动车停车位的布置见图4-4。机动停车位应按照小型汽车停车位数量计算，小型汽车停车场设计参数见表4-12。居住区配套停车位的基本要求是普通居住区按中心城区3辆/10户、其余城区5辆/10户；公寓按照1辆/户；别墅区按照2辆/户。机动车地下停车库设计应满足相关要求，即应充分考虑出入口的车道坡度、机械式升降出入口的最大负荷车位、机动车公共停车场用地面积、机动车公共停车场出入口的设置、大型体育设施和大型文娱设施的机动车停车场和自行车停车场布置等因素。机动车公共停车场用地面积按小汽车停车位数计算。并列停车位最小尺寸6m×2.5m，侧式停车位最小尺寸为6.5m×2m。地面停车场用地面积为25m²，停车楼和地下停车库的建筑面积每个停车位一般为30～35m²，立体机械式停车设施按设计数量计算。机动车公共停车场出入口的设置应符合以下3条规定，即出入口应符合行车视距要求并应右转入车道；出入口应距离交叉口、桥隧道坡道起止线50m以上；50个停车位以内可设一个出入口且其宽度宜采用双车道，50～300个车位应设两个出入口，大于300个车位时其出口和入口应分开设置且两个出入口间的距离应大于20m。大型体育设施和大型文娱设施的机动车停车场和自行车停车场应分组布置。

表 4-11　城市大、中型公共建筑停车场标准

建筑类别		计算单位	标准车位数	
			小型汽车	自行车
旅馆	一类	每套客房	0.6	
	二类	同上	0.4	
	三类	同上	0.2	
办公楼		每1000m²建筑面积	6.5	20
餐饮		每1000m²建筑面积	7	40
商场	一类	每1000m²建筑面积	6.5	40
	二类	同上	4.5	40
医院	市级	同上	6.5	40
	区级	同上	4.5	40
展览馆		同上	7	45
电影院		每100座位	3	每1000m² 45辆
剧院（音乐厅）		同上	10	同上

续表

建筑类别		计算单位	标准车位数	
			小型汽车	自行车
体育场馆	一类	同上	4.2	同上
	二类	同上	1.2	同上

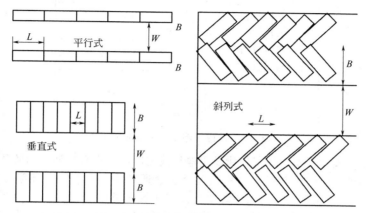

图 4-4 机动车停车位的布置示意

表 4-12 小型汽车停车场设计参数

停车方式	垂直通道方向 车位长度 B/m	平行通道方向 车位长度 L/m	通道宽度 W/m	单车面积 /m²
平行前进	2.8	7.0	4.0	33.6
30°前进	4.2	5.6	4.0	34.7
45°前进	5.2	4.0	4.0	28.8
60°前进	5.9	3.2	5.0	26.9
60°后退	5.9	3.2	4.5	26.1
垂直前进	6.0	2.8	9.5	30.1
垂直后退	6.0	2.8	6.0	25.2

（2）自行车停车位设置的基本要求 自行车停车场的设计参数见表4-13，自行车停车场的布置见图4-5。

表 4-13 自行车停车场的设计参数

停车 方式	停车带宽		车辆横向 间距 d	过道宽度		单位停车面积/m²			
	单排 B_d	双排 B_s		单排 b	双排 W	单排 一侧	单排 双侧	双排 一侧	双排 双侧
斜30°	1.0	1.6	0.5	1.2	2.0	2.2	2.0	2.0	1.8
斜45°	1.4	2.3	0.5	1.2	2.0	1.84	1.7	1.65	1.51
斜60°	1.7	2.8	0.5	1.5	2.6	1.85	1.73	1.67	1.55
垂直	2.0	3.2	0.6	1.5	2.6	2.1	1.98	1.86	1.74

4.3 交通组织设计

建设用地内的交通组织及道路规划设计应符合相关要求。新建、改扩建的建筑及其裙房（主

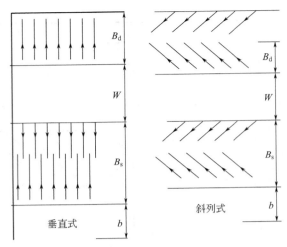

图 4-5　自行车停车场的布置示意

要指公建单体或公建成片开发）在规划建设用地红线范围内应设有交通、消防环路，以解决其内部交通及消防车的进出问题，并避免对用地外社会交通产生不良影响。环路宽度应不小于 5m，双车道时不应小于 7m。用地内车行路边缘距离高层建筑外墙宜大于 5m。

建（构）筑物主要出入口应合理设置。当地块主要出入口与城市道路发生联系时，其主要出入口应选择在道路级别低的且对城市交通影响小的道路上。特殊情况下向城市更高等级道路（次干道以上）的开口不宜超过 2 个。开口位置距离城市主干道交叉口红线交点需大于 80～100m 以外、次干道则为 70m 以外；距离非道路交叉口的过街人行道（包括引道、引桥、地铁出入口）最边缘线应不小于 10m；距离公交站台边缘应不小于 10m；距离公园、学校、儿童及残疾人等建筑的出入口应不小于 20m；与立体交叉口接近时应在起坡点以外设置。剧场、体育场馆等容易形成短时间集中人流的大型公共建筑必须在主要出入口前设置集散广场，具体面积和尺寸应视建筑性质和规模确定；紧急疏散出入口必须紧邻城市道路或有专用道路并连接至城市道路。剧院规模按观众容量可分为特大型（1601 座以上）、大型（1201～1600 座）、中型（801～1200 座）、小型（301～800 座）；电影院规模按观众容量可分为特大型（1201 座以上）、大型（801～1200 座）、中型（501～800 座）、小型（500 座以下）。为保证室外用地留有足够的绿地、机动车、非机动车停放用地、消防环路和集散空间，当建筑覆盖率大于 40% 时，其地下机动车库和非机动车库的坡道应设在建筑内，其出入口应与用地内交通环路接通但不能直接开在社会路上。公共建筑应设置有为残疾人通行的无障碍通道，若室内外有高差时应采用坡道连接，出入口的内外应留有不小于 1.5m×1.5m 的平坦的轮椅回转面积。综合医院应合理组织交通，要求其总平面设计过程中功能分区应合理、清洁路线应清楚以避免或减少交叉感染。综合医院应建筑布局紧凑、交通便捷，医院出入口应不小于二处。门诊、急诊、住院应分别设置在出入口位置。在门诊部、急诊部入口附近应设车辆停车场地，入口处须有机动车停靠的平台及雨棚。职工住宅不得建在医院用地内，若与医院用地相邻则需分隔并另设出入口。商业建筑应合理组织交通，建筑内外应组织好交通、人流、货流以避免交叉，并应考虑设有后院。商业建筑主要出入口前应留有适当的集散场地。大、中型商业建筑应有不少于两个出入口与城市道路相邻接，或基地应有不小于四分之一的周围总长度和建（构）筑物不少于两个出入口与一边城市道路相邻接。餐饮建筑的出入口应按人流货流分别设置，应妥善处理易燃、易爆物品及废弃物等的运输路线与堆场。垃圾转运站应设置在交通方便的地方，在站前区其布置应与城市道路及周围环境相协调。加油站出入口应分开设置，进、出口道路的坡度不得大于 6%，停车场内单车道宽度不应小于 3.5m、双车道宽度不应小于 6.5m。公交首末站应合理组织交通。公交首末站宜设置在城市道路用地以外的用地上且周围应有一定空地，其道路使用面积在较富裕而人口比较集中的居住区、商业区或文体中心附近时每处用地面积可按 1000～1400m² 计算。应设置几条线路共用的交通枢纽站。不应在平交路口附近设置首末站。首末站必须严格分隔开入口和出口，非铰接车出入口宽度应不小于 7.5m。邻城市道路开设出入口应遵守专门的规定。路口抹角拓宽范围内不得开设个体建筑单独使用的出入口；距离抹角拓宽起始点 80m 范围内不应开设个体建筑单独使用的出入口；出入口转弯半径应符合道路设计规范要求；因特殊需要出入口过宽时应分成两个车道；与同一路段其它机动车出入口间距应大于转弯半径的 2 倍。

居住区的道路交通应合理设置。主要小区内至少应有两个出入口；居住区内主要道路至少应有两个方向与外围道路相连；机动车道对外出入口数应控制。机动车出入口间距应不小于 150m。当沿街建（构）筑物长度超过 160m 时，应设洞口尺寸不小于 4m×4m 的消防车通道。人行出口间距不宜超过 80m，超过时应在建筑底层加设人行通道口。居住区内道路与城市道路相连接时的交角不宜小于 75°；当居住区内道路坡度较大时应设缓冲段与城市道路相接。居住区内尽端式道路的长度不宜大于 120m 并应设不小于 12m×12m 的回车场地。居住区内外联系应适于消防车、救护车、商店货车和垃圾车等的通行且同时应避免过境车辆穿行。道路规划应满足居住区的日照通风要求和地下管线埋设要求。居住区内道路可分为居住区道路（红线宽度不宜小于 20m）、小区路（路面宽 5～8m，建筑控制线之间的宽度不宜小于 14m）、组团路（路面宽 3～5m，建筑控制线之间的宽度不宜小于 10m）和宅间小路（路面宽度不宜小于 2.5m）4 级。居住区道路边缘指道路红线；小区、组团宅间小路的边缘指路面边线，当小区路设有人行便道时其道路边缘指便道边线。临街布置的住宅，其出入口应避免直接开向城市道路和居住区级道路。居住区内道路边缘至建（构）筑物的最小距离应符合表 4-14 的规定。

历史文化保护区的道路交通应遵守专门的规定。

表 4-14　居住区内道路边缘至建（构）筑物的最小距离要求

建(构)筑物与道路关系	面向道路、无出入口		面向道路、有出入口	山墙面向道路		围墙面向道路
居住区道路/m	高层 5	多层 3		高层 4	多层 2	1.5
小区路/m	3	3	5	2	2	1.5
组团路以下/m	2	2	2.5	1.5	1.5	1.5

第5章
绿化环境规划设计要求

5.1 城市绿化规划指标

5.1.1 城市绿地规划的基本要求

我国城建规划领域一段经典谚语曰"水为城魂绿为魄，场馆意深慎决夺。一方水土一方城，天地相合人脉活"，深刻揭示了城市绿化的重要性。城市绿地规划的目的是落实生态文明建设理念和科学发展观、创造良好城市生态环境、有效利用城市土地空间、促进城市社会经济可持续发展、实现城市地区人与自然和谐共存，因此，提高城市绿地规划的工作质量至关重要。城市绿地规划工作应遵循以下5条基本原则，即保证绿量、保障生态、城乡统筹、以人为本、经济实用。所谓"保证绿量"是指城市建设应根据城市功能的发挥和发展需求配置必要的城市绿地以确保城市绿地与城市人口、用地规模相对应。所谓"保障生态"是指城市绿地规划应通过合理布局以有效发挥绿地生态服务功能（提倡城市绿化以种植乔木和乡土植物为主）。所谓"城乡统筹"是指城市绿地规划应统筹安排城市规划区内的各类绿地，应构建区域平衡、城乡协调、人与自然和谐共存的绿地系统。所谓"以人为本"是指城市绿地规划应综合考虑绿地的景观游憩与防灾避险功能，应构建宜人环境，绿地建设要做到平时有利于居民身心健康，在出现灾害时其应有助于防灾减灾。所谓"经济实用"是指城市绿地规划应因地制宜，应充分考虑土地利用、建设成本、管养费用等经济因素提高城市绿地建设的可操作性和绿地养护的可持续性。城市绿地规划应遵守国家现行有关法律、法规和强制性标准的规定。

城市绿地规划编制涉及许多专业术语。所谓"城市绿地"是指《城市绿地分类标准（CJJ/T 85）（J 185）》中的城市绿地。所谓"游赏用地"特指公园内可供游人使用的有效游憩场地面积。所谓"防灾公园"是指城市在发生地震等严重灾害时为保障市民生命安全、强化城市防灾结构而建设的具有避难疏散功能的绿地。所谓"滨水带状公园"是指沿江、河、湖、海建设的，对水系起保护作用的，与水系共同发挥城市生态廊道作用的，设有一定游憩设施的狭长形绿地。所谓"城墙带状公园"是指沿城墙遗迹或遗址等设置可对其起保护和展示作用的狭长形绿地，其可发挥城市生态廊道作用，为设有一定游憩设施的狭长形绿地。所谓"道路带状公园"是指沿城市道路建设、具有景观轴线或生态廊道功能、设有一定游憩设施的狭长形绿地。所谓"城市绿化隔离带"是指在城市组团、功能区之间设置的，用以防止城市无序蔓延、保留未来发展用地、提供城市居民休憩环境以及保护城市安全和生态平衡的绿色开敞空间。所谓"郊野公园"是指位于城市郊区以自然风光为主，以生态系统保护、游览休闲、康乐活动和科普教育为主要功能的区域性公园。所谓"湿地公园"是指纳入城市绿地系统的，具有湿地生态功能和典型特征的，以维护区域水文过程、保护物种及其栖息地、开展生态旅游和生态环境教育为目的的湿地景观区域。所谓"城市绿线"是指城市各类绿地的范围控制线。

（1）城市绿地规划编制的总体要求　城市绿地规划过程中应根据城市性质、规模、用地、空间布局等总体要求分别确定各类城市绿地的位置、性质、规模、功能要求、用地布局、主要出入口设置方位及其边界控制线，进而确定其对周边道路、交通、给水、排水、防洪、供电、通信等各类市政设施的配套要求。城市绿地规划应考虑城市绿地的防灾避险功能。地震烈度在 6 度以上的城市应结合城市公园绿地设置防灾避险场地，其用地比例不得少于总面积的 30％。位于地震活动带上城市应设置防灾公园。城市旧区改造中应安排紧急避险绿地和疏散通道。不具备防灾避险条件的城市绿地、需要特别保护的动物园、文物古迹密集区、历史名园等不纳入城市防灾避险体系，但应做好公园自身的防灾避险工作并完善相应的基本设施。城市公园绿地应根据城市用地条件和发展需要设置，应按适宜的服务半径分类均衡布置，综合公园和社区公园的选址应有利于方便市民使用和创造特色城市景观。城市公园范围内的大面积水体应纳入公园用地统一规划并计入公园总面积，利用山林地建设城市公园的其坡度小于 20％ 的缓坡平地面积应不低于公园总面积的 30％。城市公园绿地的规划建设一般应按规定程序顺序进行，即立项规划→勘察设计→施工建设→竣工验收→移交管理，在公园规划建设过程中要坚持"政府主导、专家领衔、部门合作、公众参与"原则。城市绿化用地应保证足够的种植土层厚度。在城市旧区鼓励开展屋顶绿化，满足合理覆土深度（灌木不小于 0.8m，乔木不小于 1.5m）且高度在 18m 以下的屋面绿化可按 60％ 的比例计入附属绿地统计面积。位于城市建设用地以外、城市规划区范围以内的其它绿地应纳入城市绿地系统规划，并与城市建设用地内的绿地共同构成完整的绿地系统。城市绿地规划中应考虑天然降水的收集储存和利用问题，应重视太阳能、风能、沼气的收集利用，提倡城市绿地使用城市中水或再生水。城市绿地的植物配置应根据气候条件、绿地功能和景观需要有针对性地选择，提倡采用本土植物，应积极采用乔灌草和花卉相结合的形式。

（2）城市绿地规划编制的总体布局　综合公园应在城市绿地系统规划中优先考虑，其规划面积应与城市规模相匹配。市、区两级的综合公园应结合城市道路系统呈网络化布局以方便市民游憩。综合公园的单个面积一般不宜小于 5hm²。社区公园应结合城市居住区进行布局并应满足 300～500m 的服务半径，其单个面积一般可在 0.1～5hm² 之间。直辖市、省会城市和主要的风景旅游城市可设置动物园或野生动物园，一般城市不宜设置动物园。动物园的选址应位于城市近郊并在城市的下游及下风向地段，动物园应远离城市各种污染源，动物园要有配套较完善的市政设施，动物园要求水源充足、地形丰富、植被良好。100 万人以上的特大城市应设置植物园；具有特殊气候带或地域植物特色的城市宜设置植物园或专类植物园；其它城市可根据需要进行设置。植物园的选址要求水源充足、土层深厚、现状天然植被丰富、地形有一定变化，植物园应避开城市污染源。带状公园宜选择滨水、沿山林、沿城垣遗址（迹）等资源丰富的地区进行建设，应以带状公园为依托加强城市景观风貌的保护和塑造，带状公园应以城市道路或自然地形等为界。街旁绿地的设置应沿城市道路进行并应位于道路红线之外，其边界与城市道路红线重合，应结合城市道路及公共设施用地进行布局，其形态可分为广场绿地和沿街绿地。生产绿地可在城市规划区范围内选址建设且其总面积应不少于城市建设用地面积的 2％。城市外围、城市功能区之间、城市粪便处理厂、垃圾处理厂、水源地、净水厂、污水处理厂、加油站、化工厂、生产经营易燃、易爆以及影响环境卫生的商品工厂、市场，生产烟、雾、粉尘及有害气体等的工业企业周围必须设置防护绿地，其外围还应设置必要的绿化隔离带。城市快速路、主干路、城区铁路沿线应设置防护绿地，防护绿地宜采用乔木、灌木、地被植物复层混交的绿化结构形式。其它绿地建设应划定明确的边界并通过绿线进行管理和控制。确定城市绿地总体布局时应根据生态系统的完整性和价值高低划定保护分区并分别确定保护要求，包括生态核心区、生态缓冲区、生态廊道、生态恢复区等，应在保护分区的基础上进一步合理制定功能分区、游憩分区、管理分区等，规划目标应与市域空间管制的禁止建设地区、限制建设地区相一致。

（3）城市公园绿地规划的基本要求　综合公园与社区公园均为城市居民主要的日常休憩场所，其服务对象与绿地性质相近，开放程度与使用强度在城市绿地中属于最高类别，有明显的共性。按公园面积大小的不同，综合公园与社区公园可分为 6 个规模等级，即 A 级＞50hm²，20hm²＜B 级＜50hm²，3hm²＜C 级＜20hm²，1hm²＜D 级＜3hm²，0.3hm²＜E 级＜1hm²，0.1hm²＜F 级＜0.3hm²。各个规模等级的综合公园和社区公园应在城市中均衡分布、系统布局，公园配套设施水平应达到一定的合理服务半径并符合表 5-1 的要求。城市公园绿地规划需考虑适宜的环境容量（一般可通过人均公园面积指标进行控制），综合公园与社区公园规划建设的合理环境容量须结合公园用地布局结构加以确定（具体可参考表 5-2）。规划确定城市综合公园与社区公园建设规模时还应考虑一些不确定因素对公园环境容量的影响，比如公园服务半径范围内人口、经济、社会文化、传统习俗及地理气候条件等，使公园环境容量具有一定弹性以利于适应城

表 5-1　综合公园与社区公园的设置规模、服务半径和主要内容

公园类型		规模等级	适宜规模/hm²	服务半径	主要服务对象	主要项目内容
综合公园	市级综合公园	A	>50	>3000m（乘车 30～60min 内）	全市居民	具有良好的自然或人工营造风景资源，区位良好，交通便捷，易达性强。能够为全市的城市居民提供多样性的户外游憩活动空间，如野营、划船、垂钓、游泳、烧烤、探险、散步、观光、体育运动、科学研究、文化教育等。活动内容设施齐全
	区级综合公园	B	20～50	2000～3000m（骑车 30min 内，乘车 20min 内）	全市居民	具有良好的自然风景资源，交通便捷，靠近居住区域。能够为所在区的城市居民提供自然或人工环境区域，以满足其户外游憩活动需求，如野营、划船、垂钓、游泳、烧烤、探险、散步、观光、体育运动等
		C	5～20	1200～2000m（骑车 20min 内，乘车 10min 内）	市辖区居民	有明确的功能分区，提供的设施种类繁多，具有多样性的环境，包括具有运动复合体的集中游憩设施。可以满足一定区域内市民对康乐活动的广泛需要。包括集中游憩设施的区域，也可包括可提供户外休息、散步、观光、游览、野营等户外活动区域
			3～10	800～1200m（步行 20min 内）	居住区居民	
社区公园	居住区公园	D	1～3	500～800m（步行 8～15min 内）	近邻居民	以动态康体活动为主，兼顾静态休闲。为主流的康体活动及青少年运动提供场地设施；同时也为静态康乐活动提供场所
	小区游园	E	0.3～1	300～500m（步行 5～8min 内）	近邻居民	动静态休闲结合，为居民提供休息和休闲活动场所。提供少量康体设施。具有集中的游憩活动项目，如儿童游戏场、溜冰场等
		F	0.1～0.3	200～300m（步行 3～5min 内）	居住区内老人和儿童	以静态活动为主，并兼顾某些动态康体活动。主要设有儿童游乐场所、老人康体场所。为有限人口或特殊群体如老人、儿童、残障人士等提供特别的休闲设施

表 5-2　综合公园与社区公园环境容量规划指标

公园类型		规模等级	适宜规模/hm²	服务半径	适宜的人均公园面积/m²	服务半径内城市人口人均公园面积/m²
综合公园	市级综合公园	A	>50	>3000m（乘车 30～60min 内）	50～70	≥3（容纳10%市民同时游园）
	区级综合公园	B	20～50	2000～3000m（骑车 30min 内，乘车 20min 内）	50～70	
		C	5～20	1200～2000m（步行 40min，骑车 20min 内，乘车 10min 内）	30～50	≥2
			3～10	800～1200m（步行 20min 内）		
社区公园	居住区公园	D	1～3	500～800m（步行 8～15min 内）	20～30	≥2
	小区游园	E	0.3～1	300～500m（步行 5～8min 内）	20～30	
		F	0.1～0.3	200～300m（步行 3～5min 内）	10～20	

市社区生活方式的变化。综合公园与社区公园的建设用地平衡应以园内可供游人使用的有效游憩场地面积（即"游赏用地"）为依据进行规划控制，代计算方式为：公园游赏用地＝（公园总用地面积－园内景观水体面积）×坡度面积修正系数，式中，坡度修正系数可参考表 5-3。综合公园与社区公园规划建设用地平衡指标宜按表 5-4 实施控制。综合公园与社区公园内需设置的基本设施主要有休闲游憩、交通导游、安全卫生、商业服务、市政配套、防灾避灾以及园务管理等类别，各规模等级的公园对相关设施的配备应有不同要求，具体可参考表 5-5。综合公园与社区公园的功能设施可分为应设置、宜设置、可设置及不宜设置等 4 类，其基本功能区的设置内容包括休闲游憩、游戏康体、文化教育、园务管理、商业服务、大型游乐、体育运动等 7 项，详见表 5-6。公园中可适当设置小型商业服务及游乐运动项目以方便市民游憩生活需要和提升公园使用功能，比如餐厅、茶室、游乐设施、小型球场等。在公园规划建设工作中应妥善控制此类项目的用地比例以保证公园作为生态绿地的基本属性。综合公园应配套方便的公共交通和停车设施，其出入口不应设在交通性主干道上。综合公园与社区公园的植物造景配置应遵循以下 7 条原则，即适地适树并尽量提高公园内应用植物种类的多样性；公园植被结构应以乔木为主并努力建构优良的复层植物群落；应注重营造各公园景区的植物景观特色；植物造景配置须兼顾近、远期景观效果；植物造景配置应符合当地市民的游赏习惯并应创造群众喜闻乐见和有地方特色的游憩空间；公园内建（构）筑物的屋顶绿化须满足乔灌草等植物土层厚度与承重、防水安全要求；公园内草坪与林地的比例应按表 5-7 控制，在大、中型综合公园内应规划设置一定面积的生态保育地，其用地比例宜控制在公园总面积的 10% 左右，其中生态保育地与风景林地在规划控制指标上可以重叠。城市综合公园与社区公园的规划建设应力求合理运用自然、历史与文化资源，充分发挥地带性植物特色，营造一定的主题景观，开展有特色的游憩活动，其主要的实现途径有以下 5 条，即应充分利用历史文化古迹等有利资源并整合为公园特色景观；应运用主题雕塑或建、构筑物等设施营造特色景观；应通过园内一定规模的特色植物配置形成特色景观；以营造园中园、精品园或专类景区形成特色景观；应举办大型季节性、主题游憩活动创造公园特色。

表 5-3　公园建设用地面积计算的坡度修正系数

斜坡坡度	计算在供应标准内的土地面积百分比	说　　明
＜1:10	100%	全部计入公园供应标准土地
1:5～1:10	60%	进行适当地块平整工程后宜作动态游憩活动
1:5～1:2	30%	适合作静态游憩活动
＞1:2	无	不宜作公园休憩活动用地

表 5-4　综合公园与社区公园游赏用地比例控制

公园类型		公园用地面积/hm²	公园内各分项游赏用地比例/%					
			园路场地	游戏康体	园林建筑	园务管理	植被绿地	体育游乐
综合公园	市级综合公园	＞50	5～15	＞2	＜3.5	＜1	＞75	＜3
	区级综合公园	20～50	5～15	＞3	＜4	＜1	＞75	＜5
		5～20	5～15	＞3	＜5	＜2	＞70	＜5
社区公园	居住区公园	3～10	10～20	＞5	＜3	＜1	＞70	＜7
		1～3	10～20	＞10	＜2	—	＞70	＜10
	小区游园	0.3～1	15～25	＞10	＜1	—	＞65	＜10
		0.1～0.3	20～30	＞10	＜0.5	—	＞65	—

表 5-5　综合公园与社区公园的基本设施规划配置

基本设施配置		公园规模/hm²						
		社区公园				综合公园		
		小区游园		居住区公园		区级综合公园	市级综合公园	
		0.1~0.3	0.3~1	1~3	3~5	5~20	20~50	>50
游憩休闲设施	休息椅凳	☆	☆	☆	☆	☆	☆	☆
	遮阳避雨设施	◎	☆	☆	☆	☆	☆	☆
	游戏健身设施	☆	☆	☆	☆	☆	☆	☆
	观赏游憩空间	☆	☆	☆	☆	☆	☆	☆
交通导游系统	园路分级	2	2	2~3	3	3	3	3
	停车场	—	—	—	◇	◎	☆	☆
	自行车存放处	—	—	◇	◇	☆	☆	☆
	无障碍设施	☆	☆	☆	☆	☆	☆	☆
	门岗	—	◇	◎	◎	☆	☆	☆
	标识系统	◎	◎	◎	☆	☆	☆	☆
卫生安全设施	垃圾箱	☆	☆	☆	☆	☆	☆	☆
	公厕	—	◇	◎	◎	☆	☆	☆
	治安亭	—	—	◎	◎	◎	☆	☆
	医疗设施	—	—	◇	◎	◎	☆	☆
	警示标识	☆	☆	☆	☆	☆	☆	☆
商业服务设施	小卖部、服务部	—	◇	◎	◎	☆	☆	☆
	餐厅、茶座	—	—	—	—	◎	☆	☆
	摄影、工艺品	—	—	—	◇	◇	◎	◎
	游艺设施	—	—	—	◇	◇	◇	◇
市政设施	电力照明	☆	☆	☆	☆	☆	☆	☆
	给排水	☆	☆	☆	☆	☆	☆	☆
	能源、通信	—	—	◇	◇	◎	☆	☆
园务管理设施	管理办公处	—	◇	◎	◎	☆	☆	☆
	仓库、修理间	—	◇	◎	◎	☆	☆	☆
	广播宣传室	—	—	◇	◇	◎	☆	☆
	生产圃地	—	—	—	◇	◎	☆	☆
	垃圾中转站	—	—	—	◇	◎	☆	☆
防灾避灾设施		—	◇	◇	◎	◎	◎	◎

注："☆"表示应设置，"◎"表示宜设置，"◇"表示可设置，"—"表示不宜设置。

专类公园应科学规划。植物园的用地规模宜大于40hm²（专类植物园不宜小于2hm²）；植物园的用地比例应符合《公园设计规范（CJJ—48）》要求；植物园周边应有快捷、方便的公共交通系统。动物园的用地规模宜大于20hm²（专类动物园5~20hm²为宜）；动物园的用地比例应符合《公园设计规范（CJJ—48）》的要求；动物园周边应有快捷、方便的公共交通系统。儿童公园面积宜大于2hm²且不宜超过20hm²（儿童公园可独立设置或结合城市综合公园设置）；儿童公园的的用地比例应符合《公园设计规范（CJJ—48）》要求。历史名园规划应符合《中华人民共和国文

表 5-6　综合公园与社区公园的基本功能区规划配置

基本功能设置		公园规模/hm²						
		社区公园				综合公园		
		小区游园		居住区公园		区级综合公园	市级综合公园	
		0.1~0.3	0.3~1	1~3	3~5	5~20	20~50	>50
1	休闲游憩	☆	☆	☆	☆	☆	☆	☆
2	游戏康体	☆	☆	☆	☆	☆	☆	☆
3	文化教育	◎	◎	◎	☆	☆	☆	☆
4	园务管理	—	—	◇	◎	☆	☆	☆
5	商业服务	—	—	◇	◎	◎	☆	☆
6	大型游乐	—	—	—	◇	◎	◎	◎
7	体育运动	—	◇	◇	◎	◎	◇	◇

注："☆"表示应设置，"◎"表示宜设置，"◇"表示可设置，"—"表示不宜设置。

表 5-7　综合公园与社区公园的绿地结构规划控制指标

公园类型		公园规模/hm²						
		社区公园				综合公园		
		小区游园		居住区公园		区级综合公园	市级综合公园	
		0.1~0.3	0.3~1	1~3	3~5	5~20	20~50	>50
绿地构成	草坪占绿地比例	<30%	<30%	<30%	<25%	<25%	<20%	<20%
	风景林地占绿地比例	>70%	>70%	>70%	>70%	>70%	>70%	>70%
	生态保育地占绿地比例	—	—	—	>10%	>10%	>15%	>20%

物保护法》的规定并应保护历史名园的原真性和完整性；历史名园外围应划定建设控制区与环境协调区并制定相应的保护规划。风景名胜公园的规模应根据风景名胜区与城区界线的交叉范围确定；风景名胜公园的规划应符合《风景名胜区规划规范》的要求。防灾公园的规模宜大于20hm²；防灾公园应根据防灾功能需要在公园总体布局中对场地、道路、水电供应、通信、医疗救助、食物储备、直升机停机坪等做出统筹安排。其它专类公园应有名副其实的主题内容且全园面积宜大于 2hm²。专类公园的用地比例可参考表 5-8。

表 5-8　专类公园用地比例参考　　　　　　　　　　单位：%

陆地面积 P/hm²	用地类型	专类公园类型						
		儿童公园	动物园	专类动物园	植物园	专类植物园	风景名胜公园	其它专类公园
P<2	Ⅰ	15~25	—	—	—	15~25	—	—
	Ⅱ	<1.0	—	—	—	<1.0	—	—
	Ⅲ	<4.0	—	—	—	<7.0	—	—
	Ⅳ	>65	—	—	—	>65	—	—
2≤P<5	Ⅰ	10~20	—	10~20	—	10~20	—	10~20
	Ⅱ	<1.0	—	<2.0	—	<1.0	—	<1.0
	Ⅲ	<4.0	—	<12	—	<7.0	—	<5.0
	Ⅳ	>65	—	>65	—	>70	—	>70

续表

陆地面积 P/hm²	用地类型	专类公园类型						
		儿童公园	动物园	专类动物园	植物园	专类植物园	风景名胜公园	其它专类公园
5≤P<10	Ⅰ	8~18	—	8~18	—	8~18	—	8~18
	Ⅱ	<2.0	—	<1.0	—	<1.0	—	<1.0
	Ⅲ	<4.5	—	<14	—	<5.0	—	<4.0
	Ⅳ	>65	—	>65	—	>70	—	>75
10≤P<20	Ⅰ	5~15	—	5~15	—	—	—	5~15
	Ⅱ	<2.0	—	<1.0	—	—	—	<0.5
	Ⅲ	<4.5	—	<14	—	—	—	<3.5
	Ⅳ	>70	—	>65	—	—	—	>80
20≤P<50	Ⅰ	—	5~15	—	5~10	—	—	5~15
	Ⅱ	—	<1.5	—	<0.5	—	—	<0.5
	Ⅲ	—	<12.5	—	<3.5	—	—	<2.5
	Ⅳ	—	>70	—	>65	—	—	>80
P≥50	Ⅰ	—	5~10	—	3~8	—	3~8	5~10
	Ⅱ	—	<1.5	—	<0.5	—	<0.5	<0.5
	Ⅲ	—	<11.5	—	<2.5	—	<1.5	<1.5
	Ⅳ	—	>75	—	>85	—	>85	>85

注：Ⅰ为园路及铺装场地；Ⅱ为管理建筑；Ⅲ为游览、休憩、服务、公用建筑；Ⅳ为绿化用地。

　　带状公园分为滨水带状公园、城墙带状公园和道路带状公园三类。带状公园规模设置应符合以下 3 条规定，即带状公园应根据依托载体的尺度大小及保持生态效应要求确定其规模（规模宜大于 5hm²）；带状公园最窄处宽度必须满足游人通行、绿化种植带的延续以及小型游憩设施的布置要求（其最小宽度不得小于 12m）；带状公园的长度应根据滨水、城墙、道路等所处特定的地理条件确定（考虑到其具有生态廊道效应，故带状公园长度应大于 1km）。带状公园内部用地比例应根据公园类型和陆地面积确定，其绿化、建筑、园路及铺装场地等主要用地的比例宜遵守表5-9 的规定，带状公园的其它用地比例可根据用地条件和市场需求酌情考虑。表 5-9 中的用地为园区主要用地，比例不足 100%，其余是水面、构筑物等其它地。带状公园保护控制应满足以下 3 方面要求，即滨水带状公园应根据水源和现状地形等条件确定各类水体的形状和使用要求，应按照水系保护要求划定必要的保护范围，应对河道驳岸的处理提出合理化的建议和规定；城墙带状公园应按当地城墙保护法规要求划定城墙两侧一定距离为城墙保护范围并应严禁在该范围内进行任何建设，城墙保护范围外侧一定距离为控制范围，应以绿化为主，也可建设少量、低层与公园相关的小型配套设施；道路带状公园应设置在交通量较小的生活性干道附近（不得设置在交

表 5-9　带状公园主要用地比例

用地类型	绿化用地	建筑用地		园路及铺装场地
		管理建筑	公用建筑	
滨水带状公园	>65%	<0.5%	<1.5%	10%~15%
城墙带状公园	>80%	<0.5%	<1.0%	10%~15%
道路带状公园	>70%	<0.5%	<1.0%	10%~25%

通性干道附近）且其植物配置应保证道路视线通畅（不得影响车辆的安全通行）。街旁绿地一般包括广场绿地、沿街绿地等 2 类。街旁绿地环境容量设置宜遵循以下 2 条要求，即城市广场绿地总面积宜按城市人口 $0.1 \sim 0.4 \text{m}^2/$ 人计算（其规划环境容量指标可参考表 5-10）；沿街绿地宜大于 1000m^2。

表 5-10　广场绿地环境容量规划指标

规模等级	适宜规模/hm²	服务半径/m	服务半径内城市人口人均广场绿地面积/m²
特大城市	＞5	＞3000	≥0.10
大中城市	3～4		≥0.12
小城市	1～2	1200～2000	≥0.15
区级			
居住区级	0.5～1.0	500～800	≥0.2

街旁绿地指标控制应符合要求，即广场绿地的绿化用地比例应不小于 40% 且沿街绿地的绿化用地比例应不小于 65%；街旁绿地建筑密度宜控制在 1% 以下且容积率宜控制在 0.03 以下。街旁绿地设施应配套成龙，广场绿地功能设施设置的主要内容应包括休闲游憩、游戏康体、文化教育、园务管理、商业服务、防灾避灾等 6 项，具体可参考表 5-11；沿街绿地应以绿化游憩为主，其它功能可不作要求。街旁绿地植栽应遵守以下 2 条规定，即应以常绿树种为主（应乔、灌、草和花卉合理搭配将防护与观赏有机结合）；乔、灌木不应选用枝叶有硬刺或枝叶形状呈尖硬剑、刺状以及有浆果或分泌物坠地的种类，铺栽草坪应选用耐践踏的种类。停车场的植物配置应根据不同生态条件和植物习性形成庇荫以避免阳光直射车辆、改善停车场环境，停车场宜采用混凝土或塑料植草砖铺地并应选择耐受性强的抗压植物（鼓励结合广场绿地建设地下停车库）。

表 5-11　广场绿地基本设施规划配置

基本设施配置		广场绿地	基本设施配置		广场绿地
游憩休闲设施	休息椅凳	☆	商业服务设施	小卖部、服务部	◇
	遮阳避雨设施	☆		餐厅、茶座	◇
	游戏健身设施	☆		摄影、工艺品	◇
	观赏游憩空间	☆		游艺设施	◇
交通导游系统	园路分级	—	市政设施	电力照明	☆
	停车场	◎		给排水	☆
	自行车存放处	☆		能源、通信	◎
	无障碍设施	☆	园务管理设施	管理办公处	◎
	门岗	—		仓库、修理间	
	标识系统	☆		广播宣传室	◇
卫生安全设施	垃圾箱	☆		生产圃地	
	公厕	◎		垃圾中转站	
	治安亭	◇	防灾避灾设施		☆
	医疗设施	◇			
	警示标识	☆			

注："☆"表示应设置，"◎"表示宜设置，"◇"表示可设置，"—"表示不宜设置。

（4）防护绿地规划的基本要求　城市防护绿地包括具有卫生、安全、隔离等功能的各类防护绿带、防风林等。水源地周围必须设置防护绿带且其宽度应满足《城镇及工矿供水水文地质勘查规范（DZ44）》的要求，植物配置应选择净化能力强、抗风、滞尘的植物。净水厂周围必须设置防护绿带且其宽度应满足《城市给水工程规划规范（GB 50282）》的要求，植物配置也应选择净化能力强、抗风、滞尘的植物。粪便处理厂周围必须设置防护绿带且其宽度不宜小于100m，植物配置应选择枝叶浓密、抑杀细菌、净化效能好的植物。污水处理厂周围必须设置防护绿带且其宽度不宜小于50m，植物配置也应选择枝叶浓密、抑杀细菌、净化效能好的植物。垃圾处理厂周围必须设置防护绿带且其宽度不宜小于50m，植物配置同样应选择枝叶浓密、抑杀细菌、净化效能好的植物。工业区与非工业区之间应设置防护绿带且其宽度不宜小于50m，植物配置应选择枝叶茂密、抗污性能好、净化能力强、降噪声能力强的植物。学校与道路主干线之间应设置防护绿带且其宽度不宜小于10m，植物配置应选择枝叶茂密、降噪、滞尘的植物。医院与道路主干道、商业区之间应设置防护绿带且其宽度不宜小于15m，植物配置应选择枝叶浓密、降噪声效果好、抑杀细菌、净化效能好、有助于治疗康复和精神慰藉的植物。快速路防护绿带宽度单侧不宜小于30m，植物配置应选择枝叶茂密、耐污染、吸尘、降噪声能力强的植物。城市主干道防护绿带宽度单侧不宜小于10m，植物配置应结合城市景观需要采用乔灌木结合形式。城区铁路沿线防护绿带宽度单侧不宜小于30m，专用铁路线防护绿带单侧不宜小于10m。受风沙、风暴潮侵袭的城市，在盛行风向的上风侧应设置两道以上防风林带且其每道宽度不宜小于50m。

（5）附属绿地规划的基本要求　附属绿地包括居住绿地、道路绿地、公共设施绿地、工业绿地、仓储绿地、对外交通绿地、市政设施绿地和特殊绿地等。

居住绿地规划应遵守以下几方面规定。居住绿地规划宜与居住区规划同步进行，应结合居住区的规划布局形式、环境特点及用地的具体条件统筹安排。居住绿地规划应综合考虑周边道路路网、车行与人行交通、建筑布局、空间环境等综合因素以构建结构合理、使用方便、景观优美的绿地系统。居住绿地布局应方便居民使用并应有利居民户外活动和植物正常生长，应综合考虑安全防卫和物业管理要求。居住绿地内宜设置一定面积的老年人、儿童活动场地。居住绿地植物配置应遵循以下3条基本原则，即绿化应以乔木为主（强调乔木、灌木与地被植物相结合）；植物选择应适地适树并应符合植物间伴生的生态习性；宜保留有价值的原有树木（对古树名木应予以保护）。新建居住区居住绿地应不小于居住区用地面积的30%，改建、扩建居住区居住绿地应不小于居住区用地面积的25%。居住绿地中的道路绿地率不宜小于15%。居住绿地绿化面积（不含水面）不宜小于70%。居住绿地面积统计应符合以下4条要求，即居住区内的私家庭院、独立运动场地不应计入居住绿地面积统计；在组团绿地内设置的面积不超过组团绿地面积25%的儿童活动场地和综合健身场地可计入居住绿地面积；按现行《种植屋面工程技术规程（JGJ 155）》设计实现永久绿化且满足当地植树绿化覆土要求并方便居民出入的地上、地下或半地下建筑的屋顶绿化可计入居住绿地面积；居住绿地面积计算要求应符合《城市居住区规划设计规范（GB 50180）》中的相关规定。居住绿地中的组团绿地设置应符合表5-12的规定。院落式组团绿地的设置应符合现行《城市居住区规划设计规范（GB 50180）》中的相关要求。

表 5-12　组团绿地控制指标

绿地名称	最小规模/hm²	占居住区用地比例/%	总面积单位指标（居住区人口规模）	绿化面积（不含水面）	布局要求
组团绿地	0.04	3～6	≥0.5m²/人（旧区应不低于本指标的70%）	不宜小于70%	至少应有一个边与相应级别的道路相邻，不少于1/3的绿地面积在标准的建筑日照阴影线范围之外

道路绿地规划应符合以下6条要求，即道路规划时应同时确定道路绿地率；道路绿地率应符合现行《城市道路绿化规划与设计规范（CJJ 75）》中的相关要求；道路绿地内的绿带宽度不宜小于1.5m；道路绿地布局应综合考虑道路交通需求、交通安全、景观效果、市政设施布置以及与沿路建（构）筑物、公园绿地、河道等的关系；道路绿地景观规划宜与毗邻的其它类型绿地相

结合；道路绿地景观规划应体现城市地方特色和城市风貌并应与建筑、市政设施等共同组成街道景观。

　　公共设施绿地规划应遵守以下规定。文化娱乐用地、教育科研设计用地、行政办公用地、体育用地内的绿地率应不低于 35%。商业金融用地的绿地率应不低于 20%。其它公共设施用地的绿地率应不低于 30%。公共设施绿地的绿化面积不应小于 70%。公共设施绿地统计应符合以下 6 点要求，即集中成片的绿地应按实际范围计算；绿地中的园林设施和场地占地可计算为绿地面积；庭院绿化的用地面积可按设计中可用于绿化的用地计算，但距建筑外墙 1.5m 和道路边线 1m 以内的用地不计算为绿化用地；宅旁（宅间）绿化面积计算时的起止绿地边界对无便道的道路算到路缘石，当道路设有人行便道时算到便道边；房屋墙脚 1.5m 内部计算为绿地，对其它围墙、院墙可计算到墙脚；道路绿地面积计算以道路红线内各种绿带实际面积为准进行，种植有行道树的应将行道树绿带按 1.5m 宽度统计在道路绿地中；株行距在 6m×6m 以下栽有乔木的停车场可计算为绿地面积。

　　工业绿地规划应符合以下 3 条要求，即一类、二类工业用地绿地率应不低于 20%；三类工业用地和其它产生有害气体及污染工厂的工业用地绿地率应不低于 30%，并应按防护绿地要求设立不小于 50m 的防护林带；工业绿地统计应按规定原则进行。仓储用地绿地率应不低于 20%，绿地统计应按按规定原则进行。市政设施用地绿地率应不低于 20%，净水厂、粪便处理厂、污水处理厂、垃圾处理厂等有特殊要求的市政用地绿地应按《室外给水设计规范（GBJ 13）》、《城市粪便处理厂设计规范（CJJ 64）》、《室外排水设计规范（GBJ 14）》、《生活垃圾焚烧处理工程技术规范（CJJ 92）》、《生活垃圾卫生填埋技术规范（CJJ 17）》的相关规定执行，其绿地统计应按规定原则进行。特殊绿地规划应根据自身用地情况确定绿地率和绿地布局且绿地率不宜小于 25%。

　　(6) 其它绿地规划的基本要求　郊野公园规划应合理，其选址地距中心城区不宜超过 80km 并应与其它城市建成区内外的绿地形成连续的系统，以保护城市内外各种自然、半自然生态系统的完整性并为物种提供迁移廊道。郊野公园的规划应符合要求，应为当地和周边城镇居民提供观光、度假、健身、漫步、远足、烧烤、露营等环境和必要的游客中心、教育中心、小径、标本室等人工设施；郊野公园主要应以城郊的自然、半自然生态系统和景观为主，应保持现有植被、水体和地形的自然状态，应减少人工构筑的痕迹，应突出自然性、野趣及乡村原始风貌，应控制公园内的人工构筑物数量；郊野公园应根据城市周边的郊野自然景观特征有机布局、灵活组织，其功能定位也应根据用地组成而有所侧重，总体应以保护为主、利用为辅，应协调自然保护与游憩双重功能，应从协调保护与利用的关系出发编制规划，应合理划分生态核心区、生态恢复区和郊野游览区等分区。

　　湿地规划应合理。湿地公园应位于城市的近郊并远离城市污染源；湿地公园应可达性好并与区域水文过程保持紧密联系，包括地表径流汇流、地表水下渗及与地下水的交换等过程；湿地公园应处于水体汇流和循环的自然路径上，包括低洼区域、历史洪泛区、古河道等；湿地公园地下水位应达到或接近地表，或者处于浅水淹覆状态，其地表有水时间应在一年中不少于 3 个月且该季节应是湿地植物的每年生长季节；湿地公园地段应紧邻现有的河湖或海洋边沿，湿地公园滨海时其边界线应满足水深不超过 6m 要求，湿地公园滨湖/河时其边界线应满足水深不超过 2m 要求。湿地公园的规模应适当，为充分发挥湿地的综合效益，应具有一定的规模，一般应不小于 25hm²，其中最小水量时段的水面面积应不小于 10hm²。湿地公园的范围应适当，应维护地段的生物多样性、水文连贯性、环境完整性和生态系统的动态稳定性，其范围应尽可能以水域为核心并应将区域内影响湿地生态系统连续性和完整性的各种用地都纳入规划范围，特别是湿地周边的林地、草地、溪流、水体等。湿地公园的规划应遵守以下 4 条原则，即湿地公园功能分区应包括重点保护区、湿地展示区、游览活动区和管理服务区等区域；应在切实保护湿地规模、性质、特征的基础上结合湿地的经济价值和观赏价值适度开展休闲、游览、科研、科普活动；应严格限定湿地公园中各类管理服务设施的数量、规模与位置，建筑风格应体现地域特征，公园整体风貌应与湿地整体特征相适应；应恢复次生态的湿地植物群落，应以本地物种为主导，引进外来物种时务必慎重以避免造成新的污染和灾害。

城市绿化隔离带规划应合理。绿化隔离带主要由城市规划区内各组团之间的各类生态用地组成，比如生产绿地、防护绿地，以及耕地、园地、林地、牧草地、水域等，其间可伴有少量市政设施、道路交通及特殊用地。根据其所在城市功能及自然地貌特征的不同绿化隔离带可呈环形、楔型、廊道型、卫星型、缓冲型、中心型等不同形态布置。城市绿化隔离带的布局应遵循以下3条原则，即城市绿化隔离带用地的主体应是绿地及其它自然、半自然生态用地（应严格保留并保持在较高比例）；应根据区内自然条件并遵循现状地形地貌、湖泊水系、动植物资源、历史文化遗产的分布进行布局且应与道路交通系统、城市设施走廊等协调；沿湖泊、水系布局的绿化隔离带应符合国家关于防洪、航运的要求并应使之发挥生物保护和游憩功能。

生产易燃、易爆、烟、粉尘及有害气体等化工企业及园区，其防护绿地外围须加设绿化隔离带，宽度应不小于《化工企业安全卫生设计规范（HG20571）》和《石油化工企业卫生防护距离（SH3093）》的卫生防护距离要求。

5.1.2　城市绿化环境规划设计的具体规定

城市绿化环境规划设计应遵守《城市绿地分类标准（CJJ/T 8）（J185）》、《城镇及工矿供水水文地质勘查规范（DZ44）》、《室外给水设计规范（GBJ 13）》、《城市给水工程规划规范（GB 50282）》、《室外排水设计规范（GBJ 14）》、《城市粪便处理厂（场）设计规范（CJJ 64）》、《生活垃圾焚烧处理工程技术规范（CJJ 92）》、《生活垃圾卫生填埋技术规范（CJJ 17）》、《城市道路绿化规划与设计规范（GJJ75）》、《公园设计规范（CJJ-48）》、《种植屋面工程技术规程（JGJ155）》、《城市居住区规划设计规范（GB 50180）》、中华人民共和国住房和城乡建设部令第112号《城市绿线管理办法》等的相关规定。

城市绿化规划指标包括人均公共绿地面积、城市绿化覆盖率和城市绿地率。人均公共绿地面积是指城市中每个居民平均占有公共绿地的面积，其计算公式为：人均公共绿地面积（m^2）＝城市公共绿地总面积÷城市非农业人口数量，人均公共绿地面积指标应根据城市人均建设用地指标确定（人均建设用地指标不足 $75m^2$ 的城市其人均公共绿地面积到 2020 年应不少于 $7m^2$；人均建设用地指标 $75\sim105m^2$ 的城市其人均公共绿地面积到 2020 年应不少于 $8m^2$；人均建设用地指标超过 $105m^2$ 的城市其人均公共绿地面积到 2020 年应不少于 $9m^2$）。城市绿化覆盖率是指城市绿化覆盖面积占城市面积的比率，其计算公式为：城市绿化覆盖率(%)＝（城市内全部绿化种植垂直投影面积÷城市面积）×100%，城市绿化覆盖率到 2020 年应不少于 40%。城市绿地率是指城市各类绿地（含公共绿地、居住区绿地、单位附属绿地、防护绿地、生产绿地、风景林地等六类）总面积占城市面积的比率，其计算公式为：城市绿地率(%)＝（城市六类绿地面积之和÷城市总面积）×100%。

城市绿化规划指标有统一的统计口径。公共绿地是指向公众开放的市级、区级、居住区级公园、小游园、街道广场绿地以及植物园、动物园、特种公园等，公共绿地面积是指城市各类公共绿地总面积之和。城市建成区内绿化覆盖面积应包括各类绿地（公共绿地、居住区绿地、单位附属绿地、防护绿地、生产绿地、风景林地六类绿地）的实际绿化种植覆盖面积（含被绿化种植包围的水面）、街道绿化覆盖面积、屋顶绿化覆盖面积以及零散树木的覆盖面积，这些面积数据可以通过遥感、普查、抽样调查估算等方法获得。根据《城市绿化条例》规定，城市绿地包括公共绿地、居住区绿地、单位附属绿地、防护绿地、生产绿地、风景林地六类，城市绿地率应为全部六类绿地面积与城市总面积的比值。垂直绿化、阳台绿化及室内绿化不计入以上 3 项指标。

5.2　建设工程绿化面积要求

建设工程绿化用地面积占建设用地面积的比例应符合规定。凡符合规划标准的新建居住区、居住小区（居住人口 7000 人以上或建设用地面积 10hm² 以上）应按照不低于 30％ 的比例执行，并应按居住区人口人均 2m²、居住小区人均 1m² 的标准建设公共绿地，配套建设的商业、服务业等公共设施的绿化用地可与居住区、居住小区的绿化用地统一计算。非配套建筑设施，则应按有关规定执行。不符合规划标准的按地处城区的不低于 25％、地处郊区的不低于 30％ 的比例执行。凡经环境保护部门认定属于产生有毒有害气体污染的工厂等单位按不低于 40％ 的比例执行。高等院校地处主城区的按不低于 35％ 的比例执行（地处主城区以外按不低于 45％ 的比例执行）。夜大学、广播电视大学、函授大学等成人高等院校和社会力量举办的进行高等教育的学校以及走读制的高等院校，按地处城区的不低于 25％、地处郊区的不低于 30％ 的比例执行。建筑面积 $2 \times 10^4 m^2$ 以上的宾馆、饭店和体育场馆等大型公共建筑设施按不低于 30％ 的比例执行。建筑面积 6000m² 以上的城市商业区内的大中型商业、服务业设施，按不低于 20％ 的比例执行。其它建设工程按地处城区的不低于 25％、地处郊区的不低于 30％ 的比例执行，但属市人民政府确定的危房改造区的绿化用地面积比例以及一般零星添建工程和配套建设的小型公共建筑设施的绿化用地面积比例，可由市城市规划行政部门会同市园林部门根据实际情况确定。

5.2.1　建设工程绿化面积计算办法

成片绿化的用地面积按绿化设计的实际范围计算（绿化设计中园林设施的占地计算为绿化用地；非园林设施的占地不计算为绿化用地）。庭院绿化的用地面积按设计中可用于绿化的用地计算，但距建筑外墙 1.5m 和道路边线 1m 以内的用地不计算为绿化用地。两个以上单位共有的绿化用地按其所占各单位的建（构）筑物面积的比例分开计算。道路绿化用地面积按道路设计中的绿化设计计算（分段绿化的分段计算）。宅旁（宅间）绿化面积计算应根据具体情况确定。起止绿地边界对宅间路、组团路和小区路算到路边；当小区路设有人行便道时算到便道边，沿居住区路、城市道路则算到红线；距房屋墙脚 1.5m；对其它围墙、院墙算到墙脚。道路绿地面积计算以道路红线内规划的绿地面积为准进行。院落式组团绿地面积计算应根据具体情况确定。绿地边界距宅间路、组团路和小区路路边 1m；当小区路有人行便道时，算到人行便道边；临城市道路、居住区级道路时算到道路红线；距房屋墙脚 1.5m。敞型院落组团绿地至少应有一个面面向小区路，或向建筑控制线宽度不小于 10m 的组团级主路敞开，并向其开设绿地的主要出入口。株行距在 6m×6m 以下栽有乔木的停车场可计算为绿化用地面积。

地下设施实行覆土绿化的计算办法。建设工程对其地下设施实行覆土绿化，在符合以下 4 条规定时可按一定比例计入该工程的绿化用地面积指标，即该建设工程用地范围内无地下设施的绿地面积已达到城市绿化条例相应规定指标的 50％ 以上者；实行覆土绿化的部分不被建、构筑物围合（其开放边长应不小于总边长的 1/3）且其覆土断面与设施外部土层相接并具备光照、通风等植物生长的必要条件；实行覆土绿化必须保持必要的覆土厚度并应形成以乔木为主的合理种植结构以保证绿地效益的发挥；凡符合上述规定的地下设施实行覆土绿化的，其地下设施顶板上部至室外地坪覆土厚度达 3m（含 3m）以上时，绿化面积可按 1：1 计入该工程的绿化用地面积指标，覆土厚度达 1.5～3m 以上时其绿化面积可按 1/2 计入该工程的绿化用地面积指标）。

居住小区公共绿地应按居住人口规模和服务半径集中布置以适应功能要求，其地下空间开发利用需严格控制，拟设置地下设施的应尽量与地面附属设施（包括铺装场地）相结合，应少占绿化栽植用地并妥善处理与绿地使用功能的矛盾，其地下设施用地面积不得超过所在公共绿地面积的 50％ 且进入栽植用地部分覆土厚度必须在 3m 以上。

建设工程实施屋顶绿化建设屋顶花园，在符合下述 3 条规定时可按其面积的 1/5 计入该工程的绿化用地面积指标，即该建设工程用地范围内无地下设施的绿地面积已达到城市绿化条例相应规定指标 50％ 以上者；实行绿化的屋顶（或构筑物顶板）高度在 18m 以下；按屋顶绿化技术要求设计实现永久绿化并发挥了相应效益。

5.2.2　名木古树保护问题

所谓"古树"是指树龄在一百年以上的树木。所谓"名木"是指国内外稀有的以及具有历史价值和纪念意义及重要科研价值的树木。古树名木分为一级和二级，凡树龄在300年以上或特别珍贵稀有，或具有重要历史价值和纪念意义，或具有重要科研价值的古树名木为一级古树名木；其余为二级古树名木。任何单位和个人不得以任何理由、任何方式砍伐和擅自移植古树名木。因特殊需要确需移植一、二级古树名木的应当经市园林行政主管部门审查同意后报市人民政府批准。

古树名木保护中的后退树干距离应遵守园林行政部门的有关规定。古树名木保护中的后退树冠距离也应遵守园林行政部门的有关规定，严禁在距古树名木树冠垂直投影5m的范围内堆放物料、挖坑取土、兴建临时设施建筑、倾倒有害污水、污物垃圾（也严禁动用明火或者排放烟气）。

5.2.3　城市绿化建设工程规划设计方案要求

城市绿化建设工程规划设计方案的申报应按规定进行。由市园林局审核并报市规划委审批的项目为全市性、区域性公园设计方案；城市绿地内按规定需经市规划行政主管部门审批的各类建设工程的设计方案。由市园林局审批的项目为除全市性、区域性公园外的其它公共绿地设计方案；城市主干道、干道道路绿化设计方案；按居住区规模（即规划人口在3万～5万人以上）建设的居住区绿化设计方案；城市重点防护绿地、风景林地设计方案；列入当年城市绿化重点建设工程（含居住小区绿化工程）的规划设计方案。由区城市绿化行政主管部门审批或审核的项目为城市绿地内按规定经区规划行政主管部门审批的建设工程的设计方案；按小区及小区以下规模建设的居住小区绿化设计方案；城市次干道（含次干道）以下道路绿化设计方案；城市一般防护绿地、风景林地设计方案。

城市绿化建设工程规划设计方案的申报材料应符合要求，材料应包括书面申请；市国土局、发改委、规划等行政部门的相关文件（比如土地使用证、拨地图等）；经审定的规划设计条件（或经审定的可作为依据的相关规划）；按规定须进行招、投标项目的相关招投标文件；规划设计方案（包括图纸、技术经济指标、规划设计说明书等）；其它需要提供的相关图纸或文件。

建设单位规划方案在规划行政主管部门审批前要先由市园林行政主管部门现场核查并提出保护现状树木的意见，保护好古树名木和大树要成为制订规划方案的一个前提条件。规划部门在下达建设项目规划意见书时要明确保护树木的要求；在审查上报的规划方案时要把是否伐移树木和落实树木保护方案作为重要审查内容，对能够采取不伐移树木措施而没有采取的和没有树木保护方案的规划设计方案不予批准。

第6章

历史文化保护规划要求

6.1　历史文化保护的基本规划要求

改革开放以来，我国历史文化名城保护工作有了很大发展，保护历史文化名城已成为全社会相当普遍的舆论，成为历史文化名城所在城市政府必要的政务工作。保护历史文化遗产是人类社会进步、文明发展的必然要求。人们对保护历史文化遗产的认识是一个逐渐提高的过程。起初是保护器物、典籍，后来发展到建（构）筑物、遗址。就建（构）筑物来讲，开始保护的是宫殿、府邸、教堂、寺庙等建筑艺术的精品，后来扩展到民居、作坊、酒馆等见证平民生产、生活的一般建（构）筑物，再由保护单个的文物古迹发展到保护成片的历史街区，甚至一个完整的历史古城，内容越来越广泛，内涵越来越丰富。主张保护的社会群体也从学者、社会贤达发展到官员、民众。保护的法律也越来越完善，方法越来越周全。这种变化是和社会经济的发展、社会文明程度的提高同步的。在一个国家里，社会越是进步，历史遗产的保护越受到重视；在不同的国家里，文化越发达，保护历史遗产就越成为那里的社会共识。保护历史文化遗产是一项政策性、专业性很强的工作，要增强保护的意识，也要讲究科学的方法，了解有关保护的知识。

6.1.1　历史文化保护的历史沿革

国际上，现代意义上的文物保护并通过国家立法大约始于19世纪中叶。希腊立法较早，1834年有了第一部保护古迹的法律。法国1840年公布了首批保护建筑567栋，1887年通过了第一部历史建筑保护法，首次规定了保护文物建筑是公共事业（政府应该干预），1913年颁布了新的历史建筑保护法，规定列入保护名录的建筑不得拆毁，维修要在"国家建筑师"的指导下进行并由政府资助一部分维修费用，此法一直影响至今。1943年立法规定在历史性建筑周围500m半径范围划定保护区，区内建筑的拆除、维修、新建，都要经过"国家建筑师"的审查，要经过城市政府批准。1962年制订了保护历史性街区的法令，称《马尔罗法》，由此确立了保护历史街区的新概念。现有国家级历史保护区92处。1983年又立法设立"风景、城市、建筑遗产保护区"，将保护范围扩大到文化遗产与自然景观相关的地区。现有此类保护区300处，另有600处正在调查准备之中。英国1882年颁布《古迹保护法》，起初只确定21项（主要为古迹遗址），1900年颁布第二部《古迹保护法》，保护范围从古遗址扩大到宅邸、农舍、桥梁等有历史意义的普通建（构）筑物，1944年颁布《城乡规划法》并制定保护名单称"登录建筑"（当时确定了20万项），1953年颁布《古建筑及古迹法》并确定资金补助，1967年颁布《城市文明法》并确定保护历史街区（当时确定了保护区3200处），1974年修正《城市文明法》并将保护区纳入城市规划的控制之下。日本1897年制定《古社寺保存法》，1919年制定《史迹、名胜、天然纪念物保存法》，将保护范围扩大到古坟、古城址、古园林及风景地，1929年制定《国宝保存法》，1952年综合以上三个法令为《文物保存法》，1966年制定《古都保存法》，保护目标扩大到京都、奈良、镰仓等古都的历史风貌，1975年修订《文物保存法》并增加了保护"传统建筑群"的内容，1996年又修订《文物保存法》导入文物登录制度（增强了地方政府的积极性）。20世纪60~70年代间，世界范围内形成了一个保护文物古迹及其环境的高潮，保护历史文化遗产的国际组织在此期间通过了一系列宪章和建议，确定保护的原则、推广先进方法、协调各国的历史文化遗产保护工作，其间通过的主要文件有《国际古迹保护与修复宪章》（1964 年 5 月，简称《威尼斯宪章》）、《保护世界文化和自然遗产公约》（1972 年 11 月，巴黎）、《关于历史地区的保护及其当代作用的建议》（1976 年 11 月，简称《内罗毕建议》）、《保护历史城镇和地区的国际宪章》（1987 年 10 月，简称《华盛顿宪章》）、《关于真实性的奈良文件》（1984 年，奈良）。《威尼斯宪章》是关于古迹保护的第一个国际宪章，意义重大影响深远，它连同《奈良文件》阐述了对文物古迹的保护原则和方法，概括地说有以下几点。即真实性，要保存历史遗留的原物，修复要以历史真实性和可靠文献为依据，对遗址应保护其完整性，应用正确的方式清理开放而不应重建。不可以假乱真，修补要整体和谐又要有所区别，也称可识别的原则。要保护文物古迹在各个时期的叠加物，它们都保存着历史的痕迹、保存了历史的信息。应连同环境一体保护，古迹的保护包含着它所处的环境，除非有特殊的情况一般不得迁移。这些原则和方法已成为世界的共识，对我国也基本适用，它的主要思想已体现在国家文物局推荐的《中国文物保护准则》之中。国外对文物建筑的保护和使用是区别对待的。意大利分为四级，对具有重大历史价值的建筑艺术精品保护要求十分严格。级别低一些的外观不可更改但结构可更新，再低者可改动室内以为合理使用提供方便。英国把"登录建筑"分为三级，一级占 2％、二级占 4％、三级占 94％，对一、二级的保护要求严格，三级的可作内部改动。虽然严格保护的只占 6％，比例不大，但其绝对数量仍有 3 万之多。国外文物建筑的改动和利用方法巧妙值得称道，不同国家、不同年代对不同级别文物建筑的改动要求是不同的。法国、意大利较严，美国、加拿大较松；1970 年代以前较松，以后稍严。另外，他们对文物建筑的保护利用方案有严格的审查制度，法国要经为数不多的"国家建筑师"审查同意，英国要经专门的学会、协会审查，这样就可以兼顾保护与利用两方面利益。

《内罗毕建议》和《华盛顿宪章》是针对历史地段保护的，它们的制定有其历史背景。二次大战后的经济复苏时期，大量人口涌入城市需要大规模地建设住宅，当时普遍的做法是拆掉老城区、拓宽马路、盖起新楼房。但不久人们发现，这样做的结果是建筑改善了、历史环境却被破坏了（城镇的历史联系被割断，特色在消失）。于是，人们意识到，除了保护文物建筑之外还应保存一些成片的历史街区，即保留城镇的历史记忆，保持城镇历史的连续性。在历史街区内，单看这里的每栋建筑，其价值可能尚不足以作为文物加以保护，但它们加在一起形成的整体面貌却能反映出城镇历史风貌的特点，从而使其价值得到升华，因此很有保护的必要。

最早立法保护历史街区的是法国，法国 1962 年颁布了《马尔罗法》，规定将有价值的历史街区划定为"历史保护区"并制定保护和继续使用的规划，且将其纳入城市规划的范畴严格管理。保护区内的建（构）筑物不得任意拆除，维修、改建要经过"国家建筑师"的指导，符合要求的修整可以得到国家的资助并享受若干减免税优惠。现在全法国有国家级保护区 92 处，地方各级保护区几百处。由于这里保护的对象是一片有生命的、正在使用的街区，所以它的保护政策和保护文物有很大区别。以里昂保护区为例，1964 年被定为国家级的"历史保护区"，区内有 250 栋文物建筑，还有许多 16 世纪到 19 世纪各时期的古老街巷。政府当前的工作主要是整修住房和改善交通，对 20 世纪初建造的工人住宅要求原样整修保存其外表，但内部可加建厨房、卫生间以改善条件使居民可以继续居住。对老城区的交通，他们有个明确的观点，即道路建设和交通需求永远是矛盾的，而且前者永远赶不上后者。因此他们的规划思想不是拓宽城内道路引车入城，而是在外围修建环路截流外来交通，只有居住在老城的人才可以开车入城（当然还要辅以改善公共交通、改善交通管理等措施）。

英国在 1967 年颁布《城市文明法》规定要保护"有特殊建筑艺术和历史特征"的地区，其首先考虑的是地区的"群体价值"，包括了建筑群体、户外空间、街道形式以至古树。保护区的规模大小不等，有古城中心区、广场，还有传统居住区、街道及村庄等。这个法令要求城市规划部门制定保护规划提出保护规定。保护区内的建筑不能任意拆除，新建改建要事先报送详细方案，其设计要符合该地区的风貌特点。法令还规定不鼓励在这类地区搞各种形式的再开发。由于有这些特殊的保护要求，故对其它法规规定的日照、防火、建筑密度等要求在保护区内可适当灵活掌握。现在全英国有保护区约 9000 个，许多历史古城有相当多的保护区。伦敦的威斯敏斯特区就有 51 个保护区，占了该区面积的 76%。爱丁堡有 18 个保护区，占了老城面积的 90%。

　　1975 年日本修订《文物保存法》增加了保护"传统建筑群"的内容，这项制度的建立是由市民自下而上推动的。在 20 世纪五六十年代建设高潮中的普遍做法是"拆旧建新"，当时的《文物保存法》只能保护单个的文物，成片的历史街区却无法得到保护。后来，他们认识到保护生态环境是为了人的肌体，保护历史环境却涉及人的心灵，这也应是现代化建设的必要内容，因而促成了《文物保存法》的修改。这里的"传统建筑群"大致相当于欧洲的历史街区，包括传统商业街、传统住宅区、手工业作坊区、近代外国风格的"洋馆"区等。法律规定"传统建筑集中，与周围环境一体形成了历史风貌的地区"应定为"传统建筑群保护地区"加以保护，应先由地方城市规划部门通过城市规划确定保护范围，然后再制定地方的保存条例，国家择其价值较高者定为"重要的传统建筑群保存地区"。现日本全国共有国家级的"重要的传统建筑群"47 处，有 800处正在实施调查。日本修改后的《文物保存法》规定，"传统建筑群保存地区"中一切新建、扩建、改建及改变地形地貌、砍树等活动都要经过批准，要由城市规划部门作保护规划，其内容是确定保护对象；列出保护的详细清单，包括构成整体历史风貌的各种要素；制定保护整修的计划；对"传统建筑"进行原样修整；对非"传统建筑"要进行改建或整饰；对有些严重影响风貌的要改造或拆除重建；此外还要做出改善基础设施、治理环境及有关消防安全、旅游展示、交通停车等方面的规划。为保持此类地区历史的风貌，这些基础设施的改善必须要采取特殊的办法，法令规定允许对《建筑基准法》作某些变通。法令还规定了资金补助办法，由中央政府和地方政府各出资 50% 补助住户对传统建筑外部的修整费用，每户得到的补助可占到修整费用的 50%～90%。每个保护区每年可以有 6～8 户得到补助，这是一个逐步整治的计划。

　　1987 年通过的《华盛顿宪章》总结了各国的做法与经验，归纳了保护历史地段共同性的问题，文件列举了历史地段应该保护的内容，即地段和街道的格局和空间形式；建（构）筑物与绿化、旷地的空间关系；历史性建筑的内外面貌（包括体量、形式、建筑风格、材料、色彩、建筑装饰等）；地段与周围环境的关系（包括与自然和人工环境的关系）；该地段历史上的功能和作用等。从这些内容看，历史地段保护更关心的是外部环境，强调保护延续这里人的生活。因此，关于保护原则和方法问题，文件强调要鼓励居民积极参与；要精心建设和改善地段内的基础设施以改善居民住房条件、适应现代化生活的需要；要控制汽车交通（在城市中拓宽汽车干道时不得穿越历史地段）；要有计划地建设停车场并注意不得破坏历史建筑和其周边环境；在历史地段安排新建筑的功能要符合传统的特色（不否定建造现代建筑，但新的建筑在布局、体量、尺度、色彩等方面要与传统特色相协调）。

6.1.2　我国历史文化保护的历史沿革

　　我国保护文物古迹的活动可追溯到 20 世纪 20 年代，1922 年北京大学成立考古研究所，1929 年中国营造学社成立，1930 年当时的国民政府公布《古物保存法》共 17 条，1931 年公布的《实施细则》中有了保护古建筑的内容，1948 年梁思成先生主持编写了《全国重要文物建筑简目》，1961 年 11 月国务院颁布了《文物保护管理条例》并公布了首批全国重点文物保护单位（实施了以命名"文物保护单位"来保护文物古迹的制度），1982 年 2 月国务院公布首批 24 个历史文化名城（标志着历史古城保护制度的创立），1982 年 11 月颁布《文物保护法》，1984 年 1 月国务院颁布《城市规划条例》（规定城市规划应当切实保护文物古迹，保护和发扬民族风格和地方特色），1985 年 1 月中国政府加入《保护世界文化和自然遗产公约》，1986 年国务院确定将文物古迹比较集中（或较完整地保存某一历史时期的传统风貌与民族地方特色）的街区、建筑群、小镇、村落，根据它们的历史科学艺术价值划定为历史文化保护区加以保护，1987 年中国有了首批"世界文化遗产"长城、故宫等，1987 年和 1990 年泰山、黄山先后列入"世界文化和自然遗产"，1992 年九寨沟、黄龙和武陵源首批列入"世界自然遗产"，1997 年我国首次有平遥和丽江古城列入"世界文化遗产"。1989 年 12 月颁布《中华人民共和国城市规划法》，其中规定编制城市规划应当保护历史文化遗产、城市传统风貌、地方特色和自然景观。城市新区开发应当避开地下文物古迹。2002 年 10 月颁布修订后的《文物保护法》，2003 年 11 月住房和城乡建设部、国家文物局公布中国历史文化名镇 10 个、中国历史文化名村 12 个。

　　按我国现行的法律政策可以把历史文化遗产的保护分为三个层次，即保护文物保护单位、保护历史文化街区、保护历史文化名城，这种分层次的保护方法是我国历史文化遗产保护工作几十年的经验总结，是解决保护与城市发展矛盾的有效途径。第一个层次是保护文物古迹，包括古文化遗址、古墓葬、古建筑、石窟寺、石刻、壁画、近现代重要史迹和代表性建筑等。文物古迹是一般名称，"文物保护单位"是法定保护名称。文物保护方针是"保护为主、抢救第一、合理利用、加强管理"，保护的目的是真实全面地保护并延续其"历史信息"和全部价值，所有保护措施都应该遵守不改变文物原状原则。目前对文物价值的损害大多反映在对文物环境的破坏上，因此，要在文物保护范围之外再划定一个"建设控制地带"并通过城市规划对这个地带的建设加以控制（包括控制新建筑的功能、建筑高度、体量、形式、色彩等），保护文物古迹的历史环境可以完整体现文物建筑在历史上的功能作用，可以让人们认识文物建筑原来的设计匠心和艺术效果，还可以让人们全面准确地理解当时的历史事件。保护文物还应注意保护近、现代建筑。第二个层次是保护历史街区，所谓"历史文化街区"是城市中保留遗存较为丰富，能够比较完整真实地反映一定历史时期传统风貌或民族地方特色，存有较多文物古迹、近现代史迹和历史建筑，并具有一定规模的地区。保护历史街区的原则是保护真实历史遗存、保护外观整体风貌、维护并发扬原有的使用功能。历史文化街区保护规划的要点是划定保护范围和建筑控制地带的界线；确定区内建（构）筑物保护和整治的做法；确定地区环境要素的保护整治要求。2003 年 11 月住房和城乡建设部公布了《城市紫线管理办法》，将国家历史文化名城中的"历史文化街区"、省级人民政府公布的"历史文化街区"以及"历史文化街区"以外，经县以上人民政府公布的"历史建筑"划出保护界线称为"紫线"，规定"紫线"要包括保护的核心地段和外围建设控制区，紫线范围内确定的保护建筑不得拆除，建（构）筑物的新建和改建不得影响该区的传统格局和风貌，不得破坏规划保留的园林绿地、河湖水系、道路和古树名木等。中国历史文化名镇和名村应对其整体环境（包括道路、水井、古树等）按历史文化街区的方法进行保护。第三个层次是保护历史文化名城，历史古城是一般名称，"历史文化名城"是法定保护名称。历史文化名城保护的内容有 3 大部分，即保护文物古迹和历史地段；保护和延续古城的格局和风貌特色；继承和发扬优秀历史文化传统。在历史文化名城中除存在有形的文物古迹之外，还都拥有丰富的传统文化内容，比如传统工艺、民间艺术、民俗精华、名人轶事、传统产业等，它们和有形文物相互依存相互烘托，共同反映着城市的历史文化积淀，共同构成城市珍贵的历史文化遗产。从城市整体角度采取综合性保护措施是历史文化名城保护的特点和要旨。在历史文化名城的非历史传统地区（即城市新区）进行新的建设本不必受到诸多限制，但作为一个城市整体还应该创造自己的城市特色以避免落入千城一面的尴尬。对有深厚历史文化传统的历史文化名城来讲，应尊重历史传统、延续历史传统、构建与历史相联系的继承性美好城市特色。

6.2　文物保护单位的规划要求

　　不同的城市应根据国家现行法律法规，参照国际惯例，结合自己的特点制定自己城市的历史文化保护规划原则。在城市历史文化保护方面北京的经验值得借鉴。北京历史文化名城保护的指导思想是"坚持北京的政治中心、文化中心和世界著名古都性质，正确处理历史文化名城保护与城市现代化建设的关系，重点搞好旧城保护工作以最大限度地保护北京历史文化名城"。北京历史文化名城保护规划的基本思路是"三个层次和一个重点"，"三个层次"是文物保护、历史文化保护区保护、历史文化名城保护，"一个重点"是旧城区。

北京市文物保护单位的保护范围和建设控制地带规定如下。

在文物保护单位的保护范围内不得进行其它建设工程（文物修缮工程除外），如有特殊需要必须经原公布的人民政府和上一级文物行政管理部门同意，在全国重点文物保护单位范围内进行其它建设工程必须经北京市人民政府和国家文物局同意。在文物保护单位的建设控制地带内修建新建筑和构筑物不得破坏文物保护单位的环境风貌，其设计方案须征得同级别文物行政部门同意后报市规划行政部门批准。因建设工程特别需要而必须对文物保护单位进行迁移或拆除的，应根据文物保护级别经该级别人民政府和上一级文物行政管理部门同意。进行大型工程建设时，建设单位要会同市文物行政部门在工程范围内有可能埋藏文物的地方进行文物调查或者勘探工作。文物保护单位周围的建设工程规划方案设计的规划建筑风格与色调应与文物及环境协调。

建设控制地带分五类。一类地带为保护文物环境及景观而设置的非建设地带。在这个地带内只能进行绿化和建筑消防车道，不得建设任何建筑和设施。对现有建筑应创造条件予以拆迁。一时难以拆迁的房屋可以维修利用。当房屋危险必须翻建时，需经市文物局同意、市规划局批准。翻建时不得增加建筑面积、不得提高建筑层数（高度），只能建设非永久性房屋且其形式、色彩要和周围环境相协调。二类地带为规划保留平房地带。对这个地带内凡可以保留的平房建筑应加强维修而不得改建、添建。不需保留的建筑应逐步拆除。现有楼房可维持现状、维修使用。当房屋危险必须翻建时应改建为传统形式的平房四合院或传统形式的庭园建筑，但不得增加建筑面积，其建筑设计需经市文物局同意、市规划局批准。三类地带为允许建高度9m以下建筑的地带。这类地带新建筑的性质、形式、体量、色调都必须与文物保护单位相协调。其建筑设计需征得市文物局同意、市规划局批准。四类地带为允许建高度18m以下建筑的地带。这类地带内，在靠近文物保护单位一侧的新建筑，从性质、形式、体量、色调等方面仍需与文物保护单位相协调，其建筑设计需征得市文物局同意、市规划局批准。五类地带为特殊控制地带。对有特殊价值和特殊要求的文物保护单位周围，以上四类难以达到控制要求时可设置特殊控制地带，应根据具体情况定出不同的要求（比如禁止破坏地形、地貌、植被、道路、水系等）。

建设控制地带有其专门的规定。在各类控制地带要求中所谓"允许的建筑高度"是指建筑的最高点（包括电梯间、楼梯间、水箱、墙、烟囱等）。在保护范围外未划一类建设控制地带或所划一类建设控制地带小于防火规范要求距离的文物保护单位周围建房时，应按《建筑设计防火规范》要求进行建设（古建筑的耐火等级一律按四级考虑）。成街成片统一规划、统一建设时，若拟调整规划建筑高度则应对是否影响文物保护单位景观问题进行审慎研究论证，并按有关工作程序上报市规划行政主管部门。在文物保护单位的各类建设控制地带交界处遇有建筑高度需穿插错落时，只能将高度较低的建筑插入允许建筑较高建筑的地带（而不能将高度较高的建筑插入允许建筑较低建筑的地带）。

6.3　历史文化保护区的规划要求

不同的城市应根据国家现行法律法规，参照国际惯例，结合自己的特点制定自己城市的历史文化保护区的规划要求。在历史文化保护区的规划要求方面北京的经验仍具有借鉴意义。以下是北京的做法。

6.3.1　历史文化保护区的规划要求

历史文化保护区是指较完整地反映某一历史时期传统风貌和民族特色的地方，包括具有较高历史文化价值的街区、镇、村、建筑群等，是历史文化名城的重要组成部分。历史文化保护区划分为重点保护区和建设控制区。历史文化保护区中的危房允许在符合保护规划要求前提下逐步进行改造和更新并不断提高城市基础设施的现代化水平。

历史文化保护区内的重点保护区规划应符合规定。北京市规定重点保护区内的建设活动应当遵守以下3条原则，即应保持历史文化保护区的传统特征，包括整体格局、空间尺度、色彩、材质和景观特征；应保存传统四合院的空间布局；应保存文物建筑和其它有价值历史建筑及建筑构件等历史遗存。重点保护区的保护和整治方式应遵循以下 6 条原则，即文物保护单位（亦即《保护规划》中的"文物类建筑"）应依据有关文物保护的法律和法规进行严格保护；保护类建筑只可按传统空间布局和建筑形式进行修缮，不得改建、扩建和拆除重建，若确需对其内部进行现代化改造则应保留原有较好的部件；修缮类建筑以修缮为主，若确属房屋土地管理部门鉴定的危房可原翻原建；暂保类建筑（即《保护规划》中的"保留类建筑"）可以保留，改建时应按传统建筑形式建设；更新类建筑应严格按重点保护区的空间格局、建筑体量、尺度、形式、色彩等传统特征拆除重建；沿街整饰类建筑应按历史文化保护区的传统特征进行整饰或改建。

历史文化保护区内的建设控制区规划应符合规定。规划应与重点保护区的整体风貌相协调并不应对重点保护区的环境及视觉景观产生不利影响且应注意历史文脉的延续性。建设控制区的保护和整治方式应遵循以下 3 条原则，即文物保护单位（亦即《保护规划》中的"文物类建筑"）应依据有关文物保护的法律和法规进行严格保护；保护类建筑只可按传统空间布局和建筑形式进行修缮，不得改建、扩建和拆除重建，若确需对其内部进行现代化改造则应保留其原有较好的部件；其它类建筑应根据实际情况合理处置，能够较好体现传统风貌且建筑质量保存较完好的应以修缮为主，其内部可进行现代化改造但需保存其原有较好的构件。对经房屋土地管理部门鉴定为危房的建筑其改建时应注意与重点保护区的环境及视觉景观协调。在建设控制区，北京市还制定有特定规划设计要求，比如什刹海、大栅栏和鲜鱼口三片历史文化保护区的建设控制区范围内的规划建设应按重点保护区的规划设计要求执行。

历史文化保护区内的道路市政规划应符合规定要求。北京市道路规划设计中要求在什刹海、大栅栏和鲜鱼口三片历史文化保护区及其它历史文化保护区的重点保护区范围内应保持原有的胡同格局（不得对胡同进行拓宽和进行路网加密）；在其它历史文化保护区的建设控制区范围内应保存较好的胡同。关于市政建设规划设计，北京市要求在《北京市历史文化保护区规划》保留的胡同内布置市政管线时应保持该区的传统风貌，原有胡同的尺度和走向不得有大的改动。利用原有的胡同系统进行市政管线布置若难以达到规范要求则应采用新材料、新技术或其它手段予以解决。

历史文化保护区内的环境规划应符合规定要求。关于园林绿化，北京市要求历史文化保护区内由绿化管理部门注册挂牌的古树名木和《北京市历史文化保护区规划》确定的"准保护类树木"须就地保护；历史文化保护区内应采取传统的绿化形式进行绿化。关于环境整治，北京市规定在历史文化保护区内不得擅自架设各种管线（也不准擅自设置户外广告、招牌），应逐步落实并拆除历史文化保护区内的违法建设。

6.3.2 历史文化名城保护规划要求

北京历史文化名城保护规划非常详细、具体，特别重视旧城整体格局的保护问题，规定必须从整体上考虑北京旧城的保护问题，具体体现在历史河湖水系、传统中轴线、皇城、旧城"凸"字形城廓、道路及街巷胡同、建筑高度、城市景观线、街道对景、建筑色彩、古树名木等 10 个层次。

（1）历史河湖水系的保护

① 现有河湖水系的保护。保护范围涵盖 6 大区域，即护城河水系，包括北护城河、南护城河、北土城沟和筒子河；古代水源河道，包括莲花河、长河、莲花池、玉渊潭；古代漕运河道，包括通惠河、坝河、北运河；古代防洪河道，包括永定河、南旱河；风景园林水域，包括六海、昆明湖、圆明园水系；水工建（构）筑物，包括后门桥、广济桥、卢沟桥、朝宗桥、白浮泉遗址、琉璃河大桥、广源闸、八里桥、麦钟桥、银锭桥、金门闸、庆丰闸、高粱桥、北海大桥等。

② 河道复原（即恢复河道）。河道复原的重点是恢复转河、菖蒲河、御河（什刹海～平安大街段）。转河属于通惠河水系，恢复转河可将长河与北护城河连接起来。菖蒲河是故宫水系的一

部分，其与内城护城河水系、六海水系、瓮城护城河水系相连通。御河（什刹海～前三门大街段）起于元代，北起后海的银锭桥，南至前三门，规划中将御河上段（什刹海～平安大街）予以恢复。

③ 湖泊复原（即恢复湖泊）。湖泊复原的重点是鱼藻池和莲花池。鱼藻池是金中都的太液池，要求按原貌恢复。莲花池是金中都最早开发利用的水源地，要求将其西南角水面按原状恢复。

④ 控制历史河湖水系规划用地内的新建项目。北京市对前三门护城河规划用地内的新建项目实施了严格控制。前三门护城河是贯穿北京旧城的一条重要历史河道，它的恢复对保护北京旧城风貌、改善市中心生态环境具有积极作用（在远期应予以恢复，目前要严格控制新建项目）。前三门护城河控制范围为西起南护城河、东至东护城河，前三门大街道路红线以南 70m（包括河道及相应的绿化带）。

（2）城市中轴线的保护和发展　北京城市中轴线由旧城传统中轴线、北中轴线和南中轴线组成（全长约 25km）。

① 传统中轴线的保护规划。北京传统中轴线从永定门到钟鼓楼为 7.8km，到北二环路为 8.5km。其保护规划必须遵循"以保护为主，保护与发展，继承和创造相结合"原则，应重点解决钟鼓楼、景山～前门、永定门三个节点的合理保护与规划问题。钟鼓楼节点作为传统中轴线的端点在该地区拥有标志性建筑的地位，其周边以四合院民居为主，钟鼓楼周边建筑高度控制必须符合历史文化保护区保护规划规定。景山～前门节点由景山、故宫、天安门、正阳门城楼和箭楼等组成，该区域空间层次丰富、秩序严谨、起伏有致，必须严格加以保护。永定门节点应复建永定门城楼，复建永定门城楼对实现传统中轴线的完整性、有效衔接南中轴线意义重大。必须严格控制永定门城楼周边的建筑高度。

② 北中轴线的保护发展规划。北中轴线是指从北二环到奥林匹克公园的中轴线，该区域应重点规划三个节点。奥林匹克公园中心区节点，该节点是北中轴线的端点，应重点规划以形成北京城市的新标志。端点以北地区为森林公园可作为北中轴线的背景。北土城节点，可结合北土城遗址与北中轴 80m 宽道路中央绿化带创造具有一定意义的城市公共空间，以强化和丰富北中轴线的内涵。北二环路北节点，在北二环路至安德路之间中轴线两侧的用地宜规划为重要的城市公共空间。

③ 南中轴线的保护发展规划。南中轴线是指从永定门到南苑的中轴线，南中轴线两侧应在做好用地功能调整的同时注意丰富中轴线的空间结构，应重点规划木樨园、大红门、南苑等 3 个节点。木樨园节点应结合木樨园商业中心区的建设形成城市的公共空间；大红门节点在中轴路与南四环路交叉口处应塑造重要的城市景观；南苑节点作为南中轴线的端点应以大片森林公园做衬托。

④ 中轴线的保护发展规划。北京城市中轴线的保护控制范围以中轴路道路中心线为基准、距道路两侧各 500m 为控制边界形成的约 1000m 宽的范围，其作为北京城市中轴线的保护和控制区域应严格控制建筑的高度和形态。位于中轴线保护和控制区域以外对中轴线有重要影响的特殊区域（比如天坛、先农坛、六海等）必须按文物及历史文化保护区的保护规定执行。

（3）皇城历史文化保护区的保护　皇城保护区总用地约 6.8km²，东至东皇城根，南至现存长安街北侧红墙，西至西皇城根南北街、灵境胡同、府右街，北至平安大街。皇城保护的措施主要体现在以下 7 个方面，即明确皇城保护区的性质，即以皇家宫殿、坛庙建筑群、皇家园林为主体，以平房四合院民居为衬托的，具有浓厚的皇家传统文化特色的历史文化保护区；建立皇城明确的区域意向，使人可明确感知到皇城区界的存在；使旧城外的土地开发与皇城的保护和改造内外对应以降低保护区中的居住人口密度；皇城保护区内停止审批建设 3 层及 3 层以上的楼房以及与传统皇城风貌不协调的建筑；皇城内部分文物保护单位利用不合理的应加以调整和改善；应重视皇城保护区内的道路改造工作（应以保护为前提逐步降低交通发生量）；皇城内现有平顶的多层住宅应逐步改为坡顶。

（4）明、清北京城"凸"字形城廓的保护　明清北京城的"凸"字形城廓是北京旧城的一个重要形态特征必须采取措施加以保护。在旧城改造中应沿东、西二环路尽可能留出 30m 绿化带，以形成象征城墙旧址的绿化环。应保护北护城河与环绕外城的南护城河并规划沿河绿带。应保护现有的正阳门城楼与箭楼、德胜门箭楼、东便门角楼与城墙遗址、西便门城墙遗址并复建永定门城楼。

应强化旧城棋盘式道路网和街巷胡同格局的保护工作。旧城主要交通对策有 5 条，即旧城区内的交通出行必须采取以公共交通为主的方式；加快地铁建设并在主要干道上开设公交专用道，布设小区公交支线网以方便市民出行；实施严格的停车管理措施，控制车位供应规模，限制或调节驶入城区的汽车交通量；采取切实可行的交通管理措施和调控手段，包括通过经济手段限制私人小汽车在旧城区的过度使用；控制旧城区建筑规模和开发强度，从根本上压缩机动车交通生成吸引量。旧城路网调整原则有 3 条，即调整旧城路网规划和道路修建方式，应协调好风貌保护与城市基础设施建设的关系，并以此为前提确定路网的适当容量；道路路幅的宽度确定应在满足文物和风貌保护基础上，协调处理好其与交通出行、市政设施、城市景观和生态环境等各项功能的关系；同等级道路在不同的区域应采用不同的路幅宽度，即在旧城以外和旧城以内、在旧城的内城和外城、在历史文化保护区和非保护区应采用不同的路幅宽度。旧城建筑高度的控制原则是整个旧城的建筑高度控制规划应按三个层次进行，第一个层次为文物保护单位、历史文化保护区，是旧城保护的重点区域，这些区域必须按历史原貌保护的要求进行高度控制；第二个层次为文物保护单位的建设控制地带及历史文化保护区的建设控制区，必须遵循文物及保护区保护规划的要求进行高度控制；第三个层次为文物保护单位的建设控制地带、历史文化保护区的建设控制区之外的区域，建筑控高必须严格按北京市区中心地区控制性详细规划的要求执行、不得突破。

（5）城市景观线保护　《北京城市总体规划》规定的 7 条城市景观线为：银锭观山；（钟）鼓楼至德胜门；（钟）鼓楼至北海白塔；景山至（钟）鼓楼；景山至北海（白塔）；景山经故宫和前门至永定门；正阳门（城楼）箭楼至天坛祈年殿。景观线保护范围内新建筑的高度应按测试高度控制并严禁插建高层建筑。

（6）城市街道的对景保护　北京市规定对历史形成的对景建筑及其环境要加以保护并应控制其周围的建筑高度，对有可能形成新的对景的建筑要通过城市设计对其周围建筑的高度、体量和造型等提出控制要求。在旧城改造中必须处理好街道与重要对景建筑的关系，比如北海大桥东望故宫西北角楼；陟山门街东望景山万春亭、西望北海白塔；前门大街北望箭楼；光明路西望天坛祈年殿；永定门内大街南望永定门城楼（复建）；北中轴路南望钟鼓楼；地安门大街北望鼓楼；北京站街南望北京站等。

（7）旧城建筑形态与色彩的继承与发扬　北京市规定旧城内新建建筑的形态与色彩应与旧城整体风貌相协调，旧城内新建的低层、多层住宅必须采用坡屋顶形式（已建的平屋顶住宅必须逐步改为坡顶），旧城内具有坡屋顶的建筑其屋顶色彩应采用传统的青灰色调（禁止滥用琉璃瓦屋顶）。

（8）古树名木保护　北京市规定在危改区或新的建设区严禁砍伐古树名木及大树，历史文化保护区内的绿地建设应包括街道、胡同和院落绿化，旧城内的改造区应尽量增加公共集中绿地（绿地建设应采用适合北京特点的植物品种）。

（9）旧城危改与旧城保护　北京市规定应树立旧城危改与名城保护相统一的思想。历史文化保护区内的危房必须严格按历史文化保护区保护规划实施，应以"院落"为单位逐步更新、恢复原有街区的传统风貌。历史文化保护区以外的危改地区必须加强对文物及有价值历史建筑的核查、保护，应严格执行各级文物保护单位的保护范围和建设控制地带及北京市区中心地区控制性详细规划中的高度控制等有关规定。建设单位必须处理好与保护有关的工作才能申报危旧房改造方案，危改项目的前期规划方案必须包括历史文化保护专项规划，内容应包括街区的历史沿革、文物保护单位的保护、有价值的历史建筑及遗存的保护、古树名木和大树的保护、对传统风貌影响的评价、环境改善的措施等。

（10）传统地名的保护　北京市规定传统地名是北京历史文化名城保护的重要内容之一，必须加以保护并应建立健全相关法规和技术规范，对传统胡同、街道的历史名称不得随意修改。

（11）传统文化、商业的保护和发扬　传统文化的保护和发扬主要有 3 个方面，即尽量恢复各区有代表性的庙会，包括厂甸、白塔寺、护国寺等；以昆曲、京剧为重点进一步繁荣北京的传统戏曲事业，加强戏院和相关文化设施的建设工作；采取措施恢复和合理利用各种会馆。传统商业的保护和发扬应有切实的措施，传统商业的保护主要包括传统商业街区的保护与改造以及老字号的恢复与保护等 2 个方面，北京市规定的传统商业街区的重点保护区域为大栅栏商业街、琉璃厂文化街、前门商业文化旅游区、什刹海地区的传统商业街（烟袋斜街、荷花市场等）、隆福寺商业街等。

第7章
规划设计成果要求

7.1　图纸要求

设计单位申报的设计方案应根据规划行政主管部门核发的规划意见书进行设计，在规划意见书无特殊规定时均应依据传统规定进行设计。不符合传统规定有关要求又未征得市规划行政主管部门同意的设计方案应由设计单位承担相关责任。申报各阶段图纸要求如下。

（1）规划意见书阶段

① 需新征（占）用地的建设项目。申报材料应包括拟建项目方案设想总平面图，应标明比例尺、标注拟建建筑与周围建筑、道路、相邻单位的关系及距离，拟建建筑规模、高度、层数等；以城市坐标系或国家坐标系为基础的 1/500 或 1/2000 比例尺地形图一份（位于远郊的或机要工程项目需 3 份）并应在地形图上用普通黑铅笔绘出拟建设的用地范围。

② 拥有土地使用权用地上的建设项目。申报材料应包括拟建工程设想方案图，应标明比例尺、标注拟建建筑与周围建筑、道路、相邻单位的关系及距离，拟建建筑规模、高度、层数等；以城市坐标系或国家坐标系为基础的 1/500 或 1/2000 比例尺地形图一份（位于远郊或机要工程项目需 3 份）并应在地形图上用普通黑铅笔绘出拟建设用地范围。

（2）建设项目规划、设计方案阶段

① 居住类建筑工程设计方案。申报材料应包括标明由规划行政部门出具钉桩条件的用地钉桩成果以及以现状地形图为底图绘制的总平面图（比例为单体建筑 1/500、居住区 1/1000）2 份，居住区（居住小区、组团）项目应在总平面图中标明每栋居住建筑的编号；各层平面图、各向立面图、剖面图（比例 1/100 或 1/200）各 2 份；拟建项目周围相邻居住建筑时应按照《规划意见书》或《修改设计方案通知书》的要求附日照影响分析图及说明各 1 份；《规划意见书》或《修改设计方案通知书》要求做交通影响评价报告的项目应附交通影响评价报告 1 份；设计方案各项技术指标要求的相对列表说明，若超出规划意见书规定的建筑控高和使用性质时应附控规调整审批通知书 1 份；《规划意见书》要求应附的其它有关文件、图纸和模型；居住区（居住小区、组团）项目应附单栋居住建筑规模（应注明地上、地下建筑面积）和配套明细表 1 份。以上文件图纸均应按 A3 规格装订成册。

② 非居住类建筑工程设计方案。申报材料应包括标明由规划行政部门出具钉桩条件的用地钉桩成果以及以现状地形图为底图绘制的总平面图（比例单体建筑 1/500、居住区 1/1000）2 份；各层平面图、各向立面图、剖面图（比例 1/100 或 1/200）各 2 份；拟建项目周围相邻居住建筑时应按《规划意见书》或《修改设计方案通知书》要求附日照影响分析图及说明各 1 份；设计方案各项技术指标要求的相对列表说明，若超出规划意见书规定的建筑控高和使用性质时应附控规调整审批通知书 1 份；《规划意见书》要求应附的有关文件、图纸和模型。以上文件图纸均应按 A3 规格装订成册。

（3）项目初步设计阶段　初步设计文件及图纸资料应依据所在城市《建设工程初步设计审查规定》和《建设工程设计文件编制深度规定》中的要求提供。

（4）建设用地规划许可证（建筑工程）阶段　申报材料应包括 1/2000 或 1/500 地形图 4 份

（机要工程为3份）并应标明由规划行政部门出具钉桩条件的用地钉桩成果且应标示用地及代征地范围。

（5）建设工程规划许可证（建筑工程）阶段　申报材料应包括建筑工程施工设计图纸（1/500或1/1000总平面图）3份（机要工程为2份）；1/100或1/200各层平面图、各向立面图、剖面图、基础平、剖面图各1份；设计图纸目录1份。以上文件图纸均应按A4规格装订折叠。

7.2　图面要求

（1）总平面图的图面要求

① 方案阶段、初步设计阶段。总平面图应在现状地形图上套画并应标注用地范围；标注相邻现状和规划道路的红线位置和道路名称；标注相邻单位名称；标明拟建建筑与用地边界线之间以及拟建建筑与周围现状建筑及规划建筑之间的间距；标明拟拆除的现状建筑；标明代征用地范围等。总平面图中应标注拟建建筑的外形轮廓尺寸，以±0.00高度的外墙定位轴线或外墙面线为准并以粗实线表示；新建建（构）筑物±0.00高度以外的可见轮廓线应以中实线表示；除标注建筑尺寸外还应注明各建筑层数、高度、标注机动车出入口位置。总平面图中应标注指北针、风玫瑰、尺寸单位、比例。居住区（居住小区、组团）项目在总平面图中应标明每栋居住建筑的编号。应将主要技术经济指标列在总平面图上，居住区（居住小区、组团）项目应标注单栋居住建筑规模（地上、地下建筑面积）和配套明细表。

② 建设工程规划许可证（建筑工程）阶段。总平面图应在现状地形图上套画并应标注用地范围；标注相邻现状和规划道路的红线位置和道路名称；标注相邻单位名称；标明拟建建筑与用地边界线之间以及拟建建筑与周围现状建筑及规划建筑之间的间距；标明拟拆除的现状建筑，可采取标明改建拆除范围轮廓线的方式并在图中注明此范围内现状建筑全部拆除；标明代征用地范围等。总平面图中应标注拟建建筑外形轮廓的尺寸（以±0.00高度的外墙定位轴线或外墙面线为准并以粗实线表示。新建建（构）筑物±0.00高度以外的可见轮廓线以中实线表示）；注明各建筑层数、高度、建筑首层平面的高程、室外设计高程；标注机动车出入口位置。总平面图中应标注指北针、风玫瑰、尺寸单位、比例、场地四界的测量坐标和施工坐标（或注尺寸）。居住区（居住小区、组团）项目在总平面图中应标明每栋居住建筑的编号。应将主要技术经济指标列在总平面图上，居住区（居住小区、组团）项目应标注单栋居住建筑规模（地上、地下建筑面积）和配套明细表。

（2）平面图的图面要求

① 方案阶段。应标明承重和非承重墙、柱（壁柱）和轴线、轴线编号。应标明墙、柱、内外门窗、天窗、楼梯、电梯、雨篷、平台、台阶、坡道、水池、卫生器具等。应注明各房间、车间、工段、走道等的名称；主要厅、室的具体布置以及与土地有关的主要工艺设备的布置示意。应标明轴线间尺寸以及外包轴线间的尺寸总和。应标明室内、外地面设计标高。应标明剖切线及编号。应标明指北针（画在底层平面）。多层或高层建筑的标准层、标准单元或标准间需要明确绘出放大平面图。单元式住宅平面图中需标注技术经济指标和标准层套型。

② 初步设计阶段。应标明承重和非承重墙、柱（壁柱）和轴线、轴线编号。应标明墙、柱、内外门窗、天窗、楼梯、电梯及其规格、作业平台、吊车类型（吨位、跨距）、雨篷、平台、台阶、坡道、变形缝、水池、卫生器具及与设备专业有关的设施等。应注明各房间、车间、工段、走道等的名称和房间的特殊要求，比如洁净度、恒温、防爆、防火等；主要厅、室的具体布置以及与土地有关的主要工艺设备的布置示意。应标明轴线间尺寸、外包轴线总和及其它尺寸与轴线的关系。应标明室内、外地面设计标高以及地上、地下各层楼地面标高（底层地面为±0.000）。应标明剖切线及编号。应标明指北针（画在底层平面）。多层或高层建筑的标准层、标准单元或标准间需明确绘制放大平面图及室内布置图。单元式住宅平面图中需标注技术经济指标和标准层

套型。

③ 施工图阶段。应标明承重和非承重墙、柱（壁柱），轴线和轴线编号，内外门窗位置和编号，门的开启方向，注明房间要求（如洁净度、恒温、防爆、防火等）。应标明柱距（开间）、跨度（进深）尺寸，墙身厚度、柱（壁柱）宽、深和与轴线关系尺寸。应标明轴线间尺寸、门窗洞口尺寸、分段尺寸、外包总尺寸。应标明变形缝位置尺寸。应标明卫生器具、水池、台、橱、柜、隔断等位置。应标明电梯（并注明规格）、楼梯位置和楼梯上下方向示意及主要尺寸。应标明地下室、地沟、地坑、必要的机座、各种平台、夹层、人孔、墙上预留洞、重要设备位置尺寸及铁轨位置（轨距和轴线关系尺寸）、吊车特征（类型、吨位、跨距、行驶范围、吊车梯位置）等。应标明阳台、雨篷、台阶、坡道、散水、明沟、通气竖道、管线竖井、烟囱、垃圾道、消防梯、雨水管。应标明室内外地面标高、楼层标高（底层地面为±0.000）。应标明剖切线及编号（一般只注在首层平面）。应标明有关平面节点详见图或详图索引号。应标明指北针（画在首层平面）。应标明平面图尺寸和轴线，若系对称平面可省略重复部分的尺寸，楼层平面除开间跨度等主要尺寸外可省略。楼层标准层可共用一平面但需注明层数及标高。根据工程性质及复杂程度应绘制复杂部分的局部放大平面图、剖面图。建筑平面较长较大时可分区绘制（但应绘出各区的平面组合示意图）。屋面平面可缩小比例绘制，一般内容有墙、檐口、天沟、坡度、坡向、雨水口、屋脊（分水线）、电梯间、天窗及天窗挡风板、屋面上人孔、检修梯、室外消防楼梯及其它构筑物；详图索引号、标高等。

（3）立面图的图面要求

① 方案/初步设计阶段。应视建（构）筑物的性质、繁简选择绘制有代表性的立面。立面图上应标明建筑两端部的轴线、轴线编号。应标明立面外轮廓、门窗、雨篷、檐口、女儿墙顶、屋顶、平台、栏杆、台阶、变形缝和主要装饰以及平、剖面未能表示的屋顶、檐口、女儿墙、窗台等标高或高度。应标明关系密切、相互间有影响的相邻建筑的部分立面。

② 施工图阶段。应绘制各主要方向的立面（内部院落的局部立面可在相关剖面图绘出，若需要则应单独绘出）。应标明建（构）筑物两端轴线编号。应标明女儿墙顶、檐口、柱、变形缝、室外楼梯和消防梯、阳台、栏杆、台阶、坡道、花台、雨篷、线脚、门头、雨水管以及其它装饰构件和粉刷分格线示意等，外墙的留洞应注尺寸与标高（宽×高×深及关系）。在平面图上表示不出的窗编号应在立面图上标注，平、剖面未能表示出来的屋顶、檐口、女儿墙立面图上应分别注明。应标明各部分构造、装饰节点详图索引、用料名称或符号。

（4）剖面图的图面要求

① 方案/初步设计阶段。剖面应剖在层高、层数不同、内外空间比较复杂的部位。一般应绘出内外墙、柱、轴线、轴线编号；内外门窗、地面、楼板、屋顶、檐口、女儿墙、楼梯、电梯、平台、雨篷、阳台、台阶、坡道等。应标注各层标高的室外地面与建筑檐口或女儿墙顶的总高度以及各层之间的尺寸及其它必需的尺寸等。

② 施工图阶段。剖视位置应选在层高不同、层数不同、内外空间比较复杂且最有代表性的部位以及建筑空间局部不同处。应标明墙、柱、轴线、轴线编号。应标明室外地面、底层地（楼）面、地坑、地沟、机座、各层、楼板、吊顶、屋架、屋顶、出屋顶烟囱、口、女儿墙、门、窗、吊车、吊车梁、走道板、梁、铁轨、楼梯、台阶、坡道、散水、平台、阳台、雨篷、装修等可见的内容。应标明高度尺寸，包括外部尺寸（比如门窗、洞口高度、层间高度、总高度）和内部尺寸（比如地坑深度、隔断、洞口、平台、吊顶等）。应标明标高，包括底层地面标高（±0.000）；以上各层楼面、楼梯、平台标高、屋面板、屋面檐口、女儿墙顶、烟囱顶板、间、机房顶部标高；室外地面标高；底层以下的地下各层标高。应确保平、立、剖面图一致、无误。

7.3 规划技术指标要求

（1）规划技术指标的计算办法　总用地面积的计算应依据规划行政部门出具钉桩条件的用地

钉桩成果（居住区中教育用地等特殊用地应钉桩确定范围），规划用地外围的道路应算至外围道路的中心线，规划用地范围内的其它用地应按实际占用面积计算。建筑面积的计算应按现行规范进行且其地上、地下应分别列出（居住区应将全部单体建筑分项列出）。绿地计算应按现行规范进行，绿化停车场应多于2行6列。

　　规划总用地范围应按下列2条规定确定，即当规划总用地周界为城市道路、居住区（级）道路、小区路或自然分界线时，其用地范围应划至道路中心线或自然分界线；当规划总用地与其它用地相邻时，其用地范围应划至双方用地的交界处。底层公建住宅或住宅公建综合楼用地面积应按以下2条规定确定，即按住宅和公建各占该幢建筑总面积的比例分摊用地并分别计入住宅用地和公建用地；底层公建突出于上部住宅或占有专用场院（因公建需要后退红线的用地）均应计入公建用地。底层架空建筑用地面积的确定应按底层及上部建筑的使用性质及其各占该幢建筑总建筑面积的比例分摊用地面积并分别计入有关用地内。停车数量应分列机动车、非机动车停车数量，还应分列地上、地下机动车停车数量并计算每10户机动车停车数量（居住区）或万平方米机动车停车数量（公共建筑）。绿化面积计算应按现行规范进行。宅间小路不计入道路用地面积。停车场车位数应按规定确定，机动车停车位控制指标是以小型汽车为标准当量表示的，其它各型车辆的停车位应按表7-1中相应的换算系数折算。

表7-1　各型车辆停车位换算系数

车型	微型客、货汽车、机动三轮车	小型客车、两吨以下货运汽车	中型客车、面包车、2～4t货运汽车	铰接车
换算系数	0.7	1.0	2.0	3.5

　　（2）居住区综合技术经济指标计算　　居住区综合技术经济指标应包括必要指标和可选用指标等2类，其项目及计量单位应符合表7-2的规定。

表7-2　综合技术经济指标系列一览表

项　目	计量单位	数值	所占比重/%	人均面积/(m²/人)
居住区规划总用地	hm²	☆		
1. 居住区用地（R）	hm²	☆	100	☆
①住宅用地（R01）	hm²	☆	☆	☆
②公建用地（R02）	hm²	☆	☆	☆
③道路用地（R03）	hm²	☆	☆	☆
④公共绿地（R04）	hm²	☆	☆	☆
2. 其它用地（E）	hm²	☆		
居住户（套）数	户（套）	☆		
居住人数	人	☆		
户均人口	人/户	◇		
总建筑面积	×10⁴m²	☆		
1. 居住区用地内建筑总面积	×10⁴m²	☆	100	☆
①住宅建筑面积	×10⁴m²	☆	☆	☆
②公建面积	×10⁴m²	☆	☆	☆
2. 其它建筑面积	×10⁴m²	◇		
住宅平均层数	层	☆		
高层住宅比例	%	☆		

项　目	计量单位	数值	所占比重/%	人均面积/(m²/人)
中高层住宅比例	%	☆		
人口毛密度	人/hm²	☆		
人口净密度	人/hm²	◇		
住宅建筑套密度(毛)	套/hm²	◇		
住宅建筑套密度(净)	套/hm²	◇		
住宅面积毛密度	×10⁴m²/hm²	☆		
住宅面积净密度	×10⁴m²/hm²	☆		
(住宅容积率)		☆		
居住区建筑面积(毛)密度	×10⁴m²/hm²	◇		
(容积率)		◇		
住宅建筑净密度	%	☆		
总建筑密度	%	◇		
绿地率	%	☆		
拆建比		◇		
土地开发费	万元/hm²	◇		
住宅单方综合造价	元/m²	◇		

注：☆为必要指标；◇为选用指标。

7.4　其它要求

7.4.1　城市环境保护规划要求

编制城市环境保护规划的目的是更好地贯彻执行国家城市规划、环境保护的有关法规和方针政策，保护环境、防治污染。城市环境保护规划的期限和范围应与城市总体规划一致。城市环境保护规划应以城市总体规划的城市性质及社会经济目标为依据，合理确定城市环境指标。城市环境保护规划应包括城市环境功能区划及各专项规划内容。城市环境功能区划应包括城市水环境功能区划、城市环境空气质量功能区划及城市声环境质量功能区划。城市环境保护规划应符合国家现行有关标准及规范的规定。

(1) 城市水环境保护　城市水环境保护主要包括城市规划区内的各种地表水体、地下水体和近海水域，城市水环境质量标准应按《地表水环境质量标准（GB 3838）》、《地下水水质标准（GB/T 14848）》、《海水水质标准（GB 3097）》执行。编制城市水环境保护规划过程中，应明确重点水域环境得到改善、控制生态环境恶化及城市污废水得到有效治理的规划目标；明确水环境质量、生态状况明显改善及城市污废水得到根本治理的规划目标。

城市水环境功能区划应包括地表水环境功能区划、地下水环境功能区划和近岸海域环境功能区划（适用于有近岸海域城市）。我国地表水环境功能区划分为五类[具体应按《地表水环境质量标准（GB 3838）》执行]、地下水环境功能区划分为五类[具体应按《地下水水质标准（GB/T 14848）》执行]、近岸海域环境功能区划分为四类[具体应按《海水水质标准（GB 3097）》执行]。编制城市水环境保护规划不得降低现状水域使用功能，对于兼有两种以上功能的水域应按高功能确定保护目标。对尚待开发的留用备择区不得随意降级使用。

编制城市水环境保护规划过程中，应合理调整工业布局，加强废水处理设施的管理，严格控制新污染源产生。应完善城市污水收集及处理系统，加速污水治理的进行，防治水污染。应提高水的重复利用和循环利用率，最大限度减少用水量和排污水量，节约用水。应合理划定城市饮用水水源保护区，具体应按《饮用水水源保护区划分技术规范（HJ/T 338）》执行，卫生标准应按《生活饮用水卫生标准（GB 5749）》执行。饮用水水源保护区分地表水饮用水源保护区和地下水饮用水源保护区等 2 类。地表水饮用水源保护区包括一定面积的水域和陆域。地下水饮用水源保护区指地下水饮用水源地的地表区域，应根据不同地区地下水开采程度将地下水划分禁采、限采和控采区。应合理划定城市滨水功能区，滨水功能区保护规划中必须将滨水功能区作为整体进行保护，应包括水体、岸线和滨水区并宜按蓝线、绿线和灰线三个层次进行规划控制。

（2）城市大气环境保护　编制城市大气环境保护规划过程中，城市环境空气质量标准应按《环境空气质量标准（GB 3095）》执行，空气质量目标和减排目标应根据规划区空气现状、环境保护防治技术和经济条件、城市规划目标等按照环境空气质量标准、大气污染物排放标准和大气污染物减排计划等制定。编制城市大气环境保护规划应合理构建环境空气质量功能区划，环境空气质量功能区的划分应根据城市用地规划并按《环境空气质量功能区划分原则与技术方法（HJ 14）》进行（功能区之间应设置缓冲带），环境空气质量功能区应分一、二、三类区并应分别按《环境空气质量标准》的一、二、三级标准执行。编制城市大气环境保护规划的前提是城市用地规划必须合理布局以避免或减少大气污染。编制城市大气环境保护规划应根据城市自然条件并结合绿地、水系、道路、轨道等规划为城市留出通风廊道，在规划城市能源结构时应充分利用太阳能、风能、水能等清洁能源，在燃煤供热地区应采用集中供热为主的供热方式并应根据节能要求确定热指标，规划新建或扩建的排放二氧化硫的火电厂和其它大中型企业必须规划建设配套脱硫、除尘装置或采取其它控制二氧化硫排放、除尘的措施，以保证符合规定的污染物排放标准及总量控制指标，营运的机动车船宜使用清洁能源〔使用天然气时应按《汽车加油加气站设计与施工规范（GB 50156）》规划建设加气站〕，规划区应减少裸露地面和地面尘土以防治城市扬尘污染，对尚未达到规定大气环境质量标准的区域和酸雨控制区、二氧化硫污染控制区可划定为主要大气污染物排放总量控制区。

（3）城市声环境保护　编制城市声环境保护规划过程中，城市声环境质量标准应按《声环境质量标准（GB 3096）》执行。城市声环境保护规划的编制应在分析城市噪声污染相关资料并对城市声环境现状评价基础上进行。编制城市声环境保护规划过程中，应结合城市用地布局、人口分布等的变化，对城市噪声污染变化趋势作出预测并制定出城市声环境保护与防治目标。编制城市声环境保护规划过程中应合理构建城市声环境功能区划，城市声环境功能区划分方法可参照《城市区域环境噪声适用区划分技术规范（GB/T 15190）》进行，城市声环境功能区划分为 0、1、2、3、4 五类区域并应分别按《声环境质量标准（GB 3096）》的 0～4 类标准执行。编制城市声环境保护规划过程中，应依据城市总体规划确定各类城市环境噪声功能区覆盖范围内的噪声敏感建（构）筑物集中区域并对其提出预防噪声污染的措施，应合理布局、设计并通过自然衰减降低主要噪声源对周围敏感点的声环境影响（以降低噪声防治成本，确保噪声敏感建（构）筑物集中区域声环境质量达标），应依据各类城市环境噪声功能区的分布特点提出降低交通噪声对噪声敏感建（构）筑物集中区域干扰的措施，应依据对现状功能区的评价结果提出对影响功能区达标的重点噪声源的治理措施，应依据对主要噪声污染类型、污染源分布特点的分析提出旧城区改造用地布局优化的措施，应结合城市总体规划用地布局的调整提出旧城区道路综合整治措施和路网优化建议。声环境保护规划应制订城市噪声污染防治的管理措施（非技术性措施）。

（4）城市固体废弃物处置　城市固体废物主要包括一般固体废物、危险废物、放射性固体废物、其它固体废物四类。一般固体废物包括生活垃圾、一般工业固体废物。危险废物包括医疗废物、电子废弃物、工业危险废物。城市固体废弃物处置应贯彻"减量化、资源化、无害化"原则并逐步建立城市固体废弃物分类收集、分类运输、分类储存和分类处置制度。编制城市固体废弃物处置规划过程中，城市固体废物处置场不得建在自然保护区、风景名胜区、生活饮用水源保护区和人口密集的居住区以及其它需要特殊保护的地区。编制城市固体废弃物处置规划过程中，生活垃圾处置应符合《城市环境卫生设施规划规范（GB 50337）》、《生活垃圾焚烧污染控制标准（GB 18485）》、《生活垃圾填埋污染控制标准（GB 16889）》和《城市生活垃圾卫生填埋技术规范（CJJ 17）》的规定，一般工业固体废物处置应符合《一般工业固体废物储存、处置场污染控制标准（GB 18599）》的规定，危险废物集中储存和处置应符合《危险废物储存污染控制标准（GB 18597）》、《危险废物填埋污染控制标准（GB 18598）》和《危险废物焚烧污染控制标准（GB 18484）》的规定，医疗废物集中储存和处置应符合《危险废物焚烧污染控制标准（GB 18484）》、《危险废物储存污染控制标准（GB 18597）》、《医疗废物集中处置技术规范（环发［2003］206）》和《医疗废物管理条例》的规定。根据城市发展需要，可在城市一定区域范围内设置医疗废物集中储存设施、医疗废物集中焚烧处置设施、医疗废物卫生填埋场等设施，其服务范围可以为一个城市也可以为多座城市共同设置。医疗废物集中焚烧、填埋处置工程项目的建设宜"近、远期结合，统筹规划"，其建设规模、布局和选址应进行技术经济论证、环境影响评价和环境风险评价。编制城市固体废弃物处置规划过程中应关注电子废弃物、工业危险废物、城市放射废物的处置问题，应建立电子废弃物回收系统。量大的城市可考虑建设废弃家用电器与电子产品处理处置厂和废电池再生资源工厂，其处置应符合《危险废物焚烧污染控制标准（GB 18484）》和《废电池污染防治技术政策》中的规定。工业危险废物应按照《国家危险废物名录》、《危险废物鉴别标准（GB 5085）》进行分类鉴别，原则上应由生产企业单独处理并按国家有关危险废物处置规定全过程严格管理和处理处置。城市放射废物处置应在专业部门指导下进行专业处置。应建设城市建筑垃圾消纳场以对城市建筑垃圾进行处理，建筑垃圾消纳场的选址必须符合城乡规划并应"大小兼顾、远近结合、防止污染、有效保护、综合利用"且应与城市建筑垃圾源头有效结合以方便处理、方便管理。

（5）城市放射性与电磁辐射环境保护　编制城市放射性与电磁辐射环境保护规划过程中，伴有辐射照射的设施或设备与居住区的直线距离应符合《辐射防护规定（GB 8703）》的规定。各类无线电通信设备发射天线以及一切产生100kHz～300GHz频率范围内的电磁辐射污染的设施或设备离人口稠密区的距离应符合《电磁辐射防护规定（GB 8702）》的规定，并应避让对电磁辐射影响敏感的项目。

（6）城市自然环境保护与建设　编制城市自然环境保护与建设规划过程中，应按保护城市自然景观、生物生境、生态系统结构和"功能恢复、改善城市环境、塑造城市特色、提高城市生活质量和可持续发展"要求制定合理的城市自然环境保护目标。应对野生动物及鸟类的栖息地、迁徙路线等重要生境进行保护（即保证生物物种的多样性以改善城市的生态环境）；应确保城市自然水系网络的畅通，应在自然要素与建设用地留有一定的缓冲区以有效地保证自然山水形态的完整性；对人类具有特殊价值或具有潜在自然灾害的地区规划应划定保护区；应统筹安排城乡建设用地及生态环境建设用地，并结合城市禁建区、限建区的划定制定城市生态环境系统建设规划；应加强对森林公园、城郊农业用地、自然风景林、郊野山林、苗圃、果园等的改造和利用，以推进城市绿地系统中的生态化建设；应保护规划区内的城市湿地，湿地流域不可渗透的地面面积应控制在8%～10%内，同时应保持50%的森林植被用于改善湿地生境状况；应提出废弃土地生态恢复的建设要求，即提出在废弃土地上恢复植被群落的途径并根据实际情况提出合理的使用功能；应在城区及郊区建立自然保护区或生态调节区以保护郊区环境，提高城乡结合增强城市生态系统的调节能力、促进环境生态的良性循环。

7.4.2　城市防洪规划要求

编制城市防洪规划的目的是适应城市防洪建设管理需要、维护城市防洪安全。城市防洪规划编制应符合国家现行强制性标准的有关规定。城市防洪规划期限应与城市总体规划期限相一致，规划范围应与城市总体规划范围相一致，应以流域防洪规划为依据，贯彻"全面规划、综合治理、防治结合、以防为主"的防洪减灾方针，注重城市防洪工程措施的综合效能并贯彻"工程措施与非工程措施相结合"原则。城市防洪规划应包括以下3方面主要内容，即确定城市防洪、排涝规划标准；确定城市用地防洪安全布局原则，明确城市防洪保护区和蓄滞洪区范围；确定城市防洪体系，制定城市防洪、排涝工程方案与城市防洪非工程措施。

（1）城市防洪排涝标准的确定原则　确定城市防洪标准应符合现行《防洪标准（GB 50201）》规定。确定城市防洪标准应考虑以下5方面因素，即城市总体规划确定的城市或独立组团的规模；城市或城市独立组团的社会经济地位；城市技术经济条件；流域防洪规划对城市防洪的要求；多种洪源对城市安全的影响。确定城市排涝标准应考虑以下3方面因素，即城市受涝地区重要性；城市受涝地区涝灾损失程度；城市技术经济条件。城市排涝标准应合理确定降雨重现期、降雨周期、排除周期，降雨重现期不宜低于20年一遇；降雨周期宜按24h计；降雨排除周期不宜长于降雨周期（涝灾损失不大的区域可适当延长降雨排除周期）。

（2）城市用地防洪安全布局要求　城市建设用地选择应避开洪涝、泥石流灾害高风险区域。城市用地布局应遵循"高地高用、低地低用"原则并遵守以下2条规定，即城市中心区、居住区、重要的工业仓储区及其它重要设施应布置在城市防洪安全性较高的区域；城市易渍水低洼地带、河海滩地宜布置成生态湿地、公园绿地、广场、运动场等城市开敞空间。当城市建设用地难以避开低洼区域时，应根据用地性质采取相应的防洪安全措施。城市用地布局应确保城市重要公用设施防洪安全。城市防洪规划确定的过洪滩地、排洪河渠用地、河道整治用地应划定为规划限建区，规划限建区内不得建设影响防洪安全的设施，确需开发利用的用地和建设的设施必须进行防洪安全影响评价。

（3）城市防洪体系的基本架构　编制城市防洪规划过程中，应根据城市洪灾类型、自然条件、结构形态、用地布局、技术经济条件及流域防洪规划合理确定城市防洪体系。江河沿岸城市应依靠流域防洪体系提高自身防洪能力，山丘区江河沿岸城市防洪体系宜由河道整治、堤防和调洪水库等组成，平原区江河沿岸城市可采取以堤防为主体、河道整治、调洪水库及蓄滞洪区配套的防洪体系。河网地区城市应根据河流分割形态建立分片封闭式防洪保护圈以实行分片防护，其防洪体系应由堤防、排洪渠道、防洪闸、排涝泵站等组成。滨海城市应重点分析天文潮、风暴潮、河洪的三重遭遇，应形成"以海堤、防潮闸、排涝泵站为主，生物削浪等措施为辅，防潮设施、消浪设施、分蓄洪设施协调配合"的防洪体系。山洪防治宜在山洪沟上游采用水土保持和截流沟及调洪水库形式解决，下游则应采用疏浚排泄等组成综合防洪体系。泥石流防治体系宜由拦挡坝、停淤场、排导沟等组成。上游区宜采取预防措施，应植树造林、种草栽荆、保持水土、稳定边坡；中游区宜采取拦截措施；下游区宜采取排泄措施；泥石流通过市区段宜修建排导沟。当城市受到两种或两种以上洪水危害时，应在分类防御基础上形成各防洪体系相互协调、密切配合的综合性防洪体系。城市受涝地区应按"高低水分流、主客水分流"原则划分排水区域，并由排水管网、调蓄水体、排洪渠道、堤防、排涝泵站及渗水系统、雨水利用工程等组成综合排涝体系。寒冷地区有凌汛威胁的城市应将防凌措施纳入城市防洪体系。

（4）城市防洪工程措施的选择　城市防洪工程措施可分为挡洪、泄洪、蓄滞洪、排涝及泥石流防治五类。挡洪工程主要包括堤防、防洪闸等工程设施；泄洪工程主要包括河道整治、排洪河道、截洪沟等工程设施；蓄（滞）洪工程主要包括分蓄洪区、调洪水库等工程设施；排涝工程主要包括排水沟渠、调蓄水体、排涝泵站等工程设施；泥石流防治工程主要包括拦挡坝、排导沟、停淤场等工程设施。城市防洪工程应与流域防洪工程布局相配合并与城市基础设施工程、农田水利工程、水土保持工程及城市河湖水系、园林绿地、景观系统等规划相协调。城市防洪工程设施应避免设置在不良地质区域，其用地规模应按规划期控制并应为城市远景发展留有余地。

①堤防布置。堤线走向及堤型应根据设计洪水、保护区地形与地质、洪水流向以及沿河市政设施情况确定。堤线宜顺直，转折处应采用平缓曲线相连接。堤距应满足设计洪水行洪的要求。

② 河道整治。河道整治工程应根据河道现状行洪能力、行洪障碍及河势演变规律确定。河道整治应能稳定河势以维持或扩大河道泄流能力。裁弯取直及疏浚（挖槽）的方向应与江河流向一致并与上、下游河道平顺连接，应达到改善水流条件、有利城市建设的目的。

③ 排洪渠道。排洪渠道渠线布置宜走天然沟渠、高水高排，必须改线时宜选择地形平缓、地质稳定、拆迁少的地带并应力求顺直。排洪渠道出口受河水或潮水顶托时宜设防洪闸以防止洪水倒灌，排洪明渠也可采用回水堤与河（海）堤连接。

④ 防洪闸。防洪闸包括挡洪闸、分洪闸、排洪闸和挡潮闸等。防洪闸的闸址选择应根据其功能和运用要求综合考虑地形、地质、水流、泥沙、潮汐、航运、交通、施工和管理等因素并经技术经济比较后确定。

⑤ 调蓄水体。城市防洪规划应充分利用现有水体及城市附近的低洼区域以形成城市、小区、水库等不同层次、范围的蓄水系统，城市易涝地区调蓄水面应占总面积的 5％以上。城市调蓄水体规划应从城市总体布局出发尽量保留原有湖泊、水系，有条件的城市应在低洼地开辟池塘等调蓄水体，在城市上游修建水库蓄滞洪水。

⑥ 排涝泵站。排涝泵站站址应接近承泄区低洼处，分区排涝泵站应兼顾相邻区域的排涝要求。排涝泵站规模应根据城市排涝体系组成综合确定，排涝泵站用地应按《城市排水工程规划规范（GB 50318)》的有关指标确定。

⑦ 泥石流防治工程措施。拦挡坝坝址应选择在沟谷宽敞段的下游卡口处，拦挡坝可单级或多级设置。停淤场宜布置在坡度小、地面开阔的沟口扇形地带并应利用拦挡坝和导流堤引导泥石流在不同部位落淤。排导沟应布置在长度短、沟道顺直、坡降大和出口处具有堆积场地的地带，通过市区的泥石流沟在地形条件允许时可提供改沟方式将泥石流导向指定的落淤区。改沟工程通常由拦挡坝和排导沟或隧洞组成。

（5）城市防洪非工程措施的选择　城市防洪非工程措施主要包括行洪通道管制、蓄滞洪区管理、洪水预警预报、超标准洪水应急措施、洪涝灾害保险、防洪工程设施保护及防洪法规建设等。编制城市防洪规划过程中，行洪通道应划入城市蓝线进行保护与控制，并应严禁从事影响河势稳定、危害护岸安全、妨碍行洪的一切活动，应有组织地外迁居住在行洪通道内的居民。蓄滞洪区应根据流域防洪规划的要求进行建设和管理，应控制区内人口增长及经济建设规模并应逐步外迁，区内非防洪工程项目建设必须进行防洪影响评价。应积极采用卫星、雷达和电子计算机等高新技术准确预报洪峰、洪量、洪水位、流速、洪水到达时间、洪水历时等洪水特征值并及时发出洪水预报警报，蓄滞洪区内应设立各类水标志并应建立救护组织、配置抢救设备。应制定防御超设计标准洪水的对策性措施和防洪应急预案并应确定撤退路线、方式、次序以及安置等计划，对未达到设计洪水标准、抗震设防要求或者有严重质量缺陷的险坝应采取除险加固或重建措施，对可能出现垮坝的水库应制定应急抢险和居民临时撤离方案。城市应推行洪涝灾害保险制度，建立财产保险、防洪救灾决策支持系统以及蓄滞洪区运用补偿机制，因蓄滞洪而直接受益的城市应对蓄滞洪区承担国家规定的补偿、救助义务。严禁在防洪工程设施保护范围内进行爆破、打井、采沙（石）、取土等危害防洪工程设施安全的活动。城市应加强防洪减灾政策法规建设并将城市防洪工作纳入法制化轨道。

（6）城市防洪规划文件编制的基本要求　城市防洪规划的内容与程序应包括调查研究、城市防洪排涝标准确定、城市用地安全布局、城市防洪体系规划、城市防洪排涝工程方案与非工程措施、规划成果编制六个方面。调查研究阶段应主要收集、分析流域与保护区的自然地理、工程地质条件和水文、气象、洪水资料，了解历史洪水灾害的成因与损失，了解城市社会、经济现状与未来发展状况及城市现有防洪设施与防洪标准，广泛收集各方面对城市防洪的要求。城市防洪标准应根据城市的重要性、洪灾情况及其政治、经济上的影响，结合防洪工程的具体条件，依据城市划分等级，按中华人民共和国《防洪标准》的有关规定选取并应进行论证。城市用地安全布局应以满足城市防洪要求、保护城市安全为前提，应根据可能遭受洪灾损害的程度和概率合理进行用地和设施的布局。城市防洪体系规划应包括堤防工程，水库蓄、滞洪工程，河道整治工程，防洪闸，排洪渠，减河工程，低洼区分、滞洪工程，治涝工程等内容。城市防洪非工程措施应包括洪泛区和蓄滞洪区内的建（构）筑物使用、管理与宣传；洪灾区内土地的防洪措施；政府对洪灾区的政策；强制性的防洪保险、洪灾救济以及预报、警报及紧急撤退措施等。编制过程中尤其应注意城市洪水灾害损失调查、城市防洪标准的选取、城市防洪保护范围的确定、城市防洪体系方案的研究等方面内容。

城市防洪规划的成果应包括城市防洪规划文本、规划图纸、规划说明、基础资料汇编四个部分。规划文本应以法规条文方式直接叙述主要规划内容的规范性要求，主要内容应包括规划依据；规划原则；规划水平年；城市防洪、排涝标准；城市用地安全布局；城市防洪、排涝方案体系的选定及其等级；城市防洪非工程措施等，其中城市防洪排涝标准、城市用地安全布局原则和城市防洪排涝工程设施布局及城市防洪排涝非工程措施为强制性内容。规划图纸应清晰准确、图文相符、图例一致并应在图纸的明显处标明图名、图例、风玫瑰、图纸比例、规划期限、规划单位、图签编号等内容（具体见表7-3）。规划说明书应分析现状；论证规划意图和目标；解释和说明规划内容。基础资料汇编应在综合考察或深入调研的基础上，取得完整、正确的现状和历史基础资料并做到统计口径一致或具有可比性，主要基础资料应包括城市气象、水文（山洪、江河洪水、湖泊水库洪水、海潮）资料；城市地形资料；城市地质资料；城市社会、经济资料；城市洪水灾害资料；城市防洪、排涝历史资料 6 大类别。城市防洪规划应由城市人民政府组织规划部门、水利部门、建设部门和其它有关部门依据流域与区域防洪规划和城市社会经济及用地发展规划编制并纳入城市总体规划。

表 7-3 城市防洪规划图纸要求

图纸名称	图纸内容	图纸特征
洪水淹没范围图	在城市现状图基础上表示不同频率的洪水淹没范围	城市总体规划现状图上制图
城市防洪排涝规划图	在城市总体规划图基础上表示防洪、排涝工程（如防洪堤、排涝设施）的位置、范围以及城市防洪保护区和蓄滞洪区范围	城市总体规划图上制图，涉及市域的内容则在市域城镇体系规划图上制图

7.4.3 城镇综合防灾规划要求

编制城镇综合防灾规划的目的是为贯彻执行国家有关防灾减灾和应急管理的法律法规和技术政策；防御与减轻突发自然灾害造成的社会危害和损失；保证城镇的综合防灾能力；保障受灾人员安全；顺利开展灾后应急处置、救援与疏散避难工作；促进城镇防灾减灾资源的综合、有效利用。城镇综合防灾规划编制应贯彻"预防为主，防、抗、避、救相结合"方针做到"综合防御、重点保障；以人为本、平灾结合；因地制宜、统筹规划"。城镇综合防灾规划应根据城镇灾害环境和灾害特点，结合城镇建设与发展要求，协调和确定城镇综合防御目标，必要时还可区分近期与远期目标并应满足以下 3 条要求。第一，城镇综合防御目标应不低于以下基本防御目标。当遭受相当于工程抗灾设防水准的突发灾害影响时城镇防灾救灾功能正常，城镇生命线系统和重要设施基本正常，防灾工程设施有效发挥保护作用，一般建设工程可能发生破坏但基本不影响城镇整体功能，重要工矿企业能很快恢复生产或运营。当遭受相当于预定抗灾设防水准突发灾害影响时，城镇功能基本不瘫痪，要害系统、生命线系统和重要工程设施不遭受严重破坏，防灾工程设施不垮塌，应急保障基础设施和应急服务设施可有效运转，城镇救灾功能正常或可快速恢复；不发生严重的次生灾害，潜在危险因素可以在灾后条件下得到有效控制；无重大人员伤亡，受灾人员可有效疏散、避难并满足基本生活需求。第二，针对遭受高于预定设防水准的重大或特大突发灾害影响对下述区域或工程设施采取较高的防御要求和对策。这些区域或工程设施包括对城镇建设与发展特别重要的局部地区、特定行业或系统；影响区域救援、救灾物资运输和对外疏散实施的工程设施；可能导致特大灾难或次生灾害的设施；在临灾时期和灾时既需要启用的工程设施。第三，承担应急救援和疏散避难的应急保障基础设施和应急服务设施，应保证在预定设防水准下不发生危及重要救灾功能的破坏。

城镇综合防灾规划应与城镇总体规划相互协调并遵守以下4条规定，即应遵循城镇总体规划中确定的城镇性质、规模等原则；规划范围和适用期限应与城镇总体规划保持一致，特殊情况时其规划末期限宜一致，城镇综合防灾规划的有关专题防灾研究宜根据需要提前安排；应纳入城镇规划体系同步实施，对一些特殊措施，应明确实施方式和保障机制；城镇综合防灾规划的防御目标和设防标准、建设用地要求、防灾空间布局、应急保障基础设施及防灾工程设施布局和建设要求、应急服务设施用地和建设标准、相关防灾措施应根据城镇的防御目标、灾害设防要求和国家现行标准确定，并作为城镇规划的强制性内容和城镇详细规划和相关专业（项）规划的依据。城镇综合防灾规划应符合国家现行其它标准的有关规定。

编制城镇综合防灾规划涉及许多专业术语。突发灾害应对阶段有4个，即平时，指城镇既无突发性灾害发生又无灾害预警的时期；临灾时期，指城镇自宣布进入突发性灾害预警期始至灾害发生前的时期；灾时，指城镇自突发性灾害发生始至灾害直接作用影响结束的时期、灾后，指城镇自突发性灾害发生后到恢复重建结束的时期。"防灾空间布局"是指通过建设用地的合理选择和配置；符合防灾减灾要求的建筑工程的合理分布；防灾工程设施和应急服务设施的合理布设；应急保障设施的有效支撑；建筑间距和形态的合理防灾控制等空间防灾措施等所形成的具有应对重大或特大突发灾害应对能力的空间形态。"防灾措施"是指城镇应对规定设防水准的突发灾害所采取的改善或提高空间形态、用地、建筑工程及设施设备抗灾能力的预防性工程措施。"减灾措施"是指城镇应对超过规定设防水准的突发灾害所采取的加强灾害预测预警水平、完善应急预案、加强应急演练、强化应急宣传和教育培训等对策，以提高应急管理水平，完善政府、社会和个人灾害应对能力的预防性非工程措施。"应急措施"是指为防止减缓突发灾害发生或减轻突发灾害影响后果，城镇所采取的应急防控、紧急处置、抢险救援、紧急疏散、应急恢复等紧急应对措施。所谓"应急保障基础设施"是指应急救援和抢险避难所必须确保的交通、供水、能源电力、通信等基础设施。"防灾工程设施"是指为控制、防御灾害以减免损失而修建的，具有确定防护标准和防护范围的工程设施，如防洪工程、消防站。"应急服务设施"是指满足应急救援、抢险避难和灾后生活所必需的医疗卫生、储水、物资储存和分发、固定避难等场所和设施。"防灾避难场所"是指为应对突发性灾害指定用于避难人员集中进行救援和避难生活，经规划设计配置应急设施、有一定规模的场地和按照应急避难要求建设的建筑工程（也简称"避难场所"）。"专业救灾队伍"是指应急救援队及消防、抢险抢修、医疗救护、防疫、运输、治安保卫等担负救灾任务的专业组织和人员。"有效避难面积"是指避难场所内用于人员安全避难的应急宿住区及其所必需的应急保障基础设施和辅助设施的面积，包括避难场地与避难建筑面积之和（为保障周边地区的应急功能占用的面积不包括在内）。"应急救灾和疏散通道"是指应对突发灾害的应急救援和抢险避难、保障灾后应急交通的交通设施（简称应急通道）。应急通道通常可划分为4类，即救灾主干道，保障城镇对内、对外救援和疏散以及应急指挥等重大救灾活动有效进行的交通设施，至少包括与城镇出入口、中心避难场所、市政府抗震救灾指挥中心、城镇区级及以上应急指挥中心、大型救灾备用地、重大危险源仓库、承担重伤员救治任务的应急医疗场所、特勤消防站、承担灾后应急供水的水厂及水源地、重大次生灾害危险区相连的应急道路；疏散主通道，保障城镇内部疏散和大面积人员救援、物资运输等重要救灾活动有效进行的交通设施，至少包括连接固定避难场所内外的避震疏散道路；疏散次通道，保障城镇一定区域范围内主要救灾活动的交通设施；一般疏散通道，保障发生灾害时能尽快疏散人群和救灾的应急通道，是城镇直接服务于应急救灾和疏散避难应急保障基础设施。"应急功能保障分级"是指根据突发灾害发生时需要提供的应急功能及其在抗灾救灾中的作用，综合考虑可能造成的人员伤亡、直接和间接损失、社会影响程度等因素，对其所做的应急功能保障级别划分。"工程抗灾设防水准"是指城镇工程建设时所采用的衡量特定灾种设防水准高低的尺度，通常采用一定的物理参数来表达，比如抗震采用抗震设防烈度或设计地震动参数，抗风采用基本风压，防洪采用水位等。"预定抗灾设防水准"是指城镇确定防灾空间布局、空间防灾措施和用地避让措施，安排避难场所和应急保障基础设施时所需考虑的灾害的设防水准或灾害水平（简称预定设防水准）。"防止灾害蔓延空间分割带"是指为阻止城镇突发灾害及其次生灾害大面积蔓延，对保护生命、财产安全和城镇重要应急功能正常运行起防护作用的隔离空间和建（构）筑物设施。

（1）城镇综合防灾规划编制的总体要求　城镇规划应根据当地各类灾害的危险性、可能发生灾害的影响情况及城镇防灾要求，确定应对灾种并开展应对灾种的评估分析和防灾规划工作，应结合重点防御灾种统筹考虑其它突发事件的综合防御要求进行综合防灾规划，规划过程中应遵循以下5条规定，即城镇消防规划应统筹考虑火灾和其它突发事件的次生火灾；受江、河、湖、海或山洪、内涝威胁的城镇应进行防洪规划，根据灾害危险情况考虑排涝、抗旱、防御风暴潮要求（风暴潮威胁的沿海地区的城镇应把防御风暴潮纳入防洪规划，易形成内涝的平原、洼地、水网圩区、山谷、盆地等地区应将除涝治涝纳入防洪规划，山洪可能诱发山体滑坡、崩塌和泥石流的地区以及其它山洪多发地区应综合考虑防治措施，寒冷地区有凌汛威胁的城镇应将防凌措施纳入防洪规划）；地震动峰值加速度≥0.05g（地震基本烈度为6度及以上）地区的城镇应进行抗震防灾规划；基本风压≥0.5kN/m²地区城镇宜进行防风减灾规划；城镇应进行地质灾害防治规划。

城镇综合防灾规划可根据城镇灾害环境以工程抗灾和专业防灾规划为基础，按以下3条要求进行。第一，应以地震、洪水、风灾等影响范围广的重大和特大规模灾害防御为主线，综合考虑重点区域的火灾、地质灾害、建（构）筑物毁坏、恐怖袭击和重大危险源防御，兼顾其它突发事件发生时城镇防灾安全要求和居民疏散避难需求。第二，应统筹防灾发展和防御目标，协调防灾标准和防灾体系，整合防灾资源，梳理防灾空间布局。第三，应完善应急保障基础设施系统，安排防灾工程设施，支撑应急救灾和疏散避难，坚持平时功能和应急功能的协调共用，统筹规划，综合实施保障。

城镇综合防灾规划应包括以下8方面内容，即城镇防灾、减灾及应急现状分析和灾害影响环境综合评价及防灾能力评价；防灾总体目标，包括应急救灾目标、综合防御目标、各灾种防御目标及设防标准、重要区域和工程的设防标准和防灾措施；城镇用地的防灾适宜性区划以及城镇规划建设用地选择和相应的城镇建设防灾要求及措施；城镇防灾空间形态与分区，包括重大危险源布局及防灾要求，不同区域的防灾建设、基础设施配套要求与技术指标；应急保障基础设施、防灾工程设施的布局、选址和规模确定，包括应急服务设施及应急通道的布局、建设与改造要求，应明确相应设防标准和建设标准；重要建筑规划选址、建设和改造的防灾要求和措施，包括建筑密集区或高危险区的改造要求，火灾、爆炸等次生灾害源的防灾措施；消防、抗震、防洪、地质灾害防治、重大危险源防御、抗风、地下空间防灾与人防等专项防灾要求；规划的实施和保障措施等。

城镇综合防灾规划预定设防水准的确定应遵守以下5条规定，即位于抗震设防区的城镇其地震的预定设防水准所对应的灾害影响应不低于本地区抗震设防烈度对应的罕遇地震影响且不低于7度地震影响；风灾防御应考虑临灾时期和灾时的应急救灾和疏散避难，其相应安全保护时间对龙卷风不得低于3h，对台风不得低于24h；风灾的预定设防水准应按不低于100年一遇的基本风压对应的灾害影响确定；城镇防洪标准应符合现行《防洪标准（GB 50201）》规定，承担城镇防洪应急救灾和疏散避难功能的应急保障基础设施和避难场所的预定设防水准应高于城镇防洪标准所确定的水位且应不低于50年一遇防洪标准；城镇排涝标准应合理确定降雨重现期、降雨周期、排除周期，降雨重现期不宜低于20年一遇，降雨周期宜按24h计，降雨排除周期不宜长于降雨周期，涝灾损失不大的区域可适当延长降雨排除周期。

　　编制城镇综合防灾规划过程中时，应充分收集和利用城镇现有的、与城镇实际情况相符的、准确可靠的各类基础资料、规划成果和已有的专题研究成果，当现有资料不能满足要求时应补充进行现场勘察测试、调查及专题防灾研究。城镇综合防灾规划应以城镇灾害综合影响评价为基础并应满足预定设防水准对应的灾害规模所确定的防灾需求，城镇灾害综合影响评价可以重大或特大灾害对城镇的防灾空间布局和重要防灾工程的总体影响规模为控制指标，针对不同城区的灾害特点考虑一次或两次重大或特大灾害效应的最大灾害影响来简化分析。城镇综合防灾规划应符合以下 6 条规定，即①50 万人口以下城镇，宜按不同城区各应对灾种预定设防水准的最大灾害效应考虑；②100 万以下且大于 50 万人口城镇，宜按不同城区的各灾种预定设防水准的最大灾害效应和各灾种的历史最大灾害影响的较大灾害效应考虑；③200 万以下且大于 100 万人口城镇，除宜按上述第 2 条考虑外还应针对重要城区按最大影响灾害种类考虑 1 次特大突发灾害效应；④400 万以下且大于 200 万人口城镇，除宜按上述第 3 条考虑外还应针对重要城区考虑各灾种的特大突发灾害的最大灾害效应；⑤400 万以上人口城镇，宜专门研究需要采取的灾害影响评价标准；⑥针对城区的潜在突发灾害特点，必要时还应考虑灾害的耦合效应和连锁效应。对国务院公布的历史文化名城、名镇以及城镇规划区内的国家重点风景名胜区、国家级自然保护区和申请列入的"世界遗产名录"的地区、城镇重点保护建筑等，宜根据需要做专门研究，必要时应编制专门的综合防灾保护规划。

　　城镇综合防灾规划在下述情形下应进行修编，这 5 种情形是城镇总体规划进行修编；城镇突发灾害防御目标或标准发生重大变化；规划区遭受到重大或特大突发灾害影响；由于城镇功能、规模或基础资料发生较大变化，现行综合防灾规划已不能适应；其它有关法律法规规定或具有其它特殊情形。

　　（2）城镇防灾空间形态与分区规定　编制城镇综合防灾规划时应进行防灾分区以形成合理的防灾空间布局，应规划安排应急指挥、医疗卫生、避难场所和物资储备存放用地和设施，应设置交通、供水、能源电力、通信等应急保障基础设施，应制定防灾工程方案并符合突发灾害及其次生灾害防护与蔓延防止要求。进行防灾空间分区时应综合考虑以下 4 方面控制要求并合理分割，即分区单元宜具备应急医疗卫生和应急物资保障场所，应规划设置应急给水和储水设施、固定避难场所且应满足本单元应急服务要求；应急保障基础设施布局应满足分区单元应急服务设施的交通、供水、能源电力和通信保障需求；分区划分宜考虑建设、维护和灾后应急状态时的事权分级管理要求；重大危险源区、次生灾害高危险区应单独划分防灾分区应设置防止灾害蔓延空间分割带以满足控制灾害规模效应和防止灾害大规模蔓延的要求。

　　城镇规划应合理安排重大危险源布局，应规划安全防护距离和防护措施。城镇规划遵守以下 2 条规定，即重大危险源厂址应避开不适宜用地区域，其与周边城镇工程设施应满足安全防护距离和卫生防护距离要求，应采取防止泄漏和扩散的有效防护措施；重大危险源区应规划安排消防供水设施、应急救援行动支援场地、疏散人员临时安置场地、救援疏散通道以及配置应急救援装备。城镇规划应合理设置防止灾害蔓延空间分割带，以控制重大或特大灾害的规模效应，防止次生灾害大规模蔓延，同时还应遵守以下 3 条原则，即城镇防灾分区单元周边宜设置防止灾害蔓延空间分割带；重大危险源区、次生灾害高危险区所在防灾分区周边应设置防止灾害蔓延空间分割带；防止灾害蔓延空间分割带宜根据灾害规模分级设置。

　　城镇防灾空间形态与分区应满足相应的技术要求。城镇防灾分区单元应符合以下 5 方面要求，即防灾绿地、高压走廊和水体、山体等天然界限宜作为分界，并应考虑分区内桥梁、铁路等工程设施的通行能力和分割作用；防灾分区单元人口规模宜控制在 5 万～7 万人（不宜大于 10 万人）且建设用地规模不宜大于 15km²；防灾分区单元的应急医疗卫生、应急物资保障和应急给水储水等应急服务设施应满足单元内部所有需救助人员的灾后生活需要，固定避难场所还应满足单元内部需避难人员的需求；防灾分区单元的防灾分割应满足防止灾害蔓延的要求；应有效整合应急服务设施周边的场地空间和建筑工程并配置应急保障基础设施以形成有效、安全的防灾空间。城镇的出入口数量对特大城市不宜少于 10 个、大城市不宜少于 8 个、其它城镇不宜少于 4 个，应保障与城镇出入口相连接的城镇主干道两侧建筑一旦倒塌后不阻塞交通。城镇防止灾害蔓延空间分割带可分类分级设置并应满足相应灾害类别的防止要求，同时应遵守以下 2 条规定，即防止灾害蔓延空间分割带应根据灾害危险性和规模、灾害的蔓延方式结合防灾设施进行设置并满足危险源的防护要求；城镇次生火灾防止蔓延空间分割带的设置应综合评估建（构）筑物的防火性能、消防救灾能力、灾后建（构）筑物的破坏情况和城镇气候情况，应根据火灾危险性进行设置并符合表 7-4 的规定。根据表 7-4 划分次生火灾，防止蔓延空间分割带级别从 1 开始向 3 依次推定，表中"设置条件"为多项时若其中一项属于该类即划为该级别。城区避难资源不能满足就近避难要求的疏散困难区域，应制定专门疏散避难方案和实施保障措施。受洪涝灾害威胁的城镇，其用地布局应遵循"高地高用、低地低用"原则并应遵守以下 8 条规定，即城镇用地布局应确保城镇应急保障基础设施、应急服务设施及其它重要公用设施防洪安全；城镇中心区、居住区、重要的工业仓储区及其它重要设施应布置在城镇防洪安全性较高的区域；城镇易渍水低洼地带、河海滩地宜布置成生态湿地或公园绿地、广场等城镇开敞空间；当城镇建设用地难以避开低洼区域时，应根据用地性质采取相应的防洪安全措施；城镇调蓄水体应从城镇总体布局出发充分保留和利用原有湖泊、水系等现有水体，可根据实际情况在低洼地开辟池塘等调蓄水体，在城镇上游修建水库蓄滞洪水，形成城镇、小区、水库等不同层次、范围的蓄水系统；城镇易涝地区调蓄水面应占总面积的 5% 以上；行洪通道应划入城镇蓝线进行保护与控制，严禁在该区域内从事影响河势稳定、危害护岸安全、妨碍行洪的一切活动，应有组织地外迁居住在行洪通道内的居民；蓄滞洪区应根据流域防洪规划的要求进行建设和管理控制人口增长及经济建设规模并逐步外迁；区内非防洪工程项目建设必须进行防洪影响评价。

表 7-4　次生火灾蔓延防止分割设置要求

级别	最小宽度/m	设置条件
1	40	防止特大规模次生火灾蔓延；需保护人口规模不大于 30 万人，建设用地规模不大于 30km²
2	28	防止重大规模次生火灾蔓延；需保护人口规模不大于 10 万人，建设用地规模不大于 15km²
3	14	一般街区分割

　　（3）城镇用地安全规定　城镇规划时应开展建设用地防灾适宜性评价并进行城镇用地防灾适宜性规划。城镇用地防灾适宜性评价内容应遵守以下 3 条规定。第一，应按照《城市规划工程地质勘察规范（CJJ-57）》、《岩土工程勘察规范（GB 50021）》、《建筑抗震设计规范（GB 50011）》、《城市抗震防灾规划标准（GB 50413）》等相关标准的要求进行。应以搜集整理、分析利用已有城镇地质与场地方面的基础资料和工程地质测绘与调查为主，通过必要的补充勘察和测试工作以构建用地评估的参考基准。第二，应综合考虑建设用地条件并重点进行地震、洪水、风灾、地质灾害等对用地安全影响的评估并应符合表 7-5 和表 7-6 的要求。城镇用地防灾适宜性综合评价应考虑各灾种灾害影响并按表 7-5 进行评估，同时应根据表 7-6 的建设工程重要性合理选择建设用地。根据表 7-5 划分每一类场地防灾适宜性类别从适宜性最差开始向适宜性好依次推定，其中一项属于该类即应划为该类场地；表 7-5 中未列条件可按其对工程建设的影响程度比照推定。第三，应划定适宜性差、限制适宜和危险地段。城镇用地防灾适宜性规划应根据用地的防灾适宜性程度及建设工程的重要性和特点，综合考虑社会经济发展要求提出城镇功能分区、用地布局及建设用地选址和重大项目建设的防灾要求和对策，且应遵守以下 2 条规定。城镇规划应根据适宜性差、限制适宜和危险地段评估，应明确不适宜建设范围；城镇规划应明确适宜性差用地的限制使用要求和防灾减灾措施。位于适宜性差的用地上的应急保障基础设施所采取措施应能适应场地破坏位移。

表 7-5　城镇用地防灾适宜性评价要求

类别	适宜性地质、地形、地貌描述	说　明
适宜	不存在或存在轻微影响的场地破坏因素,一般无需采取场地整治措施或仅需简单整治:①属稳定基岩或坚硬土或开阔、平坦、密实、均匀的中硬土等场地稳定、土质均匀、地基稳定的场地;②虽属场地稳定性较差的中硬土或中软土场地,但土质较均匀、密实,地基较稳定;③地质环境条件简单或中等,无地质灾害破坏作用影响或影响轻微,易于整治;④虽存在一定的软弱土、液化土,但无液化发生或仅有轻微液化的可能,软土一般不发生震陷或震陷很轻,无明显的其它地震破坏效应;⑤无或轻微不利地形灾害放大影响;⑥地下水对工程建设无影响或影响轻微;⑦地形起伏即使较大但排水条件尚可,或易于整治形成完善的排水条件	建筑抗震有利地段、一般地段;无地质灾害破坏作用影响或影响轻微,易于整治地段;其它影响轻微地段
较适宜	场地不利或破坏因素影响大,工程建设时需采取一定抗灾措施进行整治,严重时尚应采取消除性整治措施:①中软或软弱场地,土质软弱或不均匀,地基不稳定;②场地稳定性差,地质环境条件复杂,地质灾害破坏作用影响大,较难整治但预期整治效果较好;③存在较明显的地震等灾害场地破坏效应,软弱土或液化土较发育,可能发生中等程度及以上液化或软土震陷较重;④地下水对工程建设有较大影响;⑤地形起伏大,易形成内涝	场地地震破坏效应较轻或中等的建筑抗震不利地段;地质灾害破坏作用影响大,较难整治但预期整治效果较好地段
适宜性差	存在严重影响的场地不利或破坏因素,尽管代价大,但工程建设时尚可采取抗灾措施减轻其影响:①场地不稳定,动力地质作用强烈,环境工程地质条件严重恶化,不易整治;②土质极差,地基存在严重失稳的可能性;③软弱土或液化土大规模发育,可能发生严重液化或软土震陷严重;④条状突出的山嘴,高耸孤立的山丘,非岩质的陡坡,河岸和边坡的边缘,平面分布上成因、岩性、状态明显不均匀的土层(如故河道、疏松的断层破碎带、暗埋的塘滨沟谷和半填半挖地基)等地质环境条件复杂,地质灾害危险性大、难以整治,但整治效果可以保证;⑤洪水或地下水对工程建设有严重威胁	场地地震破坏效应影响严重的建筑抗震不利地段,地质灾害危险性大、难以整治但整治效果可以保证。
限制适宜	尚未查明或难以查明、存在难以整治的场地破坏因素的潜在危险性区域或其它限制使用条件的用地:①存在潜在危险性但尚未查明或不太明确的滑坡、崩塌、地陷、地裂、泥石流、地震地表断错等场地;②地质灾害破坏作用影响严重,环境工程地质条件严重恶化,难以整治或整治效果难以预料;③可能有严重威胁的重大灾害源的直接影响范围;④稳定年限较短或其稳定性尚未明确的地下采空区;⑤地下埋藏有待开采的矿藏资源;⑥过洪滩地、排洪河渠用地、河道整治用地;⑦存在其它方面对城镇用地的限制使用条件	属于用地潜在危险性较大或后果严重的区域
不适宜	存在可能产生重大或特大灾害影响的场地破坏因素,通常难以整治的危险地段:①可能发生滑坡、崩塌、地陷、地裂、泥石流、地震地表断错等的场地;②其它难以整治和防御的灾害高危害影响区	危险地段

表 7-6　建设工程项目重要性分类表

重要性等级	破坏后果	项目类别
I	极严重	甲类建筑:核电站,一级水工建(构)筑物、三级特等医院等
II	很严重	重大建设项目:乙类建筑;开发区建设;城镇新区建设;重大的次生灾害源工程;二级(含)以上公路、铁路、机场,大型水利工程、电力工程、港口码头、矿山、集中供水水源地、垃圾处理场、水处理厂等
III	严重	重要建设项目:20层以上高层建筑,14层以上体型复杂高层建筑;重要的次生灾害源工程;三级(含)以上公路、铁路、机场,中型水利工程、电力工程、港口码头、矿山、集中供水水源地、垃圾处理场、水处理厂等
IV	不严重	其它一般工程

　　城镇用地安全应满足相应的技术要求,编制城镇规划时应查明城镇环境地质条件和主要环境地质问题并按规定进行地质灾害易发性和危险性评估、提出规划防治对策。地质灾害危险性评估应分区段划分出危险性等级并说明各区段主要地质灾害种类和危害程度,应结合规划的工程布局

综合评价规划用地的适宜性。应遵守以下 3 方面规定，即地质灾害危险性大的区域一般不宜规划建设项目，确需规划建设项目时应同时进行地质灾害防治规划并应规划具有地质灾害防治功能的建设项目；地质灾害危险性中等的区域其建筑工程的布局应能减轻引发因素对地质灾害发生可能性的影响，并应兼顾地质灾害防治；地质灾害危险性小的区域其建筑工程布局应避免引发地质灾害。城镇地质灾害调查和评价可根据表 7-7 进行等级划分。

表 7-7 地质灾害规模等级划分参考标准

灾害等级		特大型	大型	中型	小型
崩塌	体积/×10^{4}m^3	＞100	10～100	1～10	＜1
滑坡	体积/×10^{4}m^3	＞1000	100～1000	10～100	＜10
泥石流	体积/×10^{4}m^3	＞50	50～5	5～1	＜1
	固体物质储量体积/(10^{4}m^3/km^2)	＞100	100～10	10～5	＜5
	固体物质一次最大冲出量体积/(×10^{4}m^3)	＞10	10～5	5～1	＜1
	流域面积/km^2	＞200	200～20	20～2	＜2
岩溶塌陷及采空塌陷	影响范围/km^2	＞20	20～10	10～1	＜1
地裂缝	影响范围/km^2	＞10	10～5	5～1	＜1
	长度(地面影响宽度)	＞1km(＞20m)	＞1km(10～20m)	＞1km(3～10m)	＞1km(＜3m)
	长度(地面影响宽度)		＜1km(＞20m)	＜1km(10～20m)	＜1km(3～10m)
地面沉降	沉降面积/km^2	＞1000	100～1000	50～100	＜50
	累计沉降量/m	＞2.0	2.0～1.0	1.0～0.5	＜0.5
海水入侵	入侵范围/km^2	＞500	500～100	100～10	＜10

地质灾害高易发区和危险区的地质灾害应针对建设用地类型和拟建工程重要性进行建设场地地质灾害危险性评估，应依次对各类地质灾害体进行现状评估、预测评估和综合评估并提出土地利用防灾适宜性对策。应遵守以下 4 条规定，即应对评估区内可能致灾地质体或致灾地质作用的分布、类型、规模、特征、引发因素、形成机制及稳定性进行分析，对地质灾害发生的可能性、危害程度和危险性进行评估；应对建设场地范围内工程建设可能引发或加剧的和本身可能遭受的各类地质灾害的可能性、危害程度和危险性分别进行预测评估；应依据现状评估和预测评估结果，根据地质灾害发生的可能性和可能造成的损失大小综合评估建设场地和规划区地质灾害危险性程度；应根据地质灾害的危险性、地质灾害防治难度及治理效果对建设场地适宜性作出评估并提出有效防治地质灾害的措施与建议。

滑坡地区建设用地选择应遵守以下 4 条规定，即应避开稳定性较差和差的特大型、大型滑坡或滑坡群；当滑坡规模小、边界条件清楚且整治技术方案可行、经济合理时，宜选择有利于滑坡稳定的建筑工程布局和建设方案；对于稳定性好的滑坡不宜在其上部填方或下部挖方；具有滑坡产生条件或因工程建设可能产生滑坡的地段应确保山体稳定条件不受到削弱或破坏。

崩塌地区建设用地选择应遵守以下 2 条规定，即应避开可能产生大规模崩塌或治理难度极大或治理效果难以预测的危岩、落石和崩塌地段；当落石或潜在崩塌体规模小、危岩边界条件或个体清楚且防治技术方案可行、经济合理时，宜选择有利部位加以利用。

泥石流地区建设用地选择应遵守以下 2 条规定，即应避开发育旺盛的特大型、大型泥石流或泥石流群以及淤积严重的泥石流沟地段，并应远离泥石流堵河严重地段的河岸；当采用跨越泥石流沟方式安排工程建设时，应绕避沟床纵坡由陡变缓的变坡处和平面上急弯部位地段。

地震设防区城镇规划时，应进行土地利用评估并提出防灾对策且应遵守以下 4 条规定，即应进行地震地表断错、地质崩塌、滑坡、泥石流、地裂、地陷，场地液化、震陷及不利地形等地震场地破坏效应评价并划定潜在危险地段；选择建筑场地时，应根据工程需要和地震活动情况、工程地质和地震地质的有关资料对抗震有利、不利和危险地段做出综合评价（对不利地段应提出避开要求，当无法避开时应采取有效的措施。对危险地段应严禁建造特殊设防类和重点设防类的建筑且不应建造丙类建筑）；在进行山包、山梁、悬崖、陡坡等不利地形影响分析时应考虑不利地形对地震动的放大作用，其值应根据不利地段的具体情况确定并在 1.1～1.6 范围内取值（规划时可把突出地形的高差 H 与距突出地形边缘的相对距离 L 之比大于 0.3 的范围划为不利地段）；液化等级为中等液化和严重液化的故河道、现代河滨、海滨在有液化侧向扩展或流滑可能时，其在距常时水线约 100m 范围内不宜规划安排修建永久性建筑，否则应进行抗滑动验算并应采取防土体滑动措施和结构抗裂措施。

边坡应根据《建筑边坡工程技术规范（GB 50330）》评价其稳定性并采取合理的治理措施。

城镇建设用地选择应避开洪涝灾害高风险区域。城镇防洪规划确定的过洪滩地、排洪河渠用地、河道整治用地应划定为规划限建区。

（4）应急保障基础设施的基本规定　城镇直接服务于应急救灾和疏散避难的应急交通、供水、能源电力、通信等基础设施的应急保障级别可划分为三级。Ⅰ级为灾时功能不能中断或灾后需立即启用的应急保障基础设施，其涉及国家公共安全并影响市级应急指挥、医疗、供水、物资储备、消防等特别重大应急救援活动，一旦中断可能发生严重次生灾害等特别重大灾害后果；Ⅱ级为灾时功能基本不中断或需迅速恢复的应急保障基础设施，其影响集中避难和救援人员的基本生存或生命安全并影响大规模受灾或避难人群中长期应急医疗、供水、物资分发、消防等重大应急救援活动，一旦中断可能导致大量人口伤亡等重大灾害后果；Ⅲ级为灾时需尽快设置或恢复的应急保障基础设施，其影响集中避难和救援活动，一旦中断可能导致重大灾害后果。

编制城镇综合防灾规划过程中，应根据城镇实际情况确定城镇基础设施需要进行防灾性能评价的对象和范围，应结合城镇基础设施各系统的专业规划，针对其在防灾、减灾和应急中的重要性及薄弱环节，提出应急保障基础设施规划布局、建设和改造的防灾减灾要求和措施。同时应遵守以下 4 条规定，即应明确基础设施中需要加强安全的重要建筑和构筑物；应确定应急保障基础设施布局，明确其应急保障级别、设防标准和防灾措施并提出建设和改造要求；应对重大市政公用设施和可能发生严重次生灾害的市政公用设施进行灾害及次生灾害风险、抗灾性能、功能失效影响和灾时保障能力评估并制定相应的对策；应对适宜性差的基础设施用地提出改造和建设对策与要求。应急保障基础设施应分别采用冗余设置和增强抗灾能力的多种保障方式组合来保证满足其应急功能保障性能目标的可靠性要求（当无法采用增强抗灾能力方式时需增设一种冗余设置方式）。

位于地震设防区的应急保障基础设施应符合以下 3 条要求，即Ⅰ级应急保障工程及其配套能源、电力、供水、通信等工程应按高于重点设防类进行建设；Ⅱ、Ⅲ级应急保障工程及配套能源、电力、供水、通信等工程应按不低于重点设防类进行建设；当无法前述 2 条规定时允许通过增设冗余设置方式来进行应急保障（采取增设冗余设置方式时可适当降低抗震设防类别，但其中第 1 条可规定建筑工程不得低于重点设防类，第 2 条可规定建筑工程不得低于标准设防类）。

应急保障基础设施规划应满足一定的技术要求。城镇规划时应进行交通、供水等基础设施应急功能保障级别划分并遵守以下 4 条规定。第一，应急保障基础设施的抗震应急功能保障级别不宜低于应急保障对象的级别。第二，下述 4 类建筑工程应划分为Ⅰ级应急保障对象。这 4 类建筑工程包括承担保障基本生活和救灾应急供水的主要取水设施和输水管线、水质净化处理厂的主要水处理建（构）筑物、配水井、送水泵房、中控室、化验室以及配套的供电建筑；救灾主干道以及承担重大抗震救灾功能的城镇主要出入口、交叉口建筑工程；消防指挥中心、特勤消防站；国家级和省级物资储备库。第三，下述 4 类建筑工程应划分为不低于Ⅱ级应急保障对象。这 4 类建筑工程包括保障城镇区级及以上应急指挥中心、中心避难场所、大型救灾用地、重大危险品仓库、承担重伤员救治任务的应急医疗场所、特勤消防站等的给水管线和固定建设的应急储水设施；疏散主通道；城镇应急指挥中心、中心避难场所、长期固定避难场所、应急供水系统、应急通信系统、疾病预防与控制中心、空运建筑所依托的各级变电站、变配电室建筑；前述2条规定以外的其它消防站；市、县级物资储备库。第四，下述2类建筑工程应划分为不低于Ⅲ级应急保障对象。这2类建筑工程包括城镇供水系统中服务人口超过2000人的主干管线及配套设施；疏散次通道。

城镇规划应根据应急保障要求规划安排应急救灾和疏散通道，应采取有效的防灾减灾和应急措施并应遵守以下3条规定。应急救灾和疏散通道的设置应符合表7-8的要求；应急救灾和疏散通道的有效宽度对救灾主干道应不低于15m、疏散主通道应不低于7m、疏散次通道应不低于4m、一般疏散通道应不低于3m；应急救灾和疏散通道上的桥梁、隧道等关键节点应提出相应抗震保障措施。

表7-8 应急交通保障要求

应急交通保障级别	应急通道可选择形式
Ⅰ	救灾主干道；两个方向上的疏散主通道
Ⅱ	救灾主干道；疏散主通道；两个方向上的疏散次通道
Ⅲ	救灾主干道；疏散主通道；疏散次通道

城镇规划应按灾时灾民基本生活用水和救灾用水保障需要，按本地区预定设防水准对应的灾害影响规划安排应急保障水源、水处理设施、输配水管线和应急储水装置及应急取水设施。同时应遵守以下5条规定。应急供水定额可按表7-9考虑城镇实际情况确定（其中，应急供水定额未考虑消防等救灾需求）；城镇规划时，应急供水保障对象的应急供水来源应采用应急市政供水保障和设置应急储水装置或取水设施两种方式；应急储水装置或取水设施应保障不少于紧急救灾期的饮用水和医疗用水的水量；核算应急市政供水保障的供水量时，应考虑灾后管线的可能破坏造成的漏水损失；应急消防供水可综合考虑市政应急供水保障系统、应急储/取水体系和其它天然水系，进行规划并应采取可靠的消防取水措施。

表7-9 应急给水期间的人均需水量

时间	需水量/(L/人·d)	水的用途
紧急或临时	3~5	维持饮用、医疗
短期	10~20	维持饮用、清洗、医疗
中期	20~30	维持饮用、清洗、浴用、医疗
长期	>30	维持生活较低用水量以及关键节点用水

城镇规划时，应根据应急保障对象的供电保障要求设置应急供电系统并应采取防灾减灾与应急措施且应遵守以下4条规定。Ⅰ、Ⅱ级应急供电保障应采用两路独立电力系统电源引入，两路电源应同时工作，任一路电源应满足平时一级负荷、消防负荷和不小于50%的正常照明负荷用电需要，电源容量应分别满足平时和灾时总计算负荷的需要；Ⅰ、Ⅱ级应急供电保障应配置应急发电机组，灾时供电容量应满足灾时一级、二级电力负荷的要求；Ⅰ级应急发电机组台数不应少于2台，其中每台机组的容量应满足灾时一级负荷的用电需要；当应急发电机组台数为2台及以上或应急发电机组为备用状态时，可选择设置蓄电池组电源且其连续供电时间应不小于6h。

城镇消防用水量应根据城镇人口规模按同一时间内的火灾次数和一次灭火用水量的乘积确定。当市政给水管网系统为分片（分区）独立的给水管网系统且未联网时，其城镇消防用水量应分片（分区）进行核定。简化估算时，其同一时间内的火灾次数和一次灭火用水量应符合表7-10的规定，表7-10中，城镇室外消防用水量应包括居住区、工厂、仓库（含堆场、储罐）和民用建筑的室外消火栓用水量。当工厂、仓库和民用建筑的室外消火栓用水量按表 7-10 计算其值不一致时应取其较大值。

表 7-10 城镇消防用水量

人数/万人	≤1.0	≤2.5	≤5.0	≤10.0	≤20.0	≤30.0	≤40.0	≤50.0	≤60.0	≤70.0	≤80.0	≤100.0
同一时间内火灾次数/次	1	1	2	2	2	2	2	3	3	3	3	3
一次灭火用水量/(L/s)	10	15	25	35	45	55	65	75	85	90	95	100

(5) 防灾工程设施的基本规定 城镇规划应详细分析灾害类型、自然条件、结构形态、用地布局、技术经济条件等因素，应合理确定防灾工程设施体系。城镇综合防灾规划应提出防灾工程设施方案并确定防灾工程设施的灾害防御目标和设防水准、提出防灾减灾措施。

防灾工程设施应满足一定的技术要求。城镇防洪工程体系规划应遵守以下 5 条规定，即江河沿岸城镇应依靠流域防洪工程体系为主，综合采取河道整治、堤防、调洪水库及蓄滞洪区相配套的防洪工程体系；河网地区城镇宜采用分片防护的方式，应综合采取堤防、排洪渠道、防洪闸、排涝泵站等组成的防洪工程体系；风暴潮的防御宜采用以海堤、防潮闸、排涝泵站为主的防洪工程体系；山洪防治宜在山洪沟上游采用截流沟及调洪水库、下游采用疏浚排泄等组成的防洪工程体系；泥石流防治宜采用由拦挡坝、停淤场、排导沟等组成的防洪工程体系（在其通过市区段宜修建排导沟）。

城镇消防站应分陆上消防站、水上（海上）消防站和航空消防站 3 类。陆上消防站又应细分为普通消防站和特勤消防站，普通消防站可再分为一级普通消防站和二级普通消防站，有条件的城镇应形成陆上、水上、空中相结合的消防立体布局和综合扑救体系。消防站的设置应遵守以下 8 条规定，即城市必须设立一级普通消防站；地级及以上城市、经济较发达的县级城市和有特勤任务需要的城镇应设特勤消防站（特勤消防站的特勤任务服务人口不宜超过 50 万人/站）；城市建成区内设置一级普通消防站确有困难的区域经论证可设二级普通消防站；城市应结合河流、湖泊、海洋沿线有任务需要的水域设置水上（海上）消防站；大城市、特大城市宜设置航空消防站，航空消防站宜结合民用机场布局和建设并应有独立的功能分区）；大城市、特大城市应设置消防指挥中心，其它城镇则宜根据消防报警、接警、处警、通信及信息管理等功能要求进行设置；中等及以上规模城市、地级以上城市应设置消防训练培训基地和消防后勤保障基地；大中型企事业单位应按相关法律法规建立专职消防队并应纳入城镇消防统一调度指挥系统。城镇规划区内陆上消防站的布局和选址应遵守以下 6 条规定，即布局一般应以消防队接到出动指令后 5min 内可以到达辖区边缘为原则确定；一级普通消防站、兼有常规消防任务的特勤消防站的服务区面积不应大于 $7km^2$，二级普通消防站的服务区面积不应大于 $4km^2$，设在近郊区的普通消防站允许以消防队接到出动指令后 5min 内可以到达其服务区边缘为原则确定服务区面积，但其服务区面积不应大于 $15km^2$，有条件的城镇也可针对城镇的火灾风险通过评估方法合理确定消防站服务区面积；当受地形条件限制时，如被河流、城镇快速路、高速公路、铁路干线分隔，年平均风力在 3 级以上或相对湿度在 50% 以下的地区，消防站应适当缩小服务区面积；对于火灾风险高或由于其它灾害引起的次生火灾风险高的区域应选择采取缩小服务区面积、加强消防装备的配置、提高消防设施抗灾能力等措施；消防站应设在服务区内适中位置和便于车辆迅速出动的临街地段，其用地应满足业务训练的需要，其主体建筑距医院、学校、幼儿园、托儿所、影剧院、商场等容纳人员较多的公共建筑的主要疏散出口应不小于 50m，其边界距服务区内有生产、储存易燃易爆危险化学物品单位一般应不小于 200m 并应设置在危险场所常年主导风向的上风或侧风处；城镇的高层建筑密集区和中心避难场所地应设置消防直升机临时起降点，用于中长期固定避难场地的宜设置消防直升机临时起降点。消防站的建设用地面积应符合规定，即一级普通消防站 3300～4800m^2、二级普通消防站 2300～3400m^2、特勤消防站 4900～6300m^2。

　　(6) 应急服务设施的基本规定　城镇综合防灾规划应提出应急避难、医疗、物资保障等应急服务设施的服务规模、布局和重点建设方案，应确定其灾害防御目标和设防水准，应明确城区建设指标和控制对策并提出防灾减灾措施。城镇避难场所规划应根据对需避难人口数量及分布情况估计、可作避难场所资源调查和安全评估情况进行布局，应按照紧急、固定和中心避难场所分别进行安排，应符合不同水准灾害和不同应急阶段避难规模和防灾要求，应与应急交通、供水、医疗、物资储备等应急保障基础设施布局相协调。应急服务设施的基本规定应遵守以下 5 条规定，即城镇避难场所的数量、规模和空间分布应满足预定设防水准对应的突发灾害影响下的避难需求；城镇应根据预定设防水准所确定的受伤人数在中心避难场所和长期避难场所集中设置应急医疗区和重伤治疗区 (必要时，大城市可结合医疗卫生设施布局安排专门应急医疗场所)；接纳超过责任区范围之外人员的避难场所应制定专门疏散避难方案和实施保障措施；对于婴幼儿、高龄老人、残疾人及行动困难、需要卧床伤者和病人等特定人员，必要时可安排特定避难场所或在避难场所中安排特定避难区满足其疏散避难需求；城镇宜逐步增加避难建筑、改善避难安置条件 (避难建筑可优先选择体育建筑、影剧院、展览馆、会展中心、中小学教学用房和中小学食堂等公共建筑)。城镇应急医疗卫生建筑工程应根据城镇应急医疗卫生需求及其在应急保障中的地位和作用，确定交通、供水等应急保障基础设施的功能保障级别并应遵守以下 3 条规定，即Ⅰ级应急功能保障医院的服务人口规模宜为 30 万~50 万人；Ⅱ级应急功能保障医院的服务人口规模宜为 10 万~20 万人；应急医疗保障规模不宜低于城镇常住人口的 2%。城镇中应急物资保障系统的设置应遵守以下 2 条规定，即市级物资储备库应按不低于保障本地区预定设防水准对应的灾害影响情况下需救助人口应急需求进行配置；城镇的应急物资储备用地 (包括物资储备库和避难场所内的应急物资储备区用地) 规模应不低于保障本地区预定设防水准对应的灾害影响情况下需救助人口应急需求。避难场所和承担应急保障功能的医院及物资储备库的抗震要求应遵守以下 4 条规定，即确定应急服务规模时的预定设防水准应不低于本地区抗震设防烈度相应的罕遇地震影响且应不低于 7 度地震影响；避难建筑的抗震设防类别应不低于重点设防类；承担特别重要医疗任务、具有Ⅰ级应急功能保障医院的门诊、医技、住院用房其抗震设防类别应划为特殊设防类 (具有Ⅱ级应急功能保障医院的门诊、医技、住院用房，承担外科手术或急诊手术的医疗用房，县级及以上急救中心的指挥、通信、运输系统的重要建筑，县级及以上的独立采供血机构的建筑，它们的抗震设防类别应不低于重点设防类)；国家级物资储备库应划为特殊设防类 (省、市、县级物资储备库抗震设防类别应不低于重点设防类)。防风避难、医疗和物资储备等应急服务设施应满足规定的预定设防水准下的应急功能运行要求。位于防洪保护区的防洪避难、医疗和物资储备等应急服务设施的防洪标准应不低于城镇防洪标准所确定的淹没水位 (重要应急功能区域的安全超高应不低于 0.5m)。避难场所排水系统规划应遵守以下 4 条规定，即避难建筑排水设计重现期应不低于 5 年 (相应室外场地应不低于 3 年)；中心避难场所周边区域的排水设计重现期应不低于 5 年；固定避难场所周边区域的排水设计重现期应不低于 3 年；台风避难场所周边区域的排水设计重现期应不低于 5 年 (避难建筑的设计雨水流量应按不低于历史或预估的最大暴雨强度复核)。

　　应急服务设施规划应满足一定的技术要求。应急服务设施及应急通道应考虑突发灾害发生时的可达性、用地防灾适宜性、次生灾害和其它重大灾害等可能对其防灾安全产生严重影响的因素进行评价，其相应建筑工程还应进行单体抗灾性能评价，应确定建设、维护和应急管理要求及防灾减灾措施，必要时可通过专题防灾研究结合城镇的详细规划对其进行模拟仿真分析。需疏散避难人口数量和分布的估计应遵守以下 3 条规定，即一般可根据灾害危害程度考虑使用建 (构) 筑物的破坏情况分区估计需安置避灾疏散人口数量、分布及服务半径；对地震灾害应不低于本地区抗震设防烈度所对应的罕遇地震影响下的评价结果；对防洪区、行洪区、蓄滞洪区应按照防洪标准所确定水位超高不低于 0.5m 确定淹没范围以及核算避难人数和避难要求。避难场所的选择应遵守以下 6 条规定，即避难场所外围形态应有利于避难人员顺畅进入和向外疏散；中心避难场所宜选择在与城镇外部有可靠交通连接且易于伤员转运、物资运送并与周边避难场所有安全疏散通道联系的区域；固定避难场所通常可以居住地为主的原则进行布局；紧急避难场所可选择居住小区内的花园、广场、空地和街头绿地等设施；防风避难场所宜选择避难建筑安排应急住宿；洪灾避难场所可根据淹没水深度、人口密度、蓄滞洪机遇等条件，通过经济技术比较选用避洪房屋、安全堤防、安全庄台和避水台等形式。应急服务设施场地选址应按《建筑抗震设计规范（GB 50011）》、《岩土工程勘察规范（GB 50021）》、《城市抗震防灾规划标准（GB 50413）》等相关标准的要求优先选择适宜地段并应遵守以下4条规定，即重要应急功能区和建筑不应规划建设在不适宜用地上，应避开可能发生滑坡、崩塌、地陷、地裂、泥石流、地震地表位错等危险用地，应避开行洪区、指定的分洪口门附近、洪水期间进洪或退洪主流区及山洪威胁区；应避开高压线走廊区域；应避开易燃易爆危险物品存放点、严重污染源以及其它易发生次生灾害的区域，其距次生灾害危险源的距离应满足国家现行重大危险源和防火的有关标准要求，有火灾或爆炸危险源时应设防火隔离带；重要应急功能区和建筑到易燃易爆工厂仓库、供气厂、储气站等重大次生火灾或爆炸危险源距离应不小于1000m。避难场所的设置应满足其责任区范围内受灾人员的避难要求以及城镇的应急功能配置要求，具体应根据表7-11的分级控制要求设置且应遵守以下5条规定，即紧急和固定避难场所的避难责任区范围应根据其避难容量确定（其疏散距离和责任区服务用地及人口规模宜规定控制）；中心和固定避难场所按规定配置的市、区级应急医疗和物资等功能服务范围，宜按建设用地规模20.0～50.0km²、人口20万～50万人控制；中长期固定避难场所总容量和分布宜满足预定设防水准下的中长期避难需求；避难人员人均有效避难面积可按不低于表7-12规定的数值乘以表7-13规定的人员规模修正系数核算；需医疗救治人员的有效使用面积紧急疏散期应不低于15m²/床（固定疏散期应不低于25m²/床。考虑简单应急治疗时其紧急疏散期不宜低于7.5m²/病人；固定疏散期不宜低于15m²/病人）。表7-11中，各指标的适用是以满足需避难人员的避难要求及城镇的应急功能配置要求为前提的，表中给出范围值的项其后面数值为上限且不宜超过；前面数值为建议值（可根据实际情况调整）。对于位于建成区人口密集地区的避难场所，表7-12中人均有效避难面积可适当降低，但修正后应不低于临时0.8m²/人、短期1.5m²/人。救灾物资储备库的储备物资规模应满足辐射区域内自然灾害救助应急预案中三级应急响应启动条件规定的紧急转移安置人口规模的需求，各类救灾物资储备库的建设规模应符合表7-14的规定。

表7-11　各级避难场所分级控制要求

项　目		有效避难面积/hm²	疏散距离/km	避难容量/万人	责任区服务建设用地规模/km²	责任区服务人口/万人
中心避难场所		≥20，一般50以上	5.0～10.0	不限	7.0～15.0	5～20
固定避难场所	长期	5.0～20.0	1.5～2.5	1.00～6.40	7.0～15.0	5～20
	中期	1.0～5.0	1.0～1.5	0.20～2.00	1.0～7.0	3.0～10.0
	短期	0.2～1.0	0.5～1.0	0.04～0.50	0.8～2.0	0.2～3.0
紧急避难场所		不限	0.5	根据城镇规划建设情况确定		

表7-12　不同避难期人均有效避难面积

避难期	紧急	临时	短期	中期	长期
人均有效避难面积/（m²/人）	0.5	1.0[①]	2.0[①]	3.0	4.5

① 对于建成区人口密集地区的避难场所可适当降低。

表7-13　人均有效避难面积修正系数

避难单元内人员集聚规模/人	1000	5000	8000	16000	32000
修正系数	0.9	0.95	1.0	1.05	1.1

表 7-14　救灾物资储备库规模分类

规模分类	中央级（区域性）			省级	市级	县级
	大	中	小			
紧急转移安置人口数/万人	72～86	54～65	36～43	12～20	4～6	0.5～0.7
总建筑面积/m²	21800～25700	16700～19800	11500～13500	5000～7800	2900～4100	630～800

（7）专项防灾规划的基本规定

① 消防规划　城镇消防规划的主要内容包括城镇火灾风险评估、消防安全布局、消防站及消防装备、消防通信、消防供水、消防车通道等。城镇火灾风险评估宜采用城镇消防发展综合评价指标体系及其评价方法（或城镇用地消防分类定性评估方法），综合评估城镇或区域的火灾风险。火灾危险性大、损失大、伤亡大、社会影响大的地区应确定为重点消防地区，并应采取相应的重点消防措施、配置相应的消防装备和警力。城镇消防通信指挥系统应包括火灾报警、火警受理、火场指挥、消防信息综合管理和训练模拟等子系统。消防规划符合以下 3 方面规定，即城镇消防通信系统规划和建设应符合《消防通信指挥系统设计规范（GB 50313）》的有关规定；城市应设置 119 火灾报警服务台或设置 119、110、112 "三台合一"报警服务台，与各消防站之间应至少设一条火警调度专线用于语音调度或数据指令调度，与公安、交通管理、医疗救护、供水、供电、供气、通信、环保、气象、地震等部门或联动单位之间应至少设一条火警调度专线或数据指令调度通道，与消防重点保护单位之间应设一条火警调度专线；城市应建立消防调度指挥专用无线通信网（社会公众无线通信网可作为消防无线通信网的补充但不作为主要通信方式）。

② 防洪规划　城镇防洪规划应确定城镇防洪、排涝规划标准并设置城镇防洪体系，应确定城镇用地防洪安全布局原则，应明确城镇防洪保护区和蓄滞洪区范围，应制定城镇防洪、排涝工程方案与城镇防洪非工程措施。编制城镇防洪规划时应进行城镇建设用地洪涝灾害及其次生泥石流灾害的影响分析，应合理进行洪涝灾害风险的区域划分并应划定灾害高风险区域。城镇防洪规划应根据城镇洪灾类型、自然条件、结构形态、用地布局、技术经济条件及流域防洪规划进行，应合理确定城镇防洪体系。当城镇受到两种或两种以上洪水危害时，应在分类防御基础上形成各防洪体系相互协调、密切配合的综合性防洪体系。城镇受涝地区应按"高低水分流、主客水分流"原则划分排水区域并应由排水管网、调蓄水体、排洪渠道、堤防、排涝泵站及渗水系统、雨水利用工程等组成综合排涝体系。

③ 抗震防灾规划　地震动峰值加速度≥0.05g（地震基本烈度为 6 度及以上）地区的城镇应编制抗震防灾规划。城镇抗震防灾规划应包括以下 4 方面内容，即总体抗震要求，包括城镇总体布局中的减灾策略和对策，抗震设防标准和防御目标，抗震设施建设、基础设施配套等抗震防灾规划要求与技术指标；城镇用地抗震适宜性划分，包括规划建设用地选择与相应的城镇建设抗震防灾要求和对策；应急保障基础设施布局、抗震设防、应急保障及灾时紧急恢复要求；重要建筑、超限建筑以及新建工程建设和基础设施的规划布局、建设与改造（也包括建筑密集或高易损性城区改造；火灾、爆炸等次生灾害源的应对；避难场所及应急救灾和疏散通道的建设与改造等抗震防灾要求和措施）。城镇用地抗震性能评价内容应包括城镇用地抗震防灾类型分区、地震破坏及不利地形影响估计、抗震适宜性评价。城镇用地抗震适宜性评价应综合考虑城镇用地布局、社会经济等因素，应提出城镇规划建设用地选择与相应城镇建设抗震防灾要求和对策，应明确不适宜用地的限制使用要求和防灾措施。编制城镇抗震防灾规划时应根据城镇基础设施抗震性能评价结果，结合基础设施各系统的专业规划进行，应针对其在抗震防灾中的重要性和薄弱环节提出基础设施规划布局、建设和改造的抗震防灾要求和措施，应满足应急救灾和疏散避难的需求。编制城镇抗震防灾规划时应提出城镇中需要加强抗震安全的重要建筑并进行单体抗震性能评价，应针对重要建筑和超限建筑提出进行抗震建设和抗震加固的要求和措施（对城区建筑抗震性能评价

应划定高密度、高危险性的城区），应提出城区拆迁、加固和改造的对策和要求。编制城镇抗震防灾规划时应按照次生灾害危险源的种类和分布，根据地震次生灾害的潜在影响，分类分级提出需要保障抗震安全的重要区域和次生灾害源点，对可能产生严重影响的次生灾害源点应结合城镇发展控制和减少其致灾因素并提出防治、搬迁改造等方面的要求。编制城镇抗震防灾规划时应进行需避震疏散人口数量及其在市区分布情况估计，应合理安排避难场所与避震疏散道路，应提出相应的规划要求和安全措施。

④ 地质灾害防治规划　地质灾害防治规划应包括地质灾害现状、防治目标、防治原则、易发区和危险区的划定、总体部署和主要任务、基本措施、预期效果、等主要内容。地质灾害防治规划应划定地质灾害易发区和地质灾害危险区。地质灾害易发区应依据地质灾害形成发育的地质环境条件、发育强度、人类工程活动强度等地质灾害现状按表7-15划分成高易发区、中易发区、低易发区和不发育区四类。地质灾害的演变趋势应考虑岩组条件变化、降雨条件、人类工程活动、地震活动、区域地壳稳定程度等影响并按表7-16进行预测。地质灾害危险区区应依据地质灾害现状评价结果并综合考虑地质灾害演化趋势进行评估。地质灾害危险性分级（见表7-17）应根据地质灾害发生的可能性和可能造成的危害按高风险、中风险和低风险三级进行评估并应提出规划建议。

表 7-15　地质灾害易发区的主要特征

灾种	易发区划分			
	高易发区	中易发区	低易发区	不易发区
	$G=4$	$G=3$	$G=2$	$G=1$
滑坡、崩塌	构造抬升剧烈，岩体破碎或软硬相间；黄土垄岗细梁地貌、人类活动对自然环境影响强烈；暴雨型滑坡，规模大，高速远程。如秦岭、喜马拉雅山东段等地	红层丘陵区、坡积层、构造抬升区，暴雨久雨；中小型滑坡，中速，滑程远。如四川盆地及边缘、太行山前等地	丘陵残积缓坡地带，陈融滑坡，规模小；低速蠕滑，植被好，顺层滑动。如江南丘陵等地	缺少滑坡形成的地貌临空条件，基本上无自然滑坡，局部溜滑。如盆地沙漠和冲积平原等地
泥石流	地形陡峭，水土流失严重，形成被面泥石流；数量多，10条沟/20km以上，活动强，超高频，每年暴发可达10次以上。如藏东南等地。沟口堆积扇发育明显完整、规模大。排泄区建筑物密集	坡面和沟谷泥石流，6～10条沟/20km；强烈活动；分布广，活动强，掩没农田，堵塞河流等。如川西、滇东南等地。沟口堆积扇发育且具一定规模。排泄区建（构）筑物多	坡面、沟谷泥石流均有分布，3～5条沟/20km；中等活动，尤其是陕南、辽南等地。沟口有堆积扇，但规模小，排泄区基本通畅	以沟谷泥石流为主，物源少，排导区通畅，1～2条沟/20km，多年活动一次。沟口堆积扇不明显，排泄区通畅
塌陷	碳酸岩盐岩性纯，连续厚度大，出露面积较广；地表洼地、漏斗、落水洞、地下岩溶发育。多岩溶大泉和地下河，岩溶发育深度大	以次纯碳酸岩盐岩为主，多间夹型；地表洼地、漏斗、落水洞、地下岩溶发育。岩溶大泉和地下河不多，岩溶发育深度不大	以不纯碳酸岩盐岩为主，多间夹型或互夹型。地表洼地、漏斗、落水洞、地下岩溶发育稀疏	以不纯碳酸岩盐岩为主，多间夹型或互夹型；地表洼地、漏斗、落水洞、地下岩溶不发育
地裂缝	构造与地震活动非常强烈，第四系厚度大，如渭河盆地	构造与地震活动强烈，第四系厚度大，形成断陷盆地，超采地下水。如山西高原及华北平原西部	构造与地震活动较为强烈，形成拉分构造。如东北地区和雷州半岛	第四系覆盖薄，差异沉降小

表 7-16　地质灾害影响因素强度等级表

影响因素	强度等级			
	强影响	中影响	弱影响	微影响
降雨强度	持续时间长而强度大的降水、大范围大水、沿海特大的台风雨成灾害	持续降水、局部大水、成灾稍轻的飓风大雨	一般性中雨、持续小	无雨

续表

影响因素	强度等级			
	强影响	中影响	弱影响	微影响
人为工程活动	大规模工业挖采,随意弃土石的地区;开挖或弃土量可达数十万立方米,且未加任何防护	中等规模挖采,随意弃土石的地区;开挖或弃土量可达数万至十万立方米,且未加任何防护	农业或生活挖采,随意弃土石的地区;开挖或弃土量可达数千至数万立方米,且未加任何防护	一般性农业或生活挖采,随意弃土石的地区;开挖或弃土量可达数百立方米
构造与地震活动	岩石圈断裂强烈活动区,或地震烈度大于Ⅸ	基底断裂活动区,或地震烈度Ⅷ~Ⅸ	一般断裂活动区,或地震烈度Ⅶ~Ⅷ	断裂弱活动区,或地震烈度小于Ⅶ
岩组结构	黄土为主的地区、碳酸盐岩与碎屑岩分布区、层状变质岩与碎屑岩分布区、现代崩滑流堆积体分布区	层状变质岩区、新生代沉积物分布区、老崩滑流堆积体分布区	第四系松散沉积物区、岩浆岩、块状变质岩分布区	沙土、冻土分布区

表 7-17　地质灾害危险性分级

地质灾害发生可能性	地质灾害可能危害范围占评估单元面积的比例		
	大于30%	30%~10%	小于10%
可能性大	危险性大	危险性中等	危险性小
可能性中等	危险性中等	危险性小	危险性小
可能性小	危险性中等	危险性小	危险性小

7.4.4　城市抗震防灾规划要求

编制城市抗震防灾规划的目的是提高城市的综合抗震防灾能力、最大限度地减轻城市地震灾害。城市抗震防灾规划应贯彻"预防为主,防、抗、避、救相结合"的方针,应根据城市的抗震防灾需要"以人为本、平灾结合、因地制宜、突出重点、统筹规划"。城市抗震防御目标应不低于以下基本防御目标,即当遭受多遇地震影响时其城市功能应正常且建设工程一般不发生破坏;当遭受相当于本地区地震基本烈度的地震影响时其城市生命线系统和重要设施应基本正常(一般建设工程可能发生破坏但基本不影响城市整体功能,重要工矿企业能很快恢复生产或运营);当遭受罕遇地震影响时其城市功能应基本不瘫痪(其要害系统、生命线系统和重要工程设施不遭受严重破坏且不发生严重的次生灾害;其应急保障基础设施可有效运转,其城市救灾功能正常或可快速恢复;应无重大人员伤亡且受灾人员可有效疏散、避难并满足基本生活需求)。对3类区域或设施,城市抗震防灾规划可提出针对遭受超越罕遇地震影响时应采取的较高的防御要求,这3类区域或设施包括对于城市建设与发展特别重要的局部地区、特定行业或系统;影响区域救援、救灾物资运输和实施对外疏散的设施;可能导致特大灾难或次生灾害的设施。城市抗震防灾规划应与城市总体规划相协调并遵守以下4条规定,即应遵循城市总体规划中确定的城市性质、规模等原则;规划范围和适用期限应与城市总体规划保持一致(特殊情况下其规划末期限宜一致。有关抗震防灾专题研究宜根据需要提前安排);应纳入城市规划体系同步实施对一些特殊措施应明确实施方式和保障机制;规划中的城市抗震防御目标、工程设施抗震设防标准、建设用地要求、应急保障基础设施布局和建设要求、中心和固定避难场所等防灾设施用地、相关抗震防灾措施应当作为城市总体规划的强制性内容,并应作为城市详细规划和相关专业(项)规划的依据。城市抗震防灾规划应符合国家现行其它标准的有关规定。

编制城市抗震防灾规划涉及许多专业术语。"规划工作区"是指进行城市抗震防灾规划时,根据不同区域的重要性和灾害规模效应以及相应评价和规划要求对城市规划区所划分的不同级别的研究区域。"抗震性能评价"是指在给定的地震危险条件下，对给定区域、给定用地或给定工程或设施，针对是否需要加强抗震安全、是否符合抗震要求、地震灾害程度、地震破坏影响等方面所进行的单方面或综合性评价或估计。"群体抗震性能评价"是指根据统计学原理，选择典型剖析、抽样预测等方法对给定区域的建筑或工程设施进行的整体抗震性能评价。"单体抗震性能评价"是指对给定建筑或工程设施结构逐个进行抗震性能评价。所谓"城市基础设施"是指维持现代城市或区域生存的功能系统以及对国计民生和城市抗震防灾有重大影响的基础性工程设施系统，包括供电、供水和供气系统的主干管线和交通系统的主干道路以及对抗震救灾起重要作用的供电、供水、供气、交通、指挥、通信、医疗、消防、物资供应及保障等系统的重要建（构）筑物。"应急保障基础设施"是指应急救援和抢险避难所必须确保的基础设施。"避震疏散场所"是指用作地震时受灾人员疏散的场地和建筑工程（也可称作地震应急避难场所，简称避难场所），可划分为紧急避震疏散场所、固定避震疏散场所、中心避震疏散场所3大类型。紧急避震疏散场所简称紧急避难场所，是供避震疏散人员临时或就近避震疏散的场所，也是避震疏散人员集合并转移到固定避难场所的过渡性场所，通常可选择城市内的小公园、小花园、小广场、专业绿地、高层建筑中的避难层（间）等，其地震灾害避难时间通常不超过3天。固定避震疏散场所简称固定避难场所，是供避震疏散人员较长时间避震和进行集中性救援的场所，通常可选择面积较大、人员容置较多的公园、广场、体育场地、停车场、空地、绿化隔离带等空旷场地以及满足避难建筑抗震要求的体育馆、大型人防工程以及其它抗震能力强的公共设施等。固定避震疏散场所又分短期固定避难场所、中期固定避难场所、长期固定避难场所等3种。短期固定避难场所是指具备基本避难功能，用于灾后应急处置期安置避震疏散人员的固定避难场所，其安置时间通常为震后10～15天内。中期固定避难场所是指具备一般避难功能，用于灾后应急恢复期安置避震疏散人员的固定避难场所，其安置时间通常为震后30天内。长期固定避难场所是指具备综合避难和安置功能，用于灾后应急安置期安置避震疏散人员的固定避难场所，其安置时间通常为震后100天内。中心避震疏散场所简称中心避难场所，是指规模较大、功能较全，能承担避难中心作用的固定避难场所，其场所内一般设抢险救灾部队营地、医疗抢救中心和重伤员转运中心等。"避难建筑工程"是指用于应急救援或避难的采用较高抗震要求、有避震功能保障、可有效保证内部人员抗震安全的建筑工程。"防灾公园"是指城市中用作避难场所，可满足避震疏散要求的、有效保证疏散人员安全的公园。"专题抗震防灾研究"是指针对城市抗震防灾规划需要而对城市建设与发展中的特定抗震防灾问题进行的专门抗震防灾评价研究。"地震地质单元"是指反映成因环境、岩土性能和发育规律、潜在场地效应和土地利用及相应措施方面性差异的最小地质单元（一般可以规划工作区工程地质评价结果结合本书的评价要求进行划分和确定）。"紧急反应处置期"是指地震后启动应急预案，启动应急救灾和疏散，对要害系统和重大危险源进行紧急防护处置的阶段（通常为震后4～10h）。"紧急救灾期"是指震后全面进行人员抢救，要害系统和重大危险源进行应急处置，全面安排灾后人员应急生活的阶段（通常为震后不超过3天内）。"应急评估处置期"是指灾后进行应急评估、破坏工程设施应急处置，灾后生活逐步进入安定的阶段（通常为震后不超过7～15天）。"应急救灾和疏散通道"是指应对突发地震应急救援和抢险避难、保障震后应急交通的交通设施，通常可划分救灾主干道、疏散主通道、疏散次通道、一般疏散通道等4类。救灾主干道是保障城市对内、对外救援和疏散以及应急指挥等重大救灾活动有效进行的交通设施，其至少应包括与城市出入口、中心避难场所、市政府抗震救灾指挥中心、城市区级及以上应急指挥中心、大型救灾备用地、重大危险源仓库、承担重伤员救治任务的应急医疗场所、特勤消防站、承担灾后应急供水的水厂及水源地、重大次生灾害危险区相连的应急道路。疏散主通道是保障城市内部疏散和大面积人员救援、物资运输等重要救灾活动有效进行的交通设施，其至少应包括连接固定避难场所内外的避震疏散道路。疏散次通道是保障城市一定区域范围内主要救灾活动的交通设施。一般疏散通道是保障发生灾害时能尽快疏散人群和救灾的应急通道。"抗震应急功能保障分级"是指城市直接服务于应急救灾和避震疏散应急保障基础设施和建筑工程根据地震发生时,需要提供的应急功能及其在抗震救灾中的作用,综合考虑可能造成的人员伤亡、直接和间接损失、社会影响程度等因素,而对建筑工程所做的应急功能保障级别划分。

(1) 编制城市抗震防灾规划的总体要求　城市抗震防灾规划应包括以下 4 方面内容,即总体抗震要求,包括城市总体布局中的减灾策略和对策,抗震设防标准和防御目标,抗震设施建设、基础设施配套等抗震防灾规划要求与技术指标;城市用地抗震适宜性划分,包括城市规划建设用地选择与相应的城市建设抗震防灾要求和对策;应急保障基础设施布局、抗震设防、应急保障及灾时紧急恢复要求;重要建筑、超限建筑、新建工程建设、基础设施的规划布局、建设与改造,以及建筑密集或高易损性城区改造,火灾、爆炸等次生灾害源分析,避难场所及应急救灾和疏散通道的建设与改造等抗震防灾要求和措施。

编制城市抗震防灾规划时应遵守以下 3 条规定,即城市抗震防灾规划中的抗震设防标准、城市用地评价与选择、抗震防灾措施应根据城市的防御目标、抗震设防烈度和《建筑抗震设计规范 (GB 50011)》等国家现行标准确定 (应对城市其它规划及城市建设活动具有强制性要求);当城市规划区的防御目标基本防御目标时其抗震设防烈度与地震基本烈度相当〔其设计基本地震加速度取值与现行《中国地震动参数区划图 (GB 18306)》的地震动峰值加速度相当,其抗震设防标准、城市用地评价与选择、抗震防灾要求和措施应符合国家其它现行标准要求〕;当城市规划区或局部地区、特定行业系统的防御目标高于基本防御目标时应给出设计地震动参数、抗震措施等抗震要求,并按照现行《建筑抗震设计规范 (GB 50011)》中的抗震要求分类分级原则进行调整 (相应抗震设防烈度应不低于所处地区的地震基本烈度,设计基本地震加速度值应不低于现行《中国地震动参数区划图 (GB 18306)》确定的地震动峰值加速度值,其抗震设防标准、用地评价与选择、抗震防灾要求和措施应高于现行《建筑抗震设计规范 (GB 50011)》并达到满足其防御目标的要求)。编制城市抗震防灾规划时应按城市规模、重要性和抗震防灾要求确定编制模式。进行城市抗震防灾规划和专题抗震防灾研究时,可根据城市不同区域的重要性和灾害规模效应将城市规划区按 4 种类别进行规划工作区划分。城市规划区的规划工作区划分应遵守以下 4 条规定,即甲类模式城市规划区内的建成区和近期建设用地应为一类规划工作区;乙类模式城市规划区内的建成区和近期建设用地应不低于二类规划工作区;丙类模式城市规划区内的建成区和近期建设用地应不低于三类规划工作区;城市的中远期建设用地应不低于四类规划工作区。不同工作区的主要工作项目应不低于表 7-18 的要求。

表 7-18　不同工作区的主要工作项目

主要工作项目			规划工作区类别			
分类	序号	项目名称	一类	二类	三类	四类
城市用地	1	用地抗震类型分区	☆[①]	☆	◎	◎
	2	地震破坏和不利地形影响估计	☆[①]	☆	◎	◎
	3	城市用地抗震适宜性评价及规划要求	☆[①]	☆	☆	☆
基础设施	4	基础设施系统抗震防灾要求与措施	☆	☆	☆	☆
	5	交通、供水、供电、供气建筑和设施抗震性能评价	☆[①]	☆	◎	×
	6	医疗、通信、消防建筑抗震性能评价	☆[①]	☆	◎	×
城区建筑	7	重要建筑抗震性能评价及防灾要求	☆[①]	☆	☆	☆
	8	新建工程抗震防灾要求	☆	☆	☆	☆
	9	城区建筑抗震建设与改造要求和措施	☆[①]	☆	◎	×

续表

主要工作项目			规划工作区类别			
分类	序号	项目名称	一类	二类	三类	四类
其它专题	10	地震次生灾害防御要求与对策	☆①	☆	☆	×
	11	地震避难场所及应急救灾和疏散通道规划布局与安排	☆①	☆	☆	×

① 宜开展专题抗震防灾研究的工作内容。

注："☆"表示应做的工作项目；"◎"表示宜做的工作项目；"×"表示可不做的工作项目。

编制城市抗震防灾规划时，可建立城市抗震防灾规划信息管理系统以促进规划的管理和实施。编制城市抗震防灾规划过程中，应根据相关评价及规划要求充分收集和利用城市现有的、与城市实际情况相符的、准确可靠的各类基础资料、规划成果和已有的专题研究成果（当现有资料不能满足本书所规定的要求时应补充进行现场勘察测试、调查及专题抗震防灾研究。所需的基础资料应符合要求，各城市可根据规划编制模式和城市地震灾害特点有所侧重和选择）。城市抗震防灾规划的成果应包括规划文本、图件及说明，规划成果应提供电子文件格式，图件比例尺应满足城市总体规划要求。对国务院公布的历史文化名城以及城市规划区内的国家重点风景名胜区、国家级自然保护区和申请列入的"世界遗产名录"的地区、城市重点保护建筑等宜根据需要做专门研究或编制专门的抗震保护规划。城市抗震防灾规划在下述5种情形下应进行修编，包括城市总体规划进行修编；城市抗震防御目标或标准发生重大变化；规划区遭受到重大或特大地震灾害影响后；由于城市功能、规模或基础资料发生较大变化而现行抗震防灾规划已不能适应；其它有关法律法规规定或特殊情形。

（2）编制城市抗震防灾规划时应该具备的基础资料和专题抗震防灾研究资料　编制城市抗震防灾规划时所需收集和利用的基础资料包括城市现状基础资料；有关城市规划的基础资料；城市的地震地质环境和场地环境方面的基础资料；城区建筑、基础设施、生命线系统关键节点和设备的抗震防灾资料；城市火灾、水灾、有毒和放射性物质等地震次生灾害源的现状和分布；城市公园、广场、绿地、空旷场地、人防工程、地下空间、避难建筑等可能避难场所的分布及其可利用情况。城市现状基础资料应包括规划区内地震灾害的危险性；规划区内资源、环境、自然条件和经济发展水平等；规划区内建成区现状，包括已建成的各类建筑、城市基础设施、次生灾害危险源等的分布；城市的经济、人口、土地使用、建设等方面的历史统计资料。有关城市规划的基础资料应包括规划区内人口与环境的发展趋势、经济发展规划；规划区内建成区的旧城改造规划；规划区内的近期、中期建设规划；规划区内的专题建设规划。

当规划编制所需要的基础资料和专题研究资料不能满足编制城市抗震防灾规划的评价要求时，应进行补充测试和专题抗震防灾研究。

编制城市抗震防灾规划时所需收集和利用的专题研究成果资料包括城市工程抗震土地利用规划、抗震设防区划、地震动小区划及其专题研究成果资料；城市基础设施、城区建筑抗震性能评价或易损性分析评价方面的专题研究成果资料；城市地震次生灾害方面的专题研究成果资料；城市避震疏散方面的专题研究成果资料；城市已进行的抗震防灾规划或防震减灾规划方面的专题研究成果资料；城市地震应急预案，城市地震应急系统方面的专题研究成果资料；城市抗震防灾规划信息管理系统方面的专题研究成果资料。当上述专题成果资料不能全面反映城市现状的抗震防灾能力且不能满足抗震防灾规划编制需要时，应进行补充专题抗震防灾研究。

（3）抗震防灾对城市用地的要求　城市用地抗震性能评价的基本内容包括城市用地抗震防灾类型分区；地震破坏及不利地形影响估计；抗震适宜性评价等。对已进行过抗震设防区划或地震小区划并按现行规定完成审批且处于有效期内的城市及工作区，当规定的编制要求没有发生实质性变化时可在原有成果基础上结合新的资料补充相关内容。城市用地抗震性能评价应充分收集和利用城市现有的地震地质环境和场地环境及工程勘察资料，当所收集的钻孔资料不满足规定要求时应进行补充勘察、测试及试验且应遵守国家现行标准的相关要求。进行城市用地抗震性能评价时所需钻孔资料应能满足规定的评价要求并符合以下 3 条规定，即一类规划工作区 1km² 内应不少于 1 个钻孔；二类规划工作区 2km² 内应不少于 1 个钻孔；三、四类规划工作区的不同地震地质单元应不少于 1 个钻孔。

城市用地抗震防灾类型分区应根据工作区地质地貌成因环境和典型勘察钻孔资料按表 7-19 所列的地质和岩土特性进行。一类和二类规划工作区也可根据实测钻孔和工程地质资料按《建筑抗震设计规范》（GB 50011）的场地类别划分方法结合场地地震工程地质特征进行。在按规定进行其它抗震性能评价时，其不同用地抗震类型的设计地震动参数可按《建筑抗震设计规范》（GB 50011）的同级场地类别取值，必要时可通过专题抗震防灾研究确定不同用地类别的设计地震动参数。城市用地地震地质灾害应评估地表断错、地质崩塌、滑坡、泥石流、地裂、地陷，场地液化、震陷及不利地形等影响并划定潜在危险区。城市用地抗震适宜性评价应按表 7-20 进行分区，应综合考虑城市用地布局、社会经济等因素提出城市规划建设用地选择及相应城市建设抗震防灾要求和对策，应明确不适宜用地的限制使用要求和防灾措施。根据表 7-20 划分每一类场地抗震适宜性类别时，应从适宜性最差开始向适宜性好依次推定，其中一项属于该类即划为该类场地。表 7-20 中未列条件可按其对工程建设的影响程度比照推定。

表 7-19 用地抗震防灾类型评估地质方法

用地抗震类型		主要地质和岩土特性
Ⅰ 类	Ⅰ 0 类	坚硬岩石出露分布区
	Ⅰ 1 类	松散地层厚度小于 5m 的基岩分布区,破碎和较破碎的岩石或软和较软的岩石、密实的碎石出露分布区
Ⅱ 类		二级及其以上阶地分布区;风化的丘陵区;河流冲积相地层厚度小于 50m 分布区;软弱海相、湖相地层厚度 5～15m 分布区
Ⅲ 类		一级及其以下阶地区,河流冲积相地层厚度大于 50m 分布区;软弱海相、湖相地层厚度 16～80m 分布区
Ⅳ 类		软弱海相、湖相地层厚度大于 80m 分布区

表 7-20 城市用地抗震适宜性评价要求

类别	适宜性地质、地形、地貌描述	城市用地选择抗震防灾要求
适宜	不存在或存在轻微影响的场地地震破坏因素,一般无需采取整治措施:①场地稳定;②无或轻微地震破坏效应;③用地抗震防灾类型Ⅰ类或Ⅱ类;④无或轻微不利地形影响	应符合国家相关标准要求
较适宜	存在一定程度的场地地震破坏因素,可采取一般整治措施满足城市建设要求:①场地存在不稳定因素,用地抗震防灾类型Ⅲ类或Ⅳ类;②软弱土或液化土发育,可能发生中等及以上液化或震陷,可采取抗震措施消除;③条状突出的山嘴,高耸孤立的山丘,非岩质的陡坡,河岸和边坡的边缘,平面分布上成因、岩性、状态明显不均匀的土层(如故河道、疏松的断层破碎带、暗埋的塘滨沟谷和半填半挖地基)等地质环境条件复杂,存在一定程度的地质灾害危险性	工程建设应考虑不利因素影响,应按照国家相关标准采取必要的工程治理措施,对于重要建筑尚应采取适当的加强措施
有条件适宜	存在难以整治场地地震破坏因素的潜在危险性区域或其它限制使用条件的用地,由于经济条件限制等各种原因尚未查明或难以查明:①存在尚未明确的潜在地震破坏威胁的危险地段;②地震次生灾害源可能有严重威胁;③存在其它方面对城市用地的限制使用条件	作为工程建设用地时,应查明用地危险程度,属于危险地段时,应按照不适宜用地相应规定执行,危险性较低时,可按照较适宜用地规定执行
不适宜	存在场地地震破坏因素,但通常难以整治:①可能发生滑坡、崩塌、地陷、地裂、泥石流等的用地;②发震断裂带上可能发生地表位错的部位;③其它难以整治和防御的灾害高危害影响区	不应作为工程建设用地。基础设施线状工程无法避开时,应采取有效措施减轻场地破坏作用,满足工程建设要求

　　规划区内的活动断层应进行土地利用评估并提出规划对策且应满足以下各项要求。需要避让的活动断层其专项研究工作应有足够证据证明该活动断层可能造成地表位错或有充分的证据证明在断层的某些段或分支上具有地表错动位移，且其地表错动位移可被直接观察或推测。断层或其部分的测绘和定位精度及可靠性应满足城市规划要求且应对以下 4 方面问题给出明确结论。即活动断层的地震活动年代和活动性，未来地震活动性发展趋势预测，是否属于现行法律法规和技术标准中工程建设需要避让或采取特殊抗震措施的发震断层、能动断层等类型活动断层。断层造成地表位错的可能性及可能发生地表位错的危险区范围。影响该活动断层地震活动性或地表位错的地质、场地等情况。需要避让的活动断层应被清晰地测绘和定位并符合"断层线被清晰地测绘和定位，断层应可通过直接观察或其它直接地形地貌证据证明的间接方法被识别"的要求。城市规划中应依据断层的地震活动性、活动年代、发生地表位错的可能性及危害程度综合考虑其对建筑工程的功能、重要性、对抗震救灾的作用及一旦发生破坏后的后果等进行评估。同时，应对活动断层周边的用地利用进行综合控制并针对下述 2 方面问题提出禁止和限制的建设规划要求和防灾措施，这 2 方面内容包括应针对应急保障功能、建筑使用功能、使用人员密度以及建筑规模、高度、层数、密度、间距等提出规划限制要求；应针对可能建设的建筑工程的结构体系、抗震设计要求、抗震措施等提出配套对策。在避让距离范围内确有需要建造分散的、低于 3 层的丙、丁类建筑时，应按提高一度采取抗震措施并应相应提高基础和上部结构的整体性（且不得跨越断层线）。

　　液化等级为中等液化和严重液化的故河道、现代河滨、海滨，当有液化侧向扩展或流滑可能时，在距常时水线约 100m 范围以内不宜规划安排修建永久性建筑，否则应提出规划要求，明确进行抗滑动验算、采取防土体滑动措施或结构抗裂措施等防灾要求。常时水线宜按设计基准期内年平均最高水位采用，也可按近期年最高水位采用。进行山包、山梁、悬崖、陡坡等不利地形影响分析时，应考虑不利地形对地震动的放大作用（其值应根据不利地段的具体情况确定并在 1.1~1.6 范围内取值），规划时可把突出地形的高差 H 与距突出地形边缘的相对距离 L 之比大于 0.3 的范围划为不利地段。位于适宜性差的用地上的应急保障基础设施所采取的措施应能适应场地的破坏位移。

　　（4）抗震防灾对基础设施的要求　编制城市抗震防灾规划时其城市基础设施应根据城市实际情况按相关规定确定需要进行抗震性能评价的对象和范围。编制城市抗震防灾规划时应根据抗震性能评价结果结合城市基础设施各系统的专业规划针对其在抗震防灾中的重要性和薄弱环节提出基础设施规划布局、建设和改造的抗震防灾要求和措施，同时应确定应急保障基础设施布局、抗震设防和保障及灾时紧急恢复要求。对城市基础设施系统的重要建（构）筑物应按有关重要建筑的规定进行抗震防灾评价并制定规划要求和措施（对城市基础设施进行群体抗震性能评价时其抽样要求应满足相关规定要求）。

　　应急保障基础设施设置应合理。目前，我国城市直接服务于应急救灾和避震疏散的应急交通、供水、能源电力、通信等基础设施的抗震应急功能保障级别可划分为 3 级。Ⅰ级为震时功能不能中断或震后需立即启用的应急保障基础设施，其涉及国家公共安全并影响市级应急指挥、医疗、供水、物资储备、消防等特别重大应急救援活动，一旦中断可能发生严重次生灾害等特别重大灾害后果。Ⅱ级为震时功能基本不中断或震后需迅速恢复的应急保障基础设施，其影响集中避难和救援人员的基本生存或生命安全，影响大规模受灾或避难人群中长期应急医疗、供水、物资分发、消防等重大应急救援活动，一旦中断可能导致大量人口伤亡等重大灾害后果。Ⅲ级为震后需尽快设置或恢复的应急保障基础设施，其影响集中避难和救援活动，一旦中断可能导致重大灾害后果。城市中的应急指挥、医疗、消防、物资储备、避难场所、重大工程设施、重大次生灾害危险源等应急保障对象应规划安排应急交通、供水、能源电力、通信等应急保障基础设施并应满足 4 方面要求。第一，应急保障基础设施应分别采用冗余设置和增强抗震能力的多种保障方式组合来保证满足其应急功能保障性能目标的可靠性要求，当无法采用增强抗灾能力方式时需增设一种冗余设置方式。Ⅰ级应急保障工程及其配套能源、电力、供水、通信等工程应按高于重点设防类进行建设。Ⅱ、Ⅲ级应急保障工程及配套能源、电力、供水、通信等工程应按不低于重点设防类进行建设。当无法满足前述第2、3条要求时，允许通过增设冗余设置方式来进行应急保障设置，采取增设冗余设置方式时可适当降低抗震设防类别，但其中第2条规定的建筑工程不得低于重点设防类、第3条规定的建筑工程不得低于标准设防类应坚持。

城市规划时应进行交通、供水等基础设施抗震应急功能保障级别划分并遵守以下规定。即应急保障基础设施的抗震应急功能保障级别不宜低于应急保障对象的级别。下述4类建筑工程应划分为Ⅰ级应急保障对象，这4类建筑分别为承担保障基本生活和救灾应急供水的主要取水设施和输水管线、水质净化处理厂的主要水处理建（构）筑物、配水井、送水泵房、中控室、化验室等以及配套的供电建筑；救灾主干道以及承担重大抗震救灾功能的城市主要出入口、交叉口建筑工程；消防指挥中心、特勤消防站；国家级物资储备库。下述5类建筑工程应划分为不低于Ⅱ级应急保障对象，这5类建筑分别为保障城市区级及以上应急指挥中心、中心避难场所、大型救灾用地、重大危险品仓库、承担重伤员救治任务的应急医疗场所、特勤消防站等的给水管线和固定建设的应急储水设施；疏散主通道；城市应急指挥中心、中心避难场所、长期固定避难场所、应急供水系统、应急通信系统、疾病预防与控制中心、空运建筑所依托的各级变电站、变配电室建筑；第1类建筑外的其它消防站；省、市级物资储备库。下述2类建筑工程应划分为不低于Ⅲ级应急保障对象，这2类建筑分别为城市供水系统中服务人口超过2000人的主干管线及配套设施；疏散次通道。

城市规划应按震时灾民基本生活用水和救灾用水保障需要，应按本地区地震基本烈度对应的罕遇地震影响规划安排应急保障供水来源、水处理设施、输配水管线和应急储水装置及应急取水设施并应遵守以下规定。即震后应急供水定额可参考表7-21并考虑城市实际情况确定（表7-21中的应急供水定额未考虑消防等救灾需求）。城市规划时应急供水保障对象的应急供水来源应采用应急市政供水保障和设置应急储水装置或取水设施两种方式。应急储水装置或取水设施应保障不少于紧急救灾期的饮用水和医疗用水的水量。核算应急市政供水保障的供水量时应考虑地震后管线的可能破坏造成的漏水损失。应急消防供水可综合考虑市政应急供水保障系统、应急储/取水体系和其它天然水系进行规划并应采取可靠的消防取水措施。

表 7-21　应急给水期间的人均需水量

应急阶段	时间	需水量/[L/(人·d)]	水的用途
紧急救灾期	紧急或临时	3～5	维持饮用、医疗
应急修复期	短期	10～20	维持饮用、清洗、医疗
	中期	20～30	维持饮用、清洗、浴用、医疗
应急恢复期	长期	＞30	维持生活较低用水量以及关键节点用水

表 7-22　应急交通保障要求

应急交通保障级别	应急通道可选择形式
Ⅰ	救灾主干道；两个方向上的疏散主通道
Ⅱ	救灾主干道；疏散主通道；两个方向上的疏散次通道
Ⅲ	救灾主干道；疏散主通道；疏散次通道

城市规划应根据应急保障要求规划安排应急救灾和疏散通道并应采取有效的抗震保障措施且应遵守以下规定。应急救灾和疏散通道的设置应符合表7-22的要求。应急救灾和疏散通道的有效宽度对救灾主干道应不低于15m、疏散主通道应不低于7m、疏散次通道应不低于4m、一般疏散通道应不低于3m。计算应急救灾和疏散通道的有效宽度时，其道路两侧的建筑倒塌后瓦砾废墟影响可通过仿真分析确定。救灾主干道两侧建筑倒塌后的废墟的宽度宜按特大地震考虑，疏散

主通道和次通道宜按罕遇地震考虑。应对急救灾和疏散通道上的桥梁、隧道等关键节点提出相应抗震保障措施要求。城市规划时应根据应急保障对象的供电保障要求设置应急供电系统并应采取相应的抗震保障措施且应遵守6条规定。即Ⅰ、Ⅱ级应急供电保障应采用两路独立电力系统电源引入，两路电源应能同时工作且任一路电源应能满足平时一级负荷、消防负荷和不小于50%的正常照明负荷用电需要，其电源容量应分别满足平时和灾时总计算负荷的需要。Ⅰ、Ⅱ级应急供电保障应配置应急发电机组，其灾时供电容量应满足灾时一级、二级电力负荷的要求。Ⅰ级应急发电机组台数不应少于2台，其中每台机组的容量应满足灾时一级负荷的用电需要。至少应有一路Ⅰ级市政应急供电保障系统的配电站抗震设防类别不低于重点设防类，当无法满足要求时，应增配备用应急发电机组且其容量应满足灾时一级负荷的用电需要。Ⅲ级应急供电保障宜采用第1条抗震保障措施，无法采用两路电力系统电源引入时应配置备用应急发电机组。当应急发电机组台数为2台及以上或应急发电机组为备用状态时可选择设置蓄电池组电源且其连续供电时间应不小于6h。城市规划时应急医疗卫生建筑工程布局应满足以下要求，即具有Ⅰ级抗震应急功能保障医院的服务范围人口规模不应大于50万人；具有Ⅱ级抗震应急功能保障医院的服务范围人口规模不应大于25万人。城市应急消防建筑工程应根据抗震应急功能保障级别采取有效的抗震保障措施，消防站的消防车库、消防通信、消防值班和宿舍应按不低于重点设防类进行抗震设防。城市中应急物资保障系统的设置应满足以下要求，即市级物资储备库应按不低于保障本地区地震基本烈度的地震影响情况下需救助人口应急需求进行配置；城市的应急物资储备用地，包括物资储备库和避难场所内的应急物资储备区用地，规模应不低于保障本地区地震基本烈度对应的罕遇地震影响情况下需救助人口应急需求。

对供电系统建筑、变电站及控制室等中的重要建筑应进行抗震性能评价，必要时，对甲、乙类模式可通过专题抗震防灾研究进行功能失效影响评价。对供水系统的取水构筑物、水厂、泵站等中的重要建筑及不适宜用地中和因避震疏散等城市抗震防灾所需的地下主干管线应进行抗震性能评价，必要时，对甲、乙类模式可通过专题抗震防灾研究进行功能失效影响评价。对供气系统的供气厂、天然气门站、储气站等中的重要建筑应进行抗震性能评价，必要时对甲、乙类模式可通过专题抗震研究针对地震可能引起的潜在火灾或爆炸影响范围进行估计。对交通主干网络中的桥梁、隧道等应进行群体抗震性能评价，必要时可通过专题抗震防灾研究对连通城市固定避难场所的主干道进行抗震连通性影响评价。对抗震救灾起重要作用的指挥、通信、医疗、消防和物资供应与保障系统等中的重要建筑应进行抗震性能评价，必要时可通过专题抗震防灾研究针对这些系统的抗震救灾保障能力进行综合估计。应急保障基础设施应针对罕遇地震影响下应急保障能力按相关规定进行抗震性能评价。

基础设施的抗震防灾要求和措施应包括以下内容。即应明确基础设施中需要加强抗震安全的重要建筑和构筑物。应根据城镇规模及基础设施的重要性、使用功能、修复难易程度、发生次生灾害的可能性等以及基础设施各系统的抗震安全和在抗震救灾中的重要作用提出合理有效的抗震防御标准和要求。应确定应急保障基础设施布局并明确其应急保障级别、抗震设防标准和防灾措施且应提出建设和改造要求。应避开可能产生滑坡、塌陷、水淹危险或者周边有危险源的地带，同时应对不适宜基础设施用地提出抗震改造和建设对策及要求。应以城市避震疏散等抗震防灾需要为基础，充分考虑人们及时、就近避难要求提出城市基础设施布局和建设改造的抗震防灾对策与措施，并配备应急供水、排水、供电、消防、通信、交通等设施。

（5）抗震防灾对城区建筑的要求　编制城市抗震防灾规划应结合城区建设和改造规划进行，应在抗震性能评价基础上对重要建筑和超限建筑抗震防灾、新建工程抗震设防、建筑密集或高易损性城区抗震改造及其它相关问题提出抗震防灾要求和措施。根据建筑重要性、抗震防灾要求及在抗震防灾中的作用，抗震防灾规划时的城市重要建筑应包括3类。城市的市一级政府指挥机关、抗震救灾指挥部门所在办公楼；城市用于抗震救灾和疏散避难的应急交通、医疗、消防、物资储备、通信等《建筑抗震设防分类标准》（GB 50223）中规定的特殊设防类、重点设防类建筑工程；其它对城市抗震防灾特别重要的建筑。特殊设防类建筑工程、市级应急指挥中心抗震应急功能保障级别应高于Ⅱ级。进行城市群体建筑抗震性能评价可根据抗震评价要求参考工作区建筑调查统计资料对其进行分类，并应考虑结构形式、建设年代、设防情况、建筑现状等采用分类建筑抽样调查与群体抗震性能评价方法进行抗震性能评价。在进行群体建筑分类抽样调查时，其抗震性能评价可通过划分预测单元、采用单元统计估算法或单元抽样估算法等方法进行。预测单元可采用社区或其它行政区域进行，也可根据不同工作区的重要性及其建筑分布特点按下述要求进行划分，一类工作区的建成区预测单元面积不大于 $2.25km^2$；二类工作区的建成区预测单元面积不大于 $4km^2$。在进行群体建筑分类抽样调查时其抽样率应满足评价建筑抗震性能分布差异的要求并应遵守以下规定。一类工作区不小于 5%；二类工作区不小于 3%；三类工作区不小于 1%。其它工程设施的群体分类抽样调查宜根据工程设施特点按本要求进行。

评价与规划过程中应提出城市中需要加强抗震安全的重要建筑并对规定的重要建筑进行单体抗震性能评价，应针对重要建筑和超限建筑提出进行抗震建设和抗震加固的要求和措施。对城区建筑抗震性能评价应划定高密度、高危险性的城区，应提出城区拆迁、加固和改造的对策和要求，应对位于不适宜用地上的建筑和抗震性能薄弱的建筑进行群体抗震性能评价，应结合城市发展需要提出城区建设和改造的抗震防灾要求和措施。新建工程应针对不同类型建筑的抗震安全要求结合城市地震地质和场地环境、用地评价情况、经济和社会的发展特点提出相应的抗震要求和对策。

（6）抗震防灾对地震次生灾害的防御要求 编制城市抗震防灾规划时应对地震次生火灾、爆炸、水灾、毒气泄漏扩散、放射性污染、海啸、泥石流、滑坡等制定防御对策和措施（必要时可进行专题抗震防灾研究）。编制城市抗震防灾规划时，应按次生灾害危险源的种类和分布结合地震次生灾害的潜在影响分类分级提出需要保障抗震安全的重要区域和次生灾害源点。城市中一级重大危险源的抗震应急功能保障级别应不低于Ⅱ级，二级重大应急危险源的抗震应急功能保障级别应不低于Ⅲ级。

对地震次生灾害的抗震性能评价应满足以下要求。对次生火灾应划定高危险区，甲类模式城市可通过专题抗震防灾研究进行火灾蔓延定量分析并给出影响范围；应提出城市中需要加强抗震安全的重要水利设施或海岸设施；对爆炸、毒气扩散、放射性污染、海啸、泥石流、滑坡等次生灾害可根据城市的实际情况有选择地提出城市中需要加强抗震安全的重要源点。根据次生灾害特点制定有针对性和可操作性的各类次生灾害防御对策和措施。对可能产生严重影响的次生灾害源点应结合城市发展控制和减少其致灾因素并提出防治、搬迁改造等要求。

（7）抗震防灾对避震疏散的要求 编制避震疏散规划时，应进行需避震疏散人口数量及在市区分布情况的估计，以便合理安排避难场所与避震疏散道路以及提出规划要求和安全措施。需避震疏散人口数量及其在市区分布情况可根据城市的人口分布和城市可能的地震灾害估计，或依据震害经验进行估计。在进行需避震疏散人口数量及其分布估计时宜考虑市民的昼夜活动规律和人口构成影响。对城市避难场所和避震疏散主通道应针对用地地震破坏和不利地形、地震次生灾害、其它重大灾害等可能，对其抗震安全产生严重影响的因素进行评价（用作避难建筑的建筑还应进行单体抗震性能评价），以确定避难场所和避震疏散主通道的建设、维护和管理要求及相应的防灾措施（甲类模式可通过专题抗震防灾研究结合城市详细规划对避震疏散进行模拟分析）。制定避震疏散规划应与城市其它防灾要求相协调。

避震疏散布局应合理。城市避难场所应按紧急避难场所和固定避难场所分别进行安排（根据具体需要，甲、乙类模式城市应安排中心避难场所）。城市的出入口数量宜符合以下要求，即中小城市不少于 4 个、大城市和特大城市不少于 8 个。应保障与城市出入口相连接的城市主干道两侧建筑倒塌后不阻塞交通。编制城市抗震防灾规划时，应充分利用城市现有公园、绿地、广场、学校操场、体育场和大型露天停车场等设施作为避难场所，应明确所需增设的应急设施、标识和应急功能建设或改造要求，应符合抢险救灾、居民安置、应急救援及消防等要求。城市宜逐步增加避难建筑以改善避难安置条件。避难建筑可优先选择体育建筑、影剧院、展览馆、会展中心、中小学教学用房和中小学食堂等公共建筑。避难场所应根据需疏散人口数量及分布情况进行估计，根据可作避难场所的资源调查情况和安全评估情况进行布局，符合不同水准灾害和不同应急阶段疏散规模及防灾要求。城市固定避难场所规模应不小于罕遇地震影响下的疏散要求，其中中长期固定避难场所的规模应不小于设防烈度地震影响下的疏散要求。城区短期疏散人口规模应按单个场所责任区建筑工程可能破坏和潜在次生灾害影响进行核算，且不宜低于常住人口的20%。城区短期疏散人口规模应满足以下规定，即抗震能力低的建筑物面积比例超过60%的区域不宜低于常住人口的45%；抗震能力低的建筑物面积比例超过40%的区域不宜低于常住人口的35%；抗震能力低的建筑物面积比例超过20%的区域不宜低于常住人口的25%。城区长期安置人口规模应不低于常住人口的5%并应满足以下3条规定，即抗震能力低的建筑物面积比例超过60%的区域不宜低于常住人口的20%；抗震能力低的建筑物面积比例超过40%的区域不宜低于常住人口的15%；抗震能力低的建筑物面积比例超过20%的区域不宜低于常住人口的10%。行动困难、需要卧床的伤病人员比例不宜低于区域总人口的2%。紧急疏散人口规模应包括城市常住人口和流动人口且其核算单元不宜大于$2km^2$，人流集中的公共场所周边区域紧急疏散人口规模不宜小于年度日最大流量的80%。

表 7-23　各级避难场所分级控制要求

项目级别		有效避难面积/hm^2	疏散距离/km	避难人口规模/万人	责任区服务用地规模/km^2	责任区服务人口规模/万人
中心避难场所		≥20，一般50以上	5.0～10.0	不限	7.0～15.0	5～20
固定避难场所	长期	5.0～20.0	1.5～2.5	1.00～6.40	7.0～15.0	5～20
	中期	1.0～5.0	1.0～1.5	0.20～2.00	1.0～7.0	3.0～10.0
	短期	0.2～1.0	0.5～1.0	0.04～0.50	0.8～2.0	0.2～3.0
紧急避难场所		不限	0.5	根据城镇规划建设情况确定		

各类避难场所的设置应满足其责任区范围内需疏散人员的避难要求以及城市的应急供水、物资储备和医疗卫生等功能配置要求。避难场所可根据表7-23的分级控制要求设置并应符合以下要求。即紧急和固定避难场所的避难责任区范围应根据其避难容量确定，其疏散距离和责任区服务用地及人口规模宜按表7-23控制，表中各指标的适用条件是以满足需疏散人员的避难要求及城镇的应急功能配置要求为前提的，表中给出范围值的后面数值为上限（不宜超过）、前面的数值为建议值（可根据实际情况调整），中心避难场所的服务半径及区域服务要求是指场所的区域共享型应急设施的配置要求，其相应的疏散人口规模、责任区服务半径和区域服务要求应根据场所可利用的应急宿住用地特点并按固定避难场所要求确定。中心和固定避难场所的市、区级应急功能的服务范围宜按建设用地规模$20.0～50.0km^2$、人口20万～50万人控制。中心和固定避难场所面积较小时，可通过相互连通的多个相邻或相近的避难场所共享应急保障基础设施组成，相互连通的应急交通的应急保障级别应不低于Ⅱ级。中心避难场所应考虑应急救援队伍栖息和应急指挥的要求。对避难场所应逐个核定并进行责任区划，应明确服务范围和服务人口、配套设施规模，应列表给出名称、面积、容纳的人数、所在位置等。对城区疏散资源不能满足要求及灾害影响严重难以实施就近避难的疏散困难区域应制定专门疏散避难方案和实施保障措施，当城市避难场所的总面积少于总需求面积的应提出增加避难场所数量的规划要求和计划措施。

避难场所的选址应合理。避难场所不应规划建设在不适宜地段上。避难场所距次生灾害危险源的距离应满足国家现行重大危险源和防火的有关标准要求。四周有次生火灾或爆炸危险源时应设防火隔离带或防火树林带。避难场所与周围易燃建筑等一般地震次生火灾源之间应设置不少于30m的防火安全带，其距易燃易爆工厂仓库、供气厂、储气站等重大次生火灾或爆炸危险源距离应不小于1000m。避难场所内应划分避难区块，区块之间应设防火安全带且应配套设置防火设施、防火器材、消防通道、安全通道等。避难场所范围内的河、湖水体的最高水位以及水工建（构）筑物的进水口、排水口和溢水口及闸门的标高应综合考虑上下游排水能力保证措施，必须保证重要的避难功能区不被水淹。避难建筑避开已知发震断裂主断裂的距离应不小于500m。

　　避难场所规划应合理。城市规划新增建设区域或对老城区进行较大面积改造时，应对避难场所用地及应急救灾和疏散通道提出规划要求，新建城区应根据需要规划建设一定数量的避难建筑和防灾公园。编制城市抗震防灾规划时，应提出对避难场所和避震疏散主通道的抗震防灾安全要求和措施，避难场所应具有畅通的周边交通环境和配套设施。中心避难场所的抗震应急功能保障级别应为Ⅰ级；中长期固定避难场所的抗震应急功能保障级别应不低于Ⅱ级；短期固定避难场所的抗震应急功能保障级别应不低于Ⅲ级。避难场所每位避震人员的平均有效避难面积应满足基本要求，即紧急避难场所不小于$1m^2$［但起紧急避难场所作用的超高层建筑避难层（间）的人均有效避难面积可不小于$0.2m^2$］；固定避难场所不小于$2m^2$；中长期避难时其人均有效避难面积应适当增加（中期避难不宜低于$3.0m^2$，长期避难不宜低于$4.5m^2$）；需医疗救治人员的有效使用面积紧急疏散期应不低于$15m^2/$床、固定疏散期应不低于$25m^2/$床（考虑简单应急治疗时其紧急疏散期不宜低于$7.5m^2/$病人、固定疏散期不宜低于$15m^2/$病人）。避震疏散场地人员进出口与车辆进出口应尽可能分开并应有多个不同方向的进出口。人防工程应按有关规定设立进出口，避难建筑至少应有一个进口与一个出口。其它固定避难场所至少应有两进口与两出口。避难场所建设时，应规划和设置引导性标示牌并绘制责任区域分布图和内部区划图。避难建筑的抗震设防标准和抗震措施可通过研究确定且应不低于以下3条要求，即避难建筑的应急保障级别应不低于Ⅱ级；应按表7-24的水平地震影响系数最大值计算地震作用并进行承载力抗震验算；应采用时程分析法进行弹塑性变形计算且其加速度时程的最大值应按表7-25取值［其弹塑性层间位移角限值应符合《建筑抗震设计规范》（GB 50011）中关于罕遇地震变形验算的规定］。

表 7-24　不同抗震设防烈度需采取的水平地震影响系数最大值

地震影响	本地区抗震设防烈度					
	≤6度	7度(0.10g)	7度(0.15g)	8度(0.20g)	8度(0.30g)	9度
截面验算	0.09	0.18	0.24	0.32	0.41	0.50
设防地震①	0.28	0.50	0.72	0.90	1.20	1.40
变形验算	0.56	0.90	1.20	1.40	1.40	1.40

① 进行抗震性能优化设计时相当于设防地震的地震影响系数最大值应按本行选取。

表 7-25　不同抗震设防烈度的不同地震影响和地震加速度（cm/s^2）值的对应关系

地震影响	本地区抗震设防烈度					
	≤6度	7度(0.10g)	7度(0.15g)	8度(0.20g)	8度(0.30g)	9度
截面验算	40	80	110	140	180	220
设防地震①	125	220	310	400	510	620
变形验算	250	400	510	620	620	620

① 进行抗震性能优化设计时相当于设防地震的地震影响系数最大值应按本行选取。

　　应急救灾和疏散通道道两侧建筑宜保障救灾和疏散活动的安全畅通，计算应急救灾和疏散通道的有效宽度时，其道路两侧的建筑倒塌后瓦砾废墟影响可通过仿真分析确定，简化计算时可按表7-26进行分析并应遵守以下规定，即防止坠落物安全距离可根据建筑侧面和顶部所存在的可落物以不低于罕遇地震水平进行分析并应不小于3m，可通过针对建（构）筑物可落物的整治改造防止坠落伤人。分析地震情况下建筑倒塌影响范围时，可按以下2条原则简化分析，即按特大地震影响分析时，若两侧建筑均按特殊设防类进行建设可按不倒塌进行；若两侧建筑均按重点设防类进行建设则可按单侧倒塌进行分析。按罕遇地震影响分析时，若两侧建筑均按不低于重点设防类进行建设可按不倒塌进行；若两侧建筑均按不低于标准设防类进行建设则可按单侧倒塌进行分析。表 7-26 中，当建（构）筑物高度位于表中区间时可采用插值计算，其影响距离可取建（构）筑物高度与宽度系数的乘积简化计算。

表 7-26　建筑倒塌或破坏影响距离简化计算表（宽度系数 K）

建筑类型	布置方式	建筑高度					
		<24m	24～54m（含24m）	54～100m（含54m）	100～160m（含100m）	160～250m（含160m）	≥250m
可能倒塌建筑 K	平行红线布置	2/3	2/3～1/2	0.5	0.5～0.4	0.4～0.3	根据情况确定，不低于前列要求
	垂直红线布置	0.5	0.5～0.3	0.3～0.25	0.25～0.2	0.2～0.15	
不倒塌建筑 K	按防止坠落物安全距离确定						

（8）抗震防灾信息管理系统的要求　信息管理系统可由基础数据层、专题数据层、规划层、文件管理层等组成。基础数据层应包括地理信息数据及与系统有关的共用基础数据库；专题数据层应包括编制本规划用到的各专题数据库；规划层应包括规划图件、规划文本说明等；文件管理层应包括文件查询、输入、输出、帮助等管理功能。有条件时可在系统的层次结构中建立辅助分析与决策层以支持各专题中的数值模拟或辅助对策。信息管理系统应具有以下基本功能，即应能显示各种图件的图形信息以及图形要素的空间位置并以不同图层的组合形式显示；应能实现图形查询、属性查询和属性与图形相结合的交互查询；应能在图形上添加或删除空间信息以便进行局部更新及对图形对应的数据进行修改；应具备图形叠加、窗口裁剪、专题提取功能；应可按用户需要提供多种形式的统计方式并输出报表和图表；应可根据用户需要输出各种基础地理图、专题地图和综合图，可将当前图形区内或查询结果的属性数据列表输出。抗震防灾规划信息管理系统应具备便于使用的技术说明和维护管理文件（有条件时应对数据信息申报和更新制度作出具体规定）。抗震防灾规划信息管理系统的系统配置和开发应满足抗震防灾规划实施和管理要求。抗震防灾规划信息管理系统的基础数据层应包括数据分类和数据编码等 2 方面内容。数据应包括地理信息数据、法规文档数据，有条件时可包括多媒体数据。基础图件的分层可采用原提供图件的分层；基础数据既可依据原提供数据的分类编码，又可根据分类编码通用原则用十进制数字表示。

7.4.5　城市供热规划要求

编制城市供热规划的目的是贯彻执行国家城市规划、能源、环境保护、土地等相关法规和政策，提高城市供热的科学性。城市供热规划应依据城市性质和规模、国民经济和社会发展目标、环境保护要求、地区资源分布和能源结构等条件，按统筹规划和可持续发展方针因地制宜地进行。城市供热规划的主要内容应包括预测城市热负荷；确定供热能源种类、供热方式、供热分区、热源规模；合理布局热源、热网系统及配套设施等。城市供热规划应遵守国家现行的有关强制性标准的规定。

编制城市供热规划涉及许多专业术语。"城市热负荷"是指城市供热系统的热用户（或用热设备）在计算条件下，单位时间内所需的最大供热量，包括供暖、通风、空调、生产工艺和热水供应热负荷等种类。"热负荷指标"是指在采暖室外计算温度条件下，为保持各房间室内计算温度其单位建筑面积在单位时间内消耗的需由供热设施供给的热量（或单位产品的耗热定额）。"最大热负荷利用小时数"是指在一定时间（供暖期或年）内总耗热量按规划热负荷折算的工作小时数（其数值等于总耗热量与规划热负荷之比）。"供热热源"是指将天然的或人造的能源形态转化为符合供热要求的热能装置，包括锅炉房、热电厂、热泵系统、分布式能源系统（含新能源、可再生能源）等。"一级热网"是指由热源向热力站输送和分配供热介质的管线系统。"热力站"是指热网中用来转换供热介质种类；改变供热介质参数；分配、控制及计量供给热用户热量的设施。"中继泵站"是指热水热网中设置中继泵的设施（中继泵指热水管网中根据水力工况要求为提高供热介质压力而设置的水泵）。"供热方式"是指采用不同能源种类、不同热源规模来满足用户热需求的各种供热形式。"热化系数"是指热电联产的最大供热能力占供热区域最大热负荷的份额。

（1）城市供热规划编制的基本原则　编制城市供热规划应符合城市规划的总体要求；应符合城市环境保护规划、相关环境整治措施及节能减排的要求；应符合城市能源发展规划的总体要求。城市供热规划应充分重视城市供热系统的安全可靠性，应统筹分析热源规模、数量和分布，管网布局，供热能源种类、输送与存储等多种因素。城市供热规划应从城市全局出发充分体现社会、经济、环境、节能等综合效益。城市供热规划的编制阶段应与城市总体规划、详细规划相衔接，城市供热规划期限的划分应与城市规划相一致。城市供热规划应近、远期相结合，应正确处理近期建设和远期发展的关系。总体规划阶段的城市供热规划应依据城市发展规模预测供热设施的规模；详细规划阶段的城市供热规划应依据规划区内的主要技术经济指标预测供热设施的规模。城市供热规划应与道路交通规划、河道规划、绿化系统规划以及城市供水、排水、供电、燃气、信息等市政公用工程规划互相协调、统筹安排并应妥善处理相互间的影响和矛盾。编制城市供热规划过程中应加强各相关部门之间的协作以广泛征求意见、科学决策。

总体规划阶段的城市供热规划内容应包括以下方面，即分析供热系统现状、特点和存在问题；依据城市总体规划确定的城市发展规模预测城市热负荷和年供热量；依据城市总体规划、环境保护规划、能源规划确定城市供热能源种类以及热源发展原则、供热方式和供热分区；依据城市总体规划的用地功能布局、热负荷分布确定重点规划区域内的供热方式、供热分区、供热热源规模和布局（包括种类、个数、容量和布局）；依据供热热源规模、布局以及供热负荷分布确定城市热网主干线布局；依据城市近期发展要求、环境治理要求以及供热系统改造要求确定近期建设重点项目。

详细规划阶段的城市供热规划内容应包括以下方面，即分析详细规划区及周边供热设施现状、特点以及存在问题；依据详细规划方案提出的技术经济指标计算热负荷和年供热量；依据城市总体规划中的供热规划确定规划区的供热方式；依据详细规划的用地布局落实供热热源规模、位置及用地；依据供热负荷分布确定规划区内热网布局、管径，热力站位置及用地。

（2）热负荷的预测　编制城市供热规划过程中，按热负荷性质可分为以下3类，即建筑采暖（制冷）热负荷、生活热水热负荷、工艺用蒸汽热负荷。建筑采暖热负荷按建筑分类应符合表7-27的规定。

表7-27　城市建筑热负荷分类

大类	小类
居住建筑	普通住宅；别墅
公共建筑	行政办公楼(包括科研设计)；商场；宾馆、饭店；中、小学、托幼园所；高等学校；医院；图书馆；影剧院；体育场馆
工业建筑	一、二、三类工业标准厂房
仓储建筑	仓库
基础设施	市政、交通场站设施等
其它建筑	上述建筑以外的其它建筑

热负荷预测应合理。总体规划阶段城市供热规划的热负荷预测内容宜包括全市及重点规划区内的规划热负荷；全市及重点规划区内的规划年供热量；重点规划区内各分区民用建筑采暖、工业建筑采暖、生活热水、工艺用蒸汽等分项的规划热负荷及年供热量；不同性质热负荷的分布。详细规划阶段城市供热规划的规划热负荷预测内容宜包括详细规划区内各类建筑的采暖（制冷）

热负荷、不同压力等级的工艺用蒸汽负荷；不同性质热负荷的分布。

热负荷预测方法应科学。采暖热负荷预测通常采用指标法，即总体规划阶段的城市供热规划采用采暖综合热指标预测采暖热负荷。详细规划阶段的城市供热规划采用分类建筑采暖热指标预测建筑采暖热负荷。工业热负荷采用相关分析法和指标法，即总体规划阶段的城市供热规划采用相关分析法。详细规划阶段城市供热规划采用指标法。编制城市供热规划过程中，应准确绘制热负荷延续时间曲线。若热网由多个热源供热，则对各热源的负荷分配进行技术经济分析时，宜绘制热负荷延续时间曲线以计算各热源的全年供热量及用于基本热源和尖峰热源承担供热负荷的配置容量分析，其规划热指标应主要包括建筑采暖综合热指标、建筑采暖热指标、生活热水指标、工业热负荷指标、制冷用热负荷指标。

（3）供热方式的选择　城市供热能源主要包括煤炭、天然气、电力、油品、地热、浅层地温、太阳能、核能、生物质能等。城市供热方式从热源规模上可分为集中供热方式和分散供热方式，从能源种类上可分为清洁能源供热方式和非清洁能源供热方式。总体规划阶段的城市供热规划应符合当地环境保护目标，应以地区能源资源条件、能源结构要求以及投资等为约束条件，应以各种供热方式的技术经济性和节能效益为基本依据，应统筹供热系统的安全性和社会效益，应按成本最小化、效益最大化原则进行优化选择，应综合权衡以上各个因素以最终确定供热能源结构和合理的供热方式。详细规划阶段的城市供热规划主要根据上位规划确定并落实详细规划区内的供热方式（上位规划中只有总体原则而无明确供热方式的应经多方案比较进行选择）。

以煤炭为主要供热能源的城市其供热应采取集中供热方式。在本地区具备电厂建设条件且有电力需求或多余电力能对外输出条件下，宜首选以燃煤热电厂系统为主的集中供热方式，或燃煤热电厂系统与燃煤集中锅炉房结合的集中供热方式。当多余电力无法对外输出时，可选择燃煤集中锅炉房为主的集中供热方式。有条件的地区其燃煤集中锅炉房供热方式应逐步向燃煤热电厂系统供热方式或清洁能源供热方式过渡。在大气环境质量要求严格且天然气供应有保证的地区和城市，其供热方式宜采取分散的天然气锅炉房、中型热电冷联产系统、分布式能源系统或直燃机系统，应对大型天然气热电厂供热系统进行总量控制，不鼓励发展独立的天然气集中锅炉房供热系统。在水电和风电资源丰富的地区和城市可鼓励发展以电为能源的供热方式。有条件的地区宜发展固有安全的低温核供热系统。应鼓励发展能源利用新技术以及新能源和可再生能源的新型供热方式。太阳能条件较好的地区应首选太阳能热水器解决生活热水问题并应适度加大发展太阳能采暖的数量和规模。在历史文化保护区或一些特殊地区宜采用"电供热为主，油品、液化石油气和太阳能供热为辅"的供热体系。

总体规划阶段的城市供热规划应依据确定的供热方式和热负荷分布划分供热分区。详细规划阶段的城市供热规划应依据热源规模、不同的供热方案对集中供热分区或分散供热分区进行细化以确定每种热源的供热范围。

（4）供热热源的选择　城市供热热源从规模上可分为集中热源和分散热源。集中热源主要有燃煤热电厂、燃气热电厂、燃煤集中锅炉房、燃气集中锅炉房、工业余热、低温核供热、垃圾焚烧；分散热源主要有分散燃煤锅炉房、分散燃气锅炉房、户内式燃气采暖系统、热泵系统、直燃机系统、分布式能源系统、地热、太阳能等可再生能源供热系统等。

热源规模的确定应合理。总体规划阶段的城市供热规划应结合供热方式、供热分区及其热负荷、综合能源输送和存储条件以及供热系统安全性等因素，合理安排城市大型集中供热热源的规模、数量、位置以及供热范围并提出设施用地的控制要求。详细规划阶段的城市供热规划应根据上位规划落实热源或经过技术经济论证分析选择供热方式，并确定供热热源的规模、数量、位置以及供热范围且应提出设施用地的控制要求。热源布局应结合城市规划用地布局和城市供热技术要求统筹确定。

热源规划设计应符合规定。燃煤热电厂及大型燃气热电厂规划设计应满足以下要求，即热电厂的建设应遵循"以热定电"原则并合理选取热化系数（热化系数应小于1）；燃煤热电厂厂址应有良好的交通运输条件且应便于燃料和灰渣的运输（大型燃气热电厂厂址应具有接入高压天然气管道的条件）；厂址应满足工程建设的工程地质条件和水文地质条件并应避开机场、断裂带、环境敏感区，不受洪水、潮水或内涝的威胁（其厂址标高应满足防洪要求。受条件限制、必须建在受到威胁区域时应有可靠的防洪、排涝措施）；应节约用地并充分利用非可耕地和劣地（应不占或少占基本农田）；热电厂宜位于居住区和主要环境保护区的全年最小频率风向的上风侧；热电厂应有可靠的供水水源及污水排放条件；热电厂应便于热网出线和电力上网；热电厂宜具有发展或扩建的可能性。燃煤集中锅炉房规划设计应满足以下要求，即燃煤集中锅炉房周边应有良好的交通道路条件以便利燃料和灰渣的运输；应便于热网出线；应减少烟尘及有害气体对居民区和环境敏感区的影响（锅炉房宜位于居住区和环境敏感区的采暖季最大频率风向的下风侧）；地质条件应良好（其厂址标高应满足防洪要求并应有可靠的防洪、排涝措施）。燃气集中锅炉房的规划设计应满足以下4条要求，即应便于热网出线；应便于天然气管道接入；应位于负荷端或负荷中心；应地质条件良好（其厂址标高应满足防洪要求并应有可靠的防洪、排涝措施）。低温核供热厂厂址的选择应符合国家相关规定且其厂址周围不应有大型易燃易爆的生产与存储设施、集中的居民点、学校、医院、疗养院和机场等。清洁能源分散供热设施应结合用地规划、建筑平面布局、近期建设进度等因素确定位置且不宜与居住建筑合建。

（5）热网及其附属设施选择　热网介质和参数选取应合理。热源供热范围内只有民用建筑采暖热负荷时应采用热水作为供热介质。热源供热范围内生产工艺热负荷要求必须采用蒸汽且为主要负荷时应采用蒸汽作为供热介质。热源供热范围内既有民用建筑采暖热负荷，又存在生产工艺热负荷。生产工艺热负荷要求必须采用蒸汽时可采用蒸汽和热水作为供热介质。热源为热电厂或集中锅炉房时，其一级热网供水温度可取 110～150℃、回水温度应不高于70℃。蒸汽管网的热源供气温度和压力应以满足沿途用户的生产工艺用汽要求确定。多热源联网运行的城市热网的热源供回水温度应一致。

热网布置应遵守相关规定。应综合热负荷分布、热源位置、道路条件等多种因素，在可靠技术经济比较的基础上确定热网布局。目前，城市热网的布置形式有枝状和环状2种方式。蒸汽管网应采用枝状管网布置方式。供热面积大于 1000 万平方米的热水供热系统采用多热源供热时，各热源热网干线应连通且在技术经济合理时热网干线宜连接成环状管网。热网应结合城市近、远期建设需要布置，主干线应主要沿城市现状道路或规划道路布置并应位于热负荷比较集中的区域。热网应采用地下敷设方式，工业园区的蒸汽管网在环境景观、安全条件允许时可采用地上架空敷设方式。一级热网与热用户宜采用间接连接方式。

热网计算应合理。热水管网管径应以经济比摩阻为依据通过水力计算确定，其蒸汽管网管径应根据控制最大允许流速计算确定。经济比摩阻应在综合考虑热网的运行管理、城市建设发展、经济等因素的基础上确定。宜根据热网计算结果绘制水压图。

热力站设置应合理。热网与用户采取间接连接方式时宜设置热力站。热水管网热力站合理供热规模应通过技术经济比较确定。居住区热力站应在供热范围中心区域独立设置，公共建筑热力站可与建筑结合设置。

中继泵站的位置、数量、水泵扬程应在管网水力计算和绘制水压图的基础上经细致的技术经济比较后确定。

（6）编制城市供热规划的材料收集要求　城市供热规划的编制应在调查研究、收集分析有关基础资料的基础上进行，规划编制阶段不同，其调研、收集的基础资料也不同。在总体规划阶段，编制城市供热规划需调研、收集以下资料，即城市水文、地质、气象、自然地理资料和城市地形图，城市总体规划研究成果，包括国民经济和社会发展规划、城市空间布局、土地利用规划图、工业发展规划、工业园区规划、规划人口分布等；和城市发展相关的能源规划研究与环境保护规划研究成果以及城市热源、热网资料等，包括地区热源能力、热源现状供应能力、热源位置及用地，热网主干线分布、管径，热源和热网的运行参数及设计参数；城市相关供热部门制订的城市供热行业发展规划资料；城市供热负荷历史资料、供热负荷种类、全年耗热量资料；地方建筑节能标准和现状建筑节能改造实施计划等。在详细规划阶段，编制城市供热规划需调研、收集以下资料，即城市总体规划、城市各类建筑单位建筑面积采暖负荷指标的现状资料或地方现行采用的标准或经验数据；详细规划区内的人口、各类建设用地面积、建筑面积和规划图；工业企业生产用汽规模；各类现状供热设施的资料等。供热设施占地指标可参考表7-28～表7-31，其中表7-28不包括灰厂占地，供水为直流冷却系统；铁路运煤、储煤按25天算、表7-31中的用地指标指单位供热能力的用地指标。

表7-28　热电厂占地控制指标参考值

总容量/MW	机组构成(台数×机组容量)	厂区占地/10^4 m²	单位容量占地/(10^4 m²/MW)
200	4×50	16.51	8.5×10^{-2}
300	2×50+2×100	19.02	6.3×10^{-2}
400	4×100	24.58	6.1×10^{-2}
600	2×100+2×200	30.10	5.0×10^{-2}
800	4×200	33.84	4.2×10^{-2}
1200	4×300	47.03	3.9×10^{-2}
2400	4×600	66.18	2.8×10^{-2}

表7-29　新建、扩建热电厂占地控制指标参考值

分类	装机容量/MW	占地面积/10^4 m²	分类	装机容量/MW	占地面积/10^4 m²
新建厂	2×12=24	2.4	扩建厂	4×125=500	21.0
	2×25=50	5		4×300=1200	28
	2×50=100	8		2×12+2×25=74	3.7
	2×125=250	15		2×25+2×50=150	7.5
	2×300=600	18		2×50+2×125=350	14
扩建厂	4×12=48	3.2		2×125+2×300=850	25
	4×25=100	6.5		2×300+2×600=1800	36
	4×50=200	12.0			

表7-30　部分城市现状热源厂占地指标

单位名称	装机容量	占地面积/10^4 m²
承德东北郊热源厂	2×58MW	2.46
大连大学城热源厂	5×58MW	2.9
大连晋源热源厂	4×58MW	1.9
大连泉水热源厂	5×58MW	3.5
东基热源厂	5×64MW	2.0
抚顺高湾热源厂	3×58MW	4.0
沈东热源厂	6×64MW+1×29MW	4.2
沈阳苏家屯东部热源厂	4×58MW+4×75T/H+1×35T/H	7.6
沈阳苏家屯南部热源厂	3×64MW+3×29MW+2×35T/H	6.0
沈阳于洪热源厂	1×70MW+3×130T/H+1×75T/H	6.2
新东方热源厂	3×75T/H	26.5
珠江热源厂	6×64MW+1×35MW	3.5

表 7-31　北京热源厂用地标准

设施	燃气热电厂	燃煤供热厂	燃气供热厂
用地指标/(m²/MW)	360	145	100

7.4.6　城市消防规划要求

编制城市消防规划的目的是为了贯彻执行《中华人民共和国城市规划法》、《中华人民共和国消防法》和国家现行的有关法规和技术政策，为了建立和完善城市消防安全体系、指导城市消防安全布局、促进公共消防基础设施的建设发展、增强城市预防和抗御火灾的整体能力、提高城市处置各种灾害事故及抢险救援综合能力、保障城市消防安全。城市消防规划的期限和范围应与城市总体规划相一致。城市消防规划必须全面贯彻落实科学发展观，执行"预防为主、防消结合"的消防工作方针和"以人为本、科学合理、技术先进、经济实用"的规划原则，应从火灾预防、灭火救援等方面满足城市发展的安全需要，应促进消防力量向多种形式发展，应提高消防工作的社会化水平。城市消防规划是城市总体规划的重要组成部分，也是城市综合防灾减灾体系规划的基础之一，城市消防规划应与有关规划有机衔接，城市消防安全布局和公共消防基础设施建设应与城市综合防灾减灾系统和市政公用等工程系统的有关设施实现资源共享、优化配置。城市消防规划的主要内容应包括城市火灾风险评估、城市消防安全布局、城市消防站及消防装备、消防通信、消防供水、消防车通道布置等。城市消防规划除应遵守国家现行的有关标准规范规定。

编制城市消防规划涉及许多专业术语。"城市消防规划"是指为构建城市消防安全体系、实现一定时期内城市的消防安全目标、指导城市消防安全布局和公共消防基础设施建设而制定的总体部署和具体安排。"城市规划建成区"是指城市规划区内连片发展而且市政公用设施和公共设施配套的城市规划建设用地。"火灾风险评估"是指给定技术操作或状态下发生火灾的可能性和发生火灾可能造成的后果或损害的程度。火灾风险评估又称消防安全评估，是指确定关于某个火灾风险的可接受水平和（或）某个个人、团体、社会或者环境的火灾风险水平的过程。"城市重点消防地区"是指对城市消防安全有较大影响、需要采取相应的重点消防措施、配置相应的消防装备和警力的连片建设发展地区。所谓"城市防火隔离带"是指为阻止城市大面积火灾延烧起着保护生命、财产、城市功能作用的隔离空间和建（构）筑物设施。"防灾避难疏散场地"是指为优先保护人员生命安全而设置的、专用或兼用的城市公共开敞空间和设施。"城市消防安全布局"是指符合城市公共消防安全需要的、城市各类易燃易爆危险化学物品场所和设施、消防隔离与避难疏散场地及通道、地下空间综合利用等的布局和消防保障措施。"公共消防设施"是指为保障城市公共消防安全、灭火救援及处置其它灾害事故所需的各类消防站、消防装备、消防通信设施、消防供水设施、消防车通道以及其它消防设施。"消防站"是指存放消防车辆和其它消防装备、器材的场所，也是供消防员值勤、训练和生活的场所，是保护城市消防安全的公共基础设施。"消防供水"是指城市为扑灭火灾而设置的、有一定的水量和水压要求的供水设施以及其它可利用的自然水体。"城市消防水池"是指城市的公用消防水池、可供给城市使用的建（构）筑物消防水池以及兼有消防供水功能的各种人工水池（水体）。"消防通信"是指为火灾报警、火警受理、灭火救援通信调度、辅助决策指挥、模拟训练和消防信息综合管理而设置的通信系统及设施。"消防车通道"是指供消防车通行的道路和其它场地。"易燃易爆危险化学物品"是指具有易燃易爆特性的危险化学物品［按《常用危险化学品的分类及标志》（GB 13690—92）规定，常用危险化学物品按危险特性分为 8 类］。

（1）城市火灾风险评估的基本要求　城市火灾风险评估宜采用城市消防发展综合评价指标体系及其评价方法，从而为城市消防规划和建设提供科学依据。采用城市消防发展综合评价指标体系及其评价方法缺乏相关条件的城市，应根据城市历年火灾发生情况、易燃易爆危险化学物品设施布局状况和城市性质、规模、结构、布局等的消防安全要求对城市或区域的规划建设用地进行

表 7-32 对城市消防安全有较大影响的用地

用地类别代号	用地类别名称	用地类别代号	用地类别名称
R2	二类居住用地中以高层住宅为主的用地	W2	危险品仓库用地
R3	三类居住用地中住宅与生产易燃易爆物品工业等用地混合交叉的用地	T1	铁路用地中站场用地
		T2	公路用地中客运站用地
R4	四类居住用地中棚户区等易燃建筑密集地区	T3	管道运输用地中石油、天然气等管道运输用地
C1	行政办公用地中市属办公用地	T4	港口用地中危险品码头作业区、客运站等用地
C2	商业金融业用地		
C3	文化娱乐用地	T5	机场用地中航站区等用地
C4	体育用地中体育场馆用地	U1	供应设施用地中重要电力、燃气等设施用地
C5	医疗卫生用地中急救设施用地	U2	交通设施用地中加油站等用地
C6	教育科研设计用地	U3	邮电设施用地中重要枢纽用地
C7	文物古迹用地中重要古建筑等用地	D1	军事用地中重要设施用地
M2	二类工业用地中纺织工业等用地	D2	外事用地
M3	三类工业用地中化学工业、造纸工业、建材工业等用地	D3	保安用地

表 7-33 防火隔离带及避难疏散用地

用地类别代号	T	S	G	E
用地类别名称	对外交通用地中的线路等用地	道路广场用地	绿地	水域和其它用地中水域、耕地

消防分类，通过定性方法评估城市或区域的火灾风险。采用城市用地消防分类定性评估方法时其城市规划建成区可分为三大类，即城市重点消防地区；城市一般消防地区；防火隔离带及避难疏散场地。确定城市重点消防地区的依据是火灾危险性大、损失大、伤亡大、社会影响大。参照《城市用地分类与规划建设用地标准》（GBJ 137）对城市消防安全有较大影响的用地见表 7-32，对城市消防安全有较大影响、需要采取相应的重点消防措施、配置相应的消防装备和警力的连片建设发展地区可确定为城市重点消防地区。专用或兼用的防火隔离带及避难疏散场地见表 7-33，城市规划建成区内除城市重点消防地区、防火隔离带及避难疏散场地以外的地区可确定为城市一般消防地区。城市重点消防地区可根据城市特点和消防安全的不同要求分为以下 3 类并分别采取相应的消防和规划措施，A 类重点消防地区为以工业用地、仓储用地为主的重点消防地区；B 类重点消防地区为以公共设施用地、居住用地为主的重点消防地区；C 类重点消防地区为以地下空间和对外交通用地、市政公用设施用地为主的重点消防地区。

（2）城市消防安全布局要求 易燃易爆危险化学物品场所和设施布局应符合相关规定。各类易燃易爆危险化学物品的生产、储存、运输、装卸、供应场所和设施的布局应符合城市规划、消防安全、环境保护和安全生产监督等方面的要求且应交通方便。城市规划建成区内应合理控制各类易燃易爆危险化学物品的总量、密度及分布状况并应积极采取社会化服务模式相对集中地设置各类易燃易爆危险化学物品的生产、储存、运输、装卸、供应场所和设施，同时应合理组织危险化学物品的运输线路以从总体上减少城市的火灾风险和其它安全隐患。各类易燃易爆危险化学物品的生产、储存、运输、装卸、供应场所和设施的布局应与相邻的各类用地、设施和人员密集的公共建筑及其它场所保持规定的防火安全距离。城市规划建成区内的现状易燃易爆危险化学物品场所和设施应按有关规定严格控制其周边的防火安全距离。城市规划建成区内新建的易燃易爆危险化学物品场所和设施其防火安全距离应控制在自身用地范围以内，相邻布置的易燃易爆危险化学物品场所和设施之间的防火安全距离应按规定距离的最大者予以控制。大中型石油化工生产设施、二级及以上石油库、液化石油气库、燃气储气设施等必须设置在城市规划建成区边缘且应确保城市公共消防安全地区的安全，不得设置在城市常年主导风向的上风向、城市水系的上游或其它危及城市公共安全的地区。汽车加油加气站的规划建设应符合《汽车加油加气站设计与施工规范》（GB 50156）、《城市道路交通规划设计规范》（GB 50220）的有关规定，城市规划建成区内不得建设一级加油站、一级天然气加气站、一级液化石油气加气站和一级加油加气合建站（也不得设置流动的加油站、加气站）。城市可燃气体（液体）储配设施及管网系统应统一规划、合理布局，应避免重复建设以减少不安全因素。城市规划建成区内应合理组织和确定易燃易爆危险化学物品的运输线路及高压输气管道走廊，且不得穿越城市中心区、公共建筑密集区或其它的人口密集区。

建筑耐火等级低的危旧建筑密集区及消防安全环境差的其它地区（旧城棚户区、城中村等）应采取开辟防火间距、打通消防通道、改造供水管网、增设消火栓和消防水池、提高建筑耐火等级、改造部分建筑等方式，并以耐火等级高的建筑阻止火灾蔓延以改善消防安全条件，应将消防安全纳入旧城改造规划和实施计划以消除火灾隐患。城市中心区、公共建筑密集区及其它的人口密集区内不得建设二级以下耐火等级的建（构）筑物。历史城区、历史地段、历史文化街区、文物保护单位等应配置相应的消防力量和装备，应改造并完善消防通道、水源和通信等消防设施。城市地下空间及人防工程的建设和综合利用应符合消防安全规定，应建设相应的消防设施及制定安全保障措施，应建立人防与消防的战时通信联系（有条件的消防站可结合大型地下空间及人防工程，建设地下消防车库）。城市防灾避难疏散场地的服务半径宜为 0.5～1.0km。城市道路和面积大于 10000m² 的广场、运动场、公园、绿地等各类公共开敞空间除满足其自身功能需要，还应按城市综合防灾减灾及消防安全要求兼作防火隔离带、避难疏散场地及通道。

（3）城市消防站及消防装备要求 城市消防站可分为陆上消防站、水上（海上）消防站和航空消防站，有条件的城市应形成陆上、水上、空中相结合的消防立体布局和综合扑救体系，陆上消防站分为普通消防站和特勤消防站，普通消防站分为一级普通消防站和二级普通消防站。

陆上消防站的设置应合理。城市规划建成区内应设置一级普通消防站，城市规划建成区内设置一级普通消防站确有困难的区域可设二级普通消防站。消防站不应设在综合性建（构）筑物中，特殊情况下，设在综合性建（构）筑物中的消防站应有独立的功能分区。中等及以上规模的城市、地级及以上城市、经济较发达的县级城市和经济发达且有特勤任务需要的城镇应设置特勤消防站，特勤消防站的特勤任务服务人口不宜超过 50 万人/站。中等及以上规模的城市、地级以上城市的规划建成区内应设置消防设施备用地，其用地面积不宜小于一级普通消防站。大城市、特大城市的消防设施备用地不应少于 2 处，其它城市的消防设施备用地不应少于 1 处。

陆上消防站的布局应合理。城市规划区内普通消防站的规划布局一般应以消防队接到出动指令后正常行车速度下 5min 内可以到达其服务区边缘为原则确定。一级普通消防站的服务区面积不应大于 7km²，特勤消防站通常兼有常规消防任务，其常规任务服务区面积同一级普通消防站。二级普通消防站的服务区面积不应大于 4km²。设在近郊区的普通消防站仍以消防队接到出动指令后 5min 内可以到达其服务区边缘为原则确定服务区面积，其服务区面积不应大于 15km²。有条件的城市也可针对城市的火灾风险通过评估方法合理确定消防站服务区面积。城市消防站服务区的划分应结合地域特点、地形条件、河流、城市道路网结构进行，其不宜跨越河流、城市快速路、城市规划区内的铁路干线和高速公路，应兼顾消防队伍建制、防火管理分区。对于受地形条件限制而被河流、城市快速路、高速公路、铁路干线分隔且年平均风力在 3 级以上或相对湿度在 50% 以下的地区应适当缩小服务区面积。应结合城市总体规划确定消防站用地布局结构、城市或区域的火灾风险评估、城市重点消防地区的分布状况。普通消防站和特勤消防站应采取均衡布局与重点保护相结合的布局结构，对于火灾风险高的区域应加强消防装备的配置。特勤消防站应根据特勤任务服务的主要灭火对象设置在交通方便位置且宜靠近城市服务区中心。

陆上消防站的用地应符合规定。陆上消防站建设用地面积标准为一级普通消防站 3300～

$4800m^2$、二级普通消防站 $2300\sim3400m^2$、特勤消防站 $4900\sim6300m^2$。上述指标应根据消防站建筑面积大小合理确定，面积大者取高限、面积小者取低限。上述指标未包含道路、绿化用地面积，各地在确定消防站建设用地总面积时可按 $0.5\sim0.6$ 的容积率进行测算。消防站建设用地紧张且难以达到标准的特大城市，可结合本地实际集中建设训练场地或训练基地以保障消防员开展正常的业务训练。陆上消防站的选址应遵守以下 4 条规定，即应设在服务区内适中位置和便于车辆迅速出动的主、次干道的临街地段；其主体建筑距医院、学校、幼儿园、影剧院、商场等容纳人员较多的公共建筑的主要疏散出口或人员集散地不宜小于 50m；服务区内有生产、储存易燃易爆危险化学物品单位的消防站应设置在常年主导风向的上风或侧风处，其边界距上述部位一般不应小于 200m；消防站车库门应朝向城市道路且至城市规划道路红线的距离不应小于 15m。水上（海上）消防站的设置和布局应遵守以下 4 条规定，即城市应结合河流、湖泊、海洋沿线有任务需要的水域设置水上（海上）消防站；水上（海上）消防站应设置供消防艇靠泊的岸线，其靠泊岸线应结合城市港口、码头进行布局，岸线长度不应小于消防艇靠泊所需长度且不应小于 100m；水上（海上）消防站应以接到出动指令后正常行船速度下 30min 可以到达其服务水域边缘为原则确定，水上（海上）消防站至其服务水域边缘距离不应大于 $20\sim30km$；水上（海上）消防站应设置相应的陆上基地（用地面积及选址条件同陆上一级普通消防站）。水上（海上）消防站的选址应遵守以下 4 条规定，即水上（海上）消防站宜设置在城市港口、码头等设施的上游处；服务区水域内有危险化学品港口、码头或水域沿岸有生产、储存危险化学品单位的，其水上（海上）消防站应设置在其上游处且其陆上基地边界距上述危险部位一般不应小于 200m；水上（海上）消防站不应设置在河道转弯、旋涡处及电站、大坝附近；水上（海上）消防站趸船和陆上基地之间的距离不应大于 500m 且不应跨越铁路、城市主干道和高速公路。航空消防站的设置应遵守以下 3 条规定，即大城市、特大城市宜设置航空消防站，航空消防站宜结合民用机场布局和建设并应有独立的功能分区；航空消防站应设置陆上基地，其用地面积同陆上一级普通消防站，陆上基地宜独立建设，确有困难情况下可设在机场建筑内但消防站用房应有独立的功能分区；设有航空消防站的城市宜结合城市资源设置飞行员、消防空勤人员训练基地。消防直升机临时起降点的设置应符合相关规定要求，城市的高层建筑密集区和广场、运动场、公园、绿地等防灾避难疏散场地应设置消防直升机临时起降点。临时起降点用地及环境应满足以下 2 条要求，即最小空地面积不应小于 $400m^2$ 且其短边长度不应小于 20m；用地及周边 10m 范围内不应栽种大型树木且上空不应设置架空线路。城市消防指挥中心的设置应合理，按城市总体规划和消防安全体系要求城市应设置消防指挥中心，其应满足城市消防报警、接警、处警、通信及信息管理等功能，并应结合城市综合防灾要求增加城市灾害紧急处理功能。消防训练培训基地的设置应符合规定，中等及以上规模城市、地级以上城市应设置消防训练培训基地并应满足消防技能训练、培训的要求。中等及以上规模城市、地级以上城市应设置消防后勤保障基地且应满足消防汽训、汽修、医疗等后勤保障功能。大中型企事业单位应按相关法律法规建立专职消防队，纳入城市消防统一调度指挥系统。此类专职消防队数量可不计入城市消防站的设置数量。消防装备的配备应符合规定，陆上消防站应根据其服务区内城市规划建设用地的灭火和抢险救援具体要求配置各类消防装备和器材，具体配置应符合《城市消防站建设标准（修订）》（建标〔2006〕42 号）的有关规定。水上（海上）消防站船只类型及数量配置标准为趸船 1 艘、消防艇 $1\sim2$ 艘、指挥艇 1 艘，航空消防站配备的消防飞机数量不应少于 1 架。具体落实城市消防站等设施的规划建设用地并编制城市消防站规划选址图册（1/500 地形图），制定相关措施有效控制其用地性质和规模。

（4）消防通信要求　城市消防通信指挥系统应包括火灾报警、火警受理、火场指挥、消防信息综合管理和训练模拟等子系统，城市消防通信系统规划和建设应符合《消防通信指挥系统设计规范》（GB 50313）的有关规定。城市应设置 119 火灾报警服务台或设置 119、110、112"三台合一"报警服务台。城市 119 报警服务台与各消防站之间应至少设一条火警调度专线（可用于语音调度或数据指令调度），其与公安、交通管理、医疗救护、供水、供电、供气、通信、环保、气象、地震等部门或联动单位之间应至少设一条火警调度专线或数据指令调度通道，其与消防重点保护单位之间应设一条火警调度专线。城市应建立消防调度指挥专用无线通信网，社会公众无线通信网只作为消防无线通信网的补充而不作为主要通信方式。城市应建立消防信息综合管理系统，有条件的城市可建立消防图像监控系统、高空瞭望系统并与道路交通图像监控、城市通信等系统联网以实现资源共享，以便及时预警和实时监控火灾状况。

（5）消防供水要求　　城市消防供水设施包括城市给水系统中的水厂、给水管网、市政消火栓（或消防水鹤）、消防水池，也包括特定区域的消防独立供水设施和自然水体的消防取水点等。消防用水除市政给水管网供给，也可由城市人工水体、天然水源和消防水池等供给，但应确保消防用水的可靠性和数量且应设置道路、消防取水点（码头）等可靠的取水设施。使用再生水作为消防用水时，其水质应满足国家有关城市污水再生利用水质标准。城市消防用水量应根据城市人口规模按同一时间内的火灾次数和一次灭火用水量的乘积确定。当市政给水管网系统为分片（分区）独立的给水管网系统且未联网时，其城市消防用水量应分片（分区）进行核定。同一时间内的火灾次数和一次灭火用水量应符合表 7-34 的规定。城市室外消防用水量应包括居住区、工厂、仓库（含堆场、储罐）和民用建筑的室外消火栓用水量。当工厂、仓库和民用建筑的室外消火栓用水量与表 7-34 值不一致时应取其较大值。城市消防供水管道宜与城市生产、生活给水管道合并使用，但在设计时应保证在生产用水和生活用水高峰时段仍能供应全部消防用水量。高压（或临时高压）消防供水应设置独立的消防供水管道并应与生产、生活给水管道分开。城市消防供水系统管网应布置成环状，若确有困难可设置成枝状管网。存在下列 3 种情况之一时应设置城市消防水池，即无市政消火栓或消防水鹤的城市区域；无消防车道的城市区域；消防供水不足的城市区域或建筑群，包括大面积棚户区或建筑耐火等级低的建筑密集区、历史文化街区、文物保护单位等。消防水池的容量应根据保护对象计算确定，蓄水的最低容量不宜小于 100m³。市政消火栓等消防供水设施的设置数量或密度应根据被保护对象的价值和重要性、潜在生命危险的高低、所需的消防水量、消防车辆的供水能力、城市未来发展趋势等综合确定。市政消火栓应沿街、道路靠近十字路口设置，其间距不应超过 120m，道路宽度超过 60m 时宜在道路两侧设置消火栓，且距路缘石不应超过 2m，距建（构）筑物外墙不宜小于 5m，城市重点消防地区应适当增加消火栓密度。市政消火栓规划建设时应统一规格型号且一般应为地上式室外消火栓，严寒地区可设置地下式室外消火栓或消防水鹤。消防水鹤的设置密度宜为 1 个/km²，消防水鹤间距不应小于 700m。市政消火栓配水管网宜环状布置，配水管口径应根据可能同时使用的消火栓数量确定。市政消火栓的配水管最小公称直径不应小于 150mm，最小供水压力应不低于 0.15MPa。单个消火栓的供水流量不应小于 15L/s，商业区宜在 20L/s 以上。消防水鹤的配水管最小公称直径不应小于 200mm，最小供水压力应不低于 0.15MPa。每个消防站的责任区应至少设置一处城市消防水池或天然水源取水码头以及相应的道路设施，以作为城市自然灾害或战时重要的消防备用水源。

表 7-34　城市消防用水量

人数/万人	≤1.0	≤2.5	≤5.0	≤10.0	≤20.0	≤30.0	≤40.0	≤50.0	≤60.0	≤70.0	≤80.0	≤100.0
同一时间内火灾次数/次	1	1	2	2	2	2	2	3	3	3	3	3
一次灭火用水量/(L/s)	10	15	25	35	45	55	65	75	85	90	95	100

（6）消防车通道要求　　消防车通道应依托于城市道路网络系统，应由城市各级道路、居住区和企事业单位内部道路、建（构）筑物消防车通道以及用于自然或人工水源取水的消防车通道等组成。消防车通道应满足消防车辆安全、快捷通行要求并应遵循"统一规划、快速合理、资源共享"原则。城市各级道路应建设成环状并尽可能减少尽端路的设置，城市居住区和企事业单位内部道路应考虑城市综合防灾救灾和避难疏散需要且应满足消防车通行的要求。

消防车通道的技术指标要求有以下 5 个方面，即街区内供消防车通行的道路中心线间距不宜超过 160m。当建（构）筑物的沿街部分长度超过 150m 或总长度超过 220m 时均应设置穿过建（构）筑物的消防车通道。一般消防车通道的宽度不应小于 3.5m，高层建筑的消防车通道宽度不应小于 4m，其净空高度应不低于 4m，与建筑外墙宜大于 5m。石油化工区的生产工艺装置、储罐区等处的消防车通道宽度不应小于 6m，路面上净空高度应不低于 5m，路面内缘转弯半径不宜小于 12m。消防车通道的坡度不应影响消防车的安全行驶、停靠、作业等工作，举高消防车停留作业场地的坡度不宜大于 3％。消防车通道的回车场地面积不应小于 12m×12m，高层民用建筑消防车回车场地面积不宜小于 15m×15m，供大型消防车使用的回车场地面积不宜小于 18m×18m。消防车通道下的管道和暗沟等应能承受大型消防车辆的荷载，具体荷载指标应满足能承受规划区域内配置的最大型消防车辆的重量要求。消防车通道的规划建设应符合道路、防火设计相关规范、标准的要求。

7.5 城市规划数据要求

城市规划数据应符合国家有关标准的规定。所谓"城市规划制图数据"是指城市总体规划、详细规划及专题规划制图所产生的各图种数据。所谓"城市规划统计分析数据"是指应用城市规划空间基础数据所生成的统计、分析空间数据。所谓"城市规划专题线（区）划数据"是指城市规划专业进行决策分析时特有的线划和区划空间数据。所谓"城市规划环保防灾数据"是指城市规划决策分析所需的环保防灾空间数据。

目前，我国的城市规划数据采用大类、中类、小类、一级和二级 5 个层次的分类体系并采用线型分类法，其按城市规划空间数据的使用性质又分为城市规划基础数据、城市规划用地数据和城市规划专题数据 3 大类（并规定类别扩展时不可增加新的大类和中类，未列出的数据应按其使用性质归入相应小类或以下层次中）。城市规划基础数据的标准可直接引用测绘行业的数据标准。城市规划用地数据应包括居住用地、工业用地、仓储用地、对外交通用地、市政公用设施用地、绿地、特殊用地、道路交通用地、公共设施用地和其它用地 10 个中类。城市规划用地数据的中类、小类和一级分别按国家现行标准《城市用地分类与规划建设用地标准》（GBJ 137）中的大类、中类和小类规定执行。

城市规划专题数据应包括城市规划制图数据、城市规划统计分析数据和城市规划专题线（区）划数据、城市规划环保防灾数据 4 个中类并应遵守以下 4 条规定，即城市规划制图数据宜包括城镇体系规划图、总体规划图、详细规划图、专题规划图 4 个小类；城市规划统计分析数据宜包括城市规划统计数据和城市规划分析数据 2 个小类；城市规划专题线（区）划数据宜包括城市规划专题线划数据和城市规划专题区划数据 2 个小类；城市规划环保防灾数据宜包括城市规划环保数据和城市规划防灾数据 2 个小类。

（1）城市规划用地与专题数据分类 城市规划用地数据分类宜符合表 7-35 的规定（表中的数据均属于城市规划用地数据大类、代码 T000000）。城市规划专题数据中与城市规划用地数据有关的内容的要求应按表 7-35 的规定执行。城市规划专题数据分类宜符合表 7-36 的规定（表中的数据均属于城市规划专题数据大类、代码 E000000）。

（2）城市规划数据代码要求 城市规划所有数据的代码不得出现重码。在对未列出的城市规划数据代码编码时，应根据所属分类的层次按规定进行编码。我国城市规划所有数据的代码均采用字母与数字混排 7 位代码方式对城市规划数据进行编码，其中，首位和第二位为字母（表示数据的大类、中类）；第三位为数字（表示数据的小类）；第四、五为数字（表示一级数据）；第六、七位为数字（表示二级数据）。城市规划用地数据代码应包括居住用地、工业用地、仓储用地、对外交通用地、市政公用设施用地、绿地、特殊用地、道路交通用地、公共设施用地和其它用地 10 个中类代码。城市规划专题数据代码应包括城市规划制图数据、城市规划统计分析数据和城市规划专题线（区）划数据、城市规划环保防灾数据 4 个中类代码并应符合以下 4 条规定，即城

表 7-35　城市规划用地数据分类及数据代码

中类	小类	一 级	二 级
居住用地 TR00000	一类居住用地 TR10000	住宅用地 TR10100	别墅 TR10101；公寓 TR10102；普通住宅 TR10103
		公共服务设施用地 TR10200	幼儿园 TR10201；小学 TR10202；中学 TR10203；社区服务设施 TR10204
		居住区道路 TR10300	
		居住区绿地 TR10400	居住区游乐园 TR10401；宅旁绿地 TR10402；居住区花园 TR10403
	二类居住用地数据 TR20000	住宅用地 TR20100	公寓 TR20101；别墅 TR20102；普通住宅 TR20103
		公共服务设施用地 TR20200	幼儿园 TR20201；小学 TR20202；中学 TR20203；社区服务设施 TR20204
		居住区道路 TR20300	
		居住区绿地 TR20400	
	三类居住用地 TR30000	住宅用地 TR30100	公寓 TR30101；普通住宅 TR30102
		公共服务设施用地 TR30200	幼儿园 TR30201；小学 TR30202；中学 TR30203；社区服务设施 TR30204
		居住区道路 TR30300	
		居住区绿地 TR30400	居住区游乐园 TR30401；宅旁绿地 TR30402；居住区花园 TR30403
	四类居住用地 TR40000	住宅用地 TR40100	普通住宅 TR40101
		公共服务设施用地 TR40200	幼儿园 TR40201；小学 TR40202；中学 TR40203；社区服务设施 TR40204。
		居住区道路 TR40300	
		居住区绿地 TR40400	宅旁绿地 TR40401；居住区花园 TR40402
道路广场用地 TS00000	道路用地 TS10000	主干道 TS10100	快速干路 TS10101；主干路 TS10102
		次干路 TS10200	
		支路 TS10300	
		其它道路 TS10400	步行街 TS10401；轻轨 TS10402；人行天桥 TS10403；人行地下通道 TS10404；换乘中心 TS10405；地铁站 TS10406
	广场用地 TS20000	交通广场 TS20100	游憩广场 TS20101；纪念广场 TS20102；集会广场 TS20103；广场绿地 TS20104
	社会停车场 TS30000	机动车停车场库 TS30100	机动车停车场 TS30101；机动车停车库 TS30102；机动车停车场绿地 TS30103
		非机动车停车场库 TS30200	
	其它道路广场 TS40000		
对外交通 TT00000	铁路用地 TT10000	铁路站场 TT10100 铁路线路 TT10200 铁路桥 TT10300	
	公路用地 TT20000	高速公路 TT20100	高速公路 TT20101；高速公路出入口 TT20102
		公路用地 TT20200	一级公路 TT20201；二级公路 TT20202；三级公路 TT20203；公路桥 TT20204
		长途客运站用地 TT20300	

续表

中类	小类	一 级	二 级
对外交通 TT00000	管道运输 TT30000	煤炭运输地面管道 TT30100 运输石油地面管道 TT30200 天然气地面管道 TT30300	
	港口用地 TT40000	海港 TT40100	渔业码头 TT40101;工业码头 TT40102;辅助生产区 TT40103;客运站 TT40104;货运站 TT40105
		河港 TT40200	渔业码头 TT40201;工业码头 TT40202;辅助生产区 TT40203;客运站 TT40204;货运站 TT40205
	机场用地 TT50000		
工业用地 TM00000	一类工业 TM10000 二类工业 TM20000 三类工业 TM30000		
仓储用地 TW00000	普通物品仓储 TW10000 危险品仓储 TW20000		
	堆场 TW30000		
市政公用设施 TU00000	供应设施 TU10000	供水 TU10100	水厂 TU10101;泵房 TU10102;调压站 TU10103;高位水池 TU10104;水源 TU10105
		供电 TU10200	变电站所 TU10201
		供热 TU10300	大型锅炉房 TU10301;调压站 TU10302;调温站 TU10303;地面输热管廊 TU10304;供热热水管 TU10305
		燃气 TU10400	储气站 TU10401;调压站 TU10402;罐装站 TU10403;地面输气管廊 TU10404;燃气低压管 TU10405;燃气中压管 TU10406
	设施用地 TU20000	公共交通 TU20100	公共汽车停车场 TU20101;出租汽车停车场 TU20102;有轨电车停车场 TU20103;无轨电车停车场 TU20104;公共汽车保养场 TU20105;轻轨保养场 TU20106;地下铁道保养场 TU20107;公共汽车车辆段 TU20108;有轨电车车辆段 TU20109;无轨电车车辆段 TU20110;轻轨车辆段 TU20111;地下铁道车辆段 TU20112;公交汽车站 TU20113
		货运交通 TU20200	
		其它交通设施 TU20900	交通队 TU20901;教练场 TU20902;加油站 TU20903;汽车维修站 TU20904
	邮电设施 TU30000	电信总局 TU30100 市话局 TU30200 市话汇接局 TU30300 邮件转运站 TU30400 电信主干管道 TU30500 模块局 TU30600	
	环卫设施 TU40000	雨水、污水处理 TU40100	雨水排渍站 TU40101;污水排渍站 TU40102;雨水泵站 TU40103;污水泵站 TU40104;雨水处理厂 TU40105;污水处理厂 TU40106;隧洞暗渠 TU40107;溢流井 TU40108
		粪便垃圾处理 TU40200	粪便收集站 TU40201;粪便转运站 TU40202;粪便堆放处 TU40203;粪便处理设施 TU40204;垃圾收集站 TU40205;垃圾转运站 TU40206

续表

中类	小类	一 级	二 级
市政公用设施 TU00000	施工与维修设施 TU50000	房屋建筑施工 TU50100	
		设备安装施工 TU50200	
		市政工程施工 TU50300	
		绿化施工 TU50400	
		地下构筑物施工 TU50500	
		房屋建筑养护维修设施 TU50600	
		设备安装养护维修设施 TU50700	
		市政工程养护维修设施 TU50800	
		绿化养护维修设施 TU50900	
		构筑物养护维修设施 TU51000	
	殡葬设施 TU60000	殡仪馆 TU60100	
		火葬场 TU60200	
		墓地 TU60300	
	其它市政工程公用设施 TU90000	消防站 TU90100	
		防洪堤坝 TU90200	
		泄洪渠 TU90300	
		疏散场地 TU90400	
		救护疏散通道 TU90500	
		车辆清洗站 TU90600	
		环卫停车场 TU90700	
		环卫管理站 TU90800	
公共设施 TC00000	行政办公 TC10000	市属办公 TC10100	人大 TC10101；政协 TC10102；人民政府 TC10103；法院 TC10104；检察院 TC10105；公安局 TC10106；公安分局 TC10107；各党派机构办公 TC10108；团体办公用地 TC10109；企事业单位管理机构办公 TC10110
		非市属办公 TC10200	
	商业金融 TC20000	商业 TC20100	综合百货商店 TC20101；商场 TC20102；食品零售批发商店 TC20103；服装零售批发商店 TC20104；纺织品零售批发商店 TC20105；医药零售批发商店 TC20106；日用杂货零售批发商店 TC20107；五金交电零售批发商店 TC20108；文化体育零售批发商店 TC20109；工艺美术零售批发商店 TC20110；超级市场 TC20111；专卖店 TC20112
		金融保险业 TC20200	银行 TC20201；银行分理处 TC20202；信用社 TC20203；信托投资公司 TC20204；证券交易所 TC20205；保险公司 TC20206
		贸易咨询 TC20300	贸易公司 TC20301；商社 TC20302；咨询公司 TC20303
		服务业 TC20400	饮食 TC20401；照相 TC20402；理发 TC20403；电话亭 TC20404；书报亭 TC20405
		旅游业 TC20500	旅馆 TC20501；招待所 TC20502；度假村 TC20503；度假村附属设施 TC20504

中类	小类	一级	二级
公共设施 TC00000	商业金融 TC20000	市场 TC20600	农贸市场 TC20601；小商品市场 TC20602；工业品市场 TC20603；综合市场 TC20604
	文化娱乐 TC30000	新闻出版 TC30100	通讯社 TC30101；报社 TC30102；出版社 TC30103
		文艺团体 TC30200	
		广播电视 TC30300	广播电台 TC30301；电视台 TC30302；转播台 TC30303；插转台 TC30304；发射塔 TC30305
		图书展览 TC30400	公共图书馆 TC30401；博物馆 TC30402；科技馆 TC30403；展览馆 TC30404；纪念馆 TC30405
		影剧院 TC30500	电影院 TC30501；剧场 TC30502；音乐厅 TC30503；杂技场 TC30504
		游乐场所 TC30600	游乐场 TC30601；舞厅 TC30602；俱乐部 TC30603；文化宫 TC30604；青少年宫 TC30605；老年活动中心 TC30606
	体育用地 TC40000	体育场 TC40100	游泳场馆 TC40101；球场 TC40102；溜冰场 TC40103；赛马场 TC40104；跳伞场 TC40105
		体育训练 TC40200	
	医疗卫生 TC50000	医院 TC50100	综合医院 TC50101；妇幼保健院 TC50102；儿童医院 TC50103；精神病院 TC50104；肿瘤医院 TC50105；传染病医院 TC50106
		卫生防疫 TC50200	卫生防疫站 TC50201；专科防治所 TC50202；检验中心 TC50203；急救中心 TC50204；血库 TC50205
		休疗养 TC50300	休养所 TC50301；疗养院 TC50302
	教育科研设计 TC60000	高等学校 TC60100	大学 TC60101；学院 TC60102；专科学校 TC60103；研究生院 TC60104；军事院校 TC60105
		中等专业学校 TC60200	中等专业学校 TC60201；技工学校 TC60202；职业学校 TC60203
		成人与业余学校 TC60300	电视大学 TC60301；夜大 TC60302；教育学院 TC60303；党校 TC60304；干校 TC60305；业余学校 TC60306；培训中心 TC60307
		特殊学校 TC60400	聋哑学校 TC60401；盲人学校 TC60402；工读学校 TC60403
		科研设计 TC60500	科学研究机构 TC60501；勘测设计机构 TC60502；观察测试机构 TC60503；科技数据机构 TC60504；科技咨询机构 TC60505
	文物古迹 TC70000	古遗址 TC70100 古墓葬 TC70200 革命遗址 TC70300 革命纪念性建筑 TC70400 碑刻 TC70500 古塔 TC70600 古建筑群 TC70700 历史街区 TC70800	
	其它公共设施 TC90000	宗教活动场所 TC90100 庙宇 TC90200 教堂 TC90300 清真寺 TC90400 社会福利院 TC90500	

续表

中类	小类	一级	二级
特殊设施 TD00000	军事设施 TD10000	军事指挥机关 TD10100 军事营区 TD10200 军事训练场 TD10300 军用机场 TD10400 军用港口 TD10500 军用码头 TD10600	
	外事设施 TD20000	外国驻华使馆 TD20100 外国驻华商务处 TD20200 使馆、商务处生活设施 TD20300	
	保安设施 TD30000	监狱 TD30100 拘留所 TD30200 劳改场所 TD30300 安全保卫部门 TD30400	
绿地 TG00000	公共绿地 TG10000	公园 TG10100	综合性公园 TG10101；纪念性公园 TG10102；儿童公园 TG10103；动物园 TG10104；植物园 TG10105；森林公园 TG10106
		街头绿地 TG10200	沿道路绿地 TG10201；河湖岸绿地 TG10202；海岸绿地 TG10203
	生产防护绿地 TG20000	园林生产绿地 TG20100	苗木圃地 TG20101；草皮圃地 TG20102；花卉圃地 TG20103
		防护绿地 TG20200	防护林带 TG20201；生态绿地 TG20202
其它用地 TE00000	水体 TE10000		
	弃置土地 TE70000	裸岩地 TE70100 砾岩地 TE70200 陡坡地 TE70300 塌陷地 TE70400	

表7-36 城市规划专题数据分类及数据代码

中类	小类	一级	二级
城市规划制图 EM00000	城镇体系规划图 EM10000	城镇现状建设和发展条件综合评价图 EM10100 城镇体系规划图 EM10200 区域社会及工程基础配置图 EM10300 重点地区城镇发展规划示意图 EM10400	
	总体规划图 EM20000	市域城镇分布图 EM20100 城市总体规划图 EM20200 居住用地规划图 EM20300 公共设施用地规划图 EM20400 道路交通规划图 EM20500 绿地系统规划图 EM20600 环境保护规划图 EM20700 给排水工程规划图 EM20800 电信工程规划图 EM20900 供电工程规划图 EM21000 燃气工程规划图 EM21100 供热工程规划图 EM21200 防灾规划图 EM21300 郊区规划图 EM21400 近期建设规划图 EM21500 远景发展构想图 EM21600	

中类	小类	一 级	二 级
城市规划制图 EM00000	详细规划图 EM30000	规划位置图 EM30100 规划总平面图 EM30200 道路交通规划图 EM30300 竖向规划图 EM30400 绿地规划图 EM30500 工程管网规划图 EM30600	
	城市专题规划 EM40000	历史文化名城保护规划 EM40100	文物古迹、风景名胜分布图 EM40101
			保护规划总图 EM40102
			重点保护区域保护界线图 EM40103
			重点保护、整治区规划方案图 EM40104
		城市道路交通规划 EM40200	城市道路交通现状图 EM40201
			城市道路标高图 EM40202
			城市道路交通规划图 EM40203
			城市道路交通近期规划图 EM40204
		城市环境保护规划 EM40300	环境污染现状图 EM40301
			环境质量分析评价图 EM40302
			环境保护规划图 EM40303
		园林绿地规划 EM40400	城市园林绿地现状图 EM40401
			城市园林绿地系统规划图 EM40402
			城市园林绿地近期规划图 EM40403
			城市园林绿地规划分期实施图 EM40404
城市规划统计分析数据 ES00000	用地统计分析数据 ES10000	建筑密度 ES10100 容积率 ES10200 人均绿地面积 ES10300 绿化覆盖率 ES10400	
	用地评价 ES20000	一类建设用地 ES20100 二类建设用地 ES20200 三类建设用地 ES20300	
	城市职能分工、规模等级 ES30000	城市职能分工数据 ES30100	行政职能 ES30101 地方服务职能 ES30102 交通中心 ES30103 科技文化中心 ES30104 农副产品加工职能 ES30105 建材生产职能 ES30106 其它职能 ES30107
		城市规模等级数据 ES30200	大型城市 ES30201 中型城市 ES30202 小型城市 ES30203
	其它统计分析数据 ES90000	人口密度 ES90100 路网密度 ES90200	

续表

中类	小类	一　级	二　级
城市规划专题线（区）划数据 EF00000	城市规划专题线划 EF10000	城市发展轴 EF10100 视线走廊 EF10200 绿线 EF10300 黄线 EF10400 紫线 EF10500 蓝线 EF10600 黑线 EF10700 道路红线 EF10800 建筑红线 EF10900 生活旅游岸线 EF11000 旅游度假岸线 EF11100 岛屿岸线 EF11200 工业岸线 EF11300	
	城市规划专题区划 EF20000	规划区 EF20100 建成区 EF20200 城镇密集区 EF20300 禁建区 EF20400 限建区 EF20500 适建区 EF20600 已建区 EF20700	
环保防灾 EP00000	环保数据 EP10000	大气 EP10100	一级大气保护区 EP10101 二级大气保护区 EP10102 三级大气保护区 EP10103 四级大气保护区 EP10104
		噪声 EP10200	道路交通噪声控制带 EP10201 机场噪声控制带 EP10202
		水体 EP10300	地表水一类保护水体 EP10301 地表水二类保护水体 EP10302 地表水三类保护水体 EP10303
		粉尘 EP10400	
	防灾数据 EP20000	防洪 EP20100 防震 EP20200 消防 EP20300 人防 EP20400 防风 EP20500	

市规划制图数据代码宜包括总体规划图、详细规划图、专题规划图 3 个小类代码；城市规划统计分析数据代码宜包括城市规划统计数据和分析数据 2 个小类代码；城市规划专题线（区）划数据代码宜包括城市规划专题划数据和城市规划专题区划数据 2 个小类代码；城市规划环保防灾数据代码宜包括城市规划环保数据和城市规划防灾数据 2 个小类代码。城市规划用地数据代码应符合表 7-35 的规定。城市规划专题数据代码应符合表 7-36 的规定。

（3）城市规划数据图式要求　城市规划数据图式是城市规划编制和管理中技术性图纸统一使用的图形符号，城市规划数据与其图式必须一一对应。城市规划数据图式宜包括下列 3 种基本类型，即单色图式（色调单一的面状、线状图形符号）、纹理图式（单色符号颜色为背景，添加规则纹理构成的图形符号）、标注图式（运用规则的点、线、其它符号、地物形象或文字排列组合成的图形符号）。城市规划数据图式各中类间颜色必须可明确区分。图式颜色表达应采用红绿蓝三原色即（R，G，B）表示，其中 R 表示红色颜色值，G 表示绿色颜色值，B 表示蓝色颜色值，R、G、B 的值域宜为 0～255。未列出的城市规划数据图式宜以"首先引用已有国家或行业标准规定的图式，其次采用行业习惯使用图式，最后采用用户自定义图式的次序"为原则编制图式并应在城市规划数据报告中附加说明，采用未列出的图式编号时应采用大于 15000 的编号。

　　城市规划数据大类可没有图式。城市规划数据中类的面状要素图式宜以面状单色图式表示（见图 7-1）；线状要素图式宜以线状单色图式表示（见图 7-2）。城市规划数据小类图式宜采用单色图式，部分可采用纹理图式（见图 7-3），小类单色图式的颜色应与所属的中类颜色为同一色系，以纹理表示的小类图式的背景颜色应为所属中类的图式颜色。城市规划数据小类以下图式可采用纹理图式、标注图式（见图 7-4），小类以下层次的图式的背景应为小类图式。城市规划用地数据图式绘制应符合表 7-37 的规定。城市规划专题数据图式绘制应符合表 7-38 的规定。

图 7-1　面状单色图式示例　　　　图 7-2　线状单色图式示例

　　(a)　　　　　　(b)　　　　　　　(a)　　　　(b)

图 7-3　纹理图式示例　　　　图 7-4　标注图式示例

表 7-37　城市规划用地数据图式绘制要求

编号	符号名称	符号绘制简要说明
11000	居住用地	居住用地是在城市中包括住宅及小区以下级的公共服务设施、道路和绿地等建设用地。颜色(255,255,0)表示
11001	一类居住用地	市政设施齐全，布局完整，环境良好，以低层住宅为主的居住用地颜色(255,255,127)
11002	住宅用地	背景颜色同一类居住用地，点颜色为(0,0,0)
11003	普通住宅	背景颜色及点颜色间距同住宅用地，字为宋体红色(255,0,0)，字背景颜色为(255,255,255)。中间画圆、内置"宅"字、白底红色字
11004	公寓	说明同 11003。中间画圆、内置"寓"字、白底红色字
11005	别墅	说明同 11003。中间画圆、内置"墅"字、白底红色字
11006	公共设施服务用地	背景颜色为(255,255,127)，点颜色为(255,63,0)，点间距同住宅用地
11007	幼儿园	背景颜色、点颜色间距同公共设施服务用地，字为宋体红色(255,0,0)，字背景颜色为(255,255,255)。中间画圆、内置"幼"字、白底红色字
11008	小学	说明同 11007。中间画圆、内置"小"字、白底红色字
11009	中学	说明同 11008。中间画圆、内置"中"字、白底红色字
11010	道路用地	道路两侧边线颜色为(0,0,0)中间填充色为(255,255,127)，依比例尺显示宽度。双黑色线表示
11011	绿地	背景颜色为(255,255,127)，点颜色为(0,255,0)，点间距同住宅用地
11012	居住区游乐园	背景颜色、点颜色及间距同绿地，字为宋体，字颜色为绿色(0,255,0)，字背景颜色为(255,255,255)。中间画圆、内置"游"字、白底绿色字
11013	宅旁绿地	说明同说明同上。中间画圆、内置"宅"字、白底绿色字
11014	二类居住用地	市政设施齐全，布局完整，环境较好，以多、中、高层住宅为主的居住用地颜色(255,191,127)
11015	住宅用地	背景颜色为(255,191,127)，点颜色为(0,0,0)

续表

编号	符号名称	符号绘制简要说明
11016	公寓	背景颜色、点颜色及点间距同住宅用地,字为宋体,字颜色为(255,0,0),字背景颜色为(255,0,0)。中间画圆、内置"寓"字、白底红色字
11017	别墅	说明同 11016。中间画圆、内置"墅"字、白底红色字
11018	普通住宅	说明同 11016。中间画圆、内置"宅"字、白底红色字
11019	公共服务设施用地	背景颜色为(255,191,127),点颜色为(255,0,0),点间距同住宅用地
11020	幼儿园	背景颜色、点颜色及点间距同 6.1.2.2,字为宋体,字颜色为(255,0,0),字背景颜色为(255,255,255)。中间画圆、内置"幼"字、白底红色字
11021	小学	说明同 11020。中间画圆、内置"小"字、白底红色字
11022	中学	说明同 11020。中间画圆、内置"中"字、白底红色字
11023	道路用地	道路两侧边线颜色为黑色,中间填充色为(255,191,127),依比例尺显示宽度。双粗黑线表示
11024	绿地	背景颜色为(255,191,127),点颜色为(0,255,0)
11025	居住区游乐园	背景颜色、点颜色及点间距同绿地,字为宋体,字颜色为(0,255,0),字背景颜色为(255,255,255)。中间画圆、内置"游"字、白底绿色字
11026	宅旁绿地	说明同 11025。中间画圆、内置"宅"字、白底绿色字
11027	三类居住用地	市政公用设施比较齐全,布局不完整、环境一般,或住宅与工业等用地有混合交叉的居住用地,颜色为(255,191,0)
11028	住宅用地	背景颜色为(255,191,0),点颜色为(0,0,0)
11029	公共服务设施用地	背景颜色为(255,191,0),点颜色为(255,0,0)
11030	幼儿园	背景颜色、点颜色及点间距同公共设施服务用地,字为宋体,字颜色为(255,0,0),字背景颜色为(255,255,255)。中间画圆、内置"幼"字、白底红色字
11031	小学	说明同 132001。中间画圆、内置"小"字、白底红色字
11032	道路用地	道路两侧边线颜色为黑色,中间填充色为(255,191,0),依比例尺显示宽度。双粗黑线表示
11033	绿地	背景颜色为(255,191,0),点颜色为(0,255,0)
11034	居住区游乐园	背景颜色、点颜色及点间距同绿地,字为宋体,字颜色为(0,255,0),字背景颜色为(255,255,255)。中间画圆、内置"游"字、白底绿色字
11035	宅旁绿地	说明同 13401。中间画圆、内置"宅"字、白底绿色字
11036	四类居住用地	以简陋住宅为主的用地,颜色为(255,191,127)
11037	住宅用地	背景颜色为(255,191,127),点颜色为(0,0,0)
11038	公共服务设施用地	景颜色为(255,191,127),点颜色为(255,0,0)
11039	道路用地	道路两侧边线颜色为(0,0,0)中间填充色为(255,191,127),依比例尺显示宽度。双粗黑线表示
11040	绿地	背景颜色为(255,191,127),点颜色为(0,255,0)
11041	公共设施用地	居住区及居住区级以上的行政、经济、文化、教育卫生、体育及科研设计等机构和设施的用地,颜色为(255,0,0)
11042	行政办公用地	颜色为(255,0,127)
11043	市属办公用地	点的颜色为(255,255,255),点间距为 3mm,背景颜色为(255,0,127)
11044	人大	图标背景颜色为(255,255,0),图标颜色为(255,0,127),其它同上。中间画圆、内置红色实心五角星、黄底
11045	政协	图标背景颜色为(0,255,0),其它同上。中间画圆、内置红色实心五角星、绿底
11046	人民政府	图标背景颜色为(255,255,255),其它同上。中间画圆、内置红色实心五角星、白底
11047	非市属办公用地	点颜色为(0,255,255),背景颜色为(255,0,127),点间距为 3mm

编号	符号名称	符号绘制简要说明
11048	商业金融用地	颜色为(255,127,159)
11049	商业用地	背景颜色为(255,127,159),点颜色为(255,255,255),点间距为3mm
11050	超级市场	颜色说明同11049。中间画圆、内置"超"字、白底红字
11051	专卖店	说明同11050。中间画圆、内置"专"字、白底红字
11052	金融保险业用地	背景颜色为(255,127,159),点颜色为(0,0,255),点间距为3mm
11053	银行	图标背景颜色为(0,255,0),字为宋体,颜色为(255,127,159)。中间画圆、内置"银"字、绿底红字
11054	贸易咨询用地	背景颜色为(255,127,159),点颜色为(0,255,255),点间距为3mm
11055	贸易公司	图标背景颜色为(255,255,255),字为宋体,颜色为(255,127,159)。中间画圆、内置"贸"字、白底红字
11056	服务业用地	背景颜色为(255,127,159),点颜色为(255,255,0),点间距为3mm
11057	旅游业用地	背景颜色为(255,127,159),点颜色为(0,255,0),点间距为3mm
11058	旅馆	图标背景颜色为(255,255,255),字为宋体,颜色为(255,127,159)。中间画圆、内置"旅"字、白底红字
11059	市场用地	背景颜色为(255,127,159),点颜色为(255,191,127),点间距为3mm
11060	文化娱乐用地	颜色为(255,127,127)
11061	新闻出版用地	竖线颜色为(255,255,255),线间距为3mm,背景颜色为(255,127,127)
11062	通信社	图标颜色为(255,255,255),字为宋体,颜色为(255,127,127)。中间画圆、内置"通"字、白底红字
11063	文化艺术团体用地	竖线颜色为(255,255,0),线间距为3mm,背景颜色为(255,127,127)
11064	广播电视用地	竖线颜色为(0,0,255),线间距为3mm,背景颜色为(255,127,127)
11065	广播电台	图标颜色为(255,255,255),字为宋体,字及背景颜色为(255,127,127)。中间画圆、内置"广"字、白底红字
11066	图书展览用地	竖线颜色为(0,255,255),线间距为3mm,背景颜色为(255,127,127)
11067	展览馆	字为宋体,其它同11066。中间画圆、内置"展"字、白底红字
11068	纪念馆	说明同11067。中间画圆、内置"纪"字、白底红字
11069	影剧院用地	竖线颜色为(255,191,0),线间距为3mm,背景颜色为(255,127,127)
11070	电影院	图标颜色为(255,255,255),字为宋体,颜色为(255,127,127)。中间画圆、内置"影"字、白底红字
11071	游乐用地	竖线颜色为(1,255,191),线间距为3mm,背景颜色为(255,127,127)
11072	体育用地	背景表示颜色为(153,38,0),图标背景颜色为(255,255,255),图标颜色为(0,255,0)。中间画圆、内置绿色实心体育场跑道轮廓、白底
11073	体育训练用地	点颜色为(0,0,0),其它同上。中间画圆、内置绿色实心体育场跑道轮廓、白底
11074	医疗卫生用地	颜色为(153,0,76)
11075	医院用地	图标颜色为(255,0,0),图标背景颜色为(255,255,255),背景颜色为(153,0,76)。中间画圆、内置红色实心粗红十字线、白底
11076	急救中心	图标颜色为(255,0,0),图标背景颜色为(255,255,255),背景颜色为(153,0,76)。中间画圆、内置红色空心粗红十字线、白底
11077	休疗养用地	图标点与背景颜色均为(153,0,76),图标背景颜色为(255,255,255)。中间画圆、内置密排红色圆点、白底
11078	休养所	图标点与背景颜色均为(153,0,76),图标背景颜色为(132,132,132)。中间画圆、内置密排红色圆点、灰底
11079	疗养院	图标点与背景颜色均为(153,0,76),图标背景颜色为(91,91,91)。中间画圆、内置密排红色圆点、深灰底

续表

编号	符号名称	符号绘制简要说明
11080	教育科研设计用地	颜色为(153,76,95)
11081	高等学校用地	线颜色为(255,255,0),线间距为3mm,背景颜色为(153,76,95)
11082	大学	图标背景颜色为(255,255,255),字为宋体,颜色为(153,76,95)。中间画圆、内置"大"字、白底红字
11083	中等专业学校用地	线条颜色为(255,127,0),线间距为3mm,背景颜色为(153,76,95)
11084	中等专业学校	图标背景颜色为(255,255,255),字为宋体,颜色为(153,76,95)。中间画圆、内置"中"字、白底红字
11085	技工学校	图标背景颜色为(255,255,255),字为宋体,颜色为(153,76,95)。中间画圆、内置"技"字、白底红字
11086	成人与业余学校	线颜色为(0,0,255)线间距为3mm,背景颜色为(153,76,95)
11087	电视大学	图标背景颜色为(255,255,255),字为宋体,颜色为(153,76,95),其它同26300。中间画圆、内置"电"字、白底红字
11088	党校	图标背景颜色为(255,255,255),字为宋体,颜色为(153,76,95),其它同26300。中间画圆、内置"党"字、白底红字
11089	特殊学校	线颜色为(0,255,0),线间距为3mm,背景颜色为(153,76,95)
11090	工读学校	线颜色为(0,255,0),线间距为3mm,背景颜色为(153,76,95),字颜色为(255,0,0)。中间画圆、内置"工"字、白底红字
11091	科研设计用地	线颜色为(191,255,127),线间距为3mm,背景颜色为(153,76,95)
11092	科学研究机构	图标背景颜色为(255,255,255),字为宋体,颜色为(153,76,95)。中间画圆、内置"研"字、白底红字
11093	文物古迹用地	图标及背景颜色为(153,0,38),图标背景颜色为(255,255,255)。中间画圆、内绘红色城堞符号、白底
11094	古遗址	符号颜色为(153,0,38)。中间画圆、内绘3个连体尖顶亭子符号、白底
11095	古墓葬	符号颜色为(153,0,38)。半圆丘、中置窄的竖向矩形(白色线条绘制)
11096	革命遗址	图标背景颜色为(153,0,38),图标为(255,0,0)色边,填充色为(255,255,255)。中间画圆、内绘白色实心五角星、绛紫色底白星
11097	革命历史性建筑	背景颜色为(153,0,38),图标背景颜色为(255,255,255),图标颜色为(255,0,0)。中间画圆、内绘红色空心五角星、白底
11098	其它公共设施用地	颜色为(127,0,0)
11099	宗教活动场所	字及背景颜色为(127,0,0),字背景颜色为(255,255,255),字为宋体。中间画正菱形、内置"宗"字、白底红字
11100	庙宇	字及背景颜色为(127,0,0),字背景颜色为(255,255,255),字为宋体。中间画正菱形、内置"庙"字、白底红字
11101	工业用地	工业用地是工矿企业的生产车间、库房及其附属设施等用地,包括专用的铁路、码头和道路用地。颜色(153,95,76)
11102	一类工业用地	对居住和公共设施等基本无干扰和污染的工业用地,颜色(127,79,63)
11103	二类工业用地	对居住和公共设施等有一定干扰和污染的工业用地,颜色(153,114,76)
11104	三类工业用地	对居住和公共设施等有严重干扰和污染的工业用地,颜色(128,95,63)
11105	仓储用地	仓储用地是仓储企业的库房、堆场和包装加工车间及附属设施等用地,颜色为(255,0,255)
11106	普通仓库用地	以库房建筑为主的一般货物的普通仓库用地,颜色为(255,127,255)
11107	危险品仓库用地	存放易燃、易爆和剧毒等危险品的专用仓库,颜色为(255,0,191)
11108	堆场用地	露天堆放货物为主的仓库用地,颜色为(255,127,222)
11109	对外交通用地	对外交通用地是铁路、公路、管道运输、港口机场等城市对外及其附属设备等用地,颜色(91,91,91)

编号	符号名称	符号绘制简要说明
11110	铁路用地	黑(0,0,0)、白(255,255,255)线条表示铁路部分长度为5mm,宽度按比例尺表示;表示站场部分线条宽度为4mm
11111	铁路线路	黑(0,0,0)、白(255,255,255)线条长度均为5mm,两侧线条为黑色(0,0,0)实线
11112	公路用地	高速公路和一、二、三级公路线路及长途客运站,两侧线条为黑色(0,0,0)实线,中间填充色为(102,102,102),宽度按比例尺显示
11113	高速公路用地	两侧线条为黑色(0,0,0)实线,中间填充色为(255,0,0),宽度按比例尺显示
11114	高速公路	两侧线条为黑色(0,0,0)实线,中间填充色为(255,0,0),宽度按比例尺显示
11115	高速公路出入口	边线为黑色(0,0,0)实线,中间填充色为红色(255,0,0),箭头指向高速公路出入方向
11116	公路用地	两侧线条为黑色(0,0,0)实线,中间填充色为(91,91,91),宽度按比例尺显示
11117	长途客运站用地	背景颜色为(91,91,91),图标颜色为(0,255,0),图标背景颜色为(255,255,255)。中间画圆形绿色粗线驾驶方向盘、白底
11118	管道运输用地	线条颜色为(51,51,51),管线宽按比例尺显示
11119	港口用地	上部背景颜色为(0,0,255),图标颜色为(0,0,0),宽度为3mm;下部颜色为(91,91,91)。上部中间绘一个黑色粗体的"T"字
11120	海港用地	上部背景颜色为(127,127,255),图标颜色为(0,0,0),宽度为3mm;下部颜色为(173,173,173)。上部中间绘一个黑色粗体的"T"字
11121	渔业码头	字颜色为(127,127,255),字背景颜色为(255,255,255),其它说明同11120。上部中间绘一个黑色粗体的"T"字,下部中间画圆、内置"渔"字、白底紫色字
11122	河港用地	上部背景颜色为(127,255,255),图标颜色为(0,0,0),宽度为3mm;下部颜色为(173,173,173)。上部中间绘一个黑色粗体的"T"字
11123	渔业码头	上部背景颜色为(127,255,255),图标颜色为(0,0,0),宽度为3mm;下部颜色为(173,173,173),字颜色为(173,173,173)上部中间绘一个黑色粗体的"T"字,下部中间画圆、内置"渔"字、白底浅蓝色字
11124	机场用地	民用及军民合用机场用地。颜色为(173,173,173)
11125	道路广场用地	道路广场用地是市级、区级合居住区级的道路、广场合停车场等用地,背景颜色(173,173,173),道路颜色(255,255,255)
11126	道路用地	道路边线为黑色(0,0,0)实线,两边线之间填充色为(255,255,255),宽度按比例尺表示
11127	主干路用地	道路边线为黑色(0,0,0)实线,两边线之间填充色为(255,255,255),宽度按比例尺表示
11128	快速干路	道路边线为黑色(0,0,0)实线,两边线之间填充色为(255,255,255),宽度按比例尺表示
11129	其它道路用地	边线为黑色(0,0,0)实线,两边线之间填充色为(255,255,255),宽度按比例尺表示
11130	步行街	字及圆的颜色为(255,0,0),字背景色为(255,255,255),其它同61400。道路符合双线之间画红色圆、内置红色"步"字、白底红色字
11131	轻轨	字及圆的颜色为(255,0,0),字背景色为(255,255,255),其它同61400。道路符合双线之间画红色圆、内置红色"轻"字、白底红色字
11132	人行天桥	线颜色为(0,0,0)。上突的两侧对称台阶
11133	人行地下通道	线颜色为(0,0,0)。下突的两侧对称台阶
11134	分车绿带	箭头颜色为(0,0,0),线条颜色为(0,255,0)。平行反向双箭头,中间夹绿色粗线
11135	广场用地	公共活动广场用地。字及背景颜色为(255,255,255),字背景颜色为(0,0,0)。中间画圆、内绘白色"S"、黑色底
11136	社会停车场库用地	公共使用的停车场和停车库用地。字及背景颜色均为(255,255,255),字背景颜色为(0,0,0)。中间画圆、内绘白色"P"、黑色底
11137	机动车停车场库	字及背景颜色均为(255,255,255),字背景颜色为(0,0,0)。中间画圆、内绘白色"P"、黑色底

续表

编号	符号名称	符号绘制简要说明
11138	市政公用设施用地	市级、区级和居住区级的市政公用设施用地,颜色为(76,153,153)
11139	供应设施用地	供水、供电、供燃气和供热等设施用地,颜色为(0,76,153)
11140	供水用地	颜色为(127,159,255)
11142	供电用地	颜色为(76,95,153)
11143	变电所	背景颜色为(76,95,153),图标颜色为(255,0,0),图标背景颜色为(255,255,255)。中间画圆、内绘红色闪电、白色底
11144	供燃气用地	颜色为(81,82,164)
11145	储气站	背景颜色为(76,76,153),字颜色为(255,0,0),字背景颜色为(255,255,255)。中间画圆、内绘红色字"储"、白底红字
11146	地面输气管廊	边线为(76,76,153)色实线,宽度按比例尺显示
11147	供热用地	颜色为(159,127,255)
11148	大型锅炉房	背景颜色为(159,127,255),字颜色为(255,0,0),字背景颜色为(255,255,255)。中间画圆、内绘红色字"锅"、白底红字
11149	地面输热管廊	边线颜色为(159,127,255)。双粗线绘制
11150	供热热水管	管线由颜色为(159,127,255)宽度为2mm和颜色为(255,159,127)宽度为1mm相间旋转45°的线条表示
11151	设施用地	公共交通和货运交通等设施用地,颜色为(63,127,127)
11152	公共交通用地	颜色为(0,127,127)
11153	公共汽车保养场	背景颜色为(0,127,127),长方形各边宽为0.5mm,颜色为(255,127,0)。中间画橘黄色正方形线条
11154	公共汽车停车场	字及背景颜色为(0,127,127),字背景颜色为(255,127,0)。中间画圆、内绘赭绿色"P"字、橘黄色底
11155	公共汽车站	图标颜色为(255,0,0),背景颜色为(0,127,127)。中间画圆、内绘灰绿色公共汽车正视简图、白底
11156	货运交通用地	表示颜色为(0,76,76)
11157	邮电设施用地	邮政、电信、电话等设施用地。颜色为(0,127,153)
11158	电信总局	图标及背景颜色为(0,127,153),图标背景颜色为(255,255,255)。中间画正方形框、框内绘灰色实心正菱形、白底
11159	市话局	图标及背景颜色为(0,127,153),字颜色为(255,255,255),图标背景颜色为(255,255,255)。中间画正方形框、框内绘灰色实心正菱形、实心正菱形写白色字"话"、白底
11160	邮件处理中心	图标及背景颜色为(0,127,153),图标背景颜色为(255,255,255)。中间用白色粗线条画正方形框
11161	电信主干管道	边线颜色为(0,127,153)。粗双线表示
11162	环境卫生设施用地	颜色为(76,133,153)
11163	雨水污水处理用地	颜色为(76,95,153)
11164	污水排渍站	颜色为(76,95,153),图标右上颜色为(91,91,91)。中间用白色粗线条画正方形框、框内对角线上半部分涂黑
11165	雨水排渍站	图标左下部及背景颜色为(76,95,153),图标右上部颜色为(173,173,173),图标背景颜色为(255,255,255)。中间用白色粗线条画正方形框、框内对角线上半部分涂灰白
11166	雨水泵站	背景及图标左右颜色为(76,95,153),图标上下部分颜色为(255,255,255)。中间白线画圆、将圆用45°斜线等分4份、上下2个四等分区域涂白色
11167	污水泵站	图标上下部分颜色为(173,173,173),图标边线颜色为(255,255,255),其它同11166。中间白线画圆、将圆用45°斜线等分4份、上下2个四等分区域涂白灰色
11168	雨水处理厂	背景及图标上部颜色为(76,95,153),图标下部及图标边线颜色为(255,255,255)。中间白线画圆、将圆横向一分为二、下半圆涂白色

编号	符号名称	符号绘制简要说明
11169	明渠	边线颜色为(82,123,167),中间线颜色为(255,255,255),上边边线及中间线宽度为下边边线的一半。一粗一细双线表示
11170	粪便垃圾处理用地	颜色为(63,95,127)
11171	施工与维修设施	房屋建筑、设备安装、市政工程、绿化和地下构筑物等施工及养护维修设施等用地,颜色为(0,95,127)
11172	绿化施工用地	图标颜色为(63,255,0),背景颜色为(0,95,127)。中间绘绿色实心正菱形
11173	地下构筑物施工地	图标颜色为(173,173,173),背景颜色为(0,95,127)。中间绘灰白色实心正菱形
11174	殡葬设施用地	颜色为(63,111,127)
11175	其它公用设施用地	颜色为(0,153,153)
11176	消防站	图标及背景色为(0,153,153),图标背景颜色为(255,255,255)。中间画圆、内置倒置实心灰绿色正三角形、白色底
11177	防洪堤坝	背景颜色为(0,153,153),菱形线条颜色为(255,255,255)
11178	泄洪渠	背景颜色为(0,153,153),斜向平行线条颜色为(255,255,255)
11179	疏散场地	背景颜色为(0,153,153),点颜色为(255,255,255),点间距为3mm
11180	环卫停车场	字及背景颜色为(0,153,153),字背景颜色为(255,255,255)。中间画圆、内置灰绿色"P"字、白色底
11181	环卫管理站	字及背景颜色为(0,153,153),字背景颜色为(255,255,255)。中间画圆、内置灰绿色"环"字、白色底
11182	绿地	市级、区级和居住区级公共绿地及生产防护绿地,颜色为(63,255,0)
11183	公共绿地	向公共开放,有一定游憩设施的绿化用地,颜色为(127,255,127)
11184	公园	颜色为(127,255,153)
11185	综合性公园	背景颜色为(127,255,153),字为宋体,字颜色为红色(255,0,0),字背景颜色为(255,255,255)。中间画圆、内置红色"综"字、白色底
11186	纪念性公园	说明同11185。中间画圆、内置红色"纪"字、白色底
11187	街头绿地	表示颜色为(76,153,76)
11188	沿道路绿地	颜色为(76,153,76)和(255,255,255)宽度为3mm的线条相间填充。三条粗平行线
11189	河湖岸绿地	颜色为(76,153,76)和(127,255,255)宽度为3mm的线条相间填充。三条粗平行线
11190	海岸绿地	颜色为(76,153,76)和(127,127,255)宽度为3mm的线条相间填充。两条粗平行线
11191	生产防护绿地	园林生产和防护绿地。颜色为(0,153,0)
11192	园林生产绿地	颜色为(31,127,0)
11193	花卉圃地	背景颜色为(31,127,0),十字纹理颜色为(255,255,255),十字两条线长为5mm,十字纹理水平及垂直间距为3mm
11194	防护绿地	颜色为(0,76,19)
11195	防护林带	背景颜色为(31,127,0),折线颜色为(255,255,255),折线长5mm,折线间距5mm
11196	生态绿地	背景颜色为(31,127,0),点颜色为(255,255,255),点间距为5mm
11197	特殊用地	特殊性质的用地,颜色为(66,76,38)
11198	军事用地	直接用于军事目的军事设施用地,颜色为(76,76,38)
11199	军用码头	背景下半部及图标颜色为(76,76,38),背景上半部颜色为(0,255,255)上部中间绘一个黑色粗体的"T"字
11200	外事用地	外国驻华使馆、领事馆及其生活设施用地,颜色为(95,127,63)
11201	外国驻华使馆	背景颜色为(95,127,63),字颜色为(255,0,0),字背景颜色为(255,255,255)。中间画圆、内置红色"使"字、白色底

续表

编号	符号名称	符号绘制简要说明
11202	保安用地	颜色为(127,127,63)
11203	监狱	背景颜色为(127,127,63),字颜色为(255,0,0),字背景颜色为(255,255,255)。中间画圆、内置红色"监"字、白色底
11204	拘留所	说明同93100。中间画圆、内置红色"拘"字、白色底
11205	村镇其它用地	颜色为(63,127,63)
11206	弃置地	颜色为(0,153,114)

表7-38　城市规划专题数据图式绘制要求

编号	符号名称	符号绘制简要说明
11213	视线走廊	线条颜色为(255,0,0)。红色粗虚线
11214	一类建设用地	边线颜色为(173,173,173),斜向线条颜色为(255,255,127)
11215	二类建设用地	边线颜色(173,173,173),斜向线条颜色(255,191,127)
11216	三类建设用地	边线颜色(153,153,153),斜向线条颜色(255,127,127)
11217	一级大气保护区	边线颜色为(0,0,255),水平线条颜色为(127,255,191)
11218	二级大气保护区	边线颜色为(0,0,255),水平虚线条颜色为(127,255,191)
11219	三级大气保护区	边线颜色为(0,0,255),水平点线条颜色为(127,255,191)
11220	四级大气保护区	边线颜色为(0,0,255),水平点线条颜色为(127,255,191)
11221	道路交通噪声控制带	边线颜色为(0,0,0),网格为边长2mm旋转45°的正方形,填充部分颜色为(0,255,0)
11222	机场噪声控制带	边线颜色为(0,0,0),网格为边长2mm旋转45°的正方形,填充部分颜色为(0,255,0)和(153,153,153)
11223	生活旅游岸线	颜色为(255,255,0)旋转30°、宽度为间隔2倍的线条
11224	旅游度假岸线	颜色为(63,255,0)旋转30°、宽度为间隔2倍的线条
11225	规划旅游度假岸线	边线颜色为(0,0,0),其它同115003
11226	岛屿岸线	颜色为(0,255,255)旋转30°、宽度为间隔2倍的线条
11227	工业岸线	颜色为(0,255,255)旋转30°、宽度为间隔2倍的线条
11228	行政职能城镇	边线颜色为(0,0,0),斜向粗线条为(255,255,255)色和(255,0,0)色相间的宽度为1mm的实线,城镇具有多种职能时,以圆的面积百分比表示各种职能所占比重,总和应为100%
11229	地方服务职能城镇	边线颜色为(0,0,0),斜向粗线条为(255,255,255)色和(255,0,0)色相间的宽度为1mm的实线
11230	交通中心城镇	斜向粗线条为(255,255,255)色和(255,127,0)色相间的宽度为1mm的实线 其它同116002
11231	绿线	边界粗线条颜色为(0,255,0),宽度为1mm的实线
11232	黄线	边界粗线条颜色为(255,255,0),宽度为1mm的实线
11233	紫线	边界粗线条颜色为(153,0,153),宽度为1mm的实线
11234	蓝线	边界粗线条颜色为(0,0,255),宽度为1mm的实线
11235	黑线	边界粗线条颜色为(0,0,0),宽度为1mm的实线
11236	建筑红线	边界粗线条颜色为(255,63,0),宽度为1mm的实线
11237	道路红线	边界粗线条颜色为(255,0,0),宽度为1mm的实线
11238	禁建区	线条及纹理颜色为(255,0,0),斜向粗线纹理间距为2mm
11239	限建区	线条颜色为(255,0,0),斜向粗线纹理颜色为(255,255,0),纹理线条间距为2mm

编号	符号名称	符号绘制简要说明
11240	适建区	线条颜色为(255,0,0),斜向粗线纹理颜色为(0,255,0),纹理线条间距为2mm
11241	已建区	线条颜色为(255,0,0),斜向粗线纹理颜色为(0,0,255),纹理线条间距为2mm
11207	规划区	边界线颜色为(255,0,0),实线标注规划范围界线,虚线在规划区之外
11208	城镇密集区	填充网格颜色为(0,255,0),围线为(255,0,0)
11209	城市发展轴	颜色为(255,0,0)。粗虚线箭头
11210	经济技术开发区	虚线为经济开发区之外填充条纹,颜色为(255,255,0),实线为经济开发区范围界线,颜色为(255,0,0)
11211	保税区	边界虚线为保税区之外填充条纹,填充条纹颜色为(0,0,255),其它同11210
11212	重点历史文化保护区	边界虚线为重点历史文化保护区之外填充条纹,填充条纹颜色为(255,127,0),其它同11210

(4) 城市规划数据质量要求 城市规划数据质量可由数据质量元素、数据质量子元素、数据质量评价内容、质量评价程序、质量评价方法等组成。用户可采用自定义应用模式提供质量信息。城市规划数据质量的内容应包括城市规划基础数据质量、城市规划用地数据质量、城市规划专题数据质量、城市规划制图质量和统计分析数据质量等。城市规划数据质量的层次宜包括综合数据质量、数据质量、数据质量元素和数据质量子元素评价4个。城市规划数据质量基本元素及子元素应引用 ISO/FDIS19113《地理信息质量基本元素》中描述地理信息质量的基本元素。

① 城市规划基础数据质量内容。城市规划基础数据应包括基本比例尺地形图、遥感影像图、城市规划现状图和专题图以及其它测绘和国土资源等数据。城市规划的工作底图应采用基本比例尺地形图或符合城市规划目标要求的遥感影像图,当其它非标准图用于工作底图时也应按照相关规定进行管理。基本比例尺地形图应符合以下规定,即应按国家有关标准进行生产并经城市规划管理部门认可。在特定规划项目目标下可将不同比例尺、年代生产的地形图拼接并应符合要求,即应说明不同比例尺、年代的地形图拼接的处理方式,应说明拼接的精度和误差。采用不同坐标、投影的地形图在同一个规划项目中使用时,其所有不同坐标系统的地形图应转换为相同的坐标系统和投影。在采用不同比例尺拼接的地形图上开展规划项目时,应统一地形图的比例尺。地形图上地貌、地物属性特征应与时间相一致。在采用小比例尺通过放大与大比例尺地形图接边时,应满足相关要求且应同时在数据报告中说明和在工作底图上声明。地形图的时间有效性应符合以下规定,即应采用最新的地形图;地形图应与城市规划项目目标一致;数据报告应描述完整,应包括生产年代、生产者、所有者等信息;不同时间的地形图同时使用时应在报告中说明和在工作底图上声明。栅格地形图精度应包括以下内容,即完整描述扫描图纸的介质、扫描分辨率、扫描软件名称及版本、扫描色彩、色彩位数、数据格式、扫描仪型号、数据量。地形图扫描要求应与城市规划项目目标一致。地形图矢量化精度应包括5方面内容,即扫描图纸的介质、扫描分辨率、扫描色彩、色彩位数、扫描仪型号、数据量;电子版数据,包括数据文件或数据库名称、扫描软件名称及版本、建立时间、信息源;矢量化软件名称、版本;矢量化地形图名称、数量、数据量、数据格式、存放地、操作员等信息;地形图矢量化要求应与城市规划项目目标一致。在城市规划的过程中,基本比例尺地形图质量元素评价应按表7-39的规定执行。

② 城建规划对遥感影像要求。规划涉及的遥感影像包括卫星遥感影像和航空遥感影像并应符合3方面规定。第一,遥感影像图数据质量应满足要求。必须采用经过几何精纠正的遥感影像或数字正射影像;应具有与城市规划目标要求一致的分辨率和精度;处理过程应与城市规划目标要求一致。第二,遥感数据应采用下列数据质量元素描述遥感影像图的数据质量。影像数据描述应完整且不存在缺失并应按表7-40的要求描述。影像应无重影。经过镶嵌处理的影像应经过匀色处理且处理后色调应协调。图形整饰、数据存储规则应符合《城市基础地理信息系统技术规范》

表 7-39　城市规划基本比例尺地形图数据质量评价

数据质量元素	数据质量子元素	质量范围	质量度量方法	质量描述
完整性	地形图完整性	存在覆盖规划范围的地形图	检查、比较地形图覆盖区域	合格/不合格
	数据缺失	数据集中缺少应有的数据	检查地形图完整性	合格/不合格
	目标完整性	地形图相同比例尺、同一事件，整体上覆盖规划范围（或存在不同区域、不同比例尺、不同生产年代的，覆盖了规划区的地形图，并满足城市规划目标的要求）	符合相关规定	合格/不合格（或可用/不可用）
逻辑一致性	概念一致性	不同种类规划有符合规定的相适应的比例尺地形图（或有经过比例尺放大后适合使用的地形图）	检查比例尺	合格/不合格（或可用/不可用）
	值域一致性			
	坐标系统和投影的一致性	不同的数据源采用（或转换到）同一个坐标系统和投影	检查所有比例尺地形图是否在一个坐标系并符合相关规定	合格/不合格
	格式一致性	数据存储与数据集物理结构、规定格式的一致性程度	对照国家标准、行业标准进行检查	合格/不合格
	拓扑一致性	数据集逻辑特征和拓扑关系的正确性	检查逻辑和拓扑关系	合格/不合格
位置精度	绝对精度	数据集坐标值与可接受的值或真值之间的接近程度	与国家标准、行业标准、地方标准的符合程度，与规划目标要求的适用性：完全符合国家、行业标准（或满足城市规划目标的要求）	合格/不合格（或可用/不可用）
	相对精度	数据集中要素相关位置与各自对应的、可接受的相关位置或真值之间的接近程度		
	格网数据位置精度	格网数据起始单元位置的值与可接受的值或真值之间的接近程度，分辨率大小		
	比例尺的一致性	在进行不同区域地形图拼接中，大比例尺通过缩小达到与相邻图幅比例尺一致。或小比例尺放大使用可满足城市规划目标要求	符合相关规定	合格/不合格（或可用/不可用）
时间精度	时间的量测精度	数据集使用时间参照系统的正确性	采用公元纪年，符合规划目标要求。	合格/不合格
	时间的一致性	地形图的地形、地貌、地物和社会经济属性时间序列的一致性（或地形图的地形、地貌、地物和社会经济属性时间序列存在差别，但满足城市规划目标的要求）	顺序递增，并与规划相关属性一致。符合相关规定	合格/不合格（或可用/不可用）
	时间的有效性	数据在时间上的有效性（或在部分时间上无效，但满足城市规划目标的要求）	符合相关规定	合格/不合格（或可用/不可用）
专题属性精度	栅格精度	栅格地形图精度与规划要求的一致性	符合相关规定	合格/不合格
	矢量化制图精度	地形图扫描矢量化精度与规划要求的一致性	符合相关规定	合格/不合格
	定量属性的正确性	地形图扫描或矢量化时地形地物标注、图示图例与国家标准、行业标准和地方标准的一致性（或当存在不一致，但满足城市规划目标的要求）	检查	合格/不合格（或可用/不可用）

表 7-40　影像数据源信息

细目		备注	细目		备注
影像名称			用户联系方式	通信地址：	
影像类型	航空/卫星			邮政编码：	
影像区域描述				电话：	
采集时间				传真：	
产品类型	标准/其它			E-mail：	
传感器型号(相机型号)				联系人：	
地面分辨率(数据分辨率)			影像提供者信息	单位名称：	
坐标范围	西北角坐标 NWCorner Lat： Long：			通信地址：	
	东南角坐标 SECorner Lat： Long：			邮政编码：	
产品制作时间				电话：	
存储介质				传真：	
用户名称(购买者)				E-mail：	
				联系人：	

表 7-41　遥感影像图最低地面分辨率

比例尺	地面分辨率/m	比例尺	地面分辨率/m
1：1000	0.3	1：10000	2.5
1：2000	0.6	1：25000	10.0
1：5000	1.0	1：50000	15.0

CJJ 100—2004 中的相关规定。遥感影像图的基本比例尺应与城市规划基本比例尺地形图一致，并与城市规划目标要求一致，在满足特定规划项目目标下可将不同分辨率、不同时相的影像图拼接，但应说明拼接的处理方式和误差。当采用不同坐标、投影的地形图在同一个规划项目中使用时，其所有不同坐标系统的影像图应转换为相同的坐标系统和投影且使用中应对转换进行说明。遥感影像图必须准确表示规划要素的位置，包括水平位置和垂直位置。水平位置精度用地面分辨率和比例尺表示且不得低于表 7-41 的规定；垂直位置精度应符合《城市地理空间框架数据标准》CJJ 103 中的"城市框架数据的高程精度"要求。遥感影像必须表明数据采集时间且该时间应满足规划目标时间关系的逻辑一致性的要求。数据影像专题属性精度应符合《城市地理空间框架数据标准》(CJJ 103) 中的相关规定。第三，遥感影像数据的处理和分析数据质量元素应包括 4 方面内容，即数据处理的软件平台、技术路线、处理时间、处理参数、采用的模型、操作人员、处理精度等应描述完整；数据处理的野外调查、控制点、校验点等附件资料应完整；数据分析使用的基础资料、分析模型、分析过程、分析结果及评估等应描述完整；利用原始遥感影像处理、分析得到的数据应具有可重复性。

③ 城市规划对制图数据的要求。城市规划制图数据是指按国家现行标准《城市用地分类与规划建设用地标准》(GBJ137) 为依据制作的各种规划现状图和现状专题图，其数据质量应满足 6 方面要求。第一，城市规划用地数据图式应按规定执行。第二，当在一个规划项目中同时采用前述规定标准和对应使用相关用地分类标准时，应说明和表示其它标准与其采用标准的对应关系

（当无法对应时应说明处理办法并在数据质量报告中说明）。第三，用地类型定义不一致不得等同采用。第四，用地位置准确度指用地地块边界准确在地形图上表示的精度，其质量标准应满足要求。第五，设施位置准确度应符合 3 条要求，采用点形式标注时，在图上用点状符号标注设施位置时的设施标注点应在符号边沿线之内；采用线形式表示时其线状设施走向应表示清楚、色彩醒目；采用面状设施表示时，在图上用特征面表示城市建设设施时的特征面位置应正确，图上特征面面积计算应与文字表达一致。第六，用于规划项目中的现状数据和数据源应公开，并遵守 2 条规定，即应说明现状数据的概念和定义、采用标准规范、统计方法；应给出用于规划决策的数据源说明，包括数据生产者、加工者、时间、出处等以及是否为法定数据（未经证实的数据不得用作数据源）。城市规划用地数据质量元素评价宜按遵守表 7-42 的规定。

表 7-42　城市规划用地数据质量评价

数据质量元素	数据质量子元素	质量范围	质量度量方法	质量描述
完整性	多余	同一内容重复表示	检查是否有重复表示	合格/不合格
	缺失	数据完整性（或数据集中缺少应有的现状数据，没有完整表示城市的现状，但满足城市规划目标的要求）	检查是否有漏项	合格/不合格（或可用/不可用）
逻辑一致性	规划基础的一致性	采用符合国家标准的地形图作为城市规划工作底图，且时间和比例尺与城市规划目标一致（或存在不一致，但符合城市规划目标的要求）		合格/不合格（或可用/不可用）
	概念一致性	数据分类应符合相关规定并应采用统一的数据模式：数据分类（层）、编码、数据的表示和命名、类别（层次）之间关系、数据格式等的一致性（或存在不一致，但符合城市规划目标的要求）	只存在一种数据模式。各种分类统计与总体的一致性，编码的一致性符合相关规定	合格/不合格（或可用/不可用）
	值域一致性	在指定的范围内各类用地计量单位一致	检查计量单位	合格/不合格
	格式一致性	数据分类（层）采用统一数据格式。分类统计之和等于总体，分层全部叠加不能出现重叠和遗漏（空隙）	检查数据结构。检查数据项，所有分类（层）数据面积之和等于总用地	合格/不合格
位置精度	相对精度	用地现状图地块位置与地形图（底图）一致	检查大型公共设施和城市道路表示与地形图的一致性	合格/不合格
	用地位置准确度	不同类型用地正确的标注于地形图	符合相关规定	合格/不合格
	设施位置准确度	现状图上标注的城市设施位置与该设施在地形图上表示的一致	符合相关规定	合格/不合格
时间精度	时间量测精度	数据集使用时间参照系统的正确性	采用公元纪年，年度为时间单位相关的数据采用相同的时间精度	合格/不合格
	时间一致性	时间序列的一致性	顺序递增（减）	合格/不合格
	时间有效性	数据在时间上的有效性（或数据在时间上有缺失，但符合城市规划目标的要求时）	注明现状年份	合格/不合格（或可用/不可用）

数据质量元素	数据质量子元素	质量范围	质量度量方法	质量描述
专题属性精度	分类正确性	用地分类在各层次、各专题上应与相关规定一致	不得交叉分类	合格/不合格
	制图精度	在规划过程中,不同层次、不同专题用地边界始终稳定一致,制图质量应符合相关规定要求	所有与用地有关的图层(或分类项)均参与统计,不能有遗漏	合格/不合格
	定量属性的正确性	属性描述清楚、正确,表示清晰,属性值稳定	属性值在出现的所有图层、数据文件中均是一致的	合格/不合格
	非定量属性的正确性	非定量属性描述(或定义)的正确性	符合行业惯例	合格/不合格
统计分析精度	精度取值的正确性	精度取值符合标准规范、精度等级	参照规定	合格/不合格
	分项分专题统计与总体的一致性	统计计算与规划要求的一致,分项统计之和应是100%或与总量相等	计算机分类统计,用地分类比例之和为100%,并公开数据源	合格/不合格

④ 城市规划对专题数据的要求。城市规划专题数据应包括城市规划用地成果数据和规划专题成果数据,其数据质量应满足4方面要求。第一,工作底图应与城市规划用地现状图相一致。第二,城市规划数据分类应按本书前述规定执行,城市规划数据图式也应按本书前述规定执行。第三,城市规划专题数据中与城市规划用地数据有关的内容的要求应按规定执行。第四,城市规划成果数据中通过定量分析获得的部分应能够重复实现并应遵照3条原则,即应公开所使用的模型、算法及其参数、指标等内容;应公开规划决策过程的操作流程、数据流程;应报告重要的中间结果。城市规划成果数据质量评价应执行表7-43的规定。

表7-43 城市规划专题数据质量评价

数据质量元素	数据质量子元素	质量范围	质量度量方法	质量描述
完整性	多余	某些内容重复表示	检查是否有重复表示	合格/不合格
	缺少	数据集中缺少应有的规划内容	检查是否有漏项	合格/不合格
逻辑一致性	概念一致性	符合本书,采用统一的数据模式:数据分类(层)、编码、数据的表示和命名、类别(层次)之间关系、数据格式等的一致性	只存在一种数据模式。各种分类统计与总体的一致性。参照相关规定	合格/不合格
	值域一致性	在指定的范围内各类规划用地计量单位一致	检查计量单位	合格/不合格
	格式一致性	数据分类(层)采用统一数据格式。分类统计之和等于总体,分层全部叠加不能出现重叠和遗漏(空隙)	检查数据格式。检查数据项,所有分类(层)数据面积之和等于总用地	合格/不合格
位置精度	相对精度	与城市规划用地现状图使用同一底图,并与用地现状图一致	按现状图进行检查	合格/不合格
	用地位置准确度	清晰地表示与现状地形、地貌、地质等自然条件的关系,属性名称和属性值正确	检查用地边界、属性名称、属性值和工作地图	合格/不合格
	设施位置准确度	规划城市设施位置与现状图(设施现状、地形、地貌、地质等)不能有矛盾;单独定义和命名分类(层)	检查分类和命名数据	合格/不合格

续表

数据质量元素	数据质量子元素	质量范围	质量度量方法	质量描述
时间精度	时间的量测精度	数据集使用时间参照系统的正确性	采用公元纪年,年度为时间单位	合格/不合格
	时间一致性	时间序列一致,规划内容表示在时间段上没有矛盾	顺序递增	合格/不合格
	时间有效性	数据在时间上有效,规划年限明确	注明规划年限	合格/不合格
专题属性精度	与城市规划用地现状图数据质量要求相同,符合专题属性精度规定			合格/不合格
统计分析精度	精度取值正确性	精度取值符合标准规范、精度等级,与规划现状数据取值一致	符合相关规定	合格/不合格
	各种分类统计与总体的一致性	统计计算与规划要求的一致性,分类、分项统计之和等于规划的规模	计算机分类统计,用地分类比例之和为100%,并符合相关规定	合格/不合格
可证实性	公开性	规划用地现状数据的内容公开,数据源公开、统计制图方法公开	可证实的数据内容、数据源、方法公开,符合相关规定	合格/不合格
	可重现	规划决策方法公开,根据公开的内容,可以全部或部分重复规划用地制图过程	利用公开的数据、方法重现全部或部分规划现状用地内容,并符合相关规定	合格/不合格

⑤ 城市规划对制图数据质量的要求。城市规划用地数据分类应按本书前述规定执行;图式也应按本书前述规定执行。城市规划数据应具唯一性,其几何类型和空间拓扑关系应正确(城市规划数据面状要素边界线应闭合且属性应一致;线状要素结点匹配应准确且线段相交应无悬挂点或过头现象)。城市规划图纸的整饰宜按国家现行标准《城市规划制图标准》(CJJ/T97)的规定执行。城市规划用地相邻存储单元同一要素的属性数据应一致。应提供完整的城市规划制图数据质量报告。

⑥ 城市规划对统计分析数据的质量要求。城市规划统计分析数据质量应符合以下5方面要求,即统计分析数据的分类、代码应按本书前述规定执行;用户自定义的统计分析数据应按规定执行;同类统计数据应采用相同的量纲;同类数据应采用相同的精度进行统计分析;同类数据的各部分加权值应等于总和。

⑦ 城市规划数据质量评价。城市规划数据质量评价分专项数据质量和综合数据质量2大部分。城市规划专项数据质量是指单一数据或单一图纸数据,其度量分为合格/不合格和可用/不可用两类,并应符合2条规定。第一,采用符合国家质量标准的地形图或遥感影像为工作底图的城市规划项目的数据质量度量为合格/不合格;或满足规划目标的数据质量度量为可用/不可用。第二,采用非标准地形图或遥感影像为工作底图的城市规划项目的数据质量为可用/不可用。数据质量度量的范围包括城市规划基本比例尺地形图、遥感影像图、城市规划用地数据、城市规划专题数据、城市规划制图数据和城市规划统计分析数据。城市规划基本比例尺地形图的质量应符合3条规定。第一,"合格"指描述数据质量元素质量全部为"合格"。第二,"可用"指存在数据质量问题但可用的元素其质量描述为"可用",其余为"合格"。第三,"不合格(不可用)"是指一个规划项目的数据不满足相关条件要求。遥感影像数据质量应按下列规定确定。第一,即"合格"指符合要求。第二,"可用"指部分符合要求且符合城市规划目标要求。第三,"不合格(不可用)"指一个规划项目的数据不满足相关条件要求。城市规划用地数据质量应按下列规定确定。第一,"合格"指符合要求且"质量描述"全部为"合格"。第二,"可用"指"质量描述"全部为"合格"和"可用"。第三,"不合格(不可用)"指一个规划项目的数据不满足相关条件要求。城市专题数据的质量应按下列规定确定。第一,"合格"指"质量描述"全部为"合格"。第二,

"可用"指"质量描述"全部为"合格"和"可用"。第三,"不合格"指一个规划项目的数据不满足相关条件要求。城市规划制图数据的质量应按下列规定确定,即"合格"为数据质量符合要求且"质量结论"为"合格";"可用"指数据质量基本符合要求且"质量结论"为"可用";"不合格(不可用)"指一个规划项目的数据不满足相关条件要求。城市规划综合数据质量评价应按下列内容度量,即"合格"指一个规划项目的专项数据"质量结论"全部应为"合格";"可用"指一个规划项目的专项数据"质量结论"为"可用",其余为"合格";"不合格(不可用)"指一个规划项目的专项数据不满足相关条件要求。

⑧ 城市规划数据质量评价程序及方法。城市规划数据质量评价过程可用于从数据源、中间成果到规划最终成果以及这些数据的分发、使用和更新的不同阶段。数据质量评价过程可用于静态数据和动态数据集。数据源和成果数据应为评价的重点内容。城市规划数据质量评价可在数据产生、应用和管理的各个阶段、各种需求中使用。城市规划数据质量评价应符合以下5条规定,即城市规划数据质量评价内容应与用户需求(或规划目标)一致;城市规划数据质量评价应作为在数据集建立的过程中进行质量控制的依据;城市规划数据质量评价应与数据质量的目标要求一致;城市规划数据质量评价应对数据集与用户需求(或规划目标)的一致性评价进行报告;城市规划数据质量评价应作为数据升级时的质量控制依据。城市规划数据质量评价的步骤应符合表7-44的规定。数据质量评价方法可分为直接评价法和间接评价法。直接评价法可通过将数据与内部和/或外部的参照信息对比确定数据质量,可分为内部评价与外部评价。内部评价的所有数据都是被评价城市规划项目数据集内部的;外部评价则需要参考城市规划项目数据集以外的数据。直接评价法宜采用下列方式评价数据质量,即完全检查,指按数据质量范围确定的全部检查项目测试每一个检查项以形成质量报告;抽样检查,指在测试总体中检测足够数量的检查项以获得数据质量评价结果并形成质量报告。间接评价法可在直接评价法不能使用时采用,可采用以下3种方式评价数据质量并形成描述性数据质量报告,即使用数据志评价城市规划数据集,结果为"可用/不可用";在城市规划特定目标下使用城市规划数据集的信息记录并根据数据记录中生产和使用的情况判断数据质量是否符合目标,结果为"可用/不可用";采用被评价城市规划项目数据集之外的知识或数据进行评价,结果为"可用/不可用"。城市规划数据质量评价的过程应按规定进行。

表 7-44 城市规划数据质量评价步骤

步骤	操 作	说 明
1	确定可应用的数据质量元素、数据质量子元素和数据质量范围	根据城市规划项目目标的要求确定要检查的数据质量元素、数据质量子元素和数据质量范围
2	确定数据质量度量方法	为每一项检查确定数据质量度量方法、数据质量值类型,以及如果可用时数据质量值的单位
3	选择和应用数据质量评价方法	为确定的每种数据质量度量方法选择数据质量评价方法
4	确定数据质量评价结果	定量的数据质量评价结果、一个或一组数据质量值、数据质量值单位和日期是所应用评价方法的输出结果
5	确定一致性	①确定是否达到了规划目标的要求(或对目标的符合程度),评价结果:可用/不可用。②是否达到了数据共享要求并符合规定,其一致性数据质量评价结果:合格/不合格

(5) 城市规划数据报告要求 城市规划数据应采用数据报告的形式进行说明,数据报告应完整地说明数据来源、标准、定义、处理过程和方式、使用、数据格式,在城市规划成果中出现的数据均应在数据报告中进行说明。城市规划数据报告可包括下列3种形式,即城市规划综合数据报告;城市规划数据质量报告;城市规划制图质量声明。城市规划成果中应包括城市规划综合数据报告或城市规划数据质量报告,在城市规划成果图上应进行城市规划制图质量声明。

　　城市规划综合数据报告应按规定编制。综合数据报告应对城市规划基础数据、城市规划用地数据和城市规划专题数据进行说明。城市规划基础数据范围可包括基本比例尺地形图、遥感影像图、其它城市规划底图、人口数据、生产总值数据及其对应的地理空间分布范围以及统计年代、来源等。报告内容宜说明以下方面内容并应遵守数据报告编写的相关规定，报告内容包括城市基本比例尺地形图内容（应按表 7-45 的规定说明）；遥感影像图内容（宜按表 7-46 的规定说明）；其它城市规划底图内容（宜按表 7-47 的规定说明）；人口数据内容，应按不同的地理空间范围进行统计（按表 7-48 的规定说明，其中多个数据应分别进行说明，报告中应按图 7-5 所示表示人口数据统计范围）；生产总值数据，城市生产总值数据应按不同的地理空间范围进行统计（其说明应按表 7-49 说明，多个数据应分别进行说明，报告中应按图 7-6 所示表示生产总值数据统计范围）。城市规划用地数据报告宜按表 7-50 的规定说明。城市规划专题数据报告宜符合相关规定和要求并应提供中间过程的参数和指标且应按规定编写。

表 7-45　城市规划基本比例尺地形图（工作底图）报告内容

序号	报告内容	说　明
1	工作底图名称	
2	比例尺分母	
3	原图生产、更新日期	如有不同时期的图纸应分别说明。采用航空摄影要说明航摄日期
4	原图所有权单位名称、联系方式	包括单位名称、联系人、电话、通信地址、邮政编码
5	原图生产单位名称、联系方式	包括单位名称、联系人、电话、通信地址、邮政编码
6	工作底图制图日期	
7	工作底图制图单位名称、联系方式	包括单位名称、联系人、电话、通信地址、邮政编码
8	工作底图数据格式	包括数据格式、计算机操作系统及数据处理软件名称及版本
9	工作底图提供（介质）	磁盘（软、硬盘）、光盘、电子拷贝，数据库名称等
10	西南图廓角点 X 坐标	单位"m"
11	西南图廓角点 Y 坐标	单位"m"
12	坐标单位	单位"m"
13	密级	
14	所采用的大地基准	
15	数据质量检验评定单位	
16	数据质量评定日期	
17	数据质量总评价	合格/不合格、可用/不可用(按照城市规划数据质量进行评价)
18	工作底图制图方法	比如原纸扫描图数字化、直接使用电子版数据等

表 7-46　遥感影像图信息报告内容

序号	报告内容	说　明
1	遥感影像图名称	
2	比例尺分母	
3	遥感日期	如有不同时期的遥感影像应分别说明
4	遥感影像图所有权单位名称、联系方式	包括单位名称、联系人、电话、通信地址、邮政编码
5	遥感影像图处理制图单位名称、联系方式	包括单位名称、联系人、电话、通信地址、邮政编码
6	遥感影像图处理制图日期	

序号	报告内容	说　　明
7	遥感影像图分发图单位名称、联系方式	包括单位名称、联系人、电话、通信地址、邮政编码
8	遥感图原图数据格式	
9	遥感影像图工作图数据格式	
10	遥感影像图地面分辨率	单位"m"
11	遥感图提供(介质)	磁盘(软、硬盘)、光盘、电子拷贝,数据库名称等
12	西南图廓角点 X 坐标	单位"m"
13	西南图廓角点 Y 坐标	单位"m"
14	坐标单位	单位"m"
15	密级	
16	所采用的大地基准	
17	地图投影	
18	分带方式	
19	西边接边方式	已接/未接/自由
20	北边接边方式	已接/未接/自由
21	东边接边方式	已接/未接/自由
22	南边接边方式	已接/未接/自由
23	数据质量检验评定单位	
24	数据质量检验评定日期	
25	数据质量总评价	合格/不合格、可用/不可用(按照 7 城市规划数据质量进行评价)

表 7-47　城市规划工作图报告内容

序号	报告内容	说　　明
1	工作图名称	
2	比例尺分母	
3	工作图源图名称	指用某种图纸(如交通图进行处理)作为工作图的源图
4	工作图源图比例尺分母	
5	源图生产、更新日期	如有不同时期的图纸应分别说明。采用航空摄影要说明航摄日期
6	源图形式	纸图、电子图、数据库(名称)等
7	源图地面分辨率	单位"m"
8	源图所有权单位名称、联系方式	包括单位名称、联系人、电话、通信地址、邮政编码
9	源图生产单位名称、联系方式	包括单位名称、联系人、电话、通信地址、邮政编码
10	源图分发方式(介质)	纸图销售、电子图销售、电子拷贝
11	工作底图制图日期	
12	工作底图制图单位名称、联系方式	包括单位名称、联系人、电话、通信地址、邮政编码
13	工作底图提供(介质)	磁盘(软、硬盘)、光盘、电子拷贝,数据库名称等
14	西南图廓角点 X 坐标	单位"m"
15	西南图廓角点 Y 坐标	单位"m"
16	坐标单位	单位"m"

续表

序号	报告内容	说　明
17	密级	
18	数据质量认定单位	
19	数据质量认定日期	
20	数据质量总评价	可用/不可用（按照 7 城市规划数据质量进行评价）
21	工作底图制图方法	如原纸扫描图数字化、直接使用电子版数据等

表 7-48　人口数据统计范围说明内容

序号	报告内容	说　明
1	人口名称	全市总人口、城市人口、农村人口、常住人口、流动人口、建成区人口、规划区人口等
2	人口数	单位为万人
3	统计年代	指人口数的统计时间
4	统计范围图名称	指与本表 1、2、3 项相一致的地理空间区域名称
5	统计范围图	指与本表 1、2、3 项相一致的地理空间区域图
6	人口资料来源	有法定依据的或可以证实的数据源名称及相关信息

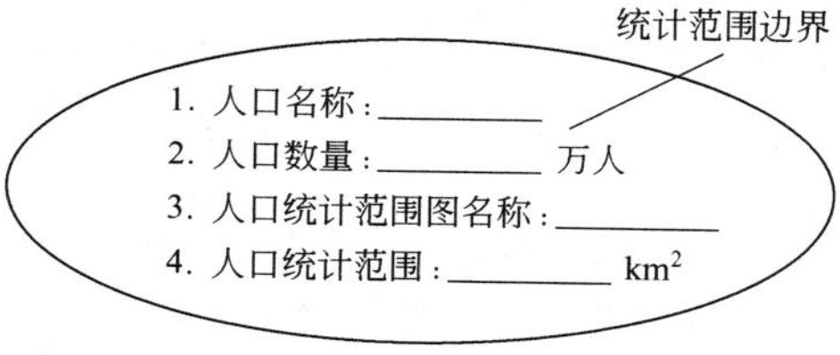

图 7-5　人口数据统计范围图例

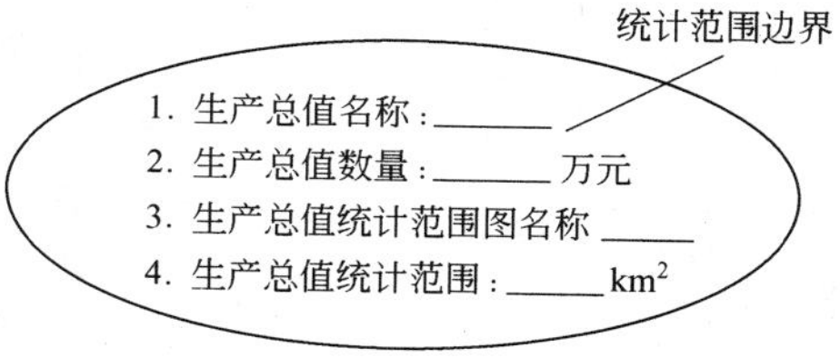

图 7-6　生产总值数据统计范围图例

表 7-49　××城市生产总值数据统计范围说明

序号	报告内容	说　明
1	生产总值名称	GDP、工业总产值、农业总产值等
2	产值	
3	统计年代	指人口数的统计时间
4	统计范围图名称	指与本表 1、2、3 项相一致的地理空间区域名称
5	统计范围图	指与本表 1、2、3 项相一致的地理空间区域图
6	生产总值资料来源	有法定依据的或可以证实的数据源名称及相关信息

表 7-50　城市规划现状用地数据及规划用地数据说明

序号	报告内容	说　明
1	专题分类图名称	
2	比例尺分母	
3	分类标准	GBJ 137 或其它国家标准/行业标准/自定义分类
4	制图范围名称	
	制图范围面积/km²	

续表

序号	报告内容		说　明
5	制图日期		
	制图单位		
6	密级		
7	工作底图	名称	
8		比例尺分母	
9		生产、更新日期	
10		生产单位名称	
11		产权单位名称	
12		数据质量评价	合格/不合格、可用/不可用
13		质量评价日期	
14		质量评价单位	
15		数据源名称	数据库(名称)、扫描原图(纸图、聚酯薄膜、蓝图)、电子版地形图、遥感影像图等
16		分辨率	(扫描图、遥感影像图)
17		介质	原介质
18		格式	原格式和使用格式
19		处理方式	说明底图形成方式,如不同比例尺、不同年代的地形图通过放大缩小和拼接的处理
		数据来源	
20	制图分类(层)标准		标准名称,自定义或非标准分类(层)用附加表说明
21	制图分类(层)编码		标准名称,自定义或非标准分类(层)用附加表说明
22	数据格式		指用软件处理形成的数据格式
23	数据处理软件及版本		采用多项工具软件需逐项列出
24	计算机操作系统及版本		运行数据处理软件的计算机操作系统
25	成果提供介质		磁盘(软、硬盘)、光盘、电子拷贝等
26	成果制作单位		
27	成果制作单位联系方式		地址、电话、通信方式、联系人、电子信箱地址
28	所有权		包括所有权及使用限制等

　　城市规划数据质量报告应按规定编制。城市规划数据质量报告由综合数据报告、数据质量评价报告和数据志组成。城市规划数据质量报告中的综合数据报告内容可直接引用各种数据质量的结论或引用综合数据报告内容,城市规划综合质量报告的内容与项目宜符合表7-51的规定,表中"必选"内容必须填写,有"条件"内容在满足条件时也是必选的,"可选"内容可根据需要填写。数据质量评价报告的内容和项目宜符合表7-52的规定并应按规定要求编写,表中"必选"内容必须填写,有"条件"内容在满足条件时也是必选的,"可选"内容可根据需要填写。城市规划项目形成的数据志应包括以下4方面内容,即数据描述,包括名称、信息源、目标和用途、比例尺、时间、数据类型、数据结构、数据库(文件)、采用标准、加工处理技术等;数据处理步骤,包括采集、获取、处理、加工和编辑、派生、产品形式等;数据使用及更新与维护,包括时间、目的、项目名称、软件等信息;信息记录,包括数据历史、持有者、所有权、联系方式、存放等。城市规划数据志应按规定要求编写。

表 7-51　城市规划综合数据质量报告项目

编号	报告项目	项目内容	条件
1	报告标识	报告名称	必选
2	数据所有者	所有者信息:名称、地址、联系方式、所有权	
3	报告范围	质量报告中评价的数据集内容	必选
4	综合质量评价结果	本项规划综合数据质量评价结果:合格、可用、不合格	必选
5	数据源内容	本报告涉及原(始)数据的描述:数据源名称、覆盖范围、依据标准规范、比例尺、时间、数据类型、数据来源、所有权、所有(提供)者信息、限制信息	必选
6	数据源使用	使用前处理方式	必选
		处理时间	必选
		处理结果:比例尺(分辨率)、电子数据说明	必选
		处理者信息	必选
		限制信息	可选
7	数据源质量评价	合格、可用、不合格(不可用)	必选
	城市规划基础数据质量评价报告	按国家标准提供数据质量评价报告(或项目自行评价提供的报告;或根据规定的判断数据质量结合项目目标进行评估)	
8	规划成果数据描述	各项成果图名称、范围、依据标准规范、制图时间、数据类型、数据结构、所有权、限制信息等(可分项列出成果)	必选
9	规划成果声明	规划工作底图声明:底图数据名称、制图时间、采用标准、比例尺(变化)、拼图处理方式等	必选
10	规划成果验收说明	验收主持、组织单位、专家组、时间、地点、结论(评价)、通过/不通过、修改调整	可选
11	规划成果去向	上报审批信息、公示信息、存放地(保管人)、持有者(所有者出外)	必选

表 7-52　城市规划数据质量评价报告项目

编号	报告项目	项目内容	条件
1	报告标识	报告名称	必选
2	报告范围	质量报告中评价的数据集内容	必选
3	数据描述	本报告进行评价数据的描述:数据源名称、覆盖范围、依据标准规范、比例尺、时间、数据类型、数据来源、所有权、所有(提供)者信息、限制信息	必选
4	数据综合质量评价结论	根据规定的数据质量评价:合格/可用/不合格(不可用)	必选
	评价依据	规划项目目标、标准规范、主观评价	必选
5	数据质量评价内容和质量描述	根据规定逐一进行度量,分别给出质量结论(注意:与本表"4评价依据"的一致性)	必选
6	评价方法描述	评价方法描述:依据国家标准;或综合评价、抽样评价、间接评价、综述和用户自评价	必选
7	评价方法参数设置	评价中使用的参数数据:参数的定义、参数值、参数值的计量单位和取值范围	可选
8	抽样方法及过程描述	抽样方法、内容、过程、抽样、分析计算、结果	使用抽样方法时必选
9	质量综合评价数据	质量结果的综合评价所依据的数据	必选
10	评价时间	记录评价时间	可选
11	其它	需要的附加内容	可选
12	评价人	项目组评价/专家评价/其它评价方	必选

城市规划数据说明和声明应符合规定要求。数据说明应包括3方面内容，即在城市规划成果中第一次出现的引用数据应注明来源；派生数据应说明派生方式；城市规划数据质量结论必须在制图和质量报告中进行表达。数据声明应包括两方面内容，第一，城市规划各类图纸必须声明所使用的工作底图，包括数据源（即数据生产者、加工者或所有者）以及数据源类型（包括地形图、影像图或其它图种）；比例尺（是否经过放大、缩小）；测图、制图时间，应声明工作底图的测（制）图的时间，若使用不同时期的工作底图则应全部说明；数据质量声明，指声明符合的行业标准或国家标准；工作底图的声明应明示在图纸明显位置。第二，城市规划的所有工作底图应对生产和更新日期、比例尺、质量等进行声明并应按相关规定编写。即应采用符合国家标准的城市基本比例尺地形图作为城市规划工作底图，声明中应包括地形图生产更新日期、比例尺和质量。图示图例应采用国家标准，若将小（大）比例尺地形图放大（缩小）形成的工作底图需经甲方确认质量并应声明处理方式、原图比例尺和生产日期并声明质量为"可用"。图示图例应采用国家标准，使用了不同年代、不同比例尺地形图拼接形成的工作底图须经甲方确认质量并应声明处理方式并声明质量为"可用"。采用非标准图作为工作底图时应声明，声明应包括来源、处理方式等信息。

7.6 城市市政设施规划要求

（1）城市给水工程规划的基本要求　编制城市给水工程规划应遵循3条原则，即城市水资源和城市用水量之间应保持平衡以确保城市可持续发展，在几个城市共享同一水源或水源在城市规划区以外时应进行市域或区域、流域范围的水资源供需平衡分析；自备水源供水的工矿企业和公共设施的用水量应纳入城市用水量中并由城市给水工程进行统一规划；选用地表水为城市给水水源时，其城市给水水源的枯水流量保证率应根据城市性质和规模确定，可采用90%～97%〔建制镇给水水源的枯水流量保证率应符合国家现行标准《村镇规划标准》（GB 50188）的有关规定，当水源的枯水流量不能满足上述要求时应采取多水源调节或调蓄等措施〕。

给水系统应合理设置。给水系统中的工程设施不应设置在易发生滑坡、泥石流、塌陷等不良地质地区及洪水淹没和内涝低洼地区。地表水取水构筑物应设置在河岸及河床稳定的地段。工程设施的防洪及排涝等级应不低于所在城市设防的相应等级。市区的配水管网应布置成环状。给水系统主要工程设施供电等级应为一级负荷。选用地表水为水源时其水源地应位于水体功能区划规定的取水段或水质符合相应标准的河段。饮用水水源地应位于城镇和工业区的上游，饮用水水源地一级保护区应符合国家现行标准《地面水环境质量标准》（GB 3838）中规定的Ⅱ类标准。选用地下水水源时，其水源地应设在不易受污染的富水地段。水厂用地应按规划期给水规模确定，其用地控制指标应按表表7-53取值（表中指标未包括厂区周围绿化地带用地）。其中，建设规模大的取下限、建设规模小的取上限。地表水水厂建设用地按常规处理工艺进行，厂内设置预处理或深度处理构筑物以及污泥处理设施时可根据需要增加用地。地下水水厂建设用地按消毒工艺进行，厂内设置特殊水质处理工艺时可根据需要增加用地。水厂厂区周围应设置宽度不小于10m的绿化地带，地表水源的调蓄水池周围应设置并保留宽度100m的绿化隔离带。当配水系统中需设置加压泵站时，其用地控制指标应按表7-54取值（表中指标未包括厂区周围绿化地带用地）。建设规模大的取下限、建设规模小的取上限。加压泵站设有大容量的调节水池时可根据需要增加用地。泵站周围应设置宽度不小于10m的绿化地带。村镇给水工程规划可参照《村镇规划标准》（GB 50188）进行，城市给水工程规划可参照《城市给水工程规划规范》（FB 50282）进行，中水暂无规范可参照供水厂标准进行规划。建筑工程与市政设施的最小距离要求可参考表7-55。

表 7-53　水厂用地控制指标

建设规模/（×10⁴m³/d）	5～10	10～30	30～50
地表水水厂/(m²·d/m³)	0.9～0.70	0.70～0.50	0.50～0.30
地下水水厂/(m²·d/m³)	0.40～0.30	0.30～0.20	0.20～0.08

表 7-54 泵站用地控制指标

建设规模/(×10⁴m³/d)	5～10	10～30	30～50
地表水水厂/(m²·d/m³)	0.25～0.20	0.20～0.10	0.10～0.03

表 7-55 建筑工程与市政设施的最小距离（上水、下水） 单位：m

建筑类型		居住建筑		公建		一般厂房、仓库	
		多层	高层	多层	高层	多层	高层
给水	管理用房	0	0	0	0	0	0
	水房	10	10	10	10	10	10
污水	泵房	0	0	0	0	0	0
	污水处理用房	300	300	300	300	300	300
	中水处理用房	10	10	10	10	10	10

（2）城市供电规划的基本要求 在交通、水利、工建、民建、供水、供暖、供气、绿化等市政工程改造和新建的规划阶段应同时规划电力设施。城市电力工程规划除应符合《城市电力规划规范》（GB 50293）规定外还应符合国家及行业现行有关标准、规范的规定。

① 城市供电电源规划。城市供电电源的规划除应遵守国家能源政策，还应遵守以下 3 条基本规定，即应综合研究所在地区的能源状况和可开发利用条件进行统筹规划，以经济合理地研究确定城市供电电源；应规划建设适当容量的电厂作为城市保安、补充电源，以保证城市用电需要（提倡采用可再生能源）；应有足够稳定热负荷的地区，即电源建设宜与热源建设相结合，应贯彻以热定电原则，应规划建设适当容量的热电联产火电厂。城市电源变电所的位置应根据城市总体规划布局、负荷分布及地区电力系统的连接方式、交通运输条件、水文地质、环境影响和防洪、抗震要求等因素，进行技术经济比较后合理确定。对用电量很大、负荷高度集中的市中心高负荷密度区，经过合理的经济技术比较论证后可采用 220kV 及以上电源变电所深入负荷中心位置。

② 城市电力线路规划。城市电力线路分架空线路和地下电缆线路两类。城市架空电力线路路径选择应根据城市地形、地貌特点和城市道路网规划沿道路、河渠、绿化带架设，其路径应做到短捷、顺直并应减少同道路、河流、铁路等的交叉且不宜跨越建（构）筑物。还应满足防洪、抗震要求。35kV 及以上高压架空电力线路应规划专用通道且必须加以保护。城市高压架空电力线路走廊宽度的确定应综合考虑所在城市气象条件、导线最大风偏、边导线与建（构）筑物间安全距离、导线最大弧垂、导线排列方式及杆塔形式、杆塔档距等因素并通过技术经济比较确定。35～500kV 高压架空电力线路规划走廊宽度可参考表 7-56 合理选定。市区高压架空电力线路宜采用占地较少的窄基杆塔和多回路同杆架设的紧凑型线路结构，市区内中、低压架空电力线路应同杆架设做到一杆多用。架空电力线路导线与地面最小竖向间距（在最大计算导线弧垂情况下）应符合表 7-57 规定。表 7-57 中居民区指工业企业地区、港口、码头、火车站、城镇、集镇等人口密集地区；非居民区指居民区以外的地区（虽时常有人、车辆或农业机械到达但房屋稀少地区）；交通困难地区指车辆、农业机械不能到达的地区。架空电力线路与街道行道树（考虑自然生长高度）间最小竖向间距应符合表 7-58 的规定。架空电力线路导线与建（构）筑物间竖向间距（在导线最大计算弧垂情况下）不应小于表 7-59 规定值。架空电力线路边导线与建（构）筑物间安全距离（在导线最大计算风偏情况下）不应小于表 7-60 的规定。

表 7-56 架空电力线路的规划走廊宽度（单杆单回水平排列或单杆多回垂直排列）

线路电压等级/kV	500	220	110	35
高压走廊宽度/m	60～75	30～40	15～25	12～20

表 7-57 计算导线弧垂情况下架空电力线路导线与地面最小竖向间距

线路经过地区	线路电压/kV				
	<1	1~10	35~110	220	500
居民区/m	6.0	6.5	7.0	7.5	14
非居民区/m	5.0	5.0	6.0	6.5	11
交通困难地区/m	4.0	4.5	5.0	5.5	8.5

表 7-58 考虑自然生长高度时架空电力线路与街道行道树间最小竖向间距

线路电压/kV	<1	1~10	35~110	220	500
最小竖向间距/m	1.0	1.5	3.0	3.5	7.0

表 7-59 最大计算弧垂情况下架空电力线路导线与建（构）筑物间最小竖向间距

线路电压/kV	1~10	35	110	220	500
竖向间距/m	3.0	4.0	5.0	6.0	9.0

表 7-60 最大计算风偏情况下架空电力线路边导线与建（构）筑物间安全距离

线路电压/kV	<1	1~10	35	110	220	500
安全距离/m	1.0	1.5	3.0	4.0	5.0	8.5

在规划市中心区、高层建筑群区、市区主干道、繁华街道等应采用地下电缆，敷设地下电缆线路应遵守以下 4 条规定，即地下电缆线路的路径选择除应符合国家现行《电力工程电缆设计规范》有关规定，还应根据道路网规划与道路走向相结合，并应遵守地下电缆线路与城市其它市政公用工程管线间的安全距离规定；同一路段上的高压电缆线路宜同沟敷设且电缆隧道需配套建设通风设施；地下电缆线路需通过城市桥梁时，应符合国家现行标准《电力工程电缆设计规范》中对电力电缆敷设的技术要求并满足城市桥梁设计、安全消防的技术标准规定；城市地下电缆敷设方式应根据电压等级、最终敷设电缆根数、施工条件、一次投资、资金来源等因素，经技术经济比较后确定。若同一路径电缆规划根数不超过 6 根，则在市政道路不经常开挖地段宜采用直埋敷设方式，直埋电力电缆之间及直埋电力电缆与控制电缆、通信电缆、地下管沟、道路、建（构）筑物、树木等之间的安全距离不应小于表 7-61 的规定，电缆隧道、管井等设施与其它设施、管道等平行、交叉时的安全距离应遵守表 7-61 所列电缆与其它设施的安全距离规定。表 7-61 中的安全距离应自各种设施（包括防护外层）外缘算起；路灯低压电缆与道路灌木丛平行距离不限；表中括号内数字是指局部地段电缆穿管、加隔板保护或加隔热层保护后允许的最小安全距离；电缆与水管、压缩空气管平行且电缆与管道标高差不大于 0.5m 时，平行安全距离可减少至 0.5m。地下电缆与公路、铁路、城市道路交叉处或地下电缆需通过小型建（构）筑物及广场区段时，若规划电缆根数为 6~10 根则宜采用排管敷设方式。同一路径地下电缆数量在 10 根以上时，应采用电缆隧道敷设方式。在新建或改造的市政干道的交叉路口、河道桥梁两侧、高速道路的立交道口应预埋设穿越交叉路口、干道、桥梁的电缆防护管 10 根。

③ 城市变电所规划。城市变电所规划选址应遵守以下 8 条规定，即应符合城市总体规划用地布局要求；应靠近负荷中心；应便于进出线；交通运输应方便；应考虑对周围环境和邻近工程设施的影响和协调；宜避开易燃、易爆区和大气严重秽区；应满足防洪、抗震要求；应有良好的地质条件。城市变电所数量设置规划应遵守以下 3 条规定，即在规划市区内 110kV 变电所的设置应根据具体负荷情况确定（每 2km 半径范围内应设 1 座 110kV 变电所）；在规划市区内每 4 座 110kV 变电所应相应设立 1 座 220kV 变电所；500kV 变电所应根据终期规划确定（中期内除

表 7-61　直埋电力电缆之间及直埋电力电缆与控制电缆、通信电缆、
地下管沟、道路、建（构）筑物、树木等之间的安全距离

项　目	安全距离/m	
	平行	交叉
建（构）筑物基础	0.50	—
电杆基础	0.60	—
乔木树主干	1.50	—
灌木丛	0.50	—
10kV 以上电缆间以及 10kV 及以下电力电缆与控制电缆间	0.25(0.10)	0.50(0.25)
通信电缆	0.50(0.10)	0.50(0.25)
热力管沟	2.00	(0.50)
水管、压缩空气管	1.00(0.25)	0.50(0.25)
可燃气体及易燃液体管道	1.00	0.50(0.25)
铁路（平行时与轨道，交叉时与轨底，电气化铁路除外）	3.00	1.00
道路（平行时与侧石，交叉时与路面）	1.50	1.00
排水明沟（平行时与沟边，交叉时与沟底）	1.00	0.50

环网内的 4 座 500kV 变电所，还应在环网上设立 2 座变电所并应在南、北各设 1 座 500kV 负荷变电所）。规划新建城市变电所结构形式选择应遵守以下 4 条规定，即在市区边缘或郊区、县的变电所应采用全户外或半户外式结构；在市区的新建变电所应采用户内式或半户外式结构；在市中心区的新建变电所应采用户内式结构；在超高层公共建筑群区、中心商务区繁华金融、商业街区的新建变电所应采用小型户内式结构。城市变电所的建筑外形、建筑风格应与周围环境、景观、市容风貌相协调。城市变电所的运行噪声对周围环境的影响应符合国家现行标准《城市各类区域环境保护噪声标准》的有关规定。城市变电所的用地面积（不含生活区用地）应按变电所最终规模规划预留，规划新建的 35～500kV 变电所用地面积的预留可参考表 7-62 和表 7-63 并结合所在地区实际用地条件因地制宜选定。城市变电所主变压器安装台（组）数宜为 3～4 台（组），单台（组）主变压器容量应标准化、系列化，35～500kV 变电所主变压器单台（组）容量选择应符合表 7-64 的规定。

表 7-62　35～110kV 变电所规划用地面积控制指标

序号	变压等级/kV 一次电压/二次电压	主变压器容量 /(MVA/台)	变电所结构形式及用地面积/m²		
			全户外式用地面积	半户外式用地面积	户内式用地面积
1	110/10	20～63/2	3500～5500	1500～3000	
2	110/35/10	20～63/2	6000～10000	5000	
3	110/10	20～63/3	6000	3500～5000	2500～4200
4	110/10	31.5～63/4	10000	4000～6000	3000～5200
5	35/10	5.0～20/2	2000～3500	1000～2000	

表 7-63　220～500kV 变电所规划用地面积控制指标

序号	变压等级/kV 一次电压/二次电压	主变压器容量 /[MVA/台(组)]	变电所结构形式	用地面积/m²
1	500/220	750～1500/2～4	户外式	110000～220000
2	220/110/10	180～250/2～3	户外式	28000～35000
3	220/110/10	180～250/3～4	半户外式	15000～20000
4	220/110/10	180～250/3～4	户内式	5000～15000

表 7-64　35～500kV 变电所主变压器单台（组）容量选择

变电所电压等级/kV	500	220	110	35
单台(组)主变压器容量/MVA	750,1500	120,180,250	20,31.5,40,50,63	5.0,6.3,10,20

④ 城市开关站规划。根据地区开发建设需要，在规划建设 110～220kV 变电所的同时应规划建设开关站。开关站宜根据负荷分布均匀布置，居民住宅小区每建筑面积 30×10^4 m² 应建立一座 10kV 开闭站（含一座公用配电所）、占地面积 260～270m²（23m×12m）。10kV 开关站最大转供负荷不宜超过 10000kVA。

⑤ 公用配电所规划。规划建设的电力工程与其它市政基础设施应同时规划设计、同步实施建设。规划新建公用配电所（以下简称配电所）的位置应接近负荷中心。配电所的配电变压器安装台数宜为两台且单台配电变压器容量不宜超过 1000kVA。低压配电网的供电半径在市中心区一般不大于 100m、其它地区不大于 250m。居民住宅小区可采用集中供电和分散供电两种方式。采用集中供电时，居民住宅小区每建筑面积 6×10^4 m² 应建立公用配电所一座、占地面积一般为 150～160m²（标准为 9m×17m）。供电半径不满足要求时可采用分散供电形式）。

⑥ 城市用电负荷及电压规划。按照被规划项目用电负荷类别的不同，每建筑平方米或每户的用电负荷为居民住宅 50W/m² 或每户不低于 6kW、电采暖居民住宅 80W/m²、公共建筑 30～120W/m²、地下车库和防空设施等 10～30W/m²、其他类型建筑负荷依据建设项目具体设计负荷密度确定。建设项目用电最大需量在 100kW 以下时，应采用 0.4kV 电压供电；建设项目用电最大需量 100～5000kW 时，应采用 10kV 电压供电；建设项目用电最大需量 8000kW 以上时，根据电网规划要求可采用 110kV 电压供电；建设项目用电最大需量 20000kW 以上时，根据电网规划要求可采用 220kV 电压供电；远郊区县范围内 5000～10000kW 时，可采用 35kV 电压供电。

表 7-65　邮政服务网点设计参考值

城市人口密度/(万人/km²)	>2.5	2.0～2.5	1.5～2.0	1.0～1.5	0.5～1.0	0.1～0.5	0.05～0.1
服务半径/km	0.5	0.51～0.6	0.61～0.7	0.71～0.8	0.81～1	1.01～2	2.01～3

（3）城市通信规划

① 城市邮政设施规划。城市邮政设施的种类、规模、数量主要依据通信总量、邮政年业务收入确定。邮政局所设置要便于群众用邮，要根据人口的密集程度和地理条件所确定的不同的服务人口数、服务半径、业务收入三项基本指标来确定。我国邮政主管部门制定的城市邮政服务网点设置的参考标准见表 7-65。城市邮政局所分为市邮政局、邮政通信枢纽、邮政支局、邮政所〔我国有些城市仍采用合制局形式（含有电信部分）〕。邮政支局根据服务人口、年邮政业务收入和通信总量分一等支局、二等支局、三等支局。邮政所是邮电支局的下属营业机构，一般只办理邮政营业，收寄国内和国际各类零星函件，办理窗口投递各类邮件，收寄国内各类包裹，开发兑付普汇等。邮政所根据业务量分一等所、二等所、三等所，主要根据服务人口划分等级。老市区主要依邮政年业务收入和通信总量划分等级。邮政通信枢纽选址应遵守以下 8 条规定，即局址应

在火车站一侧且靠近火车站台；应有方便接发火车邮件的邮运通道；应有方便出入枢纽的汽车通道；应有方便供电、给水、排水、供热的条件；应地形平坦、地质条件良好；周围环境应符合邮政通信安全；应符合城市规划要求；在非必要而又有选择余地时，局址不宜面临广场，也不宜两侧或两侧以上同时面临主要街道。邮政局址应设在闹市区、居民集聚区、文化游览区、公共活动场所、大型工矿企业、高等学校所在地，车站、机场、港口以及宾馆内应设邮电业务设施，局址应交通便利确保运输邮件车辆易于出入，局址应有较平坦地形且地质条件良好，应符合城市规划要求。

② 移动电话网规划。移动电话网规划的主要内容包括移动电话网规划、话务量规划和移动通信频点配置。移动电话网应根据其覆盖范围采用大区、中区或小区制以及组网结构。大区制系统在其业务区内应有一个或多个无线频道（服务半径 30～60km，频率 450Hz。大区制用户容量小，一般几十至几百户，多到几千至一万户。小区制系统是将业务区分成若干蜂窝状小区，即基站区。基站区半径为 1.5～15km、频率 900Hz。小区制用户容量大，容量可达 100 万户。界于大区制和小区制之间的一种系统称为中区制移动通信系统，即每个无线基站服务半径为 15～30km之间，容量 1000～10000 用户。

③ 微波通信规划。微波站址规划应遵守以下 6 条规定，广播、电视微波站必须根据城市经济、政治、文化中心的分布以及电视发射台（转播台）和人口密集区域位置确定以达到最大的有效人口覆盖率（微波站应设在电视发射台（转播台）旁或人口密集的待建台地区以保障主要发射台信号源）；应选择地质条件较好、地势较高的稳固地形作为站址；站址通信方向近处应较开阔、无阻挡且无多个反射电波的显著物体；站址应能避免本系统干扰（比如同波道、越站和汇接分支干扰）和外系统干扰（比如雷达、地球站，有关广播电视频道和无线通信干扰）；在山区应避开风口和背阴的阴冷地点设站；偏僻地区的中间站应考虑交通、供电、水源、通信和生活等基本条件（渺无人烟和自然环境特殊困难的地段应设无人站）。微波线路路由规划应合理，应根据线路用途、技术性能和经济要求，通过多方案分析比较选出效益高、可靠性好、投资少的 2、3 条路由进行具体计算分析比较，微波路由走向应成折线形（各站路径夹角宜为钝角以防同频越路干扰）。微波天线塔的位置和高度必须满足线路设计参数对天线位置高度的要求，在同方向的近场区内天线口面边的锥体张角宜为 20°，前方净空距离应在天线口面直径 D 的 10 倍范围内且应无树木、房屋其它障碍物。

④ 有线电视广播线路规划。有线电视、广播线路由规划应合理，应短直并少穿越道路以便于施工及维护，应避开易使线路损伤的场区并应减少与其它管线等障碍物的交叉跨越，应避开有线电视、有线广播系统无关的地区以及规划未定地域。有线电视、广播线路敷设应合理，有线电视、广播线路路由上有通信光缆且技术经济条件许可时，可经与通信部门商议利用光缆一部分作有线电视、有线广播线路，电视电缆、广播电缆线路路由上如有通信管道可利用管道敷设电视电缆、广播电缆（但不宜和通信电缆共管孔敷设）。电视电缆、广播电缆线路路由上若有电力、仪表管线等综合隧道则可利用隧道敷设电视电缆、广播电缆。电视电缆、广播电缆路路由上有架空通信电线时可同杆架设。电视电缆、广播电缆线路投线有建（构）筑物可供使用时可采用墙壁电缆。对电视电缆、广播线路有安全隐蔽要求时可采用埋地电缆线路。在电视电缆、广播电缆易受外界损伤路段穿越障碍较多而不适合直线敷设的路段宜采用穿管敷设。新建（构）筑物内敷设电视电缆、广播线路宜采用暗线方式。

（4）城市热力规划

① 城市热源规划。将天然或人造能源形态转化为符合供热要求的热能装置称为热源，热源是城市集中供热系统的起始点。当前，大多数城市采用的城市集中供热系统热源有以下几种，即热电厂、集中锅炉房、低温核能供热、热泵、工业余热、地热和垃圾焚化厂。

热电厂是指用热力原动机驱动发电机的可实现热电联产的发电厂。热电厂选址应遵守 9 条规定。第一，热电厂的厂址应符合城市总体规划要求并应征得规划部门和电力、水利、消防等有关主管部门同意。第二，热电厂应尽量靠近热负荷中心，热电厂蒸气的输送距离一般为 3～4km，若热电厂远离热用户其压降和温降会过大并会降低供热质量且供热管网的造价较高。第三，热电厂要有方便的交通条件，铁路专用线必不可少但应尽量缩短铁路专用线长度。第四，热电厂要有良好的供水条件和可靠的供水保证，供水条件对厂址选择往往具有决定性影响。第五，燃煤热电厂要有妥善解决排灰的条件。处理灰渣的办法一般有两种，一是在热电厂附近寻找可以堆放大量灰渣（一般 10～15 年的排灰量）的场地，比如深坑、低洼荒地等。二是将灰渣综合利用，即利用热电厂的灰、渣做砖、砌块等建筑材料。热电厂要有足够的场地作为周转及事故备用灰场。第六，燃煤热电厂要有方便的出线条件。大型热电厂一般都有十几回路输电线路和几条大口径供热干管引出。供热干管所占用地较宽，一般一条管线要占 3～5m 的宽度。因此，需留出足够的出线走廊宽度。第七，热电厂要与外界有的一定的防护距离。热电厂运行时将排出二氧化硫、氧化氮等有害物质。为减轻热电厂对城市人口稠密区环境的影响，其厂址到人口稠密区距离应符合环保部门的有关规定和要求。另外，为减少热电厂对厂区附近居民区影响，其厂区附近应留出一定宽度的卫生防护带。第八，热电厂厂址应占用荒地、次地和低产田，应不占或少占良田。第九，热电厂厂址应避开滑坡、溶洞、塌方、断裂带、液泥等不良地质地段。锅炉房规划应合理，集中锅炉房作为热源显得较为灵活且适用面较广。集中锅炉房布置应遵守以下 7 条规定，即应靠近热负荷比较集中的地区；应便于引出管道并可使室外管道布置在技术、经济上合理；应便于燃料储运和灰渣排除，并宜使人流和煤、灰车流分开；应有利于自然通风与采光；应位于地质条件较好地区；应有利于减少烟尘和有害气体对居民住区和主要环境保护区的影响（全年运行的锅炉房宜位于居住区和主要环境保护区的全年最小频率风向的上风向，季节性运行的锅炉房宜位于该季节盛行风向的下风向）；锅炉房位置应根据远期规划在扩建端留有余地。

② 城市供热管网规划。城市供热管网又称热网，是指由热源向热用户输送和分配供热介质的管线系统。城市供热管网的形式应合理。城市供热管网布置应遵守供热管网的平面布置原则和供热管网的竖向布置原则。城市供热管网的敷设方式有架空敷设和地下敷设两类。

架空敷设是将供热管道设在地面上的独立支架或带绷梁的桁架及建（构）筑物的墙壁上，架空敷设不受地下水位影响，运行时维修检查方便，其只有支承结构基础的土方工程、施工土方量小，因此，它是一种比较经济的敷设方式。其缺点是占地面积较大、管道热损失大、在某些场合不够美观。架空敷设方式一般适用于地下水位较高、年降雨较大、地质土为湿陷性黄土或腐蚀性土壤（或地下敷设时需进行大量土石方工程）地区。在市区范围内架空敷设多用于工厂区内部或对市容要求不高的地段。在厂区内架空管道应尽量利用建（构）筑物的外墙或其它永久性的构筑物。在地震活动区应采用独立支架或在沟敷设方式比较可靠。

在城市中，由于要求不能采用架空敷设（或在厂区架空敷设困难）就需采用地下敷设方式。地下敷设分有沟和无沟两种敷设方式，有沟敷设又分通行地沟、半通行地沟和不通行地沟三种。敷设应遵守表 7-66 的规定（特殊厂房、仓库应具体分析确定）。

表 7-66   建筑工程与市政设施的最小距离   单位：m

建筑类型	居住建筑		公建		一般厂房、仓库	
	多层	高层	多层	高层	多层	高层
热力站	0	0	0	0	0	0
有压燃气锅炉房	10	10	10	10	10	10

③ 城市热转换设施规划。城市集中供热系统用户较多，其对热媒的要求也各不相同，各种用热设备的位置与距热源距离也各不相同，故热源供给的热介质很难适应所有用户要求，为解决这一问题，往往需在热源与用户间设置一些热转换设施以将热网提供的热能转换为适当的热介质供应用户，这些设施包括热力站和制冷站。

热力站的作用是将热量从热网转移到局部系统内（有时也包括热介质本身）；将热源发生的热介质温度、压力、流量调整转换到用户设备所要求的状态，以保证局部系统的安全和经济运行；检测和计算用户消耗的热量；在蒸汽供热系统中，热力站除保证向局部系统供热外还具有收集凝结水并回收利用的功能。热力站根据功能的不同可分为换热站与热力分配站；根据热网介质的不同可分为热力站和汽水换热热力站；根据服务对象的不同可分为工业热力站和民用热力站；根据热力站的位置与服务范围不同可分为用户热力站、集中热力站和区域性热力站。

根据热力站规模大小和种类不同可分别采用单设或附设方式布置。只向少量用户供热的热力站多采用附设方式设于建（构）筑物地沟入口处或其底层和地下室。集中热力站服务范围较大多为单独设置，但也有设于用户建（构）筑物内部的。区域性热力站设置于大型热网的供热干线与分支干线的连接点处一般为单独设置。热力站是小区域的热源，因此，它的位置最好位于热负荷中心，而对工业热力站来说则应尽量利用原有锅炉用地。单独设置的热力站其尺寸根据供热规模、设备种类和二次热网类型确定。二次热网为开式热网的热力站其最小尺寸为长 4.0m、宽 2.0m、高 2.5m；二次热网为闭式热网的热力站其最小尺寸为长 7.0m、宽 4.0m、高 2.8m。在规模较大热力站内常设有泵房、值班室、仪表间、加热器间和生活辅助房间，其有时为两层建筑。一座供热面积 $10×10^4 m^2$ 的热力站其建筑面积为 $250～300m^2$，若同时供应生活热水则建筑面积还要增加 $50m^2$ 左右。居民区一个小区一般设置一个热力站。

制冷站通过制冷设备将热能转化为低温水等介质供应用户。制冷站可使用高温热水或蒸汽作为加热源（也可使用煤气或油燃烧加热，还可用电驱动实现制冷）。根据有关论证，冷暖站的供热（冷）面积宜在 $10×10^4 m^2$ 范围内。

（5）城市燃气规划

① 城市气源规划。气源是指向城市燃气输配系统提供燃气的设施，主要有天然气站、煤气制气厂、液化石油气基地、液化石油气化站等设施。气源规划要选择适当的城市气源，确定其规模并在城市中合理布局气源。煤气制气厂选址应遵守以下 9 条规定，即厂址选择应合乎城市总体发展需要且不影响近远期建设；厂址应具有方便、经济的交通运输条件；厂址应具有满足生产、生活和发展所必需的水源和电源；厂址宜靠近生产关系密切的工厂并能为运输、公用设施、三废处理等方面的协作创造有利条件；厂址应有良好工程地质条件和较低的地下水位［地基承载力一般不宜低于 $10t/m^2$，地下水位宜在建（构）筑物基础底面以下］；厂址不应设在受洪水、内涝威胁的地带（气源厂的防洪标准应视其规模等条件综合分析确定。位于平原地区的气源厂，当场地标高不能满足防洪要求而采取垫高场地或修筑防洪堤坝时应进行充分的技术经济论证）；厂址必须具有避开高压输电线路的安全空隙间隔地带并应取得当地消防及电业部门的同意；在机场、电台、通信设施、名胜古迹和风景区等附近选厂时应考虑机场净空区、电台和通信设施防护区、名胜古迹等无污染间隔区的特殊要求，并应取得有关部门的同意；气源厂应根据城市发展规划预留发展用地（分期建设的气源厂不仅要留有主体工程发展用地，还要留有相应的辅助工程发展用地）。液化石油气供应基地的选址应遵守以下 7 条规定，即液化石油气储配站属于甲类火灾危险性企业，其站址应选择在城市边缘且与服务区域间的平均距离不宜超过 10km；站址应选择在所在地区全年最小频率风向的上风侧；其与相邻建（构）筑物应满足有关规范所规定的安全防护距离规定；站址应选在地势平坦、开阔、不易积存液化石油气的地段，应避开地震带、地基沉陷和雷击等地区且不应选在受洪水威胁的地方；应具有良好的市政设施条件且运输方便；应远离名胜古迹、游览地区和油库、桥梁、铁路枢纽站、飞机场、导航站等重要设施；在罐区一侧应尽量留有扩建余地。液化石油气化站与混气站的布置应遵守以下 3 条规定，即液化石油气化站与混气站的站址应靠近负荷区（作为机动气源的混气站可与气源厂、城市煤气储配站合设）；站址与站外建（构）筑物应满足规范所规定的防火间距要求；站址应处在地势平坦、开阔、不易积存液化石油气的地段并应避开地震带、地基沉陷区、废气矿井和雷区。

② 城市燃气输配设施规划。燃气输配设施主要有储配站、调压站和液化石油气瓶装供应站

等。要平衡燃气负荷不均匀性、满足各类用户用气需要必须在城市燃气输配系统中设置储配站。燃气储配站主要有三个功能，即储存必要的燃气量以调峰；使多种燃气混合以达到适合的热值等燃气质量指标；燃气加压以保证输配管网内适当的压力。供气规模较小的城市其燃气储配站一般设一座即可并可与气源厂合设。储配站站址选择应符合防火规范要求并应有较好的交通、煤电、供水和供热条件。城市燃气输配设施规划应遵守表 7-67 的规定。当调压装置露天设置时则指距离装置的边缘。当建（构）筑物［含重要公共建（构）筑物］的某外墙为无门、窗洞口的实体墙且建（构）筑物耐火等级不低于二级时，其燃气进口压力级制为中压（A）或中压（B）的调压柜一侧或两侧（非平行）可贴靠上述外墙设置。当达不到表 7-67 净距要求时，在采取有效措施后可适当缩小净距。

表 7-67　建设工程与市政设施的最小距离（燃气）　　　　单位：m

设置形式		调压装置入口燃气压力	建（构）筑物外墙面	重要公共建（构）筑物	铁路（中心线）	城镇道路	公共电力变配电柜
调压站	地上单独建筑	高压（A）	18	30	25	5	6
		高压（B）	13	25	20	4	6
		次高压（A）	9	18	15	3	4
		次高压（B）	6	12	10	3	4
		中压（A）	6	12	10	2	4
		中压（B）	6	6	10	2	4
	地下单独建筑	中压（A）	3	6	6	—	3
		中压（B）	3	14	6	—	3
调压柜		次高压（A）	7	8	12	2	4
		次高压（B）	4	8	8	2	4
		中压（A）	4	8	8	1	4
		中压（B）	4	8	8	1	4
地下调压箱		中压（A）	3	6	6	—	3
		中压（B）	3	6	6	—	3

城市燃气输配管道的压力可分为 5 级，即高压燃气管道 A（$0.8 < p \leqslant 1.6\text{MPa}$）、B（$0.4 < p \leqslant 0.8\text{MPa}$）；中压燃气管道 A（$0.2 < p \leqslant 0.4\text{MPa}$）、B（$0.05 < p \leqslant 0.2\text{MPa}$）；低压燃气管道（$p \leqslant 0.05\text{MPa}$）。天然气长输管线的压力可分为 3 级，即一级（$p \leqslant 1.6\text{MPa}$）、二级（$1.6 < p \leqslant 4.0\text{MPa}$）、三级（$p \geqslant 4.0\text{MPa}$）。城市燃气的多种压力级制、各种压力级制间的转换均必须通过城市调压站实现。调压站是燃气输配管网中稳压与调压的重要设施，其主要功能是按运行要求将上一级输气压力降至下一级压力（当系统负荷发生变化时通过流量调节将压力稳定在设计要求的范围内）。燃气调压站按性质不同可分为区域调压站、用户调压站和专用调压站。区域调压站是指连接压力不同的城市输气管网的调压站；用户调压站主要指与中压或低压管网连接直接向居民用户供气的调压站；专用调压站则指与较高压力管网连接向工业企业和大型公共建筑供气的调压站。调压站还可按调节压力范围分为高中压调压站、高低压调压站、低压调压站，按建筑形式可分为地上调压站、地下调压站和箱式调压站。调压站自身占地面积很小（只有十几平方米，箱式调压器甚至可以安装在建筑外墙上，但对一般地上调压站和地下调压站来说应满足一定的安全防护距离要求）。调压站布置应遵守以下 4 条规定，即调压站供气半径以 0.5km 为宜（当用户较分散或供气区域狭长时可考虑适当加大供气半径）；调压站应尽量布置在负荷中心；调压站应避开人流量大的地区并尽量减少对景观环境的影响；调压站布局时应保证必要的防护距离。

在条件允许时液化石油气应尽量实行区域管道供应，输配方式为液化石油气供应基地—气化站（或混气站）—用户。但在条件不允许的情况下（如居民密集的城市旧区），只能采用液化气的瓶装供应方式，此时需要设置液化石油气的瓶装供应站。瓶装供应站的主要功能是储存一定数量的空瓶与实瓶为用户提供换瓶服务。瓶装供应站主要为居民用户和小型公建服务，供气规模以5000～7000户为宜（一般不超过10000户）。当供应站较多时，几个供应站中可设一管理所（中心站）。供应站的实瓶储存量一般按计算月平均日销售量的1.5倍计；空瓶量按计算月平均日销售量的1倍半；供应站的液化石油气储量一般不超过$10m^3$。瓶装供应站的站址选址应遵守以下2条规定，即瓶装供应站的站址应选择在供应区域的中心，以便于居民换气，供应半径一般不宜超过0.5～1.0km，瓶装供应站的瓶库与站外建、构筑物的防火间距应符合规范要求；应有便于运瓶汽车出入的道路，液化石油气瓶装供应站的用地面积一般在5000～6000m^2，管理所（中心站）面积则略大（为6000～7000m^2）。

（6）城市排水规划　城市排水规划应遵守《城市排水工程规划规范》（GB 500318）和《城市污水处理工程项目建设标准》等相关规定。

（7）城市环境卫生设施规划

① 城市垃圾转运规划。城市垃圾转运站（以下简称转运站）规划设计必须符合国家的方针、政策和法规并达到保护环境、提高人民健康水平的目的。根据转运站的特点，在设计时应做到"因地制宜、技术先进、经济合理、安全适用"并应有利于保护环境、改善劳动条件。转运站设计应符合现行有关标准的规定。城市垃圾转运站的选址应符合城市总体规划和城市环境卫生行业规划的要求，转运站的位置宜选在靠近服务区域的中心或垃圾产量最多的地方，转运站应设置在交通方便的地方。在具有铁路及水运便利条件的地方若运输距离较远则宜设置铁路及水路运输垃圾转运站。城市垃圾转运站的规模应根据垃圾转运量确定，垃圾转运量应根据服务区域内垃圾高产月份平均日产量的实际数据确定。城市垃圾转运站的服务半径应合理，用人力收集车收集垃圾的小型转运站其服务半径不宜超过0.5km；用小型机动车收集垃圾的小型转运站其服务半径不宜超过2.0km；垃圾运输距离超过20km时应设置大、中型转运站。城市垃圾转运站的总平面布置应结合当地情况做到经济、合理，大、中型转运站应按区域布置且其作业区宜布置在主导风向的下风向，站前区布置应与城市干道及周围环境相协调。转运站内建（构）筑物布置应符合防火、卫生规范及各种安全的要求，建筑设计和外部装修应与周围居民住房、公共建（构）筑物以及环境相协调，室外装修宜采用水刷石、中级涂料、普通贴面材料等，转运车间室内地面及墙面、顶棚等表面应平整、光滑，转运站内建（构）筑物门窗宜采用钢门、钢窗或木门、木窗（临街的小型转运站宜采用卷帘门等）。大、中型转运站内应绿化且其绿化面积应符合国家及当地政府的有关规定，排水系统应采用分流制并应设污水处理设施，采暖、通信、噪声和消防的标准应符合现行标准的有关规定，应根据需要设置避雷措施。

② 城市公共厕所规划。公共厕所是城市公共建筑的一部分，是为居民和行人提供服务的不可缺少的环境卫生设施，在制订城市新建、改建、扩建区的详细规划时城市规划部门应将公共厕所的建设同时列入规划。城市公共厕所建设应按城市总体规划要求纳入详细规划，公共厕所的规划、设计、建设和管理应符合市容环境卫生要求，应更好地为城市居民和流动人口服务。规划、设计、建设和管理公共厕所的单位应负责贯彻执行相关的各项规定。各级环境卫生部门应对公共厕所的设计和建设进行监督指导。城市中下列地方应设置公共厕所，包括广场和主要交通干路两侧；车站、码头、展览馆等公共建筑附近；风景名胜古迹游览区、公园、市场、大型停车场、体育场（馆）附近及其它公共场所；新建住宅区及老居民区。公共厕所的相间距离或服务范围应符合规定，主要繁华街道公共厕所之间的距离宜为300～500m；流动人口高度密集的街道宜小于300m；一般街道公厕之间的距离约750～1000m。居民区的公共厕所服务范围应符合规定，未改造的老居民区为100～150m、新建居民区为300～500m且宜建在本区商业网点附近。

公共厕所建筑面积应满足规划指标要求，新住宅区内公共厕所的千人建筑面积指标为6～

$10m^2$；车站（含站前广场）、码头、体育场（馆）等场所的公共厕所的千人（按一昼夜最高聚集人数计）建筑面积指标为 $15\sim25m^2$；居民稠密区（主要指旧城未改造区内）公共厕所的千人建筑面积指标为 $20\sim30m^2$；街道公共厕所的千人（按一昼夜流动人口计）建筑面积指标为 $5\sim10m^2$。公厕的用地范围应明确，即距公厕外墙皮3m以内空地为公共厕所用地范围，若确因条件限制不能满足上述要求时亦可靠近其它房屋修建。在有条件的地区，应逐步发展附属式公共厕所并应设置直接通至室外的单独出入口和管理间。

公共厕所建筑标准根据其位置重要程度的不同可分为3类，涉外单位可高于一类标准，旱厕可参照三类厕所标准执行，如属急需并近期有建设规划者可酌情修建临时性厕所。选择修建公厕位置要明显、易找并应便于粪便排入城市排水系统或便于机械抽运。厕所内面积概算指标应合理，厕所每一蹲位［包括大便蹲（坐）、小便站位、走道宽度以及其它设备等］建筑面积概算指标为 $4\sim9m^2$（一类厕所 $7\sim9m^2$、二类厕所为 $5\sim7m^2$、三类厕所为 $4\sim6m^2$）。

（8）规划资料提交及环境分析要求　城建规划过程中应对相邻现状或在施居住建筑的日照影响情况进行分析，对邻城市主干路的建筑应进行沿街景观分析。

城建规划图纸折叠应符合要求，申报建筑工程设计方案的申报图纸一律按 A3 规格折叠；申报建筑工程规划意见书、建设用地规划许可证、建设工程规划许可证的附图一律按 A4 规格折叠；折叠后的图纸面应折向内（成手风琴风箱式）并留出装订位置；图纸折好后其图标及施工图章应露在外面。

参 考 文 献

[1] ［德］赖因博恩. 19 世纪与 20 世纪的城市规划［M］. 虞龙发译. 北京：中国建筑工业出版社，2009.

[2] ［法］阿兰·博里，皮埃尔·米克洛尼，皮埃尔·皮农. 建筑与城市规划形态与变形［M］. 李婵译. 沈阳：辽宁科技出版社，2011.

[3] 本书编写组. GB/T 50280—98 城市规划基本术语标准［M］. 北京：中国建筑工业出版社，2008.

[4] 蔡博峰. 低碳城市规划［M］. 北京：化学工业出版社，2011.

[5] 曹康. 西方现代城市规划简史［M］. 南京：东南大学出版社，2010.

[6] 曹型荣. 城市规划实用指南［M］. 北京：机械工业出版社，2009.

[7] 陈志龙. 城市地下空间总体规划［M］. 南京：东南大学出版社，2011.

[8] 程道平. 现代城市规划［M］. 北京：科学出版社，2010.

[9] 戴慎志. 城市规划与管理［M］. 北京：中国建筑工业出版社，2011.

[10] 杜景龙. 城市规划方法［M］. 南京：东南大学出版社，2012.

[11] 法国城市规划协会. 法国城市规划与设计［M］. 北京：中国建筑工业出版社，2008.

[12] 格迪斯. 进化中的城市——城市规划与城市研究导论［M］. 北京：中国建筑工业出版社，2012.

[13] 耿毓修. 城市规划管理［M］. 北京：中国建筑工业出版社，2007.

[14] 郭亮. 城市规划交通学［M］. 南京：东南大学出版社，2010.

[15] 胡纹. 城市规划概论［M］. 武汉：华中科技大学出版社，2008.

[16] 华纳（德）. 近代青岛的城市规划与建设［M］. 青岛市档案馆（编译）. 南京：东南大学出版社，2011.

[17] 黄亚平. 城市规划与城市社会发展［M］. 北京：中国建筑工业出版社，2009.

[18] 李文敏. 园林植物与应用［M］. 北京：中国建筑工业出版社，2006.

[19] 李志英. 人居环境绿地系统体系规划［M］. 北京：中国建筑工业出版社，2009.

[20] 刘贵利. 城市规划决策学［M］. 南京：东南大学出版社，2010.

[21] 刘佳燕. 城市规划中的社会规划-理论. 方法与应用［M］. 南京：东南大学出版社，2009.

[22] 刘欣葵. 城市规划管理制度与法规［M］. 北京：机械工业出版社，2012.

[23] 美国城市规划协会. 城市规划设计手册-技术与工作方法［M］. 大连：大连理工大学出版社，2009.

[24] 宋小冬. 地理信息系统及其在城市规划与管理中的应用［M］. 北京：科学出版社，2010.

[25] 孙施文. 现代城市规划理论［M］. 北京：中国建筑工业出版社，2007.

[26] 孙毅中. 城市规划管理信息系统［M］. 北京：科学出版社，2011.

[27] 索托. 荷兰城市规划［M］. 沈阳：辽宁科学技术出版社，2006.

[28] 汤铭潭. 电磁环境与城市规划［M］. 北京：中国建筑工业出版社，2005.

[29] 王炳坤. 城市规划中的工程规划［M］. 天津：天津大学出版社，2006.

[30] 王克强，马祖琦，石忆邵. 城市规划原理［M］. 上海：上海财经大学出版社，2011.

[31] 王其钧. 城市规划设计［M］. 北京：机械工业出版社，2010.

[32] 吴俐民. 城市规划信息化体系［M］. 成都：西南交通大学出版社，2010.

[33] 吴维平（编译）. 多维尺度下的城市主义和城市规划——北美城市规划研究最新进展［M］. 北京：中国建筑工业出版社，2011.

[34] 吴晓，魏羽力. 城市规划社会学［M］. 南京：东南大学出版社，2010.

[35] 亚历山大·加文. 美国城市规划设计的对与错［M］. 北京：中国建筑工业出版社，2010.

[36] 闫学东. 城市规划［M］. 北京：清华大学出版社，2010.

[37] 杨宏山. 城市管理学［M］. 北京：中国人民大学出版社，2009.

[38] 尹强. 城市规划管理与法规［M］. 天津：天津大学出版社，2009.

[39] 张军，周玉红. 城市规划数据库技术［M］. 武汉：武汉大学出版社，2004.

[40] 张晓瑞. 数字城市规划概论［M］. 合肥：合肥工业大学出版社，2010.